공간데이터사이언스

공간데이터사이언스

초판 1쇄 발행 2026년 3월 31일

지은이 에드저 페베스마·로저 비반드

옮긴이 이상일

펴낸이 김선기

펴낸곳 (주)푸른길

출판등록 1996년 4월 12일 제16-1292호

주소 (08377) 서울특별시 구로구 디지털로 33길 48 대륭포스트타워 7차 1008호

전화 02-523-2907, 6942-9570

팩스 02-523-2951

이메일 purungilbook@naver.com

홈페이지 www.purungil.com

ISBN 979-11-7267-099-3 93980

Spatial Data Science
with Applications in R

공간데이터사이언스

R 프로그래밍 예제

에드저 페베스마 · 로저 비반드 지음

이상일 옮김

푸른길

내가 인생을 살면서 정말 큰 변화라고 느낀 순간은 세 번 있었다. 첫 번째는 퍼스널 컴퓨터의 대중화, 두 번째는 개인용 휴대폰의 보급, 그리고 세 번째는 생성형 AI의 출현이다. 그런데 마지막 변화는 앞의 두 경우와는 비교가 되지 않을 정도의 충격으로 다가왔다. 역사 속의 모든 기술이 그러하듯, 이것 역시 언젠가는 한낱 과거의 유물이 될 것이다. 몇 해가 지나 이 역자 서문을 다시 읽게 된다면, 지금의 나의 호들갑이 부끄러움으로 돌아올지도 모른다. 그럼에도 불구하고, 내가 지금 인류 문명이 하나의 거대한 전환점을 통과하고 있을지도 모른다는 생각에서 비롯된 이 경외와 공포의 감정을, 미래에 예상되는 면구함을 이유로 애써 숨길 수만은 없는 노릇이다.

생성형 AI는 진정으로 독보적이다. 그러나 나는 생성형 AI의 탄생과 앞으로의 진화 과정을 개별 기술의 혁신으로만이 아니라, 보다 넓은 지적·사회적 맥락 속에서 이해할 필요가 있다고 생각한다. 내가 보기에 우리는 지금 세 가지 '사이언스'가 동시에 융합하고 있는 시대에 살고 있다. 그 세 가지는 데이터사이언스, 오픈사이언스, 그리고 공간사이언스이다. 이 세 가지 사이언스의 융합은 생성형 AI의 탄생을 이끌었을 뿐만 아니라, 그 미래의 진화 경로 또한 규정할 것이라 나는 믿는다. 수학, 통계학, 컴퓨터과학의 융합으로 탄생한 데이터사이언스는 생성형 AI 알고리즘 발전의 핵심 기반을 이루어 왔다. 오픈사이언스라는 철학이자 운동이며 실천 방식은 연구 데이터와 코드, 알고리즘, 논문의 개방과 공유 문화를 확산시킴으로써, 생성형 AI가 학습할 수 있는 대규모 훈련 자원과 혁신의 생태계를 마련하는 데 결정적인 역할을 해 왔다. 공간사이언스는 데이터와 현상을 공간적 맥락과 관계 구조 속에서 조직함으로써, 생성형 AI가 현실 세계를 이해하고 재현하는 방식 자체를 변화시키며, 그 미래의 진화 경로를 규정하는 데 핵심적인 역할을 수행한다.

사실 공간사이언스는 이미 오래전부터 데이터사이언스의 탁월한 실천 사례들을 통해 그 잠재력을 입증해 왔다. 존 스노의 콜레라 지도는 공간적 사고와 데이터 분석의 결합이 사회적 문제를 얼마나 강력하게 해석할 수 있는지를 보여 주는 고전적 사례로, 오늘날까지도 반복해 인용된다. 오늘날의 자율주행 기술 역시 위치와 공간 인식을 핵심 전제로 삼으며 원격탐사 기술을 적극적으로 활용하고 있다. 더 나아가 인공위성 영상과 라이다 영상, 우주 관측 영상, 의료 및 뇌 영상 등 방대한 공간·

영상 데이터의 축적은 생성형 AI가 학습하고 추론할 수 있는 세계의 범위를 크게 확장시키고 있다. 이러한 데이터는 단순한 규모를 넘어 위치·형태·관계·패턴이라는 고차원적 공간 정보를 내포하며, 생성형 AI가 현실 세계를 보다 구조적으로 이해하도록 만드는 핵심 자원이 된다. 나는 이러한 이유에서 생성형 AI의 미래에 공간사이언스가 차지하는 비중은 지금보다 훨씬 더 커질 것이라 믿는다. 언어와 텍스트를 넘어 공간적으로 조직된 세계를 이해하고 재현하는 능력이 인공지능의 핵심 역량으로 부상하는 시대에, 공간사이언스는 생성형 AI 진화를 견인하는 중심 축으로 자리 잡게 될 것이다.

이런 의미에서, 내가 번역한 이 책의 진정한 제목은 '오픈공간데이터사이언스'여야 한다고 생각한다. 그리고 이러한 생각은 저자들의 서장에 이미 잘 정리되어 있다. "데이터사이언스와 마찬가지로 공간데이터사이언스도 특정 과학 분야의 하위 영역으로서 위로부터 형성된 것이 아니라, 공간데이터 활용과 관련된 다양한 학문 및 산업 분야에서의 상향식 발전을 통해 형성되어 온 분야이다. … 지난 30~40년 동안 우리는 기본 아이디어, 데이터, 소프트웨어 기반의 분석 절차 등 연구의 전 과정을 기꺼이 공유해 온 수많은 연구자들과 함께해 왔으며, 이 책은 그러한 공동 경험을 정리한 결과물이다. 이를 통해 공간데이터사이언스의 발전에 작게나마 기여하고자 하는 것이 우리의 본래 의도이다. … 우리가 이 분야에 기여하고자 하는 이유는, 오픈사이언스가 더 나은 과학을 가능하게 하며, 더 나은 과학이 보다 지속가능한 세상을 만드는 데 기여할 수 있다고 믿기 때문이다."

두 저자를 기리지 않을 수 없다. 먼저 로저 비반드(Roger Bivand)는 오픈공간데이터사이언스의 형성과 확산에 결정적인 기여를 해 온 학자이다. 그는 공간통계학, 공간데이터분석, 공간계량경제학의 이론을 R이라는 오픈소스 생태계 위에 구현함으로써, 공간분석을 소수 전문가의 영역에서 벗어나 누구나 접근하고 재현할 수 있는 지식으로 전환시키는 데 중심적인 역할을 했다. 특히 spdep를 비롯한 일련의 패키지와 문서, 교육 자료는 공간데이터분석의 표준적 도구와 언어를 형성하며, 연구의 투명성과 재현성이라는 오픈사이언스의 가치를 공간사이언스 영역에 깊이 뿌리내리게 했다. 나는 2008년 미국 텍사스대학교에서 열린 한 워크숍에서 그를 직접 만났고, 그때 함께 찍은 사진

한 장을 지금도 고이 간직하고 있다. 지금은 은퇴했지만, 좋은 기회가 된다면 이 번역서를 직접 전달할 수 있기를 진심으로 바란다. 한국어판 서문 집필을 흔쾌히 수락해 준 것에 대해서도 깊이 감사드린다.

에드저 페베스마(Edzer Pebesma)의 기여 역시 오픈공간데이터사이언스의 발전을 논함에 있어 빼놓을 수 없다. 그는 sf, stars와 같은 핵심 패키지를 통해 공간데이터를 다루는 방식 자체를 근본적으로 재정의하며, 공간데이터분석을 현대 데이터사이언스의 문법 속으로 자연스럽게 통합시켰다. 단순성, 일관성, 상호운용성을 중시하는 그의 설계 철학은 공간데이터를 특수한 데이터가 아니라 일반적인 데이터 분석 흐름 속에서 다룰 수 있도록 만들었고, 이는 오픈소스 기반 공간사이언스의 저변을 비약적으로 확장시키는 데 결정적인 역할을 했다. 이 책은 이러한 기술적 혁신과 철학적 지향이 결합된 결과물로서, 오픈공간데이터사이언스가 현재 어디에 와 있는지를 가장 잘 보여 주는 안내서라 할 수 있다. 더 나아가 그는 현재 R, Python, Julia 등 여러 프로그래밍 언어를 아우르는 '언어초월 공간데이터사이언스'의 비전을 선도적으로 제시하며, 그 실현을 향한 연구와 개발을 이끌고 있다.

나는 공간데이터분석으로 박사학위를 받았으며, 현재 서울대학교 지리교육과에서 지도학, GIS, 공간통계분석, 원격탐사, 인구지리학을 공간데이터사이언스의 관점하에서 강의하고 있다. 1998년 유학 시절 처음 접한 S-Plus와 SpatialStats 모듈이 그 출발점이었고, 이 책의 두 저자와 같은 사람들을 통해 공간데이터분석에서 공간데이터사이언스로 진화해 나갈 수 있었다. 여기에 R 생태계의 혁신과 타이디버스, 그리고 sf, terra, tmap과 같은 환상적인 공간 패키지는 나를 끊임없이 지속하고 갱신하게 만드는 원동력이 되었다. 데이터사이언스를 잘한다고 해서 공간데이터사이언스를 곧바로 잘할 수 있는 것은 아니다. 오히려 데이터사이언스의 정수는 공간데이터사이언스에 있다고 나는 믿는다. 오랫동안 공간사이언스에서 훈련을 받아 왔고, 이를 바탕으로 오픈공간데이터사이언스로 스스로를 진화시키고 있으며, 이 모든 여정을 영특하기 이를 데 없는 젊은 학생들과 함께 나눌 수 있다는 사실에 진심으로 감사한다.

2026년 2월

이상일 @ 37°27′37.4″N, 126°57′18.6″E

우리는 이상일 교수의 기여에 힘입어 본서의 한국어판이 출간되게 된 것을 진심으로 기쁘게 생각합니다. 책이 출간된 이후에도, 우리는 책의 소스 코드 전체를 지속적으로 최신 상태로 유지해 왔으며, 이는 R 자체의 변화와 사용된 패키지들의 갱신을 반영한 것입니다. 이러한 업데이트에는 연습문제와 해답도 포함되어 있으며(https://r-spatial.org/book), 모든 자료가 이에 맞추어 함께 보완되고 있습니다.

출판 이후 공간데이터사이언스 분야에서는 다양한 변화가 있었지만, 그중에서도 공간데이터사이언스 커뮤니티의 지속적인 발전을 특히 강조하고자 합니다. R, Python, Julia 등 여러 프로그래밍 언어를 통합적으로 다루는 '언어초월 공간데이터사이언스(Spatial Data Science across Languages, SDSL)' 프로그램은 2023~2025년 세 차례의 워크숍을 성공적으로 개최하였으며(https://spatial-data-science.github.io), 이를 통해 다양한 언어 기반의 공간데이터사이언스 개발자들이 함께 협력하는 국제적 네트워크가 구축되었습니다(예: Pebesma et al., 2025). 또한 Lovelace 외 (2025)의 두 번째 판은 이제 Python 버전(Dorman et al., 2025)과 나란히 제공되고 있으며, 이러한 작업들의 현황과 웹북은 해당 사이트(https://gcocompx.org)에서 확인할 수 있습니다. 그 결과, 본서를 사용하는 독자들은 R 기반의 공간데이터사이언스 지식이 여러 구현 언어에 걸쳐 개념적 조화를 이루는 데 더욱 중요한 역할을 한다는 점을 분명히 느낄 수 있을 것입니다.

마지막으로, GDAL, GEOS, PROJ와 같은 외부 라이브러리에 연동되던 기존 R 패키지들의 단계적 폐기는 이미 완료되었습니다. 과거 해당 라이브러리를 사용하던 R 패키지의 절대 다수는 이제 sf, terra, 기타 현대적 R 패키지로 안전하게 이전되었으며, 이를 통해 공간데이터를 읽고, 쓰고, 변환하고, 처리하는 작업을 한층 견고하고 일관된 방식으로 수행할 수 있게 되었습니다.

2025년 10월

에드저 페베스마와 로저 비반드

서장

데이터사이언스는 주어진 데이터를 바탕으로 질문에 대한 해답을 찾고, 그 과정을 타인과 효과적으로 소통하는 학문이다. 여기서 소통은 단순히 결과를 제시하는 것을 넘어, 사용된 데이터를 공유하고 해답 도출의 전 과정을 포괄적이며 재현 가능한 방식으로 투명하게 공개하는 것을 포함한다. 또한 데이터사이언스는 주어진 데이터가 질문에 답하기에 충분하지 않을 수 있음을 인정하며, 설령 해답이 도출되었다 하더라도 데이터 수집 또는 표본추출 방식에 따라 그 결과가 달라질 수 있음을 수용한다.

이 책은 **공간데이터**의 기본 개념을 소개하고 설명한다. 포인트, 라인, 폴리곤, 래스터, 커버리지, 지오메트리 속성, 데이터 큐브, 좌표 참조계와 같은 기초 개념부터, 속성과 지오메트리가 어떻게 연결되고 이러한 연결이 분석에 어떤 영향을 미치는지에 관한 고차원 개념까지를 다룬다. 속성과 지오메트리 간의 관계를 서포트(support)라 하며, 서포트가 달라지면 속성의 특성도 변할 수 있다. 일부 데이터는 공간적 연속성에 기반해 생성되어 모든 지점에서 관찰이 가능하지만, 다른 데이터는 공간적 이산성에 기반해 특정한 구획 체계를 통해서만 관찰된다. 현대 공간데이터분석에서는 이러한 구획 체계 개념이 포인트 데이터, 지구통계학적 데이터, 에어리어 데이터를 포함한 다양한 데이터 유형에 폭넓게 적용된다. 공간적 재현의 중요성을 뒷받침하는 핵심 개념이 바로 서포트이며, 서포트에 대한 이해는 필수적이다. 이 책은 공간데이터를 분석에 활용하고자 하는 데이터 과학자를 주요 독자로 한다. 책 전반에 걸쳐 공간데이터분석의 절차와 방법을 설명하며, 예시에는 프로그래밍 언어 R을 사용한다. 향후에는 Python과 Julia를 활용한 예제도 추가할 예정이다(Bivand 2022b 참조).

공간데이터에 대해 흔히 갖는 통념이 있다. 공간데이터란 관측 개체의 경위도값을 속성으로 포함한 데이터이며, 이 경위도값을 다른 변수들과 동일하게 취급해도 무방하다는 생각이다. 그러나 이러한 인식은 더 풍부한 연구 결과를 도출할 기회를 놓칠 뿐 아니라, 잘못된 결론에 이를 위험을 높인다. 다음의 세 가지 점을 살펴보자.

- 좌표 쌍은 반드시 함께 다루어야 한다. 좌표는 말 그대로 쌍이므로, 하나의 독립적인 값처럼 분리해서는 안 된다.
- 관측 개체의 형태를 고려해야 한다. 포인트, 라인, 폴리곤, 그리드 셀 등 다양한 형태가 있으며, 각 형태의 특성에 맞는 방법으로 처리해야 한다.
- 적절한 거리 개념을 선택해야 한다. 관측 개체 간의 공간적 거리는 단순한 직선 거리뿐 아니라, 상황에 따라 대권(great circle) 거리, 네트워크 거리, 또는 비용 거리로 나타내는 것이 더 적합할 수 있다.

이 책은 공간데이터, 좌표참조계, 공간분석과 관련된 다양한 개념뿐만 아니라 **sf**(Pebesma 2018, 2022a), **stars**(Pebesma 2022b), **s2**(Dunnington, Pebesma, and Rubak 2023), **lwgeom**(Pebesma 2023)와 같은 여러 R 패키지를 함께 다룬다. 이와 더불어 공간적 **tidyverse**(Wickham et al. 2019; Wickham 2022) 확장 패키지와 이들 패키지와 연계하여 사용할 수 있는 공간분석 및 시각화 패키지들인 **gstat**(Pebesma 2004; Pebesma and Graeler 2022), **spdep**(Bivand 2022b), **spatialreg**(Bivand and Piras 2022), **spatstat**(Baddeley, Rubak, and Turner 2015; Baddeley, Turner, and Rubak 2022), **tmap**(Tennekes 2018, 2022), **mapview**(Appelhans et al. 2022)도 함께 소개한다.

데이터사이언스와 마찬가지로 공간데이터사이언스도 특정 과학 분야의 하위 영역으로서 위로부터 형성된 것이 아니라, 공간데이터 활용과 관련된 다양한 학문 및 산업 분야에서의 상향식 발전을 통해 형성되어 온 분야이다. 학술대회, 심포지엄, 학회, 연구 프로그램 등을 통해 공간데이터사이언스를 정의하려는 시도가 이어지고 있으나, 그 응용 범위가 워낙 광범위하고 다양하기 때문에 결실을 맺기는 쉽지 않다. 이 책에 '공간데이터사이언스'라는 제목을 붙인 이유는 이 분야의 경계를 명확히 규정하려는 의도에서 비롯된 것이 아니다. 지난 30~40년 동안 우리는 기본 아이디어, 데이터, 소프트웨어 기반의 분석 절차 등 연구의 전 과정을 기꺼이 공유해 온 수많은 연구자들과 함께해 왔으며,

이 책은 그러한 공동 경험을 정리한 결과물이다. 이를 통해 공간데이터사이언스의 발전에 작게나마 기여하고자 하는 것이 우리의 본래 의도이다. 따라서 이 책에서 다루는 주제의 선택은 필연적으로 저자들의 연구 관심과 경험에 일정 부분 편향될 수밖에 없다. 우리가 경험한 오픈 연구 커뮤니티의 형성에는 여러 플랫폼이 중요한 역할을 했다. ai-geostats, r-sig-geo 메일링 리스트, source-forge, R-forge, GitHub, 그리고 2006년부터 매년 열리고 있는 OpenGeoHub 여름학교가 그 예이다. 데이터사이언스라는 언어 장벽을 넘어서려는 수많은 노력의 결과, 오늘날 우리는 새로운 가능성과 흥미로운 관점이 열리고 있음을 실감하고 있다. 우리가 이 분야에 기여하고자 하는 이유는, 오픈사이언스가 더 나은 과학을 가능하게 하며, 더 나은 과학이 보다 지속가능한 세상을 만드는 데 기여할 수 있다고 믿기 때문이다.

우리는 r-spatial 커뮤니티 전체에 깊이 감사드리며, 특히 다음에 열거한 분들께 특별한 감사를 전한다.

- r-spatial 패키지를 개발하거나 그 개발에 기여해 주신 분들
- 트위터의 #rspatial 해시태그나 GitHub에서 토론에 참여해 주신 분들
- 강좌, 여름학교, 학술 컨퍼런스에서 의견을 개진하거나 질문을 통해 토론에 기여해 주신 분들

특히, s2 패키지를 구현한 듀이 더닝턴(Dewey Dunnington)과, 제6장 데이터 큐브의 그림을 준비해 준 사힐 반다리(Sahil Bhandari), 조너선 발만(Jonathan Bahlmann), 그리고 클라우스 빌케(Claus Wilke), 야쿠브 노보사드(Jakub Nowosad)의 적극적인 기여에 깊이 감사드린다. 또한 2021년과 2022년에 진행된 'R을 활용한 공간데이터사이언스(Spatial Data Science with R)' 수업의 참가자들과, 다음의 GitHub 리포지터리에서 이슈, 풀 리퀘스트, 디스커션 등을 통해 적극적으로 참여해 주신 모든 분들께도 진심으로 감사드린다.

- 이 책의 리포지터리(Nowosad, jonathom, JaFro96, singhkpratham, liuyadong, huriel-reichel, PPaccioretti, Robinlovelace, Syverpet, jonas-hurst, angela-li, ALanguillaume, florisvdh, ismailsunni, andronaco)
- sf 리포지터리(aecoleman, agila5, andycraig, angela-li, ateucher, barryrowlingson, bbest, BenGraeler, bhaskarvk, Bisaloo, bkmgit, christophertull, chrisyeh96, cmcaine, cpsievert, daissi, dankelley, DavisVaughan, dbaston, dblodgett-usgs, dcooley, demor-enoc, dpprdan, drkrynstrng, etiennebr, famuvie, fdetsch, florisvdh, gregleleu, hadley, hughjonesd, huizezhang-sherry, jeffreyhanson, jeroen, jlacko, joethorley, joheisig, Jo-shOBrien, jwolfson, kadyb, karldw, kendonB, khondula, KHwong12, krlmlr, lambda-moses, lbusett, lcgodoy, lionel-, loicdtx, marwahaha, MatthieuStigler, mdsumner, Mi-

chaelChirico, microly, mpadge, mtennekes, nikolai-b, noerw, Nowosad, oliverbeagley, Pakillo, paleolimbot, pat-s, PPaccioretti, prdm0, ranghetti, rCarto, renejuan, rhijmans, rhurlin, rnuske, Robinlovelace, robitalec, rubak, rundel, statnmap, thomasp85, tim-salabim, tyluRp, uribo, Valexandre, wibeasley, wittja01, yutannihilation, Zedseayou)
- **stars** 리포지터리(a-benini, ailich, ateucher, btupper, dblodgett-usgs, djnavarro, Erick-Chacon, ethanwhite, etiennebr, flahn, floriandeboissieu, gavg712, gdkrmr, jannes-m, jeroen, JoshOBrien, kadyb, kendonB, mdsumner, michaeldorman, mtennekes, Nowosad, pat-s, PPaccioretti, przell, qdread, Rekyt, rhijmans, rubak, rushgeo, statnmap, uribo, yutannihilation)
- **s2** 리포지터리(kylebutts, spiry34, jeroen, eddelbuettel)

차례

제3부 공간통계분석과 공간모델링

10. 공간데이터의 통계적 모형화 182

11. 포인트 패턴 분석 193

12. 공간적 내삽 206

13. 다변량 및 시공간 지구통계학 225

제1부
공간데이터

이 책의 제1부에서는 공간데이터사이언스의 핵심 개념을 다룬다. 지도, 투영, 벡터 및 래스터 데이터의 구조, 소프트웨어, 속성과 서포트, 데이터 큐브 등의 개념을 익히게 된다. 이 부분에서 R의 비중은 크지 않으며, 주로 텍스트 출력이나 그래프 작성에만 사용된다. 따라서 독자가 내용에 집중할 수 있도록 R 코드를 제시하거나 설명하지 않는다. R은 제2부에서 본격적으로 다루어진다. 이 책의 온라인 버전(https://r-spatial.org/book)에서는 모든 R 코드를 확인할 수 있으며, 필요한 경우 클립보드에 복사해 실행해 볼 수 있다. R 코드 실행 결과는 # 기호로 시작하며, 코드 폰트로 표시된다.

```
# Linking to GEOS 3.11.1, GDAL 3.6.4, PROJ 9.1.1; sf_use_s2( ) is TRUE
```

공간데이터사이언스 문제 해결을 위한 R 코드에 대한 보다 상세한 설명은 제2부부터 시작된다. 부록 B에는 R 데이터 구조에 대한 간략한 설명이 있으며, 더 자세한 내용은 Wickham(2014)을 참고하면 된다.

1. 시작하기

이 장에서는 공간데이터와 시공간데이터를 다루기 위해 필수적으로 알아야 할 기본 개념을 개략적으로 소개한다. 이어지는 장들에서 이러한 개념을 보다 자세히 다룰 것이다. 또한 모든 공간데이터 사이언스 실행 환경의 기반이 되는 몇 가지 오픈소스 기술도 간략히 설명한다.

1.1 첫 번째 지도

공간데이터를 표현하는 가장 전형적인 방법은 지도를 그리는 것이다. 그림 1.1은 그중에서도 단순한 형태의 지도를 예시로 보여 준다.

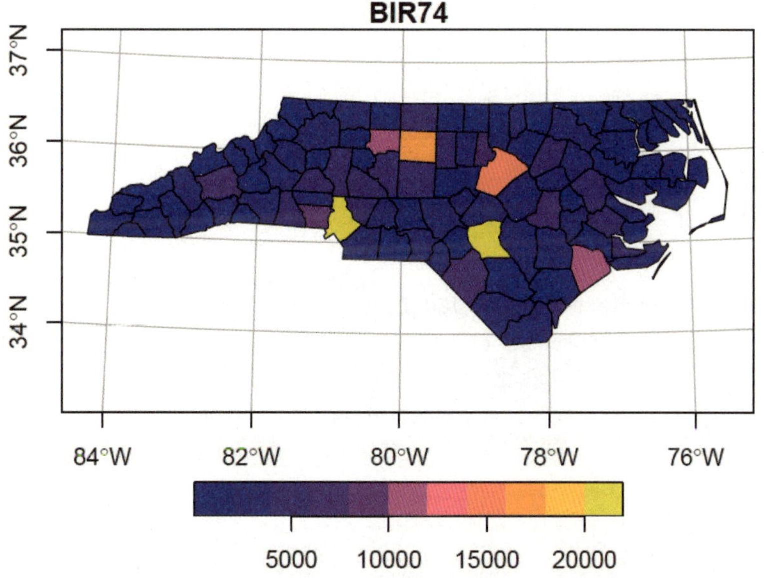

그림 1.1: 첫 번째 지도: 미국 노스캐롤라이나의 카운티별 출생아 수, 1974~1978년

이 지도에는 다음과 같은 그래픽 요소가 포함되어 있다.

- 폴리곤: 검은색 외곽선으로 표시되며, 내부는 **BIR74** 변수(지도 제목)의 값에 따라 서로 다른 컬러로 채워져 있다.
- 범례: 컬러가 나타내는 값을 설명하며, 특정 **컬러 팔레트**(color palette)가 적용되어 있고 컬러 변화 지점에는 **컬러 단절값**(color break)이 표시되어 있다.

- 경위선망(그래티큘): 지도의 배경에 표시된다.
- 축 눈금: 경도와 위도 값을 나타낸다.

폴리곤은 공간 **지오메트리**(geometry)의 한 형태다. 공간 지오메트리(포인트, 라인, 폴리곤, 픽셀)에 대해서는 3장에서 자세히 다룬다. 폴리곤은 여러 포인트가 선분으로 연결되어 형성되며, 포인트의 위치 표현과 측정 방법은 2장에서 설명한다. 그림 1.1에서 볼 수 있듯, 모든 경위선이 직선으로 나타나지는 않는다. 이는 지도에 특정 투영법이 적용되었음을 의미하며, 지도 투영에 대한 내용은 2장과 8.1절에서 다룬다.

그림 1.1에서 컬러로 표현된 것은 **BIR74** 변수의 값이다. 각 값은 하나의 지오메트리, 즉 하나의 **피처**(feature)에 연결되어 있으며, 피처 속성과 지오메트리의 관계는 5장에서 다룬다. **BIR74** 변수는 출생아 수를 나타내는 지역별 빈도값(count)이다. 여기서 '지역별'이라는 말은, 이 값이 지역 내 모든 지점과 직접적으로 대응되는 것이 아니라는 뜻이다. 지도의 컬러가 연속적으로 채색되어 있어 모든 지점이 해당 값을 가진다고 오해할 수 있지만, 실제로는 해당 값이 폴리곤 전체와 연결된 일종의 적분값임에 유의해야 한다.

그림 1.1의 지도를 작성하려면 당연히 데이터가 필요하다. 여기서는 7.1절에서 사용된 파일을 불러와 사용하였다. 세 개 속성 변수에 대해 앞의 세 개 레코드만 요약한 결과는 다음과 같다.

```
# Simple feature collection with 100 features and 3 fields
# Geometry type: MULTIPOLYGON
# Dimension:      XY
# Bounding box:  xmin: -84.3 ymin: 33.9 xmax: -75.5 ymax: 36.6
# Geodetic CRS:  NAD27
# # A tibble: 100×4
#    AREA BIR74 SID74                                          geom
#   <dbl> <dbl> <dbl>                            <MULTIPOLYGON [°]>
# 1 0.114  1091     1 (((-81.5 36.2, -81.5 36.3, -81.6 36.3, -81.6 36…
# 2 0.061   487     0 (((-81.2 36.4, -81.2 36.4, -81.3 36.4, -81.3 36…
# 3 0.143  3188     5 (((-80.5 36.2, -80.5 36.3, -80.5 36.3, -80.5 36…
# # i 97 more rows
```

이 데이터 요약을 통해 다음과 같은 사실을 알 수 있다.

- 데이터셋은 100개의 피처(레코드)와 3개의 필드(속성)로 구성되어 있다.
- 지오메트리 유형은 **MULTIPOLYGON**이다(3장 참조).

- 디멘션은 XY이다. 즉, 개별 포인트는 두 개의 좌표값으로 구성되어 있다.
- CRS(coordinate reference system, 좌표참조계)는 측지 좌표계이며, **NAD27** 데이텀을 기반으로 한 경위도값을 사용한다(2장 참조).
- 세 개의 속성 변수 다음에는 **MULTIPOLYGON** 유형의 **geom** 변수가 있는데, 이는 폴리곤 정보를 각도(°) 형식으로 저장하고 있다.

패싯(facet) 플롯을 활용하면 그림 1.2와 같이 보다 복잡한 형태의 지도를 작성할 수 있다.

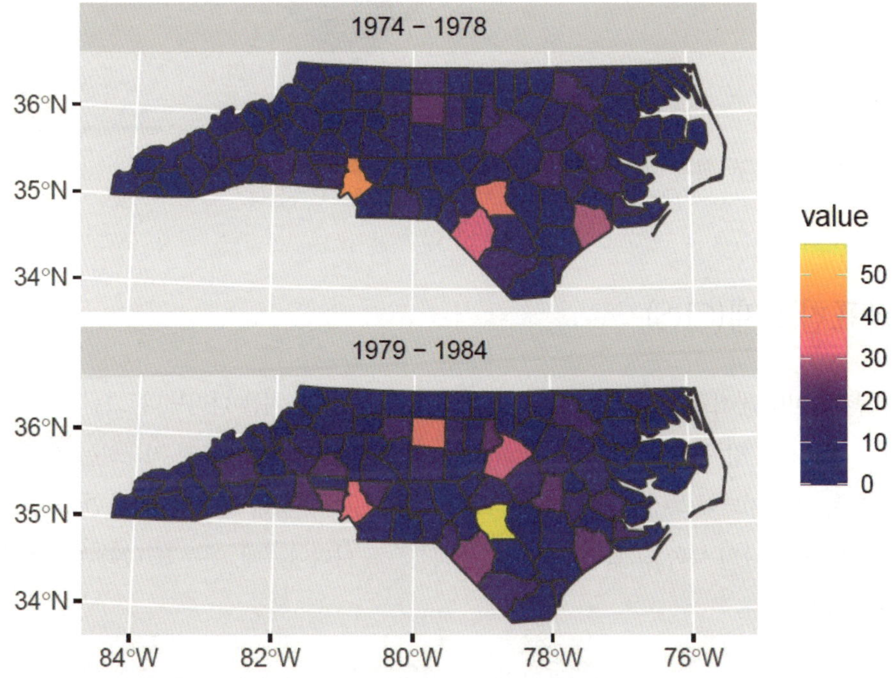

그림 1.2: 미국 노스캐롤라이나 카운티별 영아돌연사증후군에 의한 사망아 수의 패싯 지도, 1974~1978년과 1979~1984년

리플릿(leaflet)을 사용하면 그림 1.3과 같은 인터랙티브 지도를 제작할 수 있다.

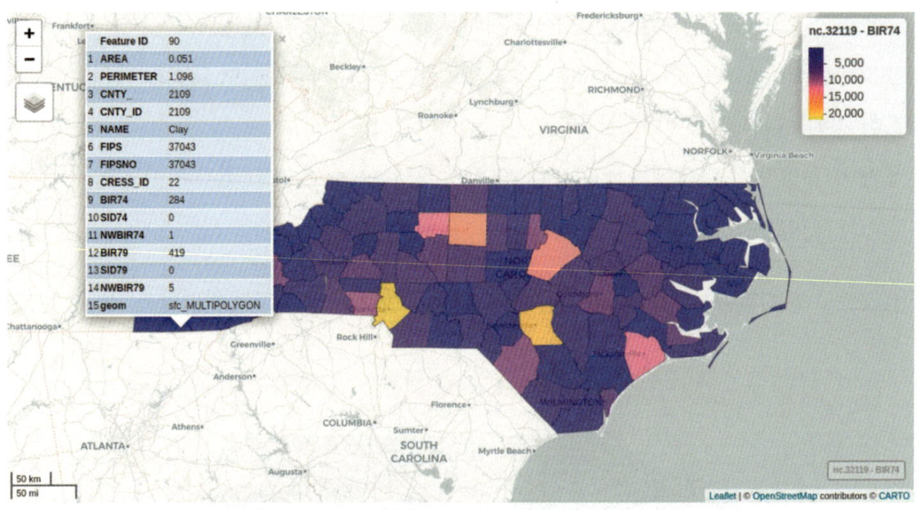

그림 1.3: **mapview**로 그린 상호작용형 지도: 팬과 줌을 이용해 지도 스케일에 변화를 줄 수 있고 카운티를 클릭하면 해당 카운티의 속성을 보여 주는 팝업 윈도우가 뜬다.

1.2 좌표참조계(CRS)

CRS는 공간데이터의 좌표값이 어떤 기준과 규칙에 따라 정의되는지를 나타낸다. 그림 1.1의 배경에 보이는 회색선은 경위선망, 즉 **그래티큘**(graticule)이다. 경위선이 x, y축과 직교하는 직선이 아니라는 점은, 이 데이터에 특정한 **투영법**(projection)이 적용되었음을 보여 준다. 반면 그림 1.3에서는 노스캐롤라이나의 북쪽 경계가 곡선이 아닌 직선으로 나타나는데, 이는 또 다른 투영법이 사용되었음을 의미한다.

그림 1.1에 나타난 경위도 좌표는 특정한 **데이텀**(datum), 여기서는 NAD27에 기반하고 있다.[1] 데이텀은 지구를 모형화하기 위해 어떤 지구타원체를 선택하고, 이를 지구와 어떻게 일치시킬 것인가—즉 지구타원체의 원점을 지구상의 어느 지점에, 어떤 방향으로 맞출 것인가—에 대한 일련의 사항을 규정한다. 예를 들어, GPS 수신기(예: 모바일 폰)를 통해 획득한 좌표값은 WGS84(World Geodetic System 1984) 데이텀에 기반한다. 이 좌표값을 NAD27(North American Datum 1927) 기준으로 해석하면, 동일한 좌표값이 실제 위치에서 약 30m 정도 차이 날 수 있다.

투영법은 하나의 좌표계에서 다른 좌표계로 변환하기 위해, 두 좌표값 간의 대응 관계를 정의하는 함수이다.

- **타원체 좌표**(ellipsoidal coordinates): 지구를 수학적으로 모형화한 지구타원체(또는 지구구

체)상의 3차원 좌표로, 경도와 위도를 사용하여 표현한다.

- **투영 좌표**(projected coordinates): 지도상의 2차원 평면 좌표계로, 일반적으로 x좌표와 y좌표 또는 동거(easting)와 북거(northing)로 나타낸다.

한 데이텀을 다른 데이텀으로 변환하는 과정을 데이텀 변환이라고 한다. 투영과 좌표계는 **공간참조계**(spatial reference system)의 설정과 관련된 개념이며, 이에 대해서는 2장에서 자세히 설명한다.

1.3 래스터 데이터와 벡터 데이터

포인트, 라인, 폴리곤 지오메트리는 벡터(vector) 데이터의 대표적인 예이다. 벡터 지오메트리를 구성하는 좌표값은 지표상의 '정확한' 위치를 나타낸다. 이에 반해, 래스터(raster) 데이터는 주로 정사각형 픽셀로 구성된 격자망(이를 래스터라고 부른다)에 각 셀의 속성값이 할당된 형태의 데이터이다. 래스터 데이터의 예는 그림 1.4에 제시되어 있다.

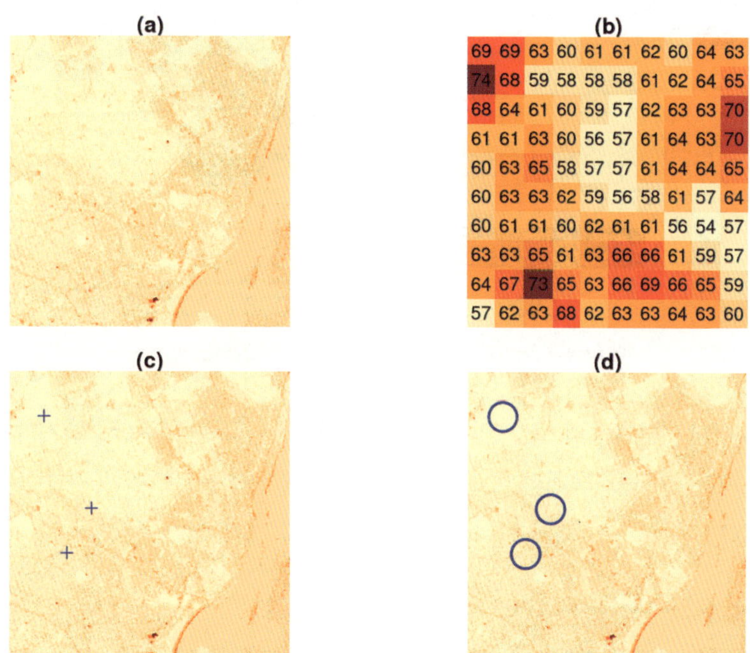

그림 1.4: 브라질의 대서양 연안 도시 올린다에 대한 래스터 지도: (a) Landsat-7의 청색 밴드를 타나낸 것으로 서로 다른 컬러는 속성값의 차이를 나타냄. (b) 좌상의 10×10픽셀만 확대하여 나타냄. (c) 3개의 표본 포인트로 구성된 벡터 데이터를 중첩하여 나타냄. (d) 표본 포인트로부터 반경 500m를 나타낸 3개의 폴리곤으로 구성된 벡터 데이터를 중첩하여 나타냄.

벡터 데이터와 래스터 데이터는 여러 방식으로 결합할 수 있다. 예를 들어, 그림 1.4(c)에 나타난 세 개의 포인트에 해당하는 래스터 값을 추출할 수 있으며, 그림 1.4(d)에 나타난 원 내부에 포함된 모든 래스터 값을 선택적으로 추출할 수도 있다.

래스터에서 벡터로의 전환은 7.6절에서 다루며, 다음과 같은 내용을 포함한다.

- 래스터 픽셀 값을 포인트의 속성값으로 전환하기
- 래스터 픽셀 값을 폴리곤의 속성값으로 전환한 후, 동일한 속성값을 가진 폴리곤을 병합하기('폴리곤 생성')
- 특정 범위의 값을 가진 연속적인 픽셀 영역을 라인이나 폴리곤으로 표현하기('등치선 생성')

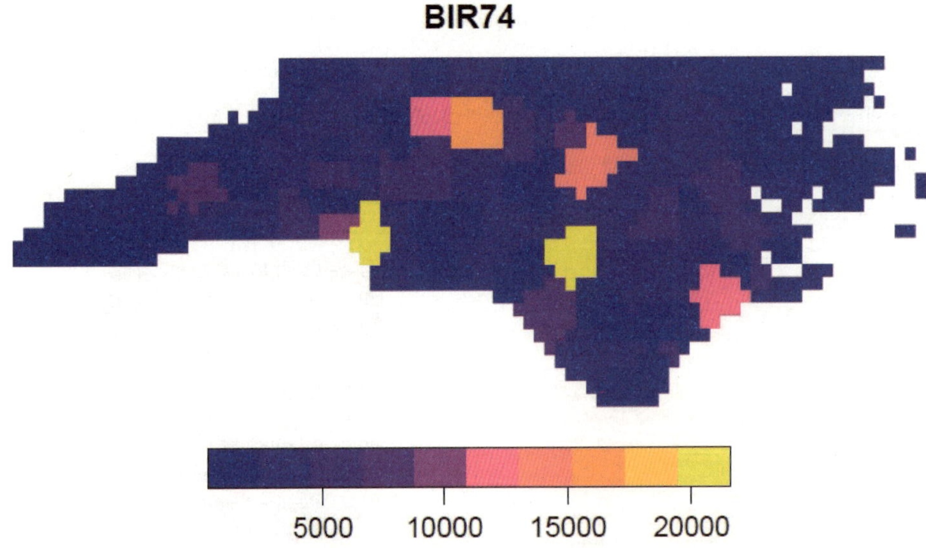

그림 1.5: 그림 1.1에 나타나 있는 카운티별 출생아 수(1974~1978)를 래스터화하여 나타낸 지도

그림 1.5에 나타난 벡터에서 래스터로의 전환(폴리곤의 래스터화)은 매우 단순한 사례이다. 그러나 다른 형태의 벡터-투-래스터 전환은 보다 복잡한 통계적 모형화를 수반한다. 예를 들어 다음과 같은 경우가 있다.

- 포인트 속성값을 내삽하여 그리드 셀에 할당하기(12장 참조)
- 포인트의 밀도 분포를 추정하여 그리드 셀에 할당하기(11장 참조)
- 폴리곤의 속성값을 면적 가중 내삽을 통해 그리드 셀에 할당하기(5.3절 참조)
- 포인트, 라인, 폴리곤을 래스터로 직접 변환하기(7.6절 참조)

1.4 래스터 유형

래스터 데이터의 디멘션은 행과 열이 공간 좌표계와 어떻게 연결되는가에 따라 결정된다. 그림 1.6
은 그 다양한 가능성을 예시로 보여 준다.

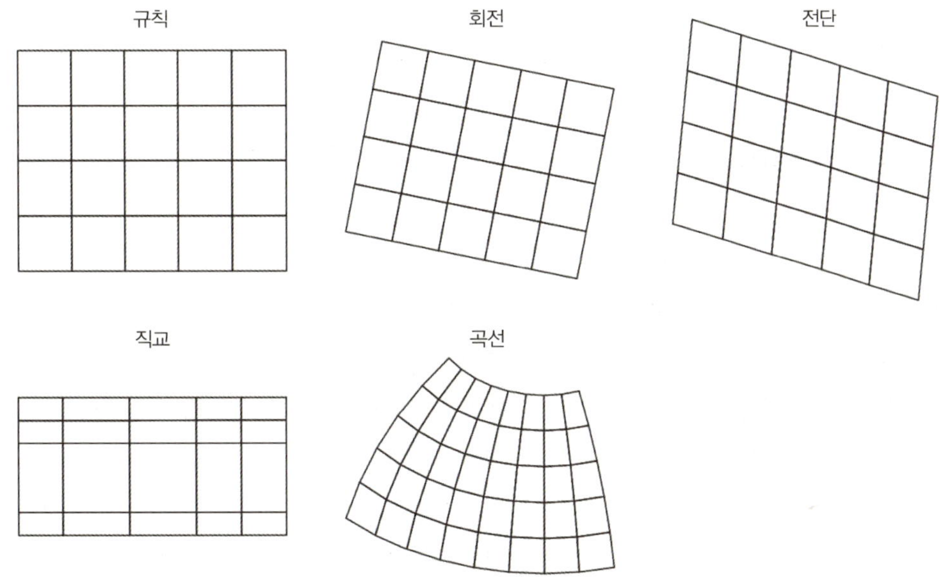

그림 1.6: 다양한 래스터 지오메트리 유형

그림 1.6에 나타나 있는 규칙(regular) 래스터는 일정한 모양(반드시 정사각형일 필요는 없음)의 그
리드 셀로 구성되어 있으며, 가로축과 세로축이 x축(동거축)과 y축(북거축)과 일치한다. 그러나 이
외에도 다양한 형태의 래스터가 존재한다. 예를 들어, 가로축과 세로축이 x축 및 y축과 일치하지 않
는 **회전**(rotated) 래스터, 가로축과 세로축이 서로 직교하지 않는 **전단**(sheared) 래스터, 특정 디멘
션을 따라 셀 크기가 달라지는 **직교**(rectilinear) 래스터이다. 마지막으로, **곡선**(curvilinear) 래스
터는 셀의 크기나 방향이 한 디멘션에서만 결정되는 것이 아니라, 다른 디멘션의 변화에도 영향을
받는다.[2]

특정 CRS에 기반한 규칙 래스터가 있다고 하자. 이 래스터를 셀 구조를 그대로 유지한 채 다른 투영
법으로 변환하면, 직교 래스터가 될 수도 있고(예: 그림 1.3에서처럼 측지 좌표를 메르카토르 도법
으로 변환하는 경우), 곡선 래스터가 될 수도 있다(예: 그림 1.1에서처럼 측지 좌표를 람베르트 정형
원추 도법으로 변환하는 경우). 이와 같은 변환 과정을 역으로 수행하면 원래의 래스터를 손실없이
정확히 복원할 수 있다.

새로운 투영법이 적용된 규칙 그리드를 새로 생성하는 과정을 래스터(또는 이미지) 재투영(repro-jection) 또는 **워핑**(warping)이라고 한다(7.8절 참조). 워핑 과정에서는 정보 손실이 발생할 수 있으며, 일반적으로 불가역적이고 여러 옵션 설정이 필요하다. 예를 들어, 새로운 셀 값을 생성할 때 내삽을 적용할지, 평균값이나 합계값을 계산할지 여부를 결정해야 하며, 이웃 셀 값을 활용한 재샘플링 적용 여부도 함께 고려해야 한다. 이러한 선택은 래스터 셀 값이 범주형인지 연속형인지에 따라 달라질 수 있다(1.6절 참조).

1.5 시계열, 어레이, 데이터 큐브

많은 공간데이터는 공간적 특성**뿐만 아니라** 시간적 특성도 함께 지닌다. 모든 관측치는 관측이 이루어진 특정 지점뿐 아니라, 관측이 수행된 특정 시점과도 결부되어 있다. 예를 들어, 노스캐롤라이나 카운티 데이터셋은 그림 1.2에서 보듯 두 시점의 관측값을 포함하고 있다. 원래 데이터셋에서는 이 두 시점의 값이 각각 별도의 변수로 저장되어 있었을 가능성이 크지만, 그림 1.2와 같이 두 개의 패싯 지도로 표현하려면 지오메트리를 반복하여 두 변수를 하나의 열로 길게 배열하는 형태로 변형해야 한다. 위컴(Wickham 2014)은 이러한 형태를 **타이디**(tidy) 형태라고 부른다. 그러나 지오메트리와 연결된 긴 시계열 데이터를 다룰 때는, 시간별로 여러 열을 사용하는 방식도, 지오메트리를 반복해 하나의 열로 시간값을 나열하는 방식도 효율적이지 않을 수 있다. 이러한 경우에는 시간과 공간을 각각 하나의 차원으로 설정한 매트릭스나 어레이(array) 구조가 더 효과적일 수 있다. 이미지나 래스터 데이터는 본래 매트릭스 구조로 저장되며, 여기에 시간이 추가되면 3차원 어레이가 된다. 이렇게 여러 차원의 데이터를 저장 및 표현하는 일반적인 구조를 (시공간적) **데이터 큐브**(data cube)라고 한다. 데이터 큐브는 차원의 수에 제한이 없는 어레이 구조를 의미하며, 벡터 데이터와 래스터 데이터 모두에 적용될 수 있다. 이에 대한 다양한 예시는 6장에서 다룬다.

1.6 서포트

단일 포인트 지오메트리가 아닌, 포인트 집합 지오메트리(다중 포인트, 라인, 폴리곤, 픽셀)를 가진 공간데이터의 경우 결부된 속성값은 해당 지오메트리와 몇 가지 서로 다른 방식으로 연결될 수 있다.

- 지오메트리의 모든 포인트에 공통적으로 적용되는 **상수값**(constant value)
- 지오메트리의 모든 포인트를 집합적으로 대표하는 **집계값**(aggregate value)

- 각 지오메트리의 고유성을 나타내는 **식별값**(identity value)

상수값의 예로는 폴리곤의 토지이용 속성이나 기반암 유형이 있고, 집계값의 예로는 카운티의 출생아 수가 있으며, 식별값의 예로는 카운티 이름이 있다.[3]

한 속성값과 결부된 공간적 개체를 해당 속성값의 **서포트**(support)라고 한다. 집계값은 '블록(block)'(폴리곤 또는 라인) 서포트를 가지며, 상수값은 '포인트' 서포트를 가진다(동일한 값이 모든 포인트에 적용된다). 예를 들어, 그림 1.5는 폴리곤 서포트를 갖는 변수(카운티별 출생아 수)로부터, 카운티별 속성값을 해당 카운티를 구성하는 픽셀의 속성값으로 할당한 결과이다. 그러나 이렇게 생성된 래스터 지도는 의미가 없다. 속성값인 카운티별 '총출생아 수'는 개별 래스터 셀과 무관하며, 속성값과 결부된 카운티 전체 경계조차 표시되어 있지 않다. 따라서 이 지도로부터 노스캐롤라이나주 전체의 출생아 수나 출생아 밀도를 재계산할 수 없다.

래스터 셀의 속성은 포인트 서포트를 가질 수도 있고, 블록 서포트를 가질 수도 있다. 포인트 서포트의 대표적인 예는 고도이다. 예를 들어 DEM(digital elevation model, 수치표고모형)에서는 보통 셀 중심점의 고도값을 셀 속성으로 저장한다. 블록 서포트(혹은 셀 서포트)의 예로는 위성영상을 들 수 있다. 이미지 픽셀의 속성값은 대개 해당 픽셀(또는 픽셀을 중심으로 한 일정 영역) 내부 값들의 평균이다. 대부분의 파일 포맷은 이러한 서포트 정보를 명시적으로 제공하지 않는다. 그러나 래스터 데이터를 애그리게이팅(aggregating) 하거나, 리그리딩(regridding) 하거나, 워핑(warping)할 때(7.8절), 또는 포인트별 값을 추출할 때는 매우 중요한 요소가 된다.[4]

1.7 공간데이터사이언스를 위한 소프트웨어

이 책에서 기본적으로 사용하는 프로그래밍 언어는 R이며, 공간데이터사이언스를 위해 다양한 R 패키지를 활용한다. 이들 R 패키지 중 상당수는 여러 종류의 소프트웨어 라이브러리를 기반으로 동작하는데, 이러한 라이브러리들은 R만을 위해 개발된 것이 아니다. 예를 들어, 그림 1.7은 sf 패키지의 의존 관계(dependency)를 보여 주며, 이를 통해 sf 패키지가 R 패키지뿐 아니라 시스템 라이브러리도 함께 사용하고 있음을 알 수 있다.

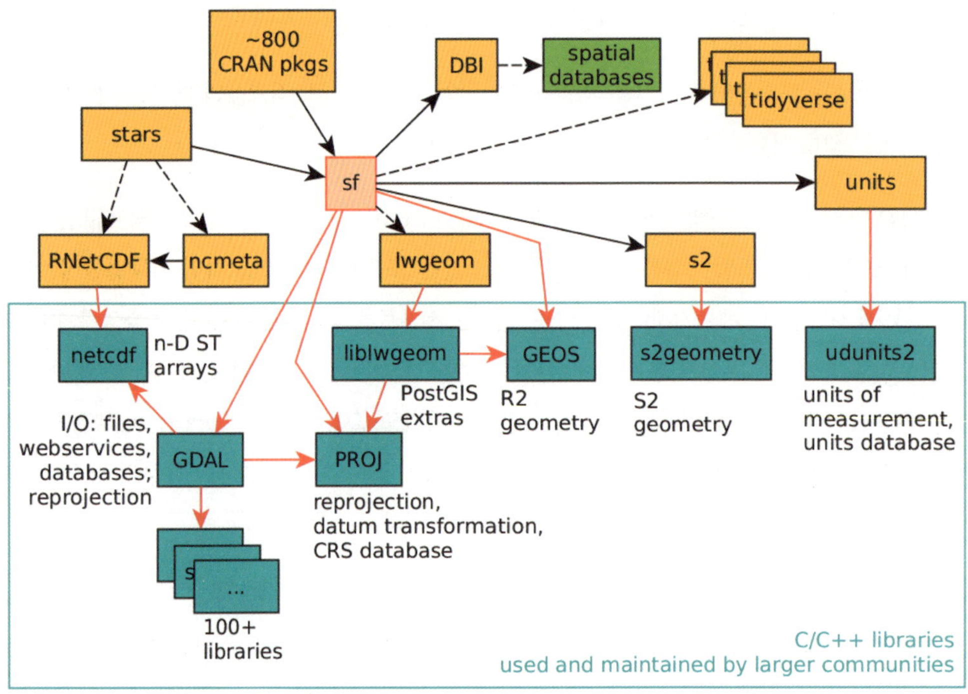

그림 1.7: **sf** 패키지의 의존 관계: 직선은 강한 의존성을, 점선은 약한 의존성을 나타낸다.

C 또는 C++로 작성된 라이브러리(GDAL, GEOS, PROJ, liblwgeom, s2geometry, NetCDF, udunits2)는 모두 R 커뮤니티가 아니라 (공간)데이터사이언스 전반의 다른 커뮤니티에서 개발, 유지, 활용되고 있다. 이러한 라이브러리를 사용함으로써 R 사용자들은 다른 커뮤니티와 공유하는 기술과 협업의 범위를 이해할 수 있다. R, Python, Julia는 인터랙티브한 인터페이스를 제공하기 때문에 많은 사용자가 이러한 라이브러리를 기반으로 한 응용 소프트웨어 사용자들보다 라이브러리에 더 직접적으로 접근할 수 있다. 이 책의 제1부에서는 이러한 라이브러리에 내재된 핵심 개념을 설명하며, 이는 공간데이터사이언스를 폭넓게 이해하는 데 큰 도움이 될 것이다.

1.7.1 GDAL

GDAL(Geospatial Data Abstraction Library)은 공간데이터 처리에서 '스위스 만능칼'과 같은 역할을 한다고 할 수 있다. GDAL은 R, Python, PostGIS를 비롯해 100개가 넘는 다른 소프트웨어 프로젝트에서 폭넓게 사용되고 있다.

GDAL은 공간데이터를 읽고 쓸 수 있게 해 주는 라이브러리 가운데서도 핵심적인 라이브러리로, 수많은 다른 라이브러리에 의존한다. 약 100개가 넘는 라이브러리와 연동되며, 각 라이브러리는 특정 데이터 파일 포맷, 특정 데이터베이스, 특정 웹서비스 또는 특정 압축 코덱을 처리한다.

CRAN에서 배포되는 바이너리 형식의 R 패키지에는 스태틱 링크 코드(statically linked code)만 포함되어 있다. 이는 CRAN이 패키지를 배포하는 시스템에 서드파티(third-party) 라이브러리가 설치되어 있다고 가정하지 않기 때문이다. 그 결과 CRAN에서 바이너리 형식의 sf 패키지를 설치하면 sf 패키지의 의존성뿐 아니라 모든 외부 라이브러리도 함께 다운로드되어, 설치 파일 용량이 약 100MB에 달한다.[5]

1.7.2 PROJ

PROJ(혹은 PRøJ)는 지도 투영과 데이텀 변환을 위한 라이브러리로, 공간 좌표를 한 CRS에서 다른 CRS로 변환한다. PROJ에는 현재까지 알려진 수많은 투영법에 대한 데이터베이스가 포함되어 있으며, 데이텀 변환을 위한 고정밀 계수값을 담은 데이터 그리드에 접근할 수 있다. 또한 PROJ는 CRS에 관한 국제 표준을 따른다(Lott 2015). 좌표계와 PROJ에 대해서는 2장에서 자세히 다룬다.

1.7.3 GEOS와 s2geometry

GEOS(Geometry Engine Open Source)와 s2geometry는 지오메트리 연산을 위한 라이브러리이다. 이들 라이브러리를 활용하면 기하학적 측정(길이, 면적, 거리), 프레디케이트(predicate)(두 지오메트리가 포인트를 공유하는지 여부), 새로운 지오메트리 생성(두 지오메트리가 공유하는 포인트) 등의 연산을 수행할 수 있다.[6] GEOS는 이러한 연산을 2차원 평면(R^2)에서 수행하며, s2geometry는 이를 3차원 구면(S^2)에서 수행한다. CRS에 대해서는 2장에서, 그리고 2차원 공간과 3차원 공간을 다루는 차이점은 4장에서는 좀 더 깊이 논의한다.

1.7.4 NetCDF, udunits2, liblwgeom

NetCDF(UCAR 2020)는 파일 형식이자 NetCDF 파일을 읽고 쓰기 위한 C 라이브러리를 의미한다. NetCDF를 통해 모든 차원의 어레이를 정의할 수 있으며, 특히 기후 모형화 커뮤니티에서 공간 및 시공간 정보를 다루는 데 널리 사용된다. Udunits2(UCAR 2014; Pebesma, Mailud, and Hiebert 2016; Pebesma et al. 2022)는 측정 단위와 관련된 데이터베이스이자 소프트웨어 라이브러리로, 측정 단위 간 전환과 파생 단위 처리를 지원하며 사용자 정의 단위도 사용할 수 있다. liblwgeom '라이브러리'는 PostGIS(Obe and Hsu 2015)의 소프트웨어 구성 요소로서, GDAL이나

GEOS에서는 다루지 않는 몇 가지 루틴을 포함한다. 예를 들어 PROJ가 포함된 GeographicLib 루틴에 손쉽게 접근할 수 있게 해 준다.

1.8 연습문제

1. 래스터 데이터와 백터 데이터의 차이점 다섯 가지를 열거하시오.

2. 그림 1.1 아래에 나열되어 있는 것 외에, 지도의 그래픽 요소 다섯 개를 더 열거하시오.

3. 그림 1.5에 나타나 있는 수치 정보가 왜 오해를 불러일으키는지(혹은 무의미한지)에 대해 얘기해 보시오.

4. 지오메트리 연산을 S^2에서 수행하는 것과 R^2에서 수행하는 것의 차이가 가장 극명하게 드러나는 상황을 예로 들어 설명하시오.

1장 역자주

1. 경위도 좌표는 절대적인 값이 아니라 데이텀에 따라 달라지는 상대적인 값임을 반드시 이해해야 한다. 동일한 지점이라도 데이텀에 따라 서로 다른 경위도 좌표를 가질 수 있으며, 반대로 동일한 좌표값이 데이텀에 따라 지표상의 서로 다른 지점을 가리킬 수도 있다.

2. 곡선 래스터는 좌표축이 곡선 형태를 이루기 때문에, 셀의 크기와 방향이 한 축에서만 결정되는 것이 아니라 다른 축의 변화에도 의존한다. 이는 일반적인 직교 좌표 기반 래스터와 달리, 두 디멘션이 서로 얽혀 있는 구조를 가진다는 뜻이다.

3. 폴리곤의 토지이용은 폴리곤 내 모든 지점에 공통적으로 적용될 수 있는 상수값이다. 반면, 카운티의 출생아 수는 카운티 내 모든 지점의 값을 합산한 집계값이므로, 특정 지점에 적용될 수는 없고 카운티 전체를 집합적으로 대표하는 값이다.

4. 애그리게이팅은 공간 해상도를 낮추는 과정, 리그리딩은 그리드 체계를 바꾸는 과정, 워핑은 다른 투영법을 적용해 래스터 유형을 변환하는 것을 의미한다.

5. CRAN은 The Comprehensive R Archive Network의 약자로, R 패키지를 저장하는 중앙 저장소이다. R 언어 자체의 과거와 현재 버전뿐 아니라 20,000개 이상의 R 패키지가 모여 있다. 1997년 쿠르트 호르닉(Kurt Hornik)과 프리드리히 라이슈(Friedrich Leisch)가 처음 만들었으며, 현재도 쿠르트 호르닉과 많은 자원봉사자가 운영하고 있다. 스태틱 링크 코드는 컴파일 시점에 필요한 라이브러리나 의존성을 실행 파일에 미리 포함시켜 만든 코드를 의미한다.

6. 프레디케이트는 특정 조건이 참인지 거짓인지 판별하는 논리 연산을 의미한다. 공간데이터 연산에서는 두 지오메트리가 접하는지, 포함하는지, 겹치는지 등을 판정하는 함수나 연산자를 지칭한다. ‘(공간) 관계 연산자’ 등으로 번역하기도 하지만 여기서는 원어를 음역한 ‘프레디케이트’를 그대로 사용한다.

2. 좌표계

"데이터는 단순한 숫자가 아니라 맥락을 가진 숫자이다.": "데이터 분석에서 맥락은 의미를 부여한다."(Cobb and Moore 1997)

포인트, 라인, 폴리곤, 커버리지, 그리드와 같은 지오메트리를 이해하기에 앞서, 좌표계(coordinate system)를 먼저 살펴보는 것이 유용하다. 이를 통해 좌표값이 무엇을 의미하는지 명확히 이해할 수 있다. 공간데이터에서 관측 개체의 위치는 좌표값으로 표현되며, 이 좌표값은 특정 좌표계에 의해 규정된다. 좌표계에는 여러 유형이 있으며, 그중 중요한 구분은 2차원 또는 3차원 공간의 좌표값이 서로 직교하는 두 축을 기준으로 정의되는지(데카르트 좌표계), 아니면 거리와 방향을 기준으로 정의되는지(극 좌표계, 구체 좌표계, 타원체 좌표계)이다. 모든 관측치는 공간상의 위치뿐만 아니라 관측 시점과도 결부되므로, 시간 좌표계에 대해서도 간단히 언급할 것이다. 또한 단위와 데이텀에 대해 설명하기에 앞서, 먼저 **물리량**(quantity)의 개념을 간략히 살펴본다.

2.1 물리량, 단위, 데이텀

VIM('International Vocabulary of Metrology(국제 측정학 어휘)', BIPM et al. 2012)에 따르면 **물리량**(quantity)은 "현상, 물체, 또는 물질의 성질 중, 그 성질이 수치와 기준에 의거해 표현될 수 있는 크기(magnitude)를 가진 것"으로 정의된다.[1] 여기서 "기준은 측정 단위, 측정 절차, 기준 물질 또는 이러한 것들의 조합일 수 있다."라고 기술한다. 모든 데이터가 물리량으로 구성되어 있는지에 대해서는 논란의 여지가 있을 수 있지만, 적절한 데이터 처리를 위해서는 수치(또는 기호)가 무엇을 의미하는지, 특히 수치가 어떤 기준에 근거하고 있는지에 대한 정보가 반드시 필요하다는 점에 대해서는 논란의 여지가 없다.

측정 시스템은 기본 물리량에 대한 기본단위와, 기본 단위를 조합하여 정의한 파생단위로 구성된다. 예를 들어, SI 단위계(Bureau International des Poids et Mesures 2006)는 다음 일곱 가지 기본 단위로 이루어져 있다. 길이(미터, m), 질량(킬로그램, kg), 시간(초, s), 전류(암페어, A), 열역학적 온도(켈빈, K), 물질의 양(몰, mol), 그리고 광도(칸델라, cd)이다. 파생단위는 기본단위의 정수 거듭제곱의 곱으로 정의되며, 속도($\mathrm{ms^{-1}}$)나 밀도($\mathrm{kgm^{-3}}$), 면적($\mathrm{m^2}$) 등이 이에 해당한다.

이 일곱 가지 SI 기본단위로 표현되지 않는 것을 무단위(unitless) 측정치라 한다. 무단위 측정치는 크게 두 가지로 구분할 수 있다. 첫째, 단위가 상쇄되는 경우로, 질량 분율(kg/kg)이나 각도(rad= m/m)가 여기에 속한다. 둘째, 계수 단위를 사용하는 경우로, 예를 들어 '사과 5개'와 같이 사물이나 사건을 단순히 세는 경우이다. 이 두 경우는 모두 수학적으로는 무차원으로 취급되지만, 의미적으로는 서로 구별된다. 예컨대 각도와 사과 개수를 더하는 것은 전혀 의미가 없지만, 사과 5개와 오렌지 3개는 과일 개수라는 상위 범주(superclass)로 묶어 해석하면 더할 수 있다.[2] 많은 데이터 변수는 이처럼 SI 기본단위나 유도단위로 환원할 수 없는 단위를 갖는다. Hand(2004)는 측정 단위의 맥락에서 지능과 같은 사회과학적 변수를 측정하는 데 사용되는 여러 종류의 측정 척도를 논의하고 있다.

많은 물리량의 자연스러운 원점은 0이다. 이는 양의 차이를 계산했을 때 음수 값도 의미를 갖는다는 점에서 알 수 있다. 위치나 시간의 경우에도 차이는 자연스럽게 0을 기준으로 해석된다. 다시 말해, 거리는 위치의 차이를, 지속 시간은 시간의 차이를 의미한다. 절대적 위치(좌표)와 절대적 시간은 다른 절대적 시공간 점들을 의미 있게 측정하기 위해 고정된 원점을 필요로 하며, 이를 **데이텀**(datum)이라 부른다. 공간에서의 데이텀은 하나 이상의 차원을 포함한다. 데이텀에 측정 단위(스케일)가 결합되면 이를 **참조계**(reference system)라고 한다.

이후에서는 공간적 위치를 타원체 좌표 또는 데카르트 좌표로 표현하는 방법을 자세히 살펴본다. 다음 절에서는 시간 및 공간 참조계와, R에서 이러한 참조계를 다루는 방법을 설명한다.

2.2 타원체 좌표계

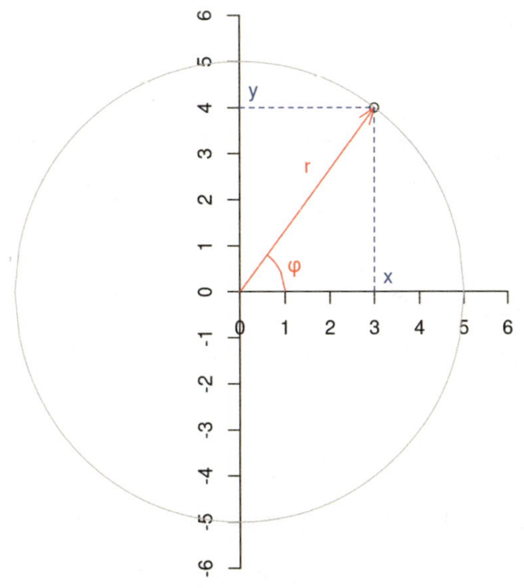

그림 2.1: 2차원 극 좌표와 데카르트 좌표

그림 2.1은 2차원 극 좌표(polar coordinate)와 데카르트 좌표(Cartesian coordinate)를 보여 준다. 해당 지점의 데카르트 좌표는 $(x, y) = (3, 4)$로 주어지고, 극 좌표는 $(r, \phi) = (5, \arctan(4/3))$로 주어지는데 $\arctan(4/3)$는 대략 0.93라디안 혹은 53°이다. 여기서 x, y, r은 모두 길이 단위이고 ϕ는 각도 단위(무단위 길이/길이 비)라는 점에 유의할 필요가 있다. 데카르트 좌표와 극 좌표 간의 변환은 매우 간단하다.

$$x = r\cos\phi, \quad y = r\sin\phi, \text{ and}$$

$$r = \sqrt{x^2 + y^2}, \quad \phi = \text{atan2}(y, x)$$

여기서 atan2이 atan(y/x) 대신 사용되었는데, 오른쪽 일사분면에 위치가 있기 때문이다.

2.2.1 구체 혹은 타원체 좌표

3차원의 경우, 데카르트 좌표는 (x, y, z)로 주어지고, 극 좌표는 (r, λ, ϕ)로 주어진다.

- r은 구체의 반지름이다.
- λ는 경도로, (x, y) 평면에서 양의 x축으로부터 반시계방향으로 측정된다.
- ϕ는 위도로, (x, y) 평면과 해당 벡터가 이루는 각도이다.

그림 2.2는 데카르트 지심 좌표(Cartesian geocentric coordinate)와 타원체 좌표(ellipsoidal coordinate)를 보여 준다.

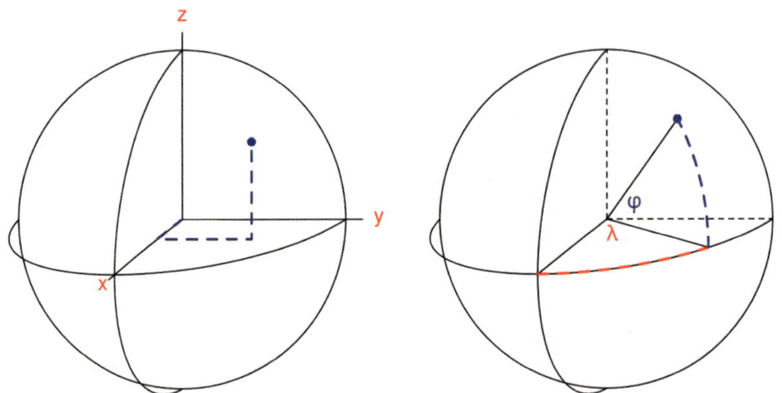

그림 2.2: 세 개의 거리로 표현되는 데카르트 지심 좌표(왼편)와 두 개의 각도와 하나의 타원체고로 표현되는 타원체 좌표(오른편)

λ는 $-180°{\sim}180°$(혹은 $0°{\sim}360°$)의 값을 가지며, ϕ는 $-90°{\sim}90°$의 값을 갖는다. 타원체가 아니라 반지름이 고정된 구체(혹은 구체상의 위치)를 전제로 한다면, 위의 r값을 생략한 (λ, ϕ)만으로도 모

든 위치를 고정할 수 있다.

이 정의가 **유일한** 것은 아니라는 점에 유의해야 한다. 예를 들어, 위도 대신 해당 벡터와 z축 사이의 각도(극각)를 사용할 수도 있다. 또한, 좌표를 (ϕ, λ) 순서로 표기하는 오랜 전통도 존재하지만, 이 책에서는 경도-위도 형식인 (λ, ϕ)를 사용한다. 그림 2.2에 표시된 지점은 (λ, ϕ) 형식으로 표현되는, 각도 단위의 타원체 좌표를 가진다.

```
# POINT (60 47)
```

지심 좌표값은 미터 단위로 주어진다.

```
# POINT Z (2178844 3773868 4641765)
```

타원체상의 지점에 대해서는 각도를 나타내는 두 가지 방법이 있다(그림 2.3). 하나는 타원체의 중심을 기준으로 측정된 각도(ψ), 또는 해당 지점을 지나는 접선에 수직으로 측정된 각도(ϕ)이다.

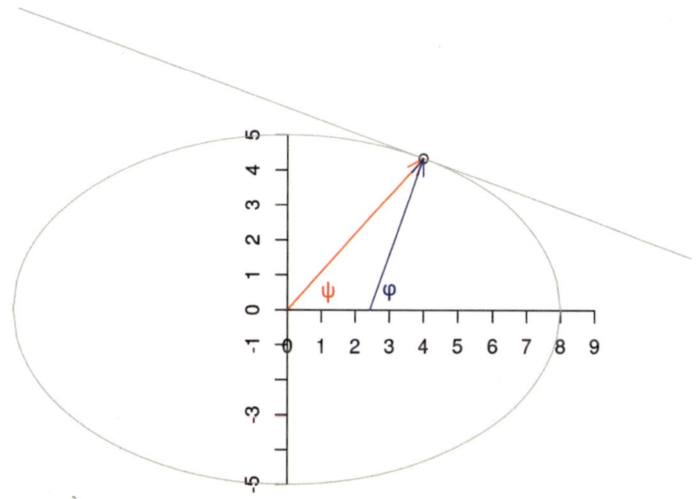

그림 2.3: 타원체상의 각도: 측지 위도(파란색)와 지심 위도(붉은색)

지구를 표현하는 데 가장 널리 사용되는 파라메트릭 모형은 **회전타원체**(ellipsoid of revolution)이다. 회전타원체는 길이가 서로 다른 반장축과 반단축을 가진 타원체로, 한쪽 방향이 약간 납작해진 구(또는 구체, spheroid)라고 할 수 있다(Iliffe and Lott 2008). 실제로, 지구의 남북 길이는 동서 길이보다 약간(약 0.33%) 짧다. 이 모형에서 경도는 항상 원을 따라 측정되고(그림 2.2), 위도는 타원을 따라 측정된다(그림 2.3). 그림 2.3을 양 극을 지나는 지구의 단면도로 본다면, 별도의 언급이 없는 경우 위도는 파란선으로 표시된 측지 위도(geodetic latitude, ϕ)를 의미한다. 이에 대응하여 지

심 위도(geocentric latitude, ψ)라는 개념도 존재한다.[3]

경도와 위도에 고도(altitude)나 높이(elevation)를 더하면, 회전타원체의 위나 아래에 있는 지점의 위치까지 정의할 수 있으며, 이를 통해 완전한 3차원 위치 참조계를 구성할 수 있다. 고도를 정의할 때는 다음을 선택해야 한다.

- 고도 0의 기준을 어디에 둘 것인가: 회전타원체상에 둘 것인가, 아니면 평균 해수면을 근사한 지오이드(geoid) 표면을 기준으로 할 것인가?
- 양(+)의 방향을 어디로 할 것인가?
- '위쪽' 방향을 어떻게 정의할 것인가: 회전타원체 표면에 수직인 방향으로 할 것인가, 아니면 지오이드 표면에 수직인, 중력의 방향으로 할 것인가?

응용 분야와 요구되는 측정 정밀도에 따라 이러한 선택들이 중요해질 수 있다.

지구는 완전한 회전타원체가 아니기 때문에, 다양한 회전타원체가 제안되어 사용되고 있다. 이들 회전타원체는 반장축과 반단축의 길이와 같은 파라미터 값이 서로 다를 수 있고, 지구에 정합시키는 방식 또한 다를 수 있다. 이처럼 특정한 방식으로 규정된 회전타원체를 데이텀(datum)이라 하며, 좌표참조계(coordinate reference system)와 함께 2.3절에서 간략히 다룬다.

2.2.2 투영 좌표계와 거리

투영 좌표계(projected coordinate system)는 지구 표면의 위치를 2차원 평면 위에서 표현하는 좌표계이다. 종이 지도와 컴퓨터 화면이 지구본보다 훨씬 더 실용적이고 널리 사용되기 때문에, 우리는 공간데이터를 대개 이러한 2차원 평면에 투영된 형태로 보게 된다. 이차원 공간에서 위치를 계산한다는 것은 곧 투영 좌표를 사용한다는 뜻이다. 타원체 좌표를 평면으로 투영하면 형태, 방향, 면적 중 하나 이상이 반드시 왜곡된다(Iliffe and Lott 2008).

데카르트 좌표에서 두 지점 p_i와 p_j 간의 거리는 유클리드 거리로 계산되며, 2차원의 경우 $p_i = (x_i,\ y_i)$ 이므로 다음의 수식으로 주어진다.

$$d_{ij} = \sqrt{(x_i - x_j)^2 + (y_i - y_j)^2}$$

3차원의 경우는 $p_i = (x_i,\ y_i,\ z_i)$ 이므로, 다음의 수식으로 주어진다.

$$d_{ij} = \sqrt{(x_i - x_j)^2 + (y_i - y_j)^2 + (z_i - z_j)^2}$$

이 거리는 지점 i와 지점 j 사이의 **직선거리**를 뜻한다. 즉, 두 지점을 직선으로 연결했을 때 그 선분의 길이를 의미한다.

반지름이 r인 원 위에서, 두 지점 $c_1 = (r, \phi_1)$와 $c_2 = (r, \phi_2)$ 사이의 호 길이는 다음과 같이 주어진다.

$$s_{ij} = r|\phi_1 - \phi_2| = r\theta$$

여기서 θ는 ϕ_1과 ϕ_2 사이의 각도를 라디안 단위로 나타낸다. θ가 매우 작을 경우, 호가 직선에 가까워지므로 $s_{ij} \approx d_{ij}$가 성립한다.

반지름이 r'인 구체 위의 두 지점 $p_1 = (\lambda_1, \phi_1)$과 $p_2 = (\lambda_2, \phi_2)$를 지나는 원(중심은 구체의 중심과 일치)에서, 두 지점 사이의 호의 길이를 **대권거리**(great circle distance)라 하며, 이는 $s_{12} = r\theta_{12}$로 표현된다. 따라서 p_1과 p_2 사이의 각도 θ_{12}(라디안 단위)는 다음과 같이 주어진다.

$$\theta_{12} = (\arccos(\sin\phi_1 \cdot \sin\phi_2 + \cos\phi_1 \cdot \cos\phi_2 \cdot \cos(|\lambda_1 - \lambda_2|))$$

타원체 위의 두 지점 사이의 호의 길이를 계산하는 일은 훨씬 더 복잡하다. Karney(2013)는 이에 대해 심도 있는 논의를 제시하였으며, PROJ 라이브러리의 일부인 GeographicLib에서 구현된 방법에 대한 상세한 설명도 제공한다.

이러한 거리 계산 방법들이 실제로 서로 다른 값을 산출한다는 점을 보이기 위해, 우리는 베를린과 파리 사이의 거리를 계산하였다. WGS84 타원체와 완전 구체 각각에 대해 거리를 구했으며, 여기서 **gc_**는 대권거리를, **str_**은 지심 좌표값을 이용한 직선거리를 나타낸다.

```
# Units: [km]
#  gc_ellipse str_ellipse  gc_sphere  str_sphere
#     879.70     879.00      877.46     876.77
```

2.2.3 한정 공간과 비한정 공간

2차원 및 3차원 유클리드 공간(R^2와 R^3)은 비한정 공간(unbounded space)이다. 이 공간의 모든 선은 무한한 길이를 가지며, 면적이나 부피는 자연적인 상한이 없다. 이에 비해 원(S^1)이나 구(S^2)와 같은 공간은 한정 공간(bounded space)이다. 이 경우 점의 개수는 무한할 수 있지만, 원의 둘레와 면적, 구의 반지름과 표면적, 부피는 유한하다.

이 차이는 사소해 보일 수 있으나, 공간데이터 처리에서는 흥미로운 도전 과제를 유발한다. 예를 들어, R^2상의 폴리곤은 명확히 내부와 외부가 구분된다. 그러나 S^2 공간인 구체상에서 모든 폴리곤은 구를 두 영역으로 나누며, 어느 쪽을 내부로, 어느 쪽을 외부로 정의할지는 탐색 방향(traversal direction)에 따라 달라진다. 이러한 S^2 지오메트리에서의 차이는 4장에서 다시 논의한다.[4]

2.3 CRS

Lott(2015)를 따라, 다음과 같은 개념 정의를 사용한다(아래의 돋움체는 Lott의 정의를 그대로 옮겨 온 것이다).

- **좌표계**는 지점에 좌표를 부여하는 방법을 규정하는 수학적 규칙의 집합이다.
- **데이텀**은 좌표계의 원점, 축척, 방향을 정의하는 파라미터 또는 파라미터의 집합이다.
- **측지 데이텀**은 2차원 또는 3차원 좌표계와 지구와의 관계를 설명하는 데이텀이다.[5]
- **CRS**(좌표참조계)는 특정 데이텀을 바탕으로 특정 객체에 부여된 좌표계이다. 측지 데이텀과 수직 데이텀의 경우, 그 객체는 지구이다.[6]

이 개념에 대한 보다 상세하고 친절한 설명은 Iliffe와 Lott(2008)에서 찾아볼 수 있다.

지구의 형태는 규칙적이지 않다. 지표면의 기복이 매우 불규칙하다는 사실은 널리 알려져 있지만, 평균해수면 개념과 연결되는 일정한 중력면, 즉 지오이드(geoid) 또한 불규칙한 형상을 띤다. 지오이드를 단순화한 모형 가운데 가장 일반적으로 사용되는 것은 회전타원체로, 이는 두 개의 동일한 반단축을 가진 타원이다. 이 회전타원체를 지구와 어떻게 맞출 것인지가 데이텀을 규정한다. 타원체를 지구의 어느 부분에 일치시킬지, 또는 어떤 기준점을 사용할지에 따라 타원체의 적합도는 달라질 수 있으며, 이러한 이유로 다양한 데이텀이 존재한다. 일부 데이텀은 특정 지각판에 대한 적합도를 중시하기도 하고(예: ETRS89), 다른 데이텀은 전 세계적인 평균 적합도를 지향하기도 한다(예: WGS84). 국지적 적합도에 중점을 둘수록 해당 지역에서의 위치 근사 오차는 작아진다.

위의 정의에서 알 수 있듯이, 경도와 위도로 표현된 좌표값은 해당 데이텀이 함께 제공될 때에만 지구 좌표계로서 의미를 가지며, 이를 통해 해석상의 모호성을 제거할 수 있다.

특정 투영법이 적용된 데이터는 반드시 해당하는 참조 타원체(데이텀)와 결부되어 있다는 점에 유의해야 한다. 데이텀 전환 **없이** 투영법만 변경하는 작업은 **좌표 전환**(coordinate conversion)이라고 하며, 이는 해당 데이텀에 결부된 특정 타원체상의 좌표값을 기준으로 수행된다. 좌표 전환 과정은 정보 손실이 없고 가역적이며, 전환에 사용되는 파라미터와 수식은 변하지 않는다.

새로운 데이텀에 따라 좌표를 재계산하는 과정을 **좌표 변환**(coordinate transformation)이라 한다. 좌표 전환과 달리, 좌표 변환은 근사적으로 수행된다. 이는 데이텀이 지구에 대한 모형 적합의 결과물이므로, 데이텀 간 변환 또한 하나의 적합된 모형으로 간주되기 때문이다. 변환 함수 역시 경험적으로 도출되며, 적합도나 정확성의 설정에 따라 다양한 변환 경로가 존재할 수 있다.

판 구조론은 글로벌 데이텀에서 고정된 객체의 위치가 시간이 흐름에 따라 변할 수 있음을 보여 준다. 이는 데이텀 간 좌표 변환이 시간에 따라 달라질 수 있음을 시사한다. 예를 들어, 지진과 같은 지각 운동으로 인해 특정 지역의 좌표가 갑작스럽게 변동할 수 있다. 국지적 데이텀은 특정 지각판에 고정하여 정의할 수도 있지만(예: ETRS89), 이를 보다 역동적으로 설정하여 시간에 따른 위치 변화를 반영하도록 할 수도 있다.

2.4 PROJ와 지도 정확도

오늘날 오픈소스 지리공간 소프트웨어 분야에서 활동하는 사람들 중에는 PROJ 이전의 시기를 기억하는 이가 거의 없다. PROJ(Evenden 1990)는 1970년대에 포트란 기반 프로젝트로 시작되어, 1985년 지도 투영을 위한 C 라이브러리로 공개되었다. 이 라이브러리는 직접 투영과 역투영을 수행할 수 있는 명령줄 인터페이스를 제공했으며, 이를 다른 소프트웨어와 연동하여 투영 및 재투영 작업을 즉시 실행할 수 있었다. 당시에는 데이텀이 단순히 주어진 것으로 간주되었고, 데이텀 간 변환 기능은 지원되지 않았다.

2000년대 초, PROJ는 PROJ.4라는 이름으로 불리게 되었는데, 이는 고정된 버전 번호가 접미사로 붙은 형태였다. GPS의 보급 확대를 비롯한 여러 요인으로 좌표계 간 변환 수요가 증가하자, PROJ.4는 기본적인 데이텀 지원 기능을 갖추게 되었다. 이후 PROJ는 CRS를 다음과 같은 형식으로 정의하게 된다.

```
+proj=utm +zone=33 +datum=WGS84 +units=m +no_defs
```

'키=값' 쌍은 + 기호로 시작하며, 공백으로 구분된다. 이러한 형식은 PROJ 프로젝트가 수십 년 동안 4.x 버전을 유지하면서, 일반적으로 'PROJ.4 문자열'로 불리게 되었다. 다음과 같은 필드를 가진 데이텀도 있다.

```
+ellps=bessel +towgs84=565.4,50.3,465.6,-0.399,0.344,-1.877,4.072
```

이 문자열은 해당 데이텀이 Bessel 타원체를 사용하며, 이를 WGS84(주로 GPS의 기준으로 널리 사용됨)로 변환하기 위해 7개(또는 경우에 따라 3개)의 파라미터가 필요함을 잘 보여 준다.

PROJ.4 외에도 다양한 투영법 관련 데이터베이스가 구축되었는데, 그중 가장 널리 알려진 것이 EPSG(European Petroleum Survey Group) 레지스트리이다. 각국의 지도 제작 기관은 자국 CRS의 +towgs84 파라미터(즉, WGS84로 변환하기 위한 파라미터)에 대해 최적 추정값을 계산하고, 이를 지속적으로 갱신하여 EPSG 등록부를 통해 배포해 왔다. 일부 좌표 변환에는 데이텀 그리드(datum grid)가 함께 제공되었는데, 이는 PROJ.4의 일부로도 배포되었다. 데이텀 그리드는 결국 래스터 형식의 지도이며, 데이텀 변환 시 발생하는 경도, 위도, 고도 변화값을 모든 지점에 대해 미리 계산해 둔 데이터를 의미한다.

PROJ.4에서는 모든 좌표 변환이 반드시 WGS84를 경유하여 수행되었다. 서로 다른 데이텀을 가진 데이터를 재투영할 때도, 중간 단계로 WGS84로 변환한 뒤 목표 좌표계로 변환해야 했다. 이로 인해 최대 약 100m의 오차가 발생할 수 있었는데, 이는 비교적 넓은 지역을 대상으로 하는 지도 제작에서는 수용 가능한 수준이었다. 그러나 정밀 농업, UAV(무인항공기) 운용 계획, 객체 추적 등 일부 응용 분야에서는 이보다 훨씬 높은 정밀도의 좌표 변환이 요구된다.

2018년, 'GDAL 좌표계 공동 개발(Coordinate System Unification)' 이니셔티브가 성공적으로 추진된 이후, 오픈소스 지리공간 소프트웨어 스택의 혜택을 받아온 여러 기업들이 PROJ의 보다 현대적이고 고도화된 좌표 변환 시스템 개발을 지원하였다. 그 결과 PROJ.4는 5, 6, 7, 8, 9 버전을 거치며 지속적으로 발전했고, 명칭도 PROJ(또는 PRøJ)로 변경되었다.
가장 주목할 만한 변화는 다음과 같다.

- PROJ.4 문자열의 한계와 WKT-2 도입: PROJ.4 문자열은 여전히 새로운 CRS를 정의하는 데 사용할 수 있지만, 모든 CRS를 포괄하기에는 한계가 있음이 드러났다. 이를 대체하기 위해 WKT-2 형식이 도입되었으며, 이에 대해서는 다음 절에서 설명한다.
- WGS84의 '허브 데이텀' 지위 폐지: 좌표 변환 시 WGS84와 같은 특정 데이텀을 중간 단계로 거칠 필요 없이, 직접 데이텀 간 변환이 가능해졌다.
- 다중 변환 경로(파이프라인) 지원: 하나의 CRS에서 다른 CRS로 이동할 때 사용할 수 있는 다수의 변환 또는 전환 경로가 존재할 수 있으며, 각 경로에 대한 정확도 정보가 제공되면 등록할 수 있다. PROJ는 기본적으로 가장 정확한 경로를 자동 선택하지만, 사용자가 직접 선택할 수도 있다.

- 변환 파이프라인 구성 가능: 변환 파이프라인은 축 교환, 단위 변환 등 여러 기본 변환 단계를 연결하여 구성될 수 있다.

- 데이텀 그리드 배포 방식 변경: 데이텀 그리드는 더 이상 라이브러리에 포함되지 않으며, 대신 콘텐츠 전송 네트워크(CDN)를 통해 제공된다. PROJ는 네트워크 접근을 켜거나 끌 수 있는 옵션을 제공하며, 실제 필요한 그리드 구간만 다운로드해 로컬 캐시에 저장해 이후에도 사용할 수 있다.

- 에포크(epoch) 기반 좌표 변환 지원: 시간-의존적 좌표 변환이 가능해져, 소스와 타깃 시간 정보를 포함하는 4차원 좌표계 간 변환이 지원된다.[7]

- 축 순서 사용자 정의 가능: 예를 들어 위도-경도(Lat-Lon) 또는 경도-위도(Lon-Lat)와 같은 축 순서를 자유롭게 변경할 수 있다.

이러한 개선을 통해 좌표 변환의 정확도는 이제 1미터 이하 수준까지 향상될 수 있다. 특히 주목할 만한 변화는 마지막 항목에 있다. 수십 년 동안 경도-위도 순서를 따르는 타원체 좌표의 축 순서는 자명한 것으로 여겨져 왔으나, 이제 더 이상 그렇지 않다. 7.7.6절에서는 이러한 변화에 어떻게 대응할 수 있는지를 살펴본다.

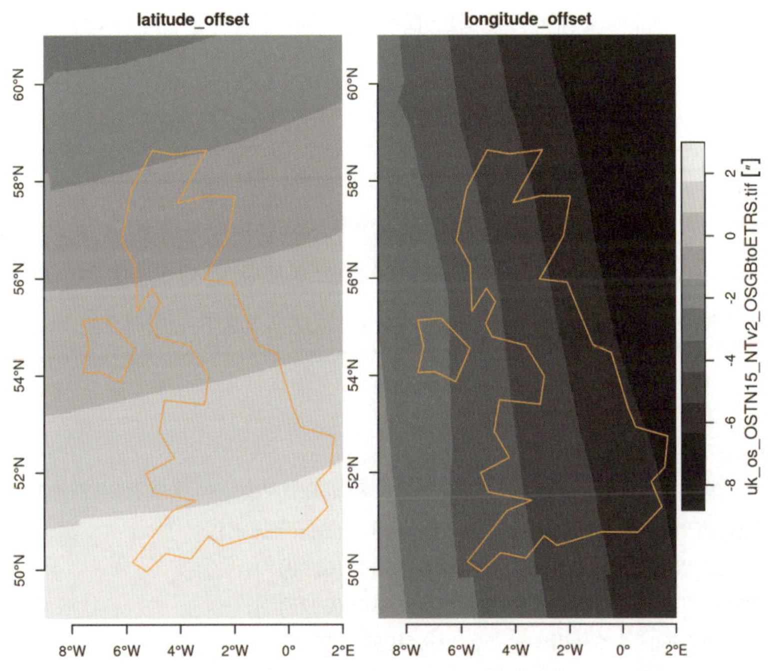

그림 2.4: 영국의 OSGB 1936(EPSG:4277)를 ETRS89(EPSG:4258)로 변환하는 데 사용되는 수평 데이텀 그리드

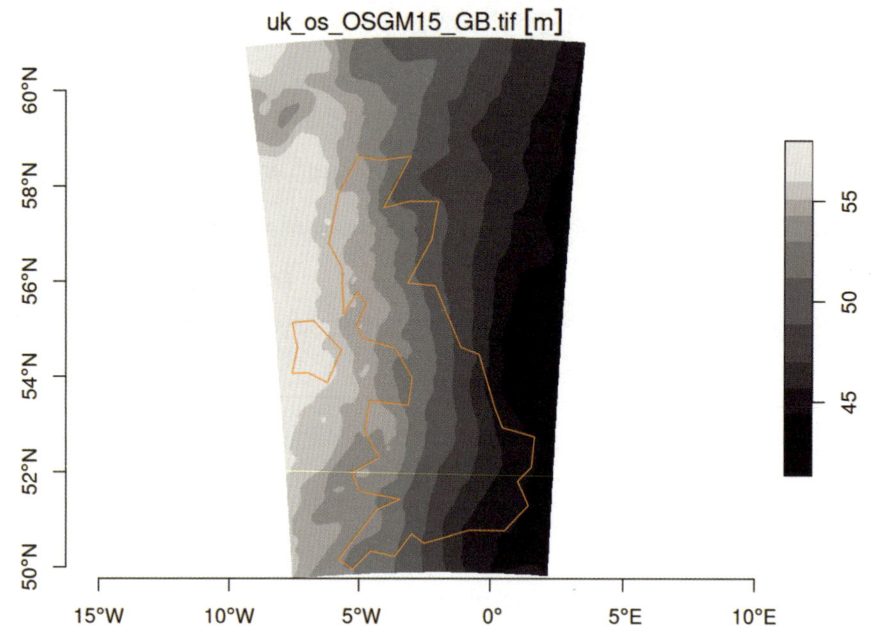

그림 2.5: 영국의 ETRS89(EPSG:4937)를 ODN 고도(EPSG:5701)로 변환하는 데 사용되는 수직 데이텀 그리드

그림 2.4의 수평 데이텀 그리드 예시와 그림 2.5의 수직 데이텀 그리드 예시는 cdn.proj.org에서 다운로드한 것이다. 경우에 따라 데이텀 그리드에는 픽셀 단위의 정밀도 값이 포함되기도 한다.

2.5 WKT-2

Lott(2015)는 CRS의 인코딩 방식과 CRS 간 변환을 WKT(well-known text)로 표현하는 표준을 정리하였다. 이 표준(및 포맷)은 비공식적으로 WKT-2라고 불린다. 앞서 언급했듯이, GDAL과 PROJ는 이 표준을 지원한다. 예를 들어, 특정 CRS인 EPSG:4326은 WKT-2 형식으로 다음과 같이 표현된다.

```
GEOGCRS["WGS 84",
    ENSEMBLE["World Geodetic System 1984 ensemble",
        MEMBER["World Geodetic System 1984 (Transit)"],
        MEMBER["World Geodetic System 1984 (G730)"],
        MEMBER["World Geodetic System 1984 (G873)"],
        MEMBER["World Geodetic System 1984 (G1150)"],
        MEMBER["World Geodetic System 1984 (G1674)"],
        MEMBER["World Geodetic System 1984 (G1762)"],
```

```
        MEMBER["World Geodetic System 1984 (G2139)"],
        ELLIPSOID["WGS 84",6378137,298.257223563,
            LENGTHUNIT["metre",1]],
        ENSEMBLEACCURACY[2.0]],
    PRIMEM["Greenwich",0,
        ANGLEUNIT["degree",0.0174532925199433]],
    CS[ellipsoidal,2],
        AXIS["geodetic latitude (Lat)",north,
            ORDER[1],
            ANGLEUNIT["degree",0.0174532925199433]],
        AXIS["geodetic longitude (Lon)",east,
            ORDER[2],
            ANGLEUNIT["degree",0.0174532925199433]],
    USAGE[
        SCOPE["Horizontal component of 3D system."],
        AREA["World."],
        BBOX[-90,-180,90,180]],
    ID["EPSG",4326]]
```

이 예시는 축 순서가 위도-경도로 설정된 좌표계를 보여 준다. 그러나 실제로 사용되는 대부분의 좌표계는 **경도-위도** 순서를 따른다. WGS84 타원체에 대한 **앙상블**(ensemble)은 다양한 버전과 업데이트를 포함하고 있으며, 어떤 앙상블을 사용하는지에 따라 수 미터 수준의 오차가 발생할 수 있다. **OGC:CRS84**는 `longitude-altitude` 순서를 명시적으로 정의하고 있어 GRS84의 대안으로 권장되지만, 데이텀 앙상블 문제까지 해결해 주지는 않는다.

PROJ의 역사와 최근 변화는 Knudsen과 Evers(2017), Evers와 Knudsen(2017)의 연구를 바탕으로 정리한 Bivand(2020)에 잘 요약되어 있다.

2.6 연습문제

R을 활용하여 아래의 연습문제를 풀되, 패키지는 사용하지 않는다. 적절한 기본 함수를 찾아 활용하도록 한다.

1. 자연 원점(0)을 갖지 않는 **지리적** 측도 세 가지를 나열하시오.
2. 다음의 (x, y) 좌표, $(10, 2)$, $(-10, -2)$, $(10, -2)$, $(0, 10)$을 극 좌표로 변환하시오.
3. 다음의 (r, ϕ) 좌표, $(10, 45°)$, $(0, 100°)$, $(5, 359°)$를 데카르트 좌표로 변환하시오.

4. 지구를 반지름이 6,371km인 완전한 구체로 가정하고, 다음 네 쌍의 (λ, ϕ) 지점 간의 대권거리를 각도 단위로 계산하시오. 각 쌍의 위도와 경도는 각도 단위로 주어진다. (10, 10)과 (11, 10), (10, 80)과 (11, 80), (10, 10)과 (10, 11), (10, 80)과 (10, 81)

2장 역자주

1. 물리량은 단순한 수량이 아니라 측정 가능한 속성을 의미한다.

2. '개', '명', '마리'와 같이 사물이나 사건을 셀 때 사용하는 단위를 계수 단위(counting unit)라고 한다. 이러한 계수 단위는 일상적으로는 단위처럼 인식되지만, SI 에서는 차원이 없는 무차원 단위로 취급된다. 예컨대 '과일 개수'와 같은 계수 단위는 SI 단위에는 속하지 않지만, 서로 다른 객체(사과와 오렌지 등)를 공통의 범주 아래에서 합산할 수 있도록 하는 연산적 틀을 제공한다.

3. 측지 위도는 적도면과, 특정 지점에서 회전타원체에 접하는 평면의 법선이 이루는 각도를 의미한다. 반면 지심 위도는 적도면과, 특정 지점과 지구 중심을 잇는 직선이 이루는 각도를 의미한다. 완전한 구를 가정하면 두 위도는 일치한다. 측지 위도의 경우 위도 1도의 남북 길이는 고위도로 갈수록 길어지지만, 지심 위도에서는 일정하게 나타난다.

4. 탐색 방향이란 폴리곤 경계를 따라가는 방향을 의미한다. 일반적으로 평면(R^2)에서는 경계를 시계 방향으로 탐색하면 왼쪽에 있는 영역이 내부로, 반시계 방향으로 탐색하면 오른쪽에 있는 영역이 내부로 간주된다. 그러나 구현 방식이나 좌표계 종류(예: 구면 좌표계)에 따라 내부와 외부의 정의가 달라질 수 있으므로, 적용 환경에 맞는 판정 규칙을 확인해야 한다.

5. 즉, 지구에 부여된 2차원 또는 3차원 좌표계를 정의하는 데이텀이다.

6. 측지 데이텀은 지구 표면상의 위치를 규정하는 수평 데이텀이며, 수직 데이텀은 말 그대로 지표의 높이를 규정하는 데이텀이다.

7. 지구의 좌표계는 시간이 지남에 따라 점진적으로 변화해 왔으며, 특정 시점(에포크)에 기반한 위치 정의가 가능해졌다는 의미다.

3. 지오메트리

2장에서 좌표계에 대해 학습했으므로, 이제 이 장에서는 좌표를 활용하여 지오메트리를 정의하는 방법을 배운다. 본 장에서 다룰 주요 내용은 다음과 같다.

- **심플 피처**(simple feature): 포인트, 라인, 폴리곤 지오메트리를 다루는 표준
- 지오메트리에 적용되는 다양한 연산
- 커버리지(coveratge): 공간 혹은 시공간을 표현하는 함수
- 테셀레이션(tessellation): 하나의 영역을 여러 하위 영역으로 세분화한 구조
- 네트워크

구면 지오메트리는 4장에서 논의하며, 래스터와 공간 또는 시공간을 직사각형 형태로 분할한 다른 세분화 체계는 6장에서 다룬다.

3.1 심플 피처 지오메트리

심플 피처 지오메트리(simple feature geometry)는 **피처**의 지오메트리를 기술하는 방식이다. 여기서 피처란 지오메트리를 가진 **사물**(thing)을 의미하며, 암묵적으로 시간 **속성**(attribute)을 포함할 수 있고, 사물을 묘사하기 위한 라벨이나 정량적 측도와 관련된 속성을 가질 수 있다. 심플 피처 지오메트리의 주된 목적은 2차원 공간에서 포인트, 라인, 폴리곤을 기반으로 기하학적 형태를 표현하는 것이다. '심플'이라는 형용사가 붙은 이유는 라인이나 폴리곤 지오메트리도 포인트 지오메트리와 이를 연결하는 직선으로 표현할 수 있기 때문이다.

심플 피처 액세스(simple feature access)는 심플 피처 지오메트리를 설명하는 표준(Herring 2011, 2010; ISO 2004)으로, 다음 사항을 포함한다.

- 클래스 위계
- 연산(오퍼레이션)의 집합
- 이진 인코딩과 텍스트 인코딩

이제 가장 널리 사용되는 7가지 심플 피처 지오메트리 유형에 대해 살펴본다.

3.1.1 7개의 대표 지오메트리

단일(single) 피처를 나타내는 데 사용되는 가장 일반적인 심플 피처 지오메트리 유형은 다음과 같다.

유형	설명
POINT	단일 포인트 지오메트리
MULTIPOINT	POINT의 집합
LINESTRING	단일 라인스트링(두 개 이상의 포인트가 직선으로 연결되어 있음)
MULTILINESTRING	LINESTRING의 집합
POLYGON	외부 링과 0개 이상의 내부 링(구멍을 나타냄)으로 구성된 구조
MULTIPOLYGON	POLYGON의 집합
GEOMETRYCOLLECTION	위에서 언급된 모든 지오메트리의 집합

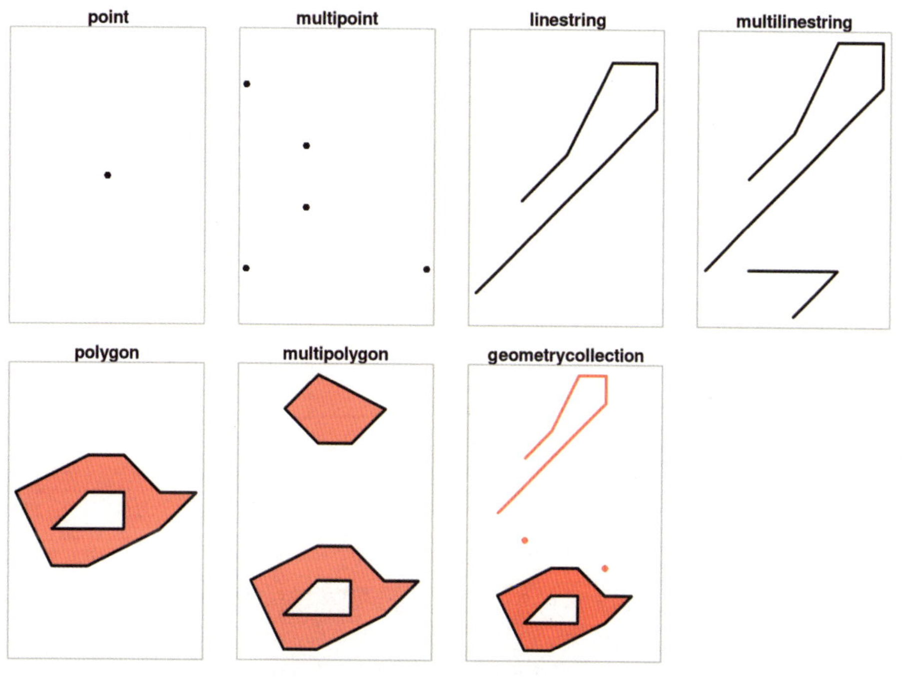

그림 3.1: 심플 피처 지오메트리의 주요 유형

그림 3.1은 이러한 기본 지오메트리 유형의 예를 보여 준다. 지오메트리를 표현하는, 사람이 읽을 수 있는 '웰 노운 텍스트(well-known text)' WKT 표기법은 다음과 같다.

```
POINT (0 1)
MULTIPOINT ((1 1), (2 2), (4 1), (2 3), (1 4))
LINESTRING (1 1, 5 5, 5 6, 4 6, 3 4, 2 3)
```

```
MULTILINESTRING ((1 1, 5 5, 5 6, 4 6, 3 4, 2 3), (3 0, 4 1, 2 1))
POLYGON ((2 1, 3 1, 5 2, 6 3, 5 3, 4 4, 3 4, 1 3, 2 1),
    (2 2, 3 3, 4 3, 4 2, 2 2))
MULTIPOLYGON (((2 1, 3 1, 5 2, 6 3, 5 3, 4 4, 3 4, 1 3, 2 1),
    (2 2, 3 3, 4 3, 4 2, 2 2)), ((3 7, 4 7, 5 8, 3 9, 2 8, 3 7)))
GEOMETRYCOLLECTION (
    POLYGON ((2 1, 3 1, 5 2, 6 3, 5 3, 4 4, 3 4, 1 3, 2 1),
      (2 2 , 3 3, 4 3, 4 2, 2 2)),
    LINESTRING (1 6, 5 10, 5 11, 4 11, 3 9, 2 8),
    POINT (2 5),
    POINT (5 4)
)
```

좌표는 공백으로 구분되며, 포인트들은 쉼표로 구분된다. 집합은 괄호로 묶이고, 각 요소는 쉼표로 구분된다. 폴리곤은 외부 링과, 존재할 경우 내부 링(구멍을 나타냄)으로 구성된다.

지오메트리의 각 포인트는 최소 두 개의 좌표를 포함하며, 이 좌표는 x와 y 순서로 나열된다. 이 좌표가 타원체 좌표를 나타내는 경우, x는 일반적으로 경도를, y는 위도를 의미한다. 그러나 상황에 따라 위도-경도 순서로 나열되기도 한다(2.4절 및 7.7.6절 참조).

3.1.2 심플 지오메트리, 밸리드 지오메트리, 링 디렉션

LINESTRING은 자기교차(self-intersect)가 없을 때 심플 지오메트리가 된다.[1]

```
# LINESTRING (0 0, 1 1, 2 2, 0 2, 1 1, 2 0)
# is_simple
#      FALSE
```

밸리드(valid) 폴리곤과 멀티폴리곤은 다음의 모든 프로퍼티를 갖는다.

- 폴리곤 링은 닫혀 있어야 한다(즉, 첫번째 포인트와 마지막 포인트가 동일해야 한다).
- 폴리곤 구멍(내부 링)은 외부 링 내부에 위치해야 한다.
- 폴리곤 내부 링은 외부 링과 한 점에서 만날 수 있으나, 선분(라인)을 공유해서는 안 된다.
- 폴리곤 링은 자신의 경로를 반복하지 않는다.
- 멀티폴리곤에서 외부 링은 다른 외부 링과 한 지점에서 만날 수 있지만, 선분을 공유해서는 안 된다.

이 조건들 중 하나라도 충족하지 못하면 해당 지오메트리는 밸리드 지오메트리가 아니다. 밸리드 하지 않은 지오메트리는 일반적으로 연산 수행 중 오류를 일으키지만, 보통 사전에 밸리드 지오메 트리로 수정된다.[2]

추가적인 규칙으로, 폴리곤의 외부 링은 반시계 방향으로, 구멍(내부 링)은 시계 방향으로 감겨 있어야 한다.[3] 그러나 이러한 규칙을 따르지 않는 폴리곤도 여전히 밸리드 지오메트리로 간주된다. 구면상의 폴리곤의 경우 '시계 방향'이라는 개념은 크게 유용하지 않다. 예를 들어, 적도를 폴리곤으로 간주할 때 북반구와 남반구 중 어느 쪽이 '내부'인지 명확하지 않기 때문이다. 이 책에서는 폴리 곤 경계를 따라 이동할 때 왼쪽에 위치한 영역을 폴리곤 내부로 간주하는 규칙을 채택한다(7.3절 참 조).

3.1.3 Z 좌표와 M 좌표

심플 피처 지오메트리의 단일 포인트(버텍스)는 X와 Y 좌표 외에도 다음과 같은 값을 가질 수 있다.

- Z 좌표: 고도
- M 좌표: 측정치

M 속성은 버텍스의 속성으로 간주되어야 한다. 예를 들어, **LINESTRING**에 이동 경로 데이터를 담기 위해 시간 정보를 M 속성에 인코딩하는 것은 매력적인 방법처럼 보일 수 있다. 그러나 경로가 자기 교차하면, 이러한 **LINESTRING**은 밸리드하지 않거나 심플하지 않은 상태가 되는데, 이때의 자기교 차 여부는 X와 Y 좌표만을 기준으로 판단된다.

Z와 **M**은 자주 사용되지 않으며, 이를 지원하는 소프트웨어도 아직까지는 드문 편이다. 그럼에도 불 구하고, **WKT**에서의 **Z**와 **M** 표기는 비교적 쉽게 이해할 수 있다.

```
# POINT Z (1 3 2)
# POINT M (1 3 2)
# LINESTRING ZM (3 1 2 4, 4 4 2 2)
```

3.1.4 엠프티 지오메트리

피쳐 지오메트리 프레임워크에서 중요한 개념 중 하나가 엠프티(empty) 지오메트리이다. 엠프티 지오메트리는 기하학적 연산(3.2절) 수행 과정에서 자연스럽게 생성된다. 예를 들어 **POINT (0 0)**과 **POINT (1 1)**의 교차(intersection) 여부를 검토한다고 하자.

```
# GEOMETRYCOLLECTION EMPTY
```

두 포인트는 인터섹트하지 않으므로 엠프티 집합이 도출된다. 엠프티 포인트를 비엠프티 지오메트리와 결합(합집합 연산)하면, 엠프티 포인트는 결과에서 사라진다.

모든 지오메트리 유형은 다음과 같이 엠프티 지오메트리를 나타내는 특별한 값을 가진다.

```
# POINT EMPTY
# LINESTRING M EMPTY
```

엠프티 집합이 생성된다는 점은 동일하고 디멘션이 다를 뿐이다(3.2절 참조).

3.1.5 10개의 부수적인 지오메트리

다음의 열 가지 지오메트리는 사용 빈도는 낮지만 점점 증가하는 추세에 있다.

유형	설명
CIRCULARSTRING	기본적인 곡선 유형으로, 직선 유형의 LINESTRING과 유사. 단일 세그먼트를 구성하려면 세 점이 필요하며, 이들은 시작점과 끝점(첫 번째와 세 번째 점) 그리고 호상의 중간 점임. 예외적으로 닫힌 원의 경우에는 시작점과 끝점이 동일하며, 두 번째 점은 반드시 호의 중심, 즉 원의 반대편에 위치해야 함. 호를 연결할 때는 이전 호의 마지막 점이 다음 호의 첫 번째 점과 일치해야 하는데, 이는 LINESTRING에서도 동일한 규칙임. 따라서 유효한 문자열은 반드시 1보다 큰 홀수 개의 점을 가져야 함.
COMPOUNDCURVE	곡선 세그먼트와 선형 세그먼트를 모두 포함하는 단일 연속 곡선. 구성 요소들이 잘 연결되어 있어야 하며, 모든 구성 요소의 끝점(마지막을 제외한)은 다음 구성 요소의 시작점과 일치해야 함.
CURVEPOLYGON	COMPOUNDCURVE가 내재된 사례: CURVEPOLYGON(COMPOUNDCURVE(CIRCULARSTRING(0 0,2 0, 2 1, 2 3, 4 3),(4 3, 4 5, 1 4, 0 0)), CIRCULARSTRING(1.7 1, 1.4 0.4, 1.6 0.4, 1.6 0.5, 1.7 1))
MULTICURVE	곡선으로 이루어진 1차원 지오메트리 컬렉션. 라인 문자열, 서큘러 문자열 또는 컴파운드 문자열을 포함할 수 있음.
MULTISURFACE	동일한 CRS를 사용하는 SURFACE로 구성된 2차원 지오메트리 컬렉션
CURVE	일반적으로 여러 점의 연결로 정의되는 1차원 지오메트리 객체로, 점들 간의 내삽 방식에 따라 커브의 하위 유형이 결정됨.
SURFACE	2차원 지오메트리 객체
POLYHEDRALSURFACE	공통 경계 세그먼트를 공유하는 연속된 폴리곤들의 집합
TIN	오직 삼각형으로만 구성된 POLYHEDRALSURFACE
TRIANGLE	세 개의 비공선적(non-collinear) 버텍스로 이루어진, 내부 경계가 없는 폴리곤[4]

CIRCULARSTRING, COMPOUNDCURVE, CURVEPOLYGON은 SFA 표준에는 포함되지 않지만, SQL-

MM Part 3 표준에는 포함되어 있다. 위 표의 설명은 PostGIS 매뉴얼에서 인용한 것이다.

3.1.6 텍스트 인코딩과 바이너리 인코딩

심플 피처 표준에는 두 가지 인코딩 방식이 포함된다. 하나는 텍스트 인코딩(text encoding), 다른 하나는 바이너리 인코딩(binary encoding)이다. 위에서 사용된 WKT는 사람이 읽을 수 있는(human-readable) 방식이며, WKB(well-known binary) 인코딩은 기계가 읽을 수 있는(machine-readable) 방식이다. WKB 인코딩은 정보 손실이 없으며, 일반적인 텍스트 인코딩 및 디코딩보다 처리 속도가 빠르다. 이러한 이유로 WKB 인코딩은 R의 **sf** 패키지와 GDAL, GEOS, liblwgeom, s2geometry 라이브러리 간의 모든 통신에 사용된다(그림 1.7).

3.2 지오메트리에 적용되는 연산

심플 피처 지오메트리의 속성을 추출할 수 있으며, 심플 피처 지오메트리들의 결합으로 새로운 지오메트리가 생성된 경우에도 그 속성을 추출할 수 있다. 이 절에서는 **기하 속성에만 초점을 맞춘 연산**을 간략히 다룬다. 비기하학적 피처 속성 분석은 5장에서 다룬다. 이 절의 일부 내용은 Pebesma (2018)에서 가져왔다.

기하학적 속성에 대한 연산은 입력과 출력에 따라 분류할 수 있다. 먼저, 출력 관점에서 다음과 같이 구분된다.

- **프레디케이트**(predicate): 특정 속성이 **TRUE**인지 여부를 판단하는 논리값
- **측도**(measure): 양적 값(수치이며 측정 단위를 가질 수 있음)
- **변형**(transformation): 새롭게 생성된 지오메트리

연산은 적용 대상 지오메트리의 수에 따라 다음과 같이 분류할 수 있다.

- **단항**(unary): 단일 지오메트리에 적용
- **이항**(binary): 두 개의 지오메트리 쌍에 적용
- **다항**(n-ary): 여러 지오메트리 집합에 적용

3.2.1 단항 프레디케이트

단항 프레디케이트는 하나의 지오메트리의 특정 속성을 설명한다. `is_simple`, `is_valid`, `is_` empty와 같은 프레디케이트는 각각 지오메트리가 심플한지, 밸리드한지, 엠프티한지의 여부를 논리값으로 반환한다. `is_longlat` 프레디케이트는 주어진 CRS가 경위도 좌표계인지, 평면 좌표계인지 여부를 반환한다. `is(geometry, class)`는 지오메트리가 특정 클래스에 속하는지를 확인한다.

3.2.2 이항 프레디케이트와 DE-9IM

DE-9IM(Dimensionally Extended Nine-Intersection Model)(Clementini, Di Felice, and Oosterom 1993; Egenhofer and Franzosa 1991)은 2차원 공간(R^2)에서 두 지오메트리 간의 정성적 관계를 설명하는 모형이다. 모든 지오메트리는 디멘션 값을 가진다.

- 포인트 지오메트리: 0
- 라인 지오메트리: 1
- 폴리곤 지오메트리: 2
- 엠프티 지오메트리: F(거짓)

모든 지오메트리는 내부(I), 경계(B), 외부(E)를 가지며, 이들 요소의 역할은 폴리곤의 경우 특히 명확하다.

- **라인**의 경계는 종점에 의해 형성되고, 선상의 모든 비종점이 내부를 구성한다.
- **포인트**는 0차원의 내부를 가지지만, 경계는 없다.

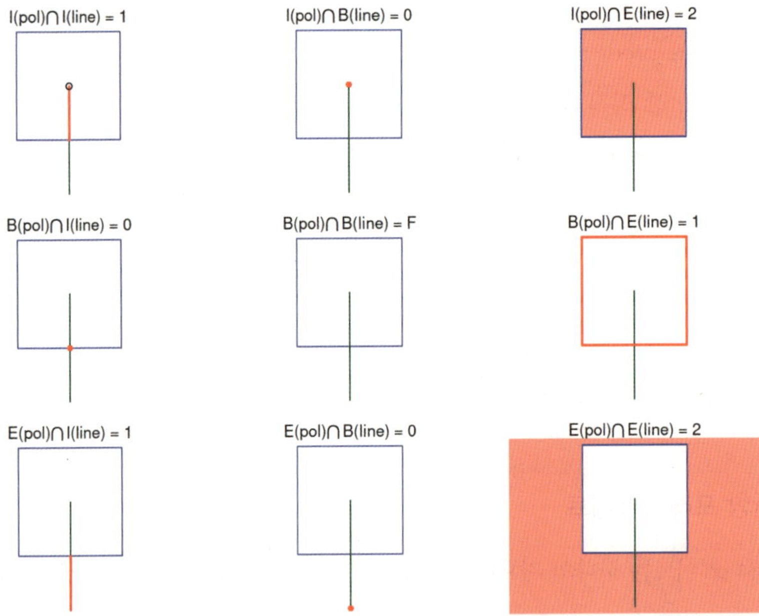

그림 3.2: DE-9IM: 폴리곤의 내부, 경계, 외부(행)와 라인의 내부, 경계, 외부(열) 간의 교차(빨간색으로 표시)

그림 3.2는 폴리곤과 라인의 내부(I), 경계(B), 외부(E) 영역 간의 교차를 빨간색으로 표시한 것이다. 각 그래프의 제목에는 교차 결과로 도출되는 차원 값(0, 1, 2 또는 F)이 나타나 있다. 폴리곤 지오메트리와 라인 지오메트리 간의 관계는 이러한 차원 값의 조합으로 표현된다.

```
#        [,1]
# [1,] "1020F1102"
```

첫 세 문자는 첫 번째 지오메트리(폴리곤)의 내부에 대한 것으로, 그림 3.2에서는 첫 번째 행에 배열되어 있다.[5] 더 나아가, 지오메트리 쌍에 대해 마스크(mask) 문자열로 표현된 특정 조건의 만족 여부를 질의할 수 있다.[6] 예를 들어, 문자열 "*0*******"는 두 번째 지오메트리가 첫 번째 지오메트리의 내부와 하나 이상의 경계점을 공유할 때 TRUE로 평가된다. 여기서 기호 *는 차원 값(0, 1, 2 또는 F) 중 어느 것이든 올 수 있음을 의미한다. 이 경우, 마스크 문자열 "T********"를 사용하면 내부가 서로 교차하는 모든 지오메트리 쌍을 필터링할 수 있다. 여기서 기호 T는 차원 값이 0, 1, 2이면서 비엠프티 교차가 존재함을 뜻한다.

더 나아가, 이항 프레디케이트는 DE-9IM에서 규정된 정의를 활용하여 일반 언어의 동사 형태로 표현될 수 있다. 예를 들어, 프레디케이트 **equals**는 관계 "T*F**FFF*"와 동일하다. 어떤 두 지오메트리가 이 관계를 만족한다면, (위상적으로) 동일한 지오메트리로 간주할 수 있지만, 노드의 순서는 서로 다를 수 있다.

이항 프레디케이트를 나열하면 다음과 같다.

프레디케이트	의미	역프레디케이트
contains	A 포인트 어느 것도 B의 외부에 있지 않다.	within
contains_properly	A는 B를 포함하며, B의 어떤 포인트도 A의 경계상에 있지 않다.	
covers	B의 어떤 포인트도 A의 외부에 있지 않다.	covered_by
covered_by	covers의 반대	covers
crosses	A와 B는 일부 내부 포인트를 공유하지만 모든 포인트를 공유하는 것은 아니다.	
disjoint	A와 B는 어떤 포인트도 서로 공유하지 않는다.	intersects
equals	A와 B는 위상적으로 동일하다. 노드 순서나 노드 수가 다를 수 있으며, A가 B를 포함하고 A가 B의 내부에 있는 것과 동일하다.	
equals_exact	A와 B는 기하학적으로 동일하며, 노드 순서도 동일하다.	
intersects	A와 B가 완전 분리의 관계를 가지지 않는다.	disjoint

프레디케이트	의미	역프레디케이트
is_within_distance	A가 주어진 거리보다 B에 더 가깝게 위치해 있다.	
within	B의 어떤 포인트도 A의 외부에 있지 않다.	contains
touches	A와 B는 최소한 한 개의 경계 포인트를 공유한다. 내부 포인트를 공유하는 것은 아니다.	
overlaps	A와 B가 다수의 포인트를 공유한다. 디멘션은 A와 B의 디멘션과 동일하다.	
related	A와 B가 주어진 마스크 패턴을 준수하는지의 여부를 반환한다.	

위키피디아의 DE-9IM 페이지에서는 개별 동사에 해당하는 **relate** 마스크 패턴을 확인할 수 있다. 이는 **covers**와 **contains**처럼, 의미를 직관적으로 이해하기 어려운 동사(또는 그 반대 동사)가 존재하기 때문이다.

- A가 B를 컨테인(contains) 하는 경우, B는 A의 외부나 **경계**와 어떤 포인트도 공유하지 않는다.
- A가 B를 커버(covers) 하는 경우, B는 A의 외부와 어떤 포인트도 공유하지 않는다.

3.2.3 단항 측도

단항 측도(unary measure)는 하나의 지오메트리에 대해, 그 속성을 나타내는 측정값이나 양을 반환한다.

측도	반환값
dimension	포인트는 0, 라인은 1, 폴리곤은 2, 엠프티 지오메트리에 대해서는 NA
area	지오메트리의 면적
length	라인 지오메트리의 길이

3.2.4 이항 측도

이항 측도(binary measure)는 두 지오메트리를 입력으로 받아, 그들 사이의 관계를 수치나 패턴으로 반환한다. 예를 들어, **distance**는 두 지오메트리 간의 거리를 반환하며, 질적 측도로서 마스크 없이 사용하는 **relate**는 관계 패턴을 제공한다. 두 지오메트리 간 기하학적 관계에 대한 자세한 설명은 3.2.2절에 제시되어 있다.

3.2.5 단항 변환자

단항 변환자(unary transformer)는 하나의 지오메트리에 작용하여, 새로운 지오메트리를 생성·반환한다.

변환자	반환 지오메트리
centroid	투입 지오메트리의 센트로이드로 구성된 POINT 유형의 지오메트리
buffer	투입 지오메트리보다 더 큰(혹은 더 작은) 지오메트리: 버퍼 사이즈에 따라 산출 지오메트리의 크기가 달라짐
jitter	이변량 균등 분포를 이용해 약간 위치가 변형된 지오메트리
wrap_dateline	날짜 변경선을 더 이상 덮거나 교차하지 않는 조각들로 분할된 지오메트리
boundary	투입 지오메트리의 경계를 가진 지오메트리
convex_hull	투입 지오메트리의 컨벡스헐을 가진 지오메트리(그림 3.3)[7]
line_merge	MULTILINESTRING 내의 LINESTRING 요소들을 결합하여 더 긴 LINESTRING을 형성한 지오메트리
make_valid	밸리드하게 교정된 지오메트리
node	노드가 없는 교차점에 노드를 추가한 라인 지오메트리로 개별 라인 지오메트리에 적용
point_on_surface	서피스에 임의의 포인트를 가진 지오메트리
polygonize	폐쇄 링을 형성하는 라인으로부터 생성된 폴리곤 지오메트리
segmentize	주어진 밀도 또는 최소 거리를 만족하는 노드로 구성된 라인 지오메트리
simplify	버텍스/노드를 제거함으로써 단순화된 라인 혹은 폴리곤 지오메트리
split	라인스트링에 의해 분할된 지오메트리
transform	새로운 CRS로 변환 혹은 전환된 지오메트리(2장)
triangulate	들로네 삼각망으로 구성된 지오메트리(그림 3.3)[8]
voronoi	투입 지오메트리로부터 형성된 보로노이 테셀레이션(그림 3.3)[9]
zm	Z 좌표 및 M 좌표가 수정된(일부 좌표의 삭제 혹은 새로운 좌표의 첨가) 지오메트리
collection_extract	특정 유형의 GEOMETRYCOLLECTION으로부터 일부를 추출한 지오메트리
cast	유형이 전환된 지오메트리
+	주어진 벡터만큼 전위된 지오메트리
*	스칼라 또는 매트릭스가 곱해진 지오메트리

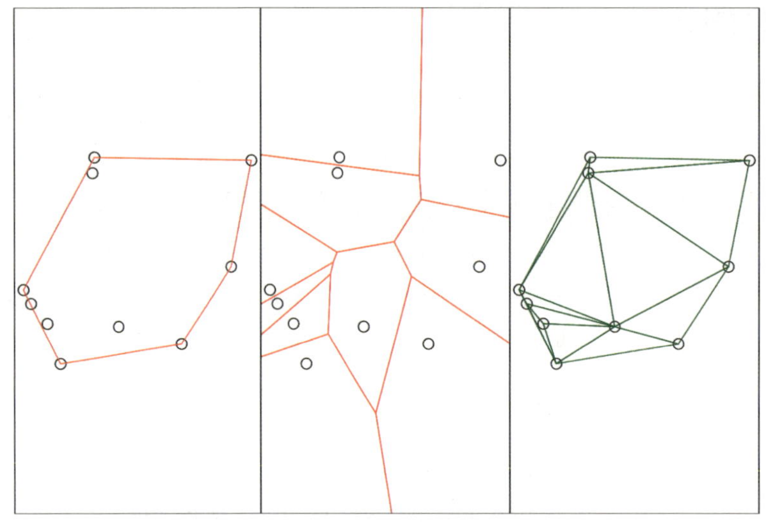

그림 3.3: 포인트의 집합, 왼편은 컨벡스헐, 가운데는 보로노이 폴리곤, 오른편은 들로네 삼각망

3.2.6 이항 변환자

이항 변환자(binary transformer)는 두 지오메트리 쌍에 적용되어, 새로운 지오메트리를 생성하는 함수이다. 예를 들어, 다음과 같은 연산이 이에 해당한다.

함수	반환 지오메트리	인픽스 오퍼레이터
intersection	두 지오메트리의 겹치는 부분에 대한 지오메트리	&
union	두 지오메트리를 결합한 지오메트리로, 내부 경계를 제거하고, 중복되는 포인트, 노드, 또는 라인을 삭제	|
difference	두 번째 지오메트리와 중복되는 부분을 제거한 첫 번째 지오메트리	/
sym_difference	중복되는 부분을 제거한 이후에 두 지오메트리를 결합한 지오메트리로 intersection의 반대	%/%

3.2.7 다항 변환자

다항 변환자(n-ary transformer)는 지오메트리의 집합에 작용한다. union 연산을 적용하면 모든 지오메트리를 결합한 결과를 얻을 수 있다. 반대로, 동일한 차원을 가진 지오메트리 집합은 MULTI 유형 지오메트리나 GEOMETRYCOLLECTION으로 결합할 수도 있다. 이 경우 union을 적용하지 않으므로, 예를 들어 두 폴리곤 링이 경계선을 공유하는 경우처럼 밸리드하지 않은 지오메트리가 생성될 수 있다.

다항 intersection과 difference는 단일 인수를 받는 형식이지만, 모든 쌍, 세 쌍, 네 쌍 등으로 확장되어 순차적으로 작동한다. 그림 3.4를 살펴보자. 세 개의 상자가 모두 겹치는 영역을 어떻게 식별할 수 있을까? 이항 intersection을 사용하면 모든 쌍(1-1, 1-2, 1-3, 2-1, 2-2, 2-3, 3-1, 3-2, 3-3)에 대한 교차 결과를 얻을 수 있다. 그러나 이 방식만으로는 두 개 이상의 지오메트리가 동시에 교차하는 영역을 식별할 수 없다. 그림 3.4 오른쪽은 다항 intersection의 결과를 보여 준다. 여기서는 하나, 둘, 혹은 그 이상의 지오메트리가 교차하여 생성된 7개의 상호 중복 없는 고유 지오메트리를 확인할 수 있다.

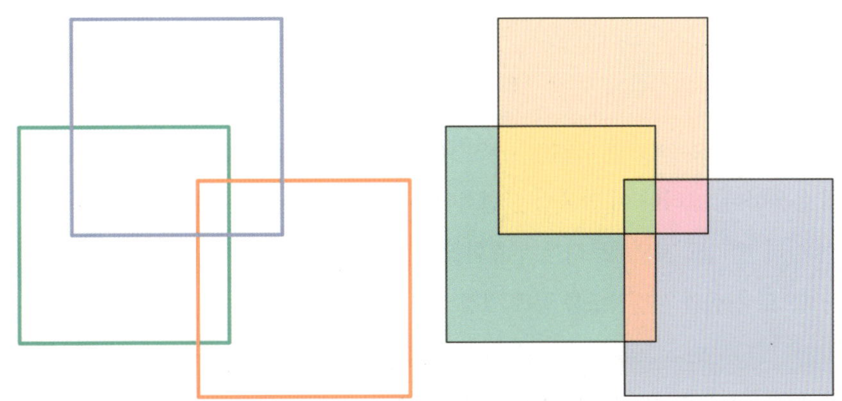

그림 3.4: 왼쪽: 세 개의 정사각형이 서로 겹치고 있는데, 이들 모두가 겹치는 부분을 어떻게 확인할 수 있을까?
오른쪽: 상호 중복이 없는 고유한 다항 교차

유사하게, 집합 $\{s_1, s_2, s_3, ...\}$에 다항 difference를 적용하면 $\{s_1, s_2 - s_1, s_3 - s_2 - s_1, ...\}$를 생성할 수 있다. 그 결과는 그림 3.5에 나타나 있다. 그림의 왼쪽은 원래 집합을, 오른쪽은 입력 지오메트리의 순서를 변경한 후의 집합을 보여 준다. 이는 결과가 입력 지오메트리의 순서에 의존한다는 점을 명확히 하기 위함이다. 이렇게 얻어진 지오메트리들은 서로 겹치지 않는다.

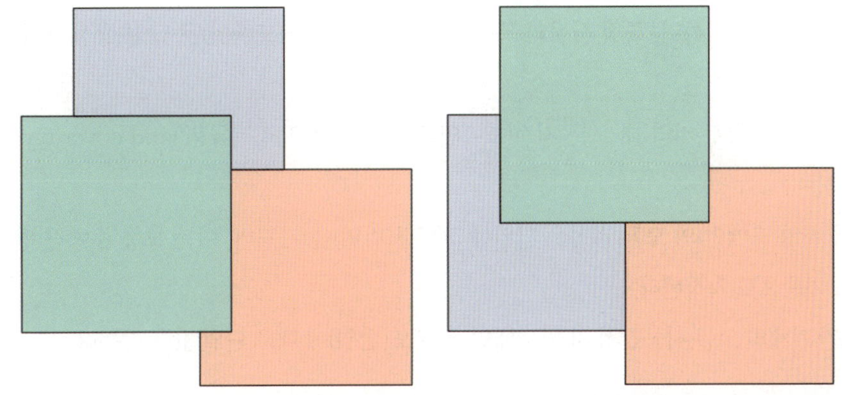

그림 3.5: 박스들에 서로 다른 순서로 difference를 적용한 결과: 왼쪽은 원래 순서이며, 오른편은 반대 순서

3.3 정밀도

기하학적 연산, 예를 들어 특정 점이 선 위에 있는지 여부를 판단하는 작업은, 좌표가 R에서 사용하는 8바이트 더블(double)과 같은 배정밀도 부동소수점 수로 표현될 경우 실패할 수 있다. 흔히 선택되는 해결책은 연산 전에 좌표의 정밀도(precision)를 제한하는 것이며, 이를 위해 **정밀도 모형**(precision model)이 사용된다. 가장 일반적인 방법은 하나의 계수를 선택하고, 원래 좌표 p를 반올림하여 새로운 좌표 c'를 계산하는 것이다.

$$c' = \mathrm{round}(p \cdot c)/p$$

이러한 종류의 반올림은 좌표를 간격이 $1/p$인 규칙적인 그리드상의 점으로 변환하며, 이는 기하학적 연산에 유용하다. 그러나 이 반올림은 면적이나 거리와 같은 모든 계산에 영향을 미칠 수 있으며, 경우에 따라 밸리드 지오메트리를 무효화할 수도 있다. 특정 응용 분야에 가장 적합한 정밀도 값은 일반적으로 경험과 시행착오를 통해 결정된다.

3.4 커버리지: 테셀레이션과 래스터

OGC(Open Geospatial Consortium, 오픈지리공간컨소시움)는 **커버리지**(coverage)를 "시공간 도메인 내 임의의 직접 위치에 대해, 그 범위에서 값을 반환하는 함수 역할을 하는 피처"라고 정의한다(Baumann, Hirschorn, and Masó 2017). **함수**가 존재한다는 것은 시공간 도메인 내 모든 '포인트', 즉 특정 지점과 특정 시점의 모든 조합에 대해 범위 내의 **단일** 값을 얻을 수 있다는 것을 의미한다.[10] 이는 시공간적 현상에서 매우 흔히 나타나는 상황으로, 몇 가지 예를 들 수 있다.

- 경계 분쟁을 제외하면, 특정 시점의 특정 지역 내 모든 지점(도메인)은 단일 행정 단위(범위)에 속한다.
- 특정 시점의 특정 지역 내 모든 지점(도메인)은 특정한 **토지피복유형**(land cover type)(범위)을 갖는다.
- 특정 지역(도메인)의 모든 지점은 단일한 고도값(범위)을 가지며, 이는 보통 주어진 평균 해수면을 기준으로 측정된다.
- 3차원 기체의 모든 시공간적 지점(도메인)은 온도(범위)에 대해 단일 값을 갖는다.

여기서 주의할 점은, 관찰이나 측정에는 항상 시간과 공간이 소요되므로, 측정된 값은 본질적으로 시공간적 부피(volume)에 대한 평균값일 수밖에 없다는 것이다. 따라서 범위 변수를 무부피의 '포인트'에서 직접 측정하는 경우는 매우 드물다. 그러나 실제 많은 사례에서 측정된 부피는 '포인트'로 간주할 만큼 충분히 작다. 예를 들어, **토지피복유형**과 같은 변수는 구별되는 유형이 측정된 면적 단위와 의미 있게 연관되도록, 적절한 부피 단위를 선택해야 한다.[11]

위에서 제시한 네 가지 예 중 처음 두 가지의 범위 변수는 **범주형**이고, 마지막 두 가지는 **연속형**이다. 범주형 범위 변수의 경우, 넓은 지역이 동일한 값을 가진다면 이러한 데이터를 효율적으로 표현하는 방법은 동일한 값을 갖는 지역의 경계를 저장하는 것이다. 예를 들어, 국가 경계가 이에 해당한다. 이는 심플 피처 지오메트리(폴리곤 또는 멀티폴리곤)를 사용하여 표현할 수 있지만, 다음과 같은 몇 가지 도전 과제가 뒤따른다.

- 심플 피처 폴리곤은 서로 겹치지 않고 틈새도 없어야 하지만, 이러한 조건이 항상 보장되는 것은 아니다.
- 심플 피처는 인접한 두 폴리곤의 경계에 위치한 포인트를 하나의 폴리곤에만 할당할 수 없는데, 이는 커버리지로서의 해석과 충돌한다.

3.4.1 토폴로지 모형

폴리곤 커버리지에서 겹침과 틈새가 없도록 보장하는 데이터 모형을 **토폴로지 모형**(topological model)이라 하며, GRASS GIS나 ArcGIS와 같은 지리정보시스템(GIS)에서 그 예를 확인할 수 있다. 토폴로지 모형에서는 폴리곤 경계를 한 번만 저장하고, 그 경계의 양쪽에 위치한 폴리곤을 함께 등록한다.

토폴로지 모형에서 동일한 범위 값을 가진 지역에 대해 (멀티)폴리곤 집합을 도출하는 것은 비교적 간단하다. 그러나 폴리곤 집합으로부터 토폴로지를 재정의하는 역과정을 수행하려면, 오류에 대한 임계값 설정과 더불어 겹침 및 틈새를 처리하는 구체적인 방법을 고려해야 한다.

3.4.2 래스터 테셀레이션

테셀레이션(tessellation)은 2차원 또는 3차원의 공간을 폴리곤으로 구성된 더 작은 요소들로 세분화하는 것을 의미한다. 규칙(regular) 테셀레이션은 삼각형, 사각형, 육각형과 같은 규칙 폴리곤으로 이루어진 테셀레이션을 뜻한다. 공간데이터에서 일반적으로 사용되는 정사각형 기반 테셀레이션을 래스터 데이터(raster data)라고 부른다. 래스터 데이터는 공간 차원 d를 규칙 셀로 나누며, 각

셀 d_i는 좌측 닫힘 및 우측 개방 범위(구간)로 정의된다.[12]

$$d_i = d_0 + [i \times \delta, (i+1) \times \delta]$$

여기서 d_0는 오프셋 값이고, δ는 구간(셀 또는 픽셀)의 크기이다. 셀 인덱스 i는 임의의 값을 가질 수 있지만, 반드시 연속적인 정수여야 한다. δ는 y축(북거)의 경우 보통 음수 값을 갖는데, 이는 래스터의 행 번호가 남쪽으로 갈수록 증가하는 반면 y좌표값은 감소하기 때문이다.

일반적인 폴리곤 테셀레이션에서는 두 폴리곤이 공유하는 경계에 위치한 점의 할당이 모호할 수 있다. 그러나 규칙 테셀레이션에서는 좌측 닫힘([) 및 우측 개방()) 구간을 사용하여 이러한 모호성을 해소한다. 이는 y좌표에 음의 δ 값이, x좌표에 양의 δ 값이 적용된 래스터의 경우, 각 셀의 모서리 점들 중 좌측 상단의 점만을 해당 셀의 일부로 간주한다는 의미이다. 이로 인해 발생할 수 있는 예기치 못한 결과의 한 예가 그림 3.6에 나타나 있다.

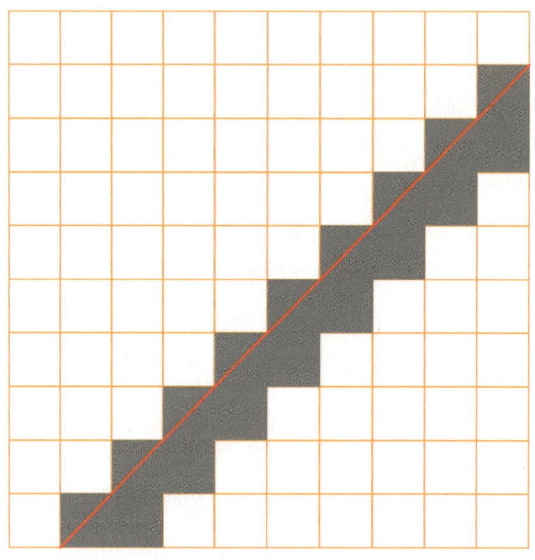

그림 3.6: 래스터화의 예기치 못한 결과: 각 셀의 좌측 상단 지점만 셀 내부로 간주되기 때문에, 대각선 아래에 위치하면서 붉은 선과 접촉한 셀들도 래스터로 전환되었다.

시간 차원을 좌측 닫힘 및 우측 개방 구간으로 세분하는 것은 매우 일반적인 방식이며, 이는 R의 **xts** 패키지와 같은 시계열 소프트웨어에서 암묵적인 기본 가정이기도 하다. 즉, 시간 스탬프(시점)는 해당 시간 간격의 시작을 나타낸다. 다른 모형과 결합하는 것도 가능하다. 예를 들어, 심플 피처 폴리곤을 사용해 공간을 세분하고 이를 규칙 시간 테셀레이션과 결합하면, 시공간 **벡터 데이터 큐브**(vector data cube) 개념을 구현할 수 있다. 래스터 및 벡터 데이터 큐브에 관한 논의는 6장에서 다룬다.

앞서 언급했듯이, R^2에 대한 규칙 테셀레이션을 생성할 때는 정사각형뿐 아니라 정삼각형과 정육각형 폴리곤을 사용할 수 있다. 이를 3차원 구체로 확장하면 큐브, 정팔면체, 정이십면체, 정십이면체 등 다양한 형태가 가능하다. 큐브 기반 공간 인덱스에는 s2geometry가 있으며, H3 라이브러리는 정이십면체를 기반으로 하면서 밀집화 과정에서 주로 정육각형을 사용한다. 지구 전체를 포괄하는 이러한 모자이크는 일반적으로 이산 글로벌 그리드(discrete global grid)라고 불린다.

3.5 네트워크

공간적 네트워크는 일반적으로 라인(**LINESTRING**) 요소로 구성되지만, 네트워크로서의 완결성을 위해 추가적인 위상적 특성을 갖는다.

- 라인스트링의 시작점과 끝점은 다른 라인스트링의 시작점이나 끝점에 연결될 수 있으며, 이를 통해 노드와 엣지의 집합이 형성된다.
- 엣지는 방향성을 가질 수 있으며, 이 경우 연결(흐름, 수송)은 한 방향으로만 가능하다.

osmar(Schlesinger and Eugster 2013), **stplanr**(Lovelace, Ellison, and Morgan 2022), **sfnetworks**(van der Meer et al. 2022)와 같은 R 패키지는 네트워크 객체를 구성하고 이를 다루는 기능을 제공하며, 네트워크를 통한 최단 또는 최속 경로 계산을 지원한다. **spatstat** 패키지(Baddeley, Turner, and Rubak 2022; Baddeley, Rubak, and Turner 2015)는 선형 네트워크상에서의 포인트 패턴 분석 기능을 제공한다(11장). Lovelace, Nowosad, and Muenchow(2019)의 12장은 네트워크 데이터를 활용한 교통 애플리케이션을 다룬다.

3.6 연습문제

다음의 연습문제를 풀되, 적절한 부분에서 R을 활용하시오.

1. 2차원(평면) 공간에서 심플 피처 지오메트리로 표현할 수 없는 지오메트리의 두 가지 예를 제시하고, 그림으로 표현하시오.
2. 좌표 10.542, 0.01, 45321.6789를 정밀도 값 1, 1e3, 1e6, 및 1e-2를 사용하여 재계산하시오.
3. 다항 교차가 필요한 실제 문제 사례를 제시하시오.
4. 지점별로 하나의 폐쇄 폴리곤을 가지는 보로노이 다이어그램(그림 3.3)을 만드는 방법을 설명하시오.

5. 다음의 지오메트리에 대해 단항 측도 dimension을 계산하시오. POINT Z (0 1 1), LINES-
TRING Z (0 0 1,1 1 2), POLYGON Z ((0 0 0,1 0 0,1 1 0,0 0 0))

6. LINESTRING(0 0,1 0)과 LINESTRING(0.5 0,0.5 1)의 DE-9IM 관계를 설명하고, 각 문자의
의미도 함께 설명하시오.

7. 심플 피처 폴리곤의 집합을 하나의 커버리지로 만들 수 있는지 답하시오. 가능하다면, 어떤 제
약 조건에서 가능한지 설명하시오.

8. sf 패키지의 nc 카운티 데이터를 사용하여 네 개의 카운티가 동시에 접촉하는 포인트들을 추출
하시오.

9. y축에 대한 δ 값이 양수일 경우, 그림 3.6은 어떻게 달라지는지 설명하시오.

3장 역자주

1. '자기교차'란 선분이 스스로를 가로지르는 경우를 말하며, 예를 들어 숫자 8 모양의 라인처럼 하나의 라인이 교차 점을 형성하는 상황을 의미한다.

2. 밸리드 지오메트리를 유지하는 것은 공간분석, 지도 제작, 공간 질의에서 신뢰할 수 있는 결과를 얻기 위한 필수 조건이다. 보통 '유효한', '정합한', '합당한' 지오메트리 등으로 번역되지만, 여기서는 프로그래밍 용어 및 함수명과 의 일관성을 위해 '밸리드' 지오메트리라는 표기를 사용한다.

3. 여기서 '감기다'는 것은 폴리곤 경계를 따라 점들이 연결되는 방향을 의미한다. 외부 링은 반시계 방향으로 이동할 때 왼쪽이 폴리곤 내부가 되고, 내부 링은 시계 방향으로 이동할 때 왼쪽이 폴리곤 내부, 오른쪽이 구멍(빈 공간)임 을 나타낸다. 이 방향 규칙은 컴퓨터가 폴리곤 내부와 구멍을 정확히 구분하는 데 필수적이다.

4. 세 점이 일직선상에 놓이지 않음을 의미한다.

5. 위의 9자리 문자는 그림 3.2에 나타난 9개 교차 결과의 차원을 표시한 것이다. 차원 값은 행 단위로 지그재그 방 식—첫 번째 행은 왼쪽에서 오른쪽, 두 번째 행은 오른쪽에서 왼쪽—으로 읽는다.

6. 마스크 문자열은 원하는 지오메트리 간 공간 관계를 질의하거나 필터링할 수 있도록 해 준다.

7. 컨벡스헐은 주어진 포인트 집합을 모두 포함하는 가장 작은 볼록 다각형을 의미한다.

8. 들로네 삼각망은 보로노이 테셀레이션과 상호 대응하는 삼각분할 방법으로, 점들을 삼각형으로 연결하되, 삼각 형의 외접원 안에 다른 점이 들어가지 않도록 한다.

9. 보로노이 테셀레이션은 평면을 여러 구역으로 분할하는 방법으로, 각 구역 내의 모든 지점이 해당 구역의 중심점 에 가장 가깝도록 정의된다.

10. 범위는 함수가 반환하는 값들의 집합을 의미하는데, 함수는 시공간 내 위치별로 이 범위 안에서 값을 반환한다 는 의미이다.

11. 토지피복과 같은 범주형 변수는 측정된 공간 단위가 해당 범주를 대표할 수 있도록 설정되어야 한다. 즉, 각 토 지피복 유형이 관찰된 공간 범위 안에서 충분한 대표성을 가질 수 있도록 적절한 공간 단위로 측정해야 한다는 의 미이다.

12. 좌측 닫힘 우측 개방 범위란 구간의 왼쪽 끝점은 포함하지만, 오른쪽 끝점은 포함하지 않는다는 의미이다.

4. 구면 지오메트리

"국지적 데카르트 투영 좌표계로 설정된 GIS 소프트웨어를 글로벌 스케일의 애플리케이션에 확장하는 순간, 오류투성이 결론이 도출되고 터무니없는 측정이 시작된다." (Chrisman 2012)

3장에서는 평면 공간 R^2에서 정의되는 지오메트리에 대해 논의했다. 이 장에서는 평면이 아니라 3차원 구면(S^2) 위의 지오메트리를 다룰 때 발생하는 변화를 살펴본다.

2장에서 지구의 형태가 일반적으로 구체가 아니라 타원체로 근사된다는 점을 이미 배웠다. 그러나 그림 1.7에서 녹색으로 표시된 라이브러리 중 어느 것도 타원체를 전제로 한 포괄적인 계산 함수 세트에 접근할 수 없다. 오직 s2geometry(Dunnington, Pebesma, and Rubak 2023; Veach et al. 2020) 라이브러리만이 이러한 접근을 가능하게 하는데, 이 라이브러리는 타원체 대신 구체를 사용한다. 그럼에도, 이전 장에서 다룬 평면(투영된) 공간과 비교하면 구체는 타원체에 **훨씬 더 가까**운 근사값이다.[1]

4.1 직선

3장에서 다룬 **심플 피처**의 기본 전제는 지오메트리가 **직선으로 연결된 포인트들의 시퀀스**로 표현된다는 것이다. R^2(또는 데카르트 공간)에서는 이는 자명하지만, 구면 위에는 직선이 존재하지 않는다. 두 지점을 연결하는 가장 짧은 경로는 두 지점을 지나는 원의 호이며, 이를 **대권호**(great circle segment)라고 한다. 이로 인해, 구의 정반대편에 있는 두 점을 연결하는 **가장 짧은 선은 유**일하게 정의되지 않는다. 이들 점을 잇는 모든 대권호는 동일한 길이를 갖기 때문이다. GeoJSON 표준(Butler et al. 2016)은 측지 좌표계에서 직선의 정의에 대해 독자적인 해석을 제시하고 있다(이 장 말미의 연습문제 1 참조).

4.2 링 디렉션과 완전 폴리곤

구면상에 존재하는 폴리곤은 구 표면을 내부와 외부, 두 개의 유한한 면적으로 나눈다. R^2에서 적용되는 '반시계 방향 규칙'은 구면에서는 잘 작동하지 않는데, 이는 방향 해석에 따라 내부가 달라지기 때문이다. 일반적으로는 폴리곤의 점을 순서대로 따라갈 때, 경계의 왼쪽(또는 오른쪽)을 내부로 정의한다. 점의 순서를 반대로 하면 내부와 외부가 뒤바뀌게 된다.

3장에서 엠프티 폴리곤을 살펴본 바 있는데, 그 반대 개념으로 지표면 전체를 포괄하는 **완전 폴리곤**(whole polygon)도 생각할 수 있다. 이 개념은, 예를 들어 완전 폴리곤과 육지부의 합집합에 대한 기하학적 차이를 계산함으로써 해양부를 정의하는 데 유용하다(그림 8.1과 그림 11.6 참조).

4.3 바운딩 박스, 바운딩 직사각형, 바운딩 캡

R^2에서는 x와 y 좌표의 범위를 이용해 바운딩 박스(bounding box)를 쉽게 정의할 수 있다. 그러나, 타원체 좌표의 경우, 지오메트리가 반대자오선(antimeridian)(경도 ±180)이나 극점을 가로지르면 이러한 범위는 크게 유용하지 않다.[2] R^2에서 낮은 x값이 높은 값의 서쪽에 있다는 가정은 반대자오선을 넘을 때 성립하지 않는다. 구면상의 영역을 정의하는 보다 자연스러운 대안은 **바운딩 캡**(bounding cap)으로, 영역의 중심 좌표와 반지름만으로 정의할 수 있다. 예를 들어 남극 대륙의 경우 바운딩 박스는 그림 4.1의 (a)와 (c)에 나타나 있는 것처럼 다음의 좌표 범위를 통해 정의된다.

```
#   xmin   ymin   xmax   ymax
# -180.0  -85.2  179.6  -60.5
```

이 바운딩 박스는 명백히 **ymin**이 −90이고 **xmax**가 180인 지역을 포함하지 않는다. 반면 바운딩 캡은 해당 지역을 포함한다.

```
#   lng lat angle
# 1   0 -90  29.5
```

해당 지역을 포함하는 또 다른 지오메트리는 **바운딩 직사각형**(bounding rectangle)이다.

```
#   lng_lo lat_lo lng_hi lat_hi
# 1   -180    -90    180  -60.5
```

반대자오선을 가로지르는 지역의 예로 피지 제도를 들 수 있으며, 이 지역의 바운딩 박스는 다음과 같이 정의된다.

```
#   xmin   ymin   xmax   ymax
# -179.9  -21.7  180.2  -12.5
```

이는 지구를 한바퀴 도는 정도의 크기에 해당한다. 동일한 지역에 대한 바운딩 직사각형은 다음과 같이 정의된다.

```
#   lng_lo lat_lo lng_hi lat_hi
# 1    175  -21.7   -178  -12.5
```

여기서 `lng_lo`가 `lng_hi`보다 더 큰 값이라는 사실은, 해당 바운딩 직사각형이 반대자오선을 가로지르고 있음을 의미한다. 그러나 단순히 좌표 범위만으로는 이러한 위치 관계를 파악하기가 매우 어렵다.

4.4 구면상의 밸리드 지오메트리

많은 글로벌 데이터셋은 타원체 좌표로 제공되지만, 동시에 [−180, 180]×[−90, 90] 범위의 R^2 공간에서도 잘 '작동'하도록 사전 조치되어 있다. 이는 다음과 같은 의미를 가진다.

- 반대자오선(경도 ±180)을 가로지르는 지오메트리는 양쪽으로 분할되어 실제로는 횡단이 발생하지 않지만, 두 부분은 거의 서로 맞닿아 있다.
- 극점을 포함하는 지오메트리(예: 남극)는 경도 ±180°를 기준으로 분할되어 (−180, −90)과 (180, −90)이 서로 다른 좌표로 취급되지만, 실제로는 두 좌표 모두 지리적 남극(Geographic South Pole)을 가리킨다.

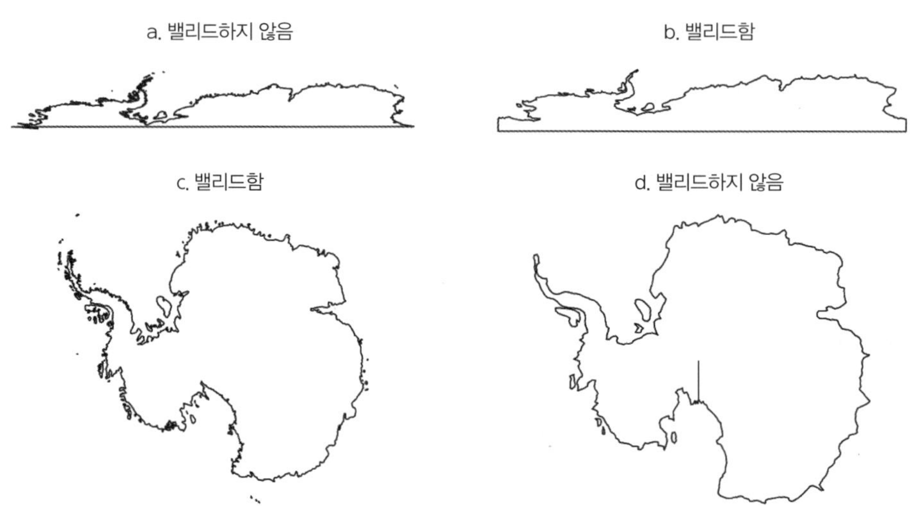

그림 4.1: 남극 폴리곤을 나타낸 것으로 (a)와 (c)는 POINT(-180 -90)를 통과하지 않고, (b)와 (d)는 POINT(-180 -90)와 POINT(180 -90)를 통과한다.

그림 4.1은 남극을 두 가지 방식으로 표현한 예를 보여 준다. 위쪽은 R^2를 전제로 한 타원체 좌표이며, 아래쪽은 극평사 도법(Polar Stereographic projection)으로 변환한 것이다. 왼쪽은 지리적 남극을 중심으로 분할이 없는 경우, 오른쪽은 지리적 남극을 중심으로 분할이 있는 경우를 나타낸다. 폴리곤 (b)와 (c)는 밸리드하지만, 폴리곤 (a)는 자기 교차로 인해 밸리드하지 않으며, 폴리곤 (d)는 남극을 향하는 변을 두 번 지나기 때문에 밸리드하지 않다. 그러나 구면(S^2)상에서는 폴리곤 (a)는 밸리드한 반면, (b)는 (d)와 동일한 이유로 밸리드하지 않다.

4.5 연습문제

다음의 연습문제를 풀되, 적절한 부분에서 R을 활용하시오.

1. GeoJSON 형식(Butler et al. 2016)이 타원체 좌표 간의 '직선'을 어떻게 정의하는가(섹션 3.1.1)와, 이 정의를 적용했을 때 `LINESTRING(0 85, 180 85)`는 극투영법에서 어떻게 표현되는가에 각각 답하고, 북극을 통과하도록 이 지오메트리를 수정하는 방법을 설명하시오.

2. S^2상의 전형적인 폴리곤 링의 디렉션은 어떻게 확인할 수 있을지 설명하시오.

3. 바운딩 박스 대신 바운딩 캡을 사용하는 이점이 있는 경우, 그 이점을 열거하시오.

4. 작은 지역의 경우, 해당 지역을 중심으로 한 정사 도법이 왜 S^2상의 지오메트리를 잘 근사하는지 설명하시오.

5. `rnaturalearth::ne_countries(country = "Fiji", returnclass = "sf")`를 사용하여 피지의 지오메트리가 R^2에서 밸리드한지, 피지를 중심으로 한 정사 도법에서 밸리드한지, 그리고 S^2상에서 밸리드한지 확인하시오. S^2상에서 지오메트리를 밸리드하게 만들기 위해서는 어떤 조치를 취해야 하는지 설명하시오. 밸리드하게 만들어진 지오메트리를 R^2으로 변환하여 지도로 그려 보시오. 또한, 피지의 센트로이드를 R^2와 S^2 각각에서 계산하고, 두 센트로이느 간 거리를 구하시오.

6. giscoR 패키지의 `gisco_countries` 데이터셋에서 `NAME_ENGL == "Fiji"`인 국가를 선택하시오. 이 국가의 지오메트리가 구면상에서 밸리드한지 판단하고, 밸리드하다면 왜 그런지 설명하시오.

4장 역자주

1. s2geometry 라이브러리는 지리공간 계산에 특화된 기능을 제공하지만, 완전한 타원체 모형에 기반한 계산이 아니라 구체 모형을 사용하여 이를 근사한다는 의미이다.

2. 반대자오선은 본초자오선의 반대편에 위치한 자오선을 의미하는 것으로 동경 180도 혹은 서경 180도 경선을 지칭한다.

5. 속성과 서포트

피처 **속성**(attribute)은 피처(즉 '사물')의 특성을 의미한다. 피처의 지오메트리 자체는 속성으로 간주되지 않지만, 일부 속성은 지오메트리로부터 **파생**될 수 있다. 예를 들어, LINESTRING의 길이나 POLYGON의 면적은 이러한 공간 파생 속성에 해당한다. 그러나 많은 속성은 다음과 같이 지오메트리로부터 직접 도출되지 않는 비도출 속성이다.

- 거리나 카운티의 이름
- 카운티의 인구수
- 도로의 유형
- 토양 유형
- 가게의 영업 개시 시간
- 동물의 체중 또는 심박수
- 대기질 측정소의 이산화질소 농도

어떤 경우에는 시간적 특성이 피처의 속성으로 간주될 수 있다. 예를 들어, 사람의 출생일이나 도로의 건설 연도가 이에 해당한다. 대기질과 같이 속성이 공간과 시간의 함수로 표현되는 경우, 시간은 기하학적 특성과 동등한 중요성을 지니는 요소로 다루는 것이 가장 적절하다. 이러한 내용은 6장에서 데이터 큐브와 관련하여 더 자세히 다룬다.

심플 피처를 구현하는 공간데이터사이언스 소프트웨어는 일반적으로 피처의 기하학적 특성과 속성을 모두 포함하는 테이블 형태로 데이터를 구성한다. 이는 Python의 **Geopandas**, PotsgreSQL의 **PostGIS** 테이블, R의 **sf** 객체 모두에 해당된다. 3.2절에서 설명된 기하학적 연산은 **오직** 지오메트리에만 적용되며, 경우에 따라 새로운 속성(프리디케이트, 측도, 변환)을 생성할 수 있지만 기존 속성에는 영향을 미치지 않는다.

지오메트리가 변경되었음에도 속성 **값**이 그대로 유지되는 경우, 서포트 문제가 발생할 수 있다. 예를 들어 카운티 폴리곤을 해당 폴리곤의 센트로이드로 대체하는 간단한 사례를 살펴보면, R의 **sf** 패키지는 다음과 같은 경고 메시지를 출력한다.

```
# Warning: st_centroid assumes attributes are constant over
# geometries
```

이러한 경고 메시지가 나타나는 이유는 데이터셋에 전체 폴리곤과 연관된 값을 가진 변수들이 포함되어 있기 때문이다.[1] 예를 들어, 인구수와 같은 값은 폴리곤 전체와 관련된 것이므로, 폴리곤을 대체하는 POINT 지오메트리와는 직접적인 연관이 없다.

1.6절에서 이미 언급했듯이, 라인과 폴리곤 지오메트리에서 피처 속성 값은 **포인트 서포트** 또는 **블록 서포트**를 가질 수 있다. 포인트 서포트는 해당 값이 지오메트리의 **모든 지점**에 동일하게 적용되는 경우를 말하고, 블록 서포트는 지오메트리 내 **모든 지점**을 요약하는 경우를 의미한다. 이 외에도 해당 지오메트리보다 더 작거나 더 큰 서포트를 가지는 경우도 가능하다. 이 장에서는 속성이 지오메트리와 관련되는 방식, 이러한 차이가 데이터 분석에 미치는 영향, 그리고 서로 다른 지오메트리로부터 속성을 도출하는 방법(업스케일링과 다운스케일링)에 대해 설명한다.

5.1 속성-지오메트리 관계와 서포트

피처 속성은 변경하지 않고 피처의 기하 특성만 수정하더라도, **피처는 변한 것으로 간주된다**. 이는 피처가 지오메트리와 속성의 결합으로 구성되기 때문이다. 예를 들어, 지오메트리를 컨벡스헐(convex hull)이나 센트로이드(centroid)로 대체했을 때, 새롭게 생성되는 피처가 기존 속성 값과 의미 있게 관계를 유지할 수 있을까? 이 답은 상황에 따라 다르다.

LINESTRING 지오메트리를 갖는 도로망을 예로 들어보자. 데이터셋에 도로 폭이라는 속성이 포함되어 있고, 어떤 도로의 속성값이 10m라고 하자. 그렇다면 해당 도로의 특정 구간의 도로 폭에 대해 우리는 무엇을 말할 수 있을까? 이는 도로 폭 속성이 도로의 **모든 지점**에서 동일한 폭을 의미하는지(즉, 폭이 일정하다는 것을 의미하는지), 아니면 최솟값이나 평균값과 같은 집계 속성을 의미하는지에 따라 달라진다. 최솟값의 경우를 좀 더 살펴보자. 최소 도로 폭은 해당 도로에서 임의로 특정 구간을 선택했을 때, 그 구간의 최소 폭이 주어진 최소 도로 폭보다 작지 않음을 의미한다. 그러나 이것이 반드시 그 하위 구간의 **최소** 폭을 뜻하는 것은 아니다. 이 사례는 속성–지오메트리 관계(**AGR**, attribute–geometry relationship)가 두 가지 '유형'으로 구분될 수 있음을 보여 준다.

- **상수**(constant) AGR: 속성값이 지오메트리의 모든 부분에 동일하게 적용된다. 즉, 피처가 무수히 많은 지점으로 구성되어 있고, 각 지점이 동일한 속성값을 가지는 경우를 말한다. 지구통계학에서는 이를 **포인트 서포트**를 가진 변수라고 부른다.
- **집계**(aggregate) AGR: 속성값이 지오메트리 전체를 요약한 값이다. 즉, 피처가 **하나의 관측값**을 가지며, 그 값이 지오메트리 **전체**를 대표하는 경우를 말한다. 지구통계학에서는 이를 **블록**

서포트를 가진 변수라고 부른다.

폴리곤 데이터의 경우, **상수** AGR(포인트 서포트)의 예로 다음의 변수를 들 수 있다.

- 토지이용도에서의 토지이용
- 지질도에서의 암석 단위 또는 지질층
- 토양도에서의 토양 유형
- 기복도에서의 고도 클래스
- 기후 구분도에서의 기후 지역

상수 AGR 변수의 전형적인 특성은 지오메트리가 인위적으로 생성된 것이 아니며, 센서 장치(예: 원격탐사의 이미지 픽셀 경계)와도 관련이 없다는 것이다. 대신, 지오메트리는 관찰된 변수를 매핑함으로써 결정된다. **집계** AGR의 예로는 다음과 같은 변수를 들 수 있다.

- 인구: 인구수 혹은 인구밀도
- 지역별로 요약된 사회경제적 변수
- 원격탐사 픽셀별 평균 반사율
- 지역별 총 오염물질 배출량
- 이산화질소 농도에 대한 블록 평균: 보통 정사각형 블록에 대한 블록 크리깅(12.5절) 또는 구역 평균값을 예측하는 분산 모형을 통해 산출된다.

집계 AGR 변수의 전형적인 특성은, 그 지오메트리가 법률적 규정, 관측 장치, 분석상의 선택 등에서 비롯된 것이며, 관찰 변수 그 자체와 본질적으로 연결되어 있지는 않다는 점이다.

세 번째 유형의 AGR는 속성이 피처 지오메트리의 식별자 역할을 하는 경우에 해당한다. 개별 지오메트리가 변수의 특정 값과 고유하게 연결되어 있을 때, 이를 **식별** 변수라고 한다. 즉, 동일한 값을 가지는 다른 지오메트리가 존재하지 않는 경우다. 예를 들어, 카운티 이름은 해당 카운티를 식별하며, 카운티 내 어떤 하위 지역에도 동일한 이름이 적용될 수 있다(포인트 서포트). 그러나 임의의 하위 구역을 고려하면, 이 변수는 더 이상 **식별**자 역할을 하지 못하고 단순한 **상수** 속성값으로 변하게 된다. 하나의 예를 들면 다음과 같다.

- 카운티 내부의 임의의 지점(또는 지역)은 여전히 그 카운티에 속하므로 '카운티 이름' 변수에서 동일한 값을 가져야 한다. 그러나 해당 지점(또는 지역)은 더 이상 카운티 전체 지오메트리를 대표하는 식별자로 기능할 수 없다.

여기서 중요한 점은, 공간정보가(단순화를 위해 시간은 무시한다고 할 때) 서로 다른 현상 유형으로 구분될 수 있다는 것이다(Scheider et al. 2016).

- **필드**: 연속적인 공간상의 모든 지점이 특정 속성값을 가지는 경우(예를 들어, 고도, 대기질 또는 토지이용)
- **객체**: 위치의 이산적 집합으로 규정되는 경우(예를 들어, 주택, 나무, 사람)
- **집계값**: 필드의 총계 또는 평균, 라인 혹은 폴리곤 객체의 총빈도 혹은 밀도로 계산되는 값

그러나 이러한 현상 유형이 지오메트리 유형(포인트, 라인, 폴리곤, 래스터 셀)과 일대일로 대응하는 것은 아니다.

- 포인트는 필드에서의 표본추출 위치일 수도 있고(예: 대기질 관측소), 객체의 위치일 수도 있다.
- 라인은 객체(예: 도로, 강)일 수도 있고, 필드를 나타내는 등치선일 수도 있으며, 행정구역의 경계일 수도 있다.
- 래스터 픽셀과 폴리곤은 토지이용(커버리지)과 같은 범주형 필드와 연관될 수도 있고, 인구밀도와 같은 집계값과도 관련될 수 있다.
- 래스터나 다른 형태의 메시 삼각망은 노드(포인트), 엣지(라인), 페이스(에어리어, 셀)에 각각 다른 변수를 가질 수 있다. 스태거드 그리드(staggered grid)를 이용해 편미분 방정식을 근사하는 경우(Haltiner and Williams 1980; Collins et al. 2013)가 이에 해당한다.

속성–지오메트리 관계를 적절히 정의하고, 이에 대한 정보가 누락되었거나 지오메트리의 변화(즉, 서포트의 변화)가 정보 변화를 초래하는 경우 경고 메시지를 표출하는 것은, 공간데이터의 **서포트**와 관련된 일반적인 공간데이터 분석 오류(Stasch et al. 2014)를 피하는 데 도움이 될 수 있다.

5.2 애그리게이션과 속성 요약

테이블(또는 **data.frame**) 레코드의 애그리게이션(aggregation)은 다음의 두 단계를 통해 수행된다.

- 그룹 프레디케이트에 따라 레코드를 분류한다.
- 애그리게이션 함수를 적용하여 각 그룹별 단일 요약 속성값을 계산한다.

SQL에서 애그리게이션 과정은 다음의 예시처럼 이루어진다.

```
SELECT GroupID, SUM(population) FROM table GROUP BY GroupID;
```

여기서 애그리게이션 함수는 SUM이고 **그룹화 프레디케이트**는 GroupID이다.

R의 **dplyr** 패키지는 이 작업을 두 단계로 수행한다. **group_by( )** 함수는 레코드의 그룹 멤버십을 지정하고, **summarise( )** 함수는 각 그룹에 대한 데이터 요약(예: **sum** 또는 **mean**)을 계산한다. 반면 베이스 R의 **aggregate( )** 함수는 테이블, 그룹화 조건, 집계 함수를 인수로 받아 이 두 단계를 하나의 함수 호출로 처리한다.

노스캐롤라이나 카운티의 예는 그림 5.1에 제시되어 있다. 타원 좌표 **POINT(-79, 35.5)**를 기준점으로 사분면을 설정하고, 각 카운티의 센트로이드가 속한 사분면에 따라 카운티를 그룹화한 뒤, 각 그룹별로 질병 사례 수를 합산하였다. 그 결과, 그룹별로 통합된 지오메트리가 생성되었음을 확인할 수 있다(3.2.6절 참조). 이러한 그룹별 애그리게이션은 필수적이다. 만약 카운티 지오메트리를 단순히 결합하여 **MULTIPOLYGON**을 생성했다면, 수 많은 중복 경계가 발생하여 **밸리드**하지 않은 지오메트리가 생성되었을 것이기 때문이다(3.1.2절 참조).

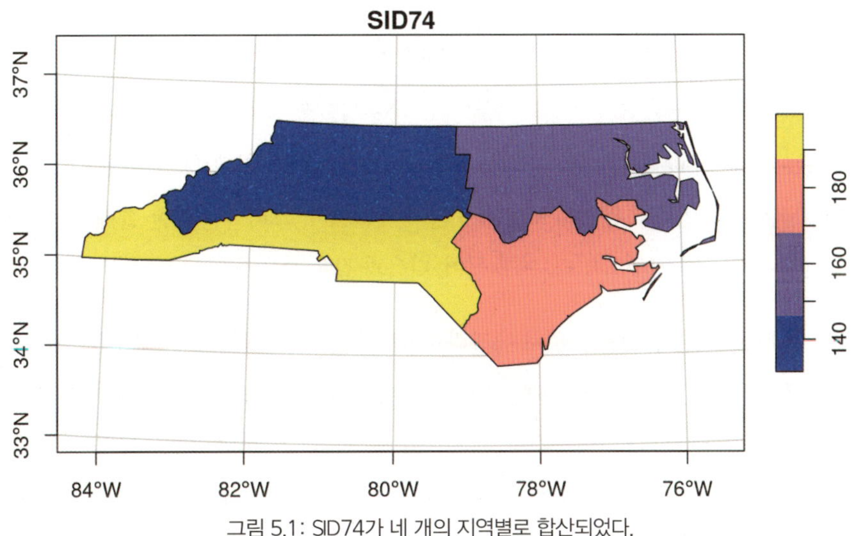

그림 5.1: SID74가 네 개의 지역별로 합산되었다.

결합된 카운티 폴리곤을 지도로 표현하는 데 기술적인 문제는 없지만, 그룹 합계가 그룹화된 카운티가 아니라 개별 카운티에 해당하는 값이라는 잘못된 인상을 줄 수 있다.

이러한 방식의 애그리게이션의 특징은 각 레코드가 하나의 그룹에만 할당된다는 점이다. 이로 인해 그룹별 합계의 총합이 그룹화 이전 데이터의 총합과 동일하게 유지되는 장점이 있다. 즉, 양 (amount)을 나타내는 변수의 경우 정보가 손실되거나 추가되지 않는다. 새로 생성된 지오메트리 는 원래 레코드의 지오메트리를 그룹 단위로 유니온(union)한 결과이다.

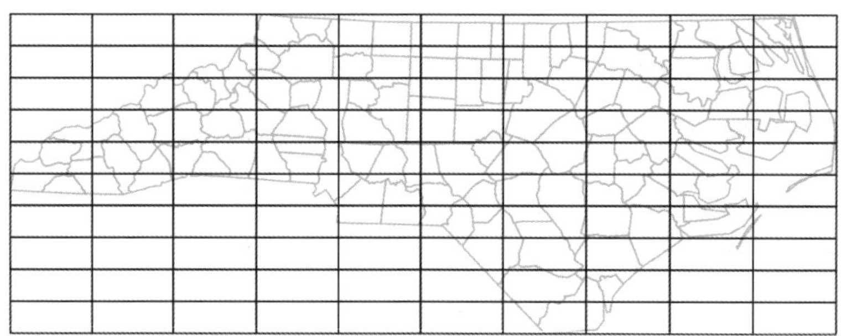

그림 5.2: 노스캐롤라이나 카운티상의 타깃 블록

지오메트리를 결합하지 **않고도** 그룹별 합산값을 계산해야 하는 경우에는 공간 프레디케이트를 활 용한다. 다만 이 방식에서는 하나의 레코드가 여러 그룹에 속할 수 있다는 점에 유의해야 한다. 예 를 들어, 그림 5.2에서 직사각형을 타깃 에어리어로 설정하고, 각 직사각형과 **교차** 관계에 있는 카 운티의 유병자를 합산하면 전체 합계는 훨씬 더 크게 나타날 것이다.

```
#    sid74_sum_counties sid74_sum_rectangles
#               667                  2621
```

반대로 contains나 covers와 같은 다른 프레디케이트를 사용하면 훨씬 작아진다. 이는 많은 카 운티가 어떤 직사각형 안에도 완전히 포함되지 않기 때문이다. 그러나 이러한 결과가 큰 문제가 없 거나 최소한 수용 가능한 경우도 있다. 예를 들어, 다음과 같은 경우가 이에 해당한다.

- **POINT** 지오메트리를 폴리곤 단위로 애그리게이션하는 경우: 모든 포인트는 반드시 하나의 폴 리곤에 포함되므로 누락 문제는 발생하지 않는다. 다만 포인트가 공유 경계선 위에 위치하면 문제가 될 수 있다. GEOS 라이브러리는 DE-9IM을 기반으로 해당 포인트를 두 폴리곤 모두에 집계하지만, s2geometry 라이브러리는 폴리곤을 '반-개방(semi-open)'으로 정의하는 옵션 을 제공하여, 폴리곤이 서로 중첩되지 않는 한 포인트를 최대 하나의 폴리곤에만 할당한다.
- 아주 작은 폴리곤이나 래스터 픽셀을 더 큰 폴리곤으로 애그리게이션하는 경우: 예를 들어, 노 스캐롤라이나의 30m 해상도의 고도 데이터를 카운티별로 **평균**낼 때, 경계 부근에서 일부 픽 셀이 누락되더라도 그로 인한 집계 오류는 무시할 수 있을 정도로 작다.
- 다대다(many-to-many) 매치에서 최대 면적 매치(single largest area match)가 적용된 경

우(그림 7.4 참조)[2]

보다 작은 에어리어를 보다 큰 에어리어로 합역하는 보다 포괄적인 접근 방법은 면적 가중 내삽을 적용하는 것이다.

5.3 면적 가중 내삽

두 개의 데이터셋의 지오메트리와 속성을 결합하여, 소스 데이터셋의 속성값을 타깃 데이터셋의 지오메트리에 기반한 요약값으로 변환하고자 한다면, 면적 가중 내삽(area-weighted interpolation)이 가장 간단한 접근 방법이 될 수 있다. 이 방법은 소스와 타깃의 지오메트리가 겹치는 면적을 고려하여, 소스 속성값을 타깃 속성값으로 전환하기 위한 가중치로 활용한다(Goodchild and Lam 1980; Do, Thomas-Agnan, and Vanhems 2015a, 2015b; Do, Laurent, and Vanhems 2021). 이 기법은 보수적 합역(conservative region aggregation) 또는 재그리딩(regridding)으로도 알려져 있다(Jones 1999). 여기서는 Do, Thomas-Agnan과 Vanhems(2015b)의 표기법을 따르도록 한다.

면적 가중 내삽은 타깃 에어리어 T_j에 대한 가중평균값을 산출한다. 이 값은 T_j와 겹치는 p개의 소스 구역 S_i의 속성값 Y_i에 대한 가중평균으로 계산된다.

$$\widehat{Y_j}(T_j) = \sum_{i=1}^{p} w_{ij} Y_i(S_i) \quad (5.1)$$

여기서 w_{ij}는 T_j와 S_i의 겹침의 정도에 따라 달라지며, 겹침 정도는 $A_{ij} = T_j \cap S_i$로 표현된다. w_{ij}와 A_{ij}의 관계는 아래에서 자세히 설명한다.

가중치를 계산하는 방법에는 여러 가지가 있으며, 외부 변수를 활용하는 방법(예: 대시메트릭 매핑, Mennis 2003 참조)도 그중 하나이다. 외부 변수를 사용하지 않고 가중치를 계산하는 단순한 방법은 두 가지가 있으며, 변수 Y가 공간 확장형 변수인지 공간 **집약형** 변수인지에 따라 달라진다.

5.3.1 공간 확장형 변수와 공간 집약형 변수

공간 확장형 변수(spatially extensive variable)는 길이, 면적, 부피, 카운트(count)와 같이 물리적 크기와 관련된 양을 나타낸다. 대표적인 예로 **인구수**를 들 수 있다. 인구수는 특정 크기의 영역과 관련된 값이며, 해당 영역을 더 작은 영역으로 분할하면 인구수도 함께 분할되어야 한다. 인구가 공간적으로 균일하게 분포하지 않은 경우가 많기 때문에, 이 분할이 반드시 면적에 비례할 필요는 없지만, 더 작은 영역의 인구수 합계는 전체 영역의 인구수와 일치해야 한다. 공간 집약형 변수(spatially intensive variable)는 영역의 면적에 비례하여 변하지 않는 변수이다. 즉, 영역이 분할되더라도 평균적인 의미에서 값이 그대로 유지된다. 대표적인 예로 인구밀도를 들 수 있다. 영역을 더 작은 영역으로 분할하더라도 연구밀도 값이 면적에 비례하여 할당되지는 않는다. 더 작은 영역들의 인구밀도를 합산한 값은 아무런 의미가 없으며, 이들 인구밀도의 평균이 전체 영역의 인구밀도와 유사하게 나타날 것이다.

공간 확장형 변수 Y가 공간상에 균등하게 분포한다고 가정하면, 소스 데이터의 구역 S_i에 대한 변숫값 Y_i로부터, 타깃 구역과의 겹침으로 생성된 하위 구역($A_{ij} = T_j \cap S_i$)의 속성값 Y_{ij}는 다음과 같이 계산할 수 있다.

$$\widehat{Y}_{ij}(A_{ij}) = \frac{|A_{ij}|}{|S_i|} \, Y_i(S_i)$$

여기서 $|\cdot|$는 면적을 의미한다. $Y_j(T_j)$를 추청하려면, T_j와 겹쳐 생성된 모든 하위 구역의 값을 합산하면 된다.

$$\widehat{Y}_j(T_j) = \sum_{i=1}^{p} \frac{|A_{ij}|}{|S_i|} \, Y_i(S_i) \qquad (5.2)$$

반면 공간 집약형 변수의 경우, 해당 변숫값이 개별 소스 구역 S_i 내에서 일정하다고 가정하므로, 겹침에 의해 생성된 하위 구역의 추정값은 소스 구역의 전체의 값과 동일하다.

$$\widehat{Y}_{ij} = Y_i(S_i)$$

따라서 소스 구역의 값을 면적 가중 평균으로 계산하면, 타깃 구역 T_j에 대한 추정값을 얻을 수 있다.

$$\widehat{Y}_j(T_j) = \sum_{i=1}^{p} \frac{|A_{ij}|}{|T_j|} \, Y_i(S_i) \qquad (5.3)$$

5.3.2 대시메트릭 매핑

대시메트릭 매핑(dasymetric mapping)은 더 큰 구역 체계의 변숫값(예: 인구수)을 더 작은 구역 체계의 변숫값으로 분배하는 방법이다. 이때 인구 분포와 관련된 다른 변수(예: 토지이용, 건물밀도, 도로 밀도 등)를 활용한다. 대시메트릭 매핑의 가장 간단한 방식은 식 5.2에서 나타난 비율 $|A_{ij}|/|S_i|$ 대신 또 다른 공간 확장형 변수와 관련된 비율 $X_{ij}(S_{ij})/X_i(S_i)$을 사용하는 것이다. 이 방법을

적용하려면 소스 구역과 겹침 구역 모두에 대해 해당 변수의 값을 알고 있어야 한다.[3] Do, Thomas-Agnan과 Vanhems(2015b)는 X와 Y 중 적어도 하나가 공간 집약형 변수일 때 적용할 수 있는 대안적 접근법과, X 데이터가 상이한 구역 체계에서 제공되는 경우에 대한 논의를 제시한다.

5.3.3 파일 포맷과 서포트

GDAL의 벡터 API는 필드 도메인(field domains)을 읽고 쓰는 기능을 지원한다. 필드 도메인은 지오메트리가 분할되거나 결합될 때 속성 변수를 어떻게 처리할지를 지정하는 '분할 정책(split policy)'과 '병합 정책(merge policy)'을 포함한다. 예를 들어, 공간 집약형 변수의 경우 분할 시에는 '중복(duplicate)', 병합 시에는 '기하 가중(geometry weighted)'을 적용한다. 반면, 공간 확장형 변수의 경우 분할 시에는 '기하 비율(geometry ratio)', 병합 시에는 '합(sum)'을 적용한다.[4] 이 기능을 지원하는 파일 형식에는 GeoPackage와 FileGDB가 있다.

5.4 업스케일링과 다운스케일링

업스케일링(upscaling)은 고해상도 데이터에서 저해상도 정보를 생성하는 과정을 의미하고, 다운스케일링(downscaling)은 저해상도 데이터에서 고해상도 정보를 추정하는 과정을 의미한다. 이 두 과정 모두 속성과 지오메트리의 관계, 즉 서포트의 변화를 수반하며, 각각 애그리게이션(aggregation)과 디스애그리게이션(disaggregation)과 동의어로 사용할 수 있다. 다운스케일링의 가장 단순한 형태는 폴리곤, 라인, 또는 그리드 셀의 값을 주어진 포인트 위치에서 표본 추출하는 것이다. 이 방법은 포인트 서포트를 가진 변수(예: '상수' AGR)에는 적합하지만, 값이 합산값인 경우에는 대략적인 결과만 제공한다. 대표적인 도전 과제로는 (1) 저해상도 기상 예측 모형이나 기후 변화 모형에서 얻은 변수를 고해상도로 예측하는 작업, (2) 서로 다른 시공간 해상도를 가진 센서를 융합하여 위성 이미지에서 파생된 변수를 고해상도로 예측하는 작업이 있다.

식 5.1과 이에 기반으로 한 식 5.2(공간 확장형 변수) 및 식 5.3(공간 집약형 변수)은 소스 구역 S_i와 타깃 구역 T_j 간에 겹침이 존재하기만 하면, 두 구역 간에 정보를 이동시킬 수 있음을 보여 준다. 즉, 더 큰 구역 단위로의 이동(애그리게이션)이나 더 작은 구역 단위로의 이동(디스애그리게이션) 모두 가능하다는 의미다. 다만 이러한 방식의 타당성은 다음 가정이 성립하는 정도에 달려 있다. 소스 구역에서 공간 확장형 변수는 균등하게 분포해야 하고, 공간 집약형 변수는 일정한 값을 가져야 한다.

디스애그리게이션은 라인이나 폴리곤 데이터로부터 포인트 값을 추출하는 것에서 시작된다. 포인

트는 면적을 갖지 않으므로($|A_{ij}| = 0$) 식 5.2와 5.3은 적용할 수 없다. 그러나 지오메트리 내부의 값이 일정하다고 가정할 수 있다면, 공간 집약형 변수인 경우 $Y_i(S_i)$ 값을 포인트에 할당할 수 있다. 단, 모든 포인트가 고유하게 하나의 소스 지점 S_i에만 할당될 수 있어야 하며, 폴리곤 데이터의 경우 이는 Y가 커버리지 변수(3.4절)여야 함을 의미한다. 반면, 공간 확장형 변수의 경우 포인트에 값을 추출하는 것은 무의미하다. 포인트는 면적이 없으므로 항상 0이 추출되기 때문이다.[5]

영역과 관련된 값이 해당 영역의 **집계**값일 경우, 면적 가중 내삽이나 대시매트릭 매핑에서 전제하는 '균일 분포' 또는 '일정한 값' 가정은 실제 상황과 차이가 있을 수 있다. 그럼에도 불구하고 이러한 단순한 접근법이 합리적인 근사치를 제공하는 경우가 있으며, 예를 들어 다음과 같은 상황이 있다.

- 소스 구역과 타깃 구역이 거의 동일한 경우
- 소스 구역 내의 변동성이 매우 작아, 변숫값이 거의 균등 분포하거나 일정한 값을 보이는 경우

다른 경우에는 이러한 방법으로 얻어진 결과가 타당성이 부족한 가정에 기반할 수 있다. 포인트나 더 작은 구역으로부터 더 큰 구역의 총량을 추정하기 위해 사용할 수 있는 통계적 애그리게이션 방법에는 다음이 있다.

- 디자인 기반(design-based) 방법: 타깃 지역에서 확률 표본이 확보되어 있고, 포함 확률(inclusion probability)이 알려져 있어야 한다(Brus 2021, 10.4절).
- 모형 기반(model-based) 방법: 공간적 자기상관을 고려하는 랜덤 필드 모형을 가정한다(예: 블록 크리깅, 12.5절).

또한 다른 디스애그리게이션 기법으로는 다음과 같은 것들이 있다.

- 결정론적 평활화 기반 접근: 커널 기반 또는 스플라인 기반의 평활화 기법을 포함한다.
- 통계적 모형 기반 접근: 에어리어-투-에어리어 크리깅과 에어리어-투-포인트 크리깅을 포함한다.

5.5 연습문제

다음의 연습문제를 풀되, 적절한 부분에서 R을 활용하시오.

1. 노스캐롤라이나 데이터셋(nc)에 `nc$State = "North Carolina"`와 같이 변수를 추가한다고 가정하자(모든 카운티에 동일한 주 이름이 할당됨). 속성-지오메트리 관계(AGR) 측면에서 이

변수에 어떤 값을 지정할 수 있을지 설명하시오.

2. st_union(nc)으로 얻은 지오메트리를 기반으로 새로운 **sf** 객체를 생성하고, **State** 변수에 **"North Carolina"** 값을 할당하시오. 이 경우, 해당 속성 변수에 어떤 **agr**을 지정할 수 있을지 설명하시오.

3. nc 데이터셋에 **st_area( )**를 사용하여 **area** 변수를 추가하시오. 그런 다음 **area** 변수와 **AREA** 변수를 비교하시오. **AREA**의 단위는 무엇인지, 두 변수는 선형적인 관련성을 가지는지 말하시오. 만약 불일치가 존재한다면, 그 원인은 무엇인지 설명하시오.

4. **area**는 공간 집약형 변수인지 공간 확장형 변수인지 말하시오. **area**의 **agr**은 상수, 식별, 집계값 중 어느 것에 해당하는지 답하시오.

5. 그림 5.3에서 5.3.1 절에 나타나 있는 방정식을 이용하여 (a) 점선 셀과 (b) 네 개의 실선 셀을 모두 포함하는 정사각형에 대해 면적 가중 내삽의 결과를 계산하시오. (b)의 경우, (i) 공간 확장형 변수인 경우와 (ii) 공간 집약형 변수인 경우로 나누어 계산하시오. 그림에서 빨간 숫자는 소스 구역의 데이터 값이다.

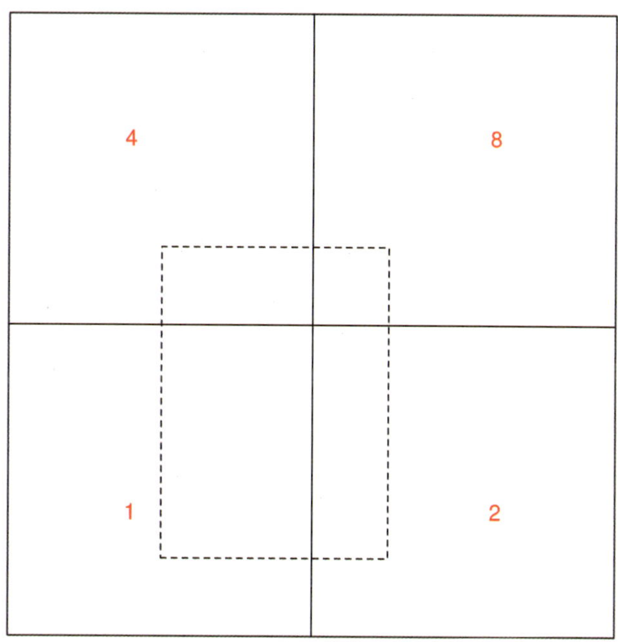

그림 5.3: 면적 가중 내삽의 예시 데이터

5장 역자주

1. 여기서 '전체 폴리곤과 연관된 값'이란, 폴리곤 내부의 모든 지점이 동일한 값을 가진다는 의미가 아니라, 폴리곤 전체에 대한 합계나 총빈도를 나타내는 값을 뜻한다.

2. 최대 면적 매치란, 겹치는 영역 중 면적이 가장 큰 영역에 모든 값을 할당하는 방식으로, 이러한 기준을 의도적으로 적용한 경우라면 일부 누락이 있더라도 결과가 만족스러울 수 있다.

3. 대시메트릭 매핑은 보조 정보를 활용해 주어진 공간 단위를 더 작은 단위로 분할하고, 원래의 속성값을 분할된 단위에 재할당함으로써 현상을 보다 세밀하게 재현하려는 공간분석 기법이다. 예를 들어, 서울시 동별 인구수 자료가 있을 때 서울시 토지이용도를 이용해 각 동을 토지이용 상태에 따라 세분하고, 토지이용 유형과 인구 분포 간의 관계를 토대로 동 전체 인구를 토지이용별로 재할당할 수 있다.

4. 인구밀도와 같은 공간 집약형 변수의 경우, 폴리곤이 분할될 때는 동일한 값을 '중복' 할당하고, 폴리곤이 병합될 때는 면적 비중을 고려하여 가중 평균을 계산한다. 반면, 인구수와 같은 공간 확장형 변수의 경우, 폴리곤이 분할될 때는 면적 비중에 따라 가중 분할하고, 폴리곤이 병합될 때는 값을 합산한다.

5. 공간 확장형 변수는 면적에 비례하여 값이 커지는 변수이므로, 면적이 없는 포인트에서는 값이 정의되지 않는다.

6. 데이터 큐브

데이터 큐브(data cube)는 동일한 지오메트리 대상에 대해 시간에 따라 반복적으로 속성을 관측할 때 자연스럽게 형성된다. 시간 정보는 건물의 건축 연도나 사람의 생년월일을 기록하는 것처럼 피처의 속성으로 간주될 수 있다(5장 참조). 그러나 시간 정보가 속성을 관측한 시점이나 해당 속성에 대한 예측 시점을 나타내는 경우도 있다. 이러한 경우, 시간은 공간과 동등한 위상을 가지며, 시간과 공간은 함께 우리가 관찰, 모형화, 예측, 예보하는 물리적 차원을 설정한다.

세상을 바라보는 한 가지 방법은, 세 개의 공간 차원과 하나의 시간 차원을 포함하는 4차원 공간으로 상정하는 것이다. 이때 사건(event)은 시간 차원에서의 길이를 지속 시간으로 갖는 일종의 '사물' 또는 '객체'로 해석된다(Galton 2004). 이러한 시각은 우리가 세상을 경험하고 서술하는 방식과는 다소 다르지만, 데이터 분석의 관점에서는 네 개의 수치와 참조계만으로도 관측의 시공간 좌표를 충분히 표현할 수 있다.

우리는 데이터 큐브를 공간 및/또는 시간과 관련된 하나 이상의 차원을 가진 어레이 데이터로 정의한다(Lu, Appel, and Pebesma 2018). 이는 래스터 데이터, 속성을 가진 피처, 시계열 데이터가 모두 데이터 큐브의 특수한 경우임을 의미한다. 데이어 큐브는 3차원 구조에 한정될 필요가 없으므로, 실제로는 큐브라기 보다는 **하이퍼큐브**(hypercube)에 가깝다. 또한 서로 다른 차원의 범위가 동일하거나 비교 가능한 단위를 가질 필요가 없기 때문에, 더 적절한 용어는 **하이퍼-직사각형**(hyper-rectangle)이 될 것이다. 그러나 편의상 여기서는 데이터 큐브라는 용어를 사용한다.

데이터 큐브의 표준 형식은 그림 6.1에 제시되어 있으며, 이는 동일한 지역에 대해 서로 다른 시간 단계에서 수집(관찰 또는 모형화)된 래스터 레이어 세트를 원근 투영도로 나타낸 것이다. 세 개의 큐브 차원(경도, 위도, 시간)은 서로 직교한다. 임의의 2차원 큐브 슬라이스는 하나의 차원을 특정 값에 고정함으로써 얻어지고, 1차원 큐브 슬라이스는 두 개의 차원을 두 개의 특정 값에 고정함으로써 얻어진다. 스칼라 값은 세 개의 차원을 특정 값에서 고정했을 때 얻어진다.

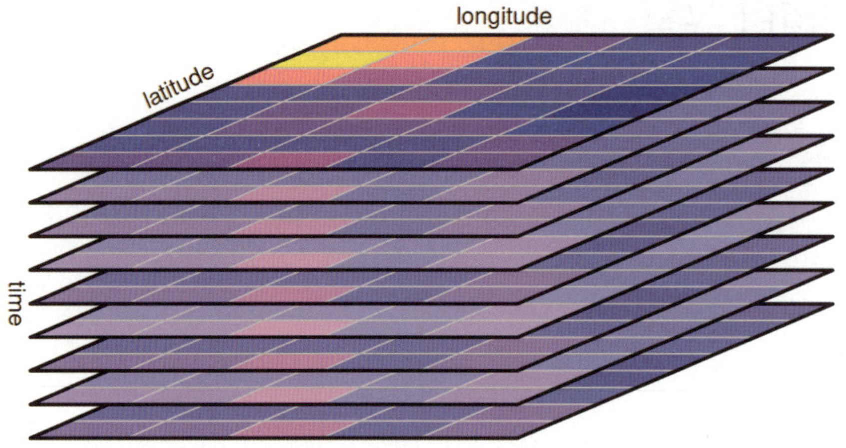

그림 6.1: 위도, 경도, 시간의 세 차원을 가진 래스터 데이터 큐브

6.1 4차원 데이터 큐브

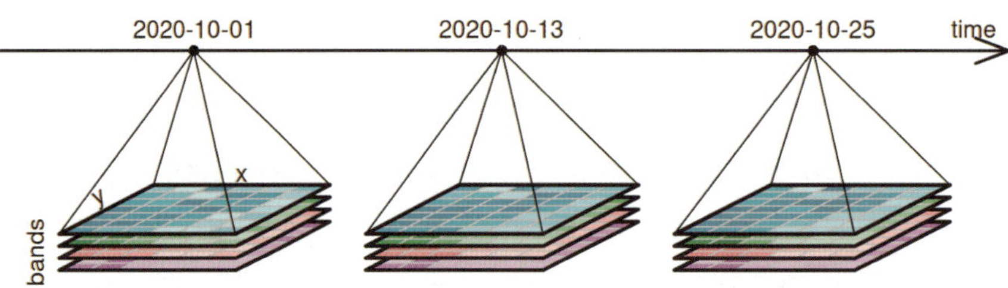

그림 6.2: x, y, 밴드, 시간의 네 차원을 가진 4차원 래스터 데이터 큐브

그림 6.2는 4차원 래스터 데이터 큐브를 보여 준다(Appel and Pebesma 2019). 여기서 스펙트럼 차원('밴드')을 가진 3차원 래스터 데이터 큐브가 네 번째 차원인 시간 축을 따라 배열되어 있다.[1] 컬러 이미지 데이터는 항상 세 개의 밴드(청색, 녹색, 적색)를 가지며, 이 예제는 스펙트럼 원격탐사 데이터에서 네 번째 밴드로 주로 쓰이는 근적외선(NIR) 밴드를 함께 나타낸 것이다.

그림 6.3은 정확히 동일한 데이터를 평면적으로 배열한 패싯 플롯(또는 산점도 행렬)으로 나타낸 것이다. 플롯의 두 차원(x 및 y)은 기본적으로는 밴드와 시간 차원을 의미하지만, 개별 플롯 안에서는 실제 공간 좌표계를 나타낸다.

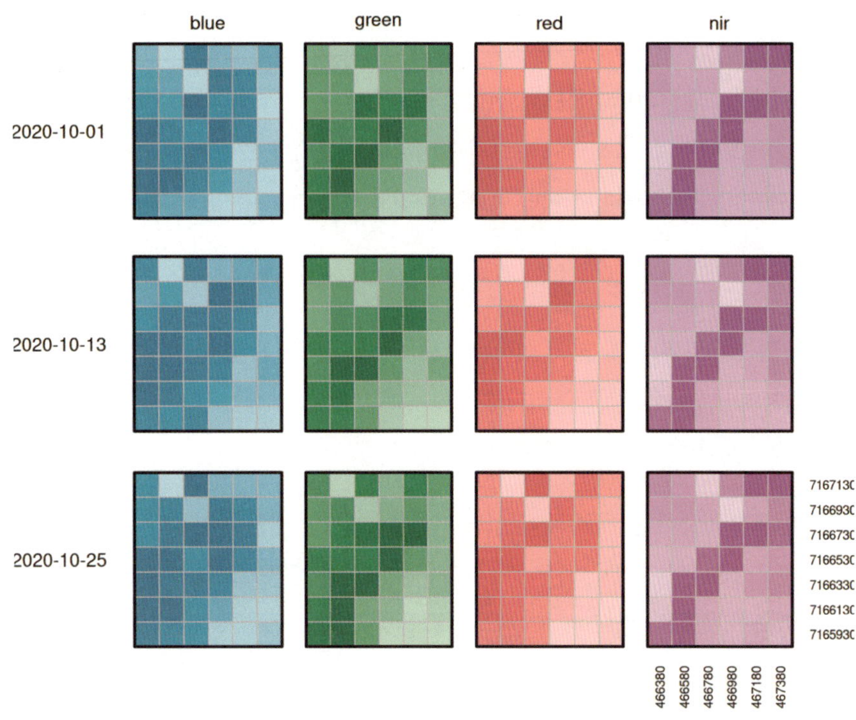

그림 6.3: 2차원 평면에 전개한 4차원 래스터 데이터 큐브

6.2 디멘션, 속성, 서포트

시공간상의 현상은 **정의역**(domain)이 공간과 시간이고, **치역**(range)이 하나 이상의 관측된 속성인 함수로 볼 수 있다.[2] 명확히 식별 가능한 이산적 사건이나 객체의 경우, 값의 범위는 일반적으로 이산적이며, 정확한 경계 구분을 위해서는 해당 현상이나 객체가 시작되거나 끝나는 정확한 좌표를 기술해야 한다. 이러한 경우에는 벡터 지오메트리가 가장 적합하다. 반면, 기온이나 토지이용 유형과 같이 모든 위치에서 값을 갖는 연속적인 현상의 경우, 표현해야 할 값이 무한히 많다. 이때 일반적으로 사용하는 방법은 관심 있는 시공간 영역 전체를 대상으로 공간과 시간을 **규칙적**으로 이산화(discretise)하는 것이다. 이러한 접근은 여러 가지 익숙한 데이터 구조로 이어진다.

- 시계열: 시간의 함수로서 타임라인으로 표현되는 데이터 구조
- 이미지 또는 래스터: 2차원 공간데이터를 위한 데이터 구조
- 이미지의 시간적 시퀀스: 동적 공간데이터를 위한 데이터 구조

이들 가운데 세 번째의 데이터 구조에서는 변수 Z가 x, y, t에 의존한다.

$$Z = f(x, y, t)$$

이는 시공간 어레이 또는 데이터 **큐브**의 전형적인 형태이다. 정의역을 균일하게 이산화한 지점들이 입체적인 형태를 이루며, 그 모양이 큐브와 유사하기 때문이다. 큐브를 구성하는 축(여기서는 x, y, t)을 큐브 디멘션이라고 부른다. 데이터 큐브는 여러 속성을 가질 수 있다.

$$\{Z_1, Z_2, \cdots, Z_p\} = f(x, y, t)$$

만약 Z가 함수형 변수라면, 예를 들어 전자기 스펙트럼에서 측정된 반사율 값인 경우 스펙트럼 파장 λ가 추가적인 디멘션을 형성할 수 있다($Z=f(x, y, t, \lambda)$). 6.5절에서는 컬러 밴드를 속성으로 표현하는 또 다른 방식을 다룬다.

다중 시간 디멘션도 가능하다. 예를 들어, 여러 시점 t에 대해 미래의 여러 시점 t'에 대한 예측을 수행하거나, 시간을 연도, 연중 일자, 하루 중 시간 등 여러 시간 차원으로 나누는 경우이다. 데이터 큐브의 가장 일반적인 정의는 n개의 디멘션에서 p개의 속성으로의 함수적 매핑이다.

$$\{Z_1, Z_2, \cdots, Z_p\} = f(D_1, D_2, \cdots, D_n)$$

여기서는 하나 이상의 공간 디멘션과 0개 이상의 시간 디멘션을 가진 모든 데이터셋을 데이터 큐브로 간주한다. 이 정의는 다음과 같은 경우를 모두 포괄한다.

- 심플 피처(3.1절)
- 피처 집합에 대한 시계열
- 래스터 데이터
- 다분광 래스터 데이터(이미지)
- 다분광 래스터 데이터의 시계열(비디오)

6.2.1 규칙 디멘션과 GDAL의 지오변환

데이터 큐브는 보통 다차원 어레이에 저장되며, R과 같이 인덱스가 1부터 시작하는(1-based) 다차원 어레이에서, 인덱스 i와 일정 간격으로 이산화된 디멘션 변수 x의 일반적인 관계는 다음과 같다.

$$x = o_x + (i - 1)\, d_x$$

여기서 o_x는 원점이고, d_x 해당 디멘션의 그리드 간격이다.

그림 1.6(b)와 (c)와 같은 보다 일반적인 경우에서, x와 y 및 어레이 인덱스 i와 j 사이의 관계는 다음과 같다.

$$x = o_x + (i-1)\,d_x + (j-1)\,a_1$$
$$y = o_y + (i-1)\,a_2 + (j-1)\,d_y$$

여기서 a_1과 a_2를 아핀(affine) 파라미터라고 하며, 이는 GDAL에서 사용하는 이른바 **지오변환**(geostransform)이다. $a_1 = a_2 = 0$이면, 위 수식은 $d_x = d_y$인 정사각형 셀을 가진 그림 1.6(a)의 규칙 래스터로 단순화된다. 정수 인덱스의 경우, 좌표는 그리드 셀의 시작 모서리 좌표를 나타내며, 셀 면적(픽셀)은 인덱스 값이 i (포함)에서 $i+1$ (제외) 범위에 해당하는 영역을 차지한다. 대부분의 이미지 형식에서 d_y는 음수이며, 이는 이미지 행 인덱스가 y 값이 감소함에 따라(남쪽으로) 증가함을 의미한다. 왼쪽 상단 그리드 셀의 **중심** 좌표를 구하려면, d_y가 음수인 경우 $i=1.5$와 $j=1.5$를 사용한다.

직교 래스터(그림 1.6(d)의 사례)의 경우, 어레이 인덱스를 디멘션 값에 매핑하기 위해 별도의 테이블이 필요하다. 예를 들어 NetCDF 파일은 공간 디멘션(좌표) 변수의 모든 값을 항상 저장하는데, 이는 주로 공간 그리드 셀의 중심 좌표값이거나 오프셋 값이다. 추가로, 그리드 셀의 경계를 저장하여 직교 디멘션을 정의하거나, 좌표 변수 값과 셀 경계 간의 관계를 명확히 기술할 수도 있다.

곡선 래스터의(그림 1.6(e)의 사례)의 경우, 모든 i, j 조합을 x, y 좌표 쌍에 매핑하는 어레이가 필요하거나, 이를 수행하는 파라메트릭 함수(투영 또는 역투영 함수)가 필요하다. NetCDF 파일은 일반적으로 이 두 가지 방법을 모두 지원한다. GDAL에서는 이러한 어레이를 **지리위치 어레이**(geolocation array)라고 부르며, 이에 대한 변환 기능을 폭넓게 지원한다.

6.2.2 큐브 디멘션과 서포트

5.1절에서는 속성 변수의 **공간적 서포트**를 해당 관측치나 예측치와 관련된 지오메트리의 크기(길이, 면적, 부피)로 정의하였다. 이 개념은 시간적 서포트에도 동일하게 적용된다. 시간은 시작 시점과 종료 시점이 명시된 기간으로 보고되는 경우가 낮지는 않지만, 종종 타임스탬프 자체가 기간을 암시하기도 한다. 예를 들어 ISO-8601 표준에서는 '2021'이 해당 연도 전체를, '2021-01'은 해당 연월 전체를 나타낸다. 또 다른 경우로는, 현재 레코드의 타임스탬프에서 다음 레코드의 타임스탬프까지(해당 타임스탬프 자체는 제외)를 기간으로 간주하기도 한다.

예를 들어, MODIS 위성 이미지는 16일 동안의 관측을 단일 이미지로 합성한 식생 지수(NDVI,

EVI)를 제공하는데, 이는 16일 '블록 서포트'를 가진다. 반면 Sentinel-2나 Landsat-8은 특정 시점의 '스냅샷' 이미지를 제공하므로 '포인트 서포트'를 갖는다. 시간적 포인트 데이터를 월별 값으로 집계할 경우에는 해당 월에 속하는 모든 이미지를 선택해 단순 집계하면 된다. 그러나 MODIS의 16일 합성과 같이 시간적 블록 서포트를 가진 데이터를 다른 기간 단위로 집계하려면, 목표 기간과 합성 기간의 겹치는 비율에 따라 가중치를 부여해야 한다. 이는 5.3절에서 다룬 면적 가중 내삽과 유사한 개념으로, 시간 영역에서의 가중 집계라 할 수 있다.[3]

6.3 데이터 큐브 연산

6.3.1 큐브의 분할: 필터

데이터 큐브는 특정 차원을 일정한 값으로 고정하여 여러 개의 서브 큐브로 분할할 수 있다. 그림 6.4는 시간, 스펙트럼, 공간 디멘션을 이러한 방식으로 고정하여 얻은 서브 큐브를 보여 준다. 이때 공간 필터링은 특정 공간 디멘션을 단일 값으로 고정하는 대신, 특정 하위 영역을 선택하는 방식으로 이루어지는데, 이 방법이 더 일반적이다. x 또는 y 값을 고정하면 해당 값의 횡단면을 따라 서브 큐브가 생성되며, 이를 활용해 하나의 공간 디멘션과 하나의 시간 디멘션에서 속성을 색상으로 표현한 호브몰러 다이어그램(Hovmöller diagram)을 만들 수 있다.

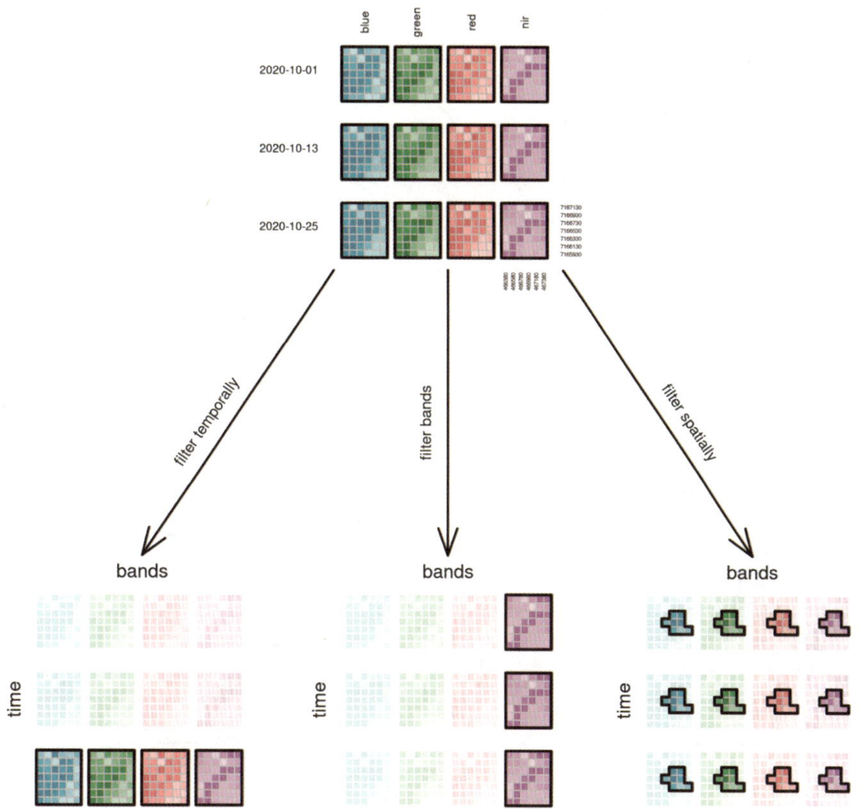

그림 6.4: 시간, 밴드, 공간을 기준으로 한 데이터 큐브 필터링

6.3.2 디멘션에 함수 적용하기

잘 사용되는 또 다른 연산은 하나 이상의 큐브 디멘션에 함수를 적용하는 것이다. 가장 간단한 예로
는 abs, sin, sqrt와 같은 함수를 큐브의 모든 값에 적용하거나, 큐브 전체 값을 단일 스칼라로 반
환하는 경우(예: 전체 평균이나 최댓값 계산)가 있다. 또 다른 예로는 선택된 디멘션에만 함수를 적
용하는 방식이 있다. 예를 들어, 그림 6.5처럼 개별(픽셀/밴드) 시계열에 **시간적 로패스 필터**(low-
pass filter)를 적용하거나, 그림 6.6처럼 모든 밴드 및 시간 조합에 대해 각 공간 슬라이스에 **공간적
로패스 필터**를 적용하는 경우가 이에 해당한다.[4]

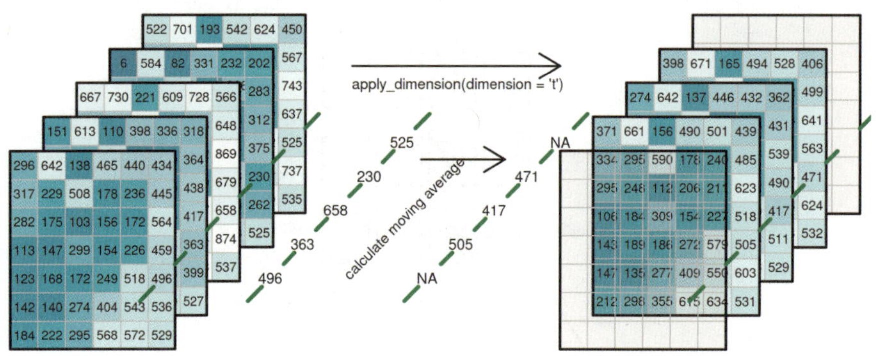

그림 6.5: 시계열 데이터에 로패스 필터링 적용

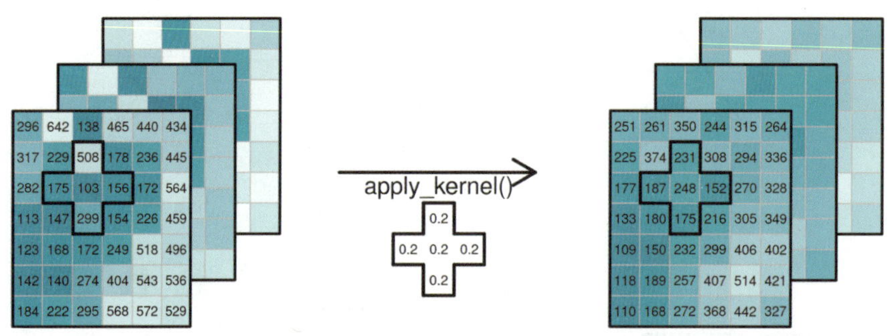

그림 6.6: 공간 슬라이스에 로패스 필터링 적용

6.3.3 디멘션 축소

전체 데이터 큐브에 **mean** 함수를 적용하면 모든 차원이 사라지고, 결과로 생성된 '데이터 큐브'는 디멘션 0을 갖게 된다. 함수는 특정 디멘션 집합에만 적용할 수도 있는데, 이 경우 해당 디멘션만 사라지거나 축소된다. 필터링이 이러한 디멘션 축소의 한 형태라는 점은 이미 살펴본 바 있다. 마찬가지로, 모든 시계열의 최댓값을 계산하거나 각 공간 슬라이스의 평균을 구하는 작업, NDVI와 같은 밴드 지수를 계산하여 서로 다른 스펙트럼 값을 단일한 새로운 '밴드'로 요약하는 것도 모두 디멘션 축소에 해당한다. 그림 6.7은 이러한 다양한 옵션을 보여 준다.

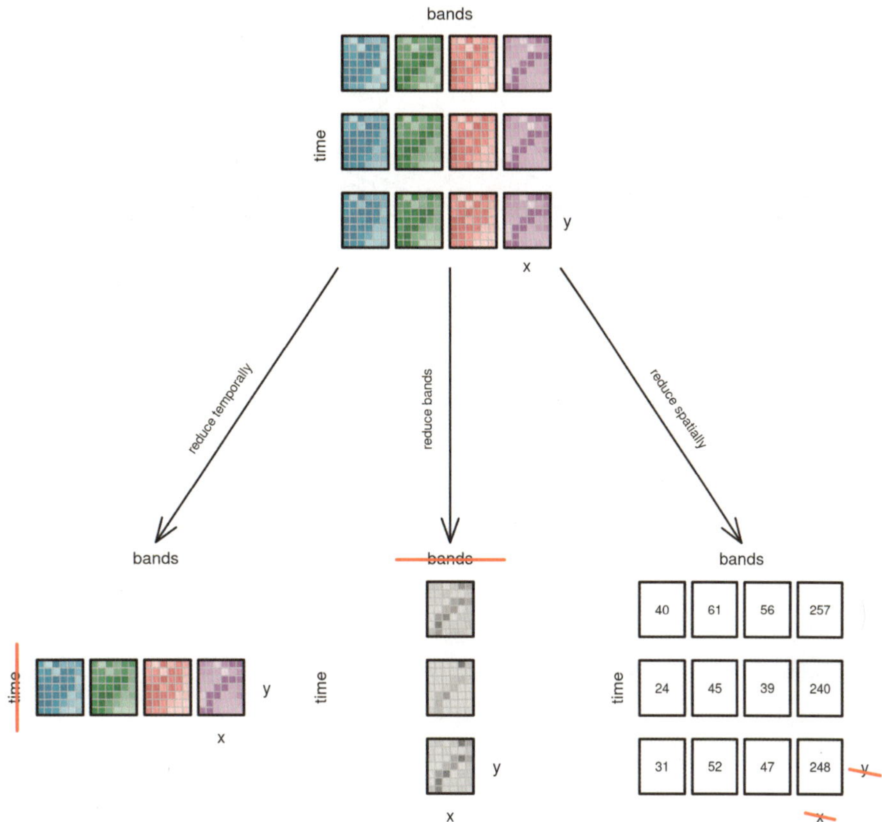

그림 6.7: 데이터 큐브의 디멘션 축소

6.4 래스터 큐브를 벡터 큐브로 애그리게이션하기

그림 6.8은 4차원 래스터 데이터 큐브를 3차원 벡터 데이터 큐브로 애그리게이션 하는 과정을 보여준다. 래스터의 픽셀은 벡터 지오메트리와의 공간적 교차 관계에 따라 그룹화되며, 각 그룹은 평균이나 최댓값과 같은 집계 함수를 통해 단일 값으로 축소된다. 예를 들어, 두 개의 공간적 디멘션 x와 y는, 해당 좌표를 포함하는 피처 지오메트리(예: 행정구역, 도로 구간 등)로 그룹화되어, 피처 ID를 나타내는 하나의 디멘션으로 축소된다. 여기서 피처 지오메트리는 x와 y의 좌표로 정의된 공간 영역이다. 애그리게이션은 라인이나 폴리곤이 아닌 **POINT** 지오메트리를 기준으로 수행할 수도 있다. 이 경우 개별 포인트는 단일 픽셀과 일대일 대응하므로 집계 함수가 필요하지 않다. **POINT** 위치에서의 속성값은 해당 위치의 픽셀 값을 직접 쿼리하거나, 가장 가까운 픽셀로부터 내삽하여 **추출**할 수 있다.

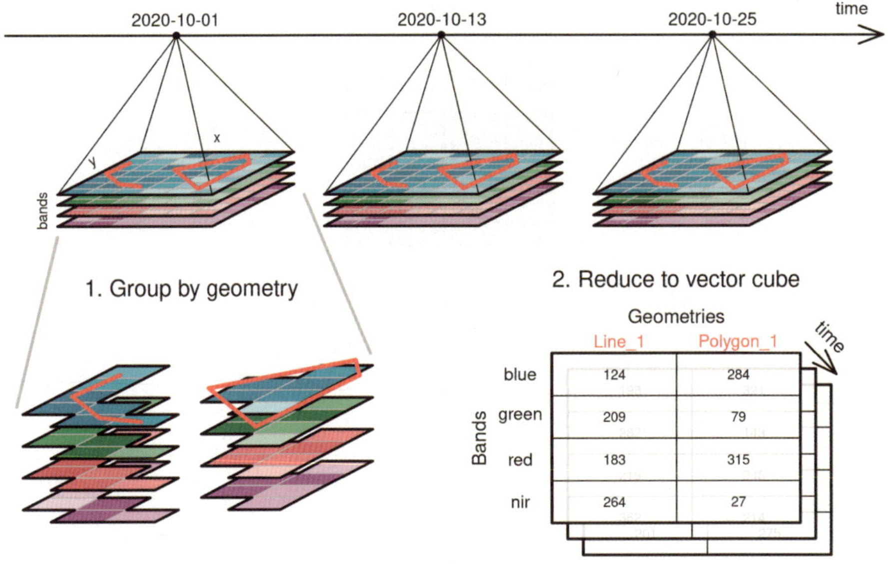

그림 6.8: 래스터 데이터 큐브를 벡터 데이터 큐브로 애그리게이션 하기

또 다른 벡터 데이터 큐브의 사례로는 대기질 데이터를 들 수 있다. 2차원의 PM_{10} 데이터는 다음을 기준으로 구성될 수 있다.

- 관측소
- 시간 간격

이와 유사하게, 인구수로 구성된 시계열 인구 데이터나 환자수로 구성된 시계열 역학 데이터도 벡터 데이터 큐브로 정의될 수 있다. 예를 들어, 다음과 같은 기준이 있다.

- 지역: n개의 지역
- 연령 그룹: m개의 연령 그룹
- 연도: p개의 연도

이 경우, 데이터는 nmp로 구성된 어레이를 형성한다.

공간데이터사이언스에서 벡터 및 래스터 데이터 큐브를 다루는 것은 매우 유용하다. 이는 많은 변수가 공간적 및 시간적으로 변동하며, 디멘션 변경이나 애그리게이션과 같은 작업을 완전히 유연하면서도 체계적인 방식으로 수행할 수 있게 해 주기 때문이다. 디멘션 변경의 예는 다음과 같다.

- 대기질 측정값을 규칙 그리드(래스터)상에 내삽하는 것(12장)

- 포인트나 라인 분포 데이터로부터 밀도 값을 추정하는 것, 예를 들어 주 1회 비행기 통과 횟수를 1km 탐색 반경을 기준으로 추정하는 것(11장)
- 기후 모형 예측값을 행정구역별로 요약 지표로 애그리게이션하는 것
- MODIS(250m 픽셀, 16일 주기)와 Sentinel-2(10m 픽셀, 5일 주기)와 같은 서로 다른 센서의 지구 관측 데이터를 결합하는 것

하나 이상의 전체 디멘션을 애그리게이션하는 사례는 다음과 같다.

- 대기질 측정소 중 나쁨 수준 기록 지점 파악(시간)
- 질병 발생률에서 가장 크게 증가한 지역 탐색(공간, 시간)
- 지구 온난화 추세 분석(10년당 지구 전체의 섭씨 온도 변화)

6.5 디멘션을 속성으로 교체하기

디멘션이 순서 없는 범주형 변수를 나타낼 수도 있다고 인정하면, 여러 개의 속성 집합을 하나의 디멘션으로 대체할 수 있다. 즉, 아래 첫 번째 수식을 두 번째 수식으로 바꿀 수 있다.

$$\{Z_1, Z_2, \cdots, Z_p\} = f(D_1, D_2, \cdots, D_n)$$
$$Z = f(D_1, D_2, \cdots, D_n, D_{n+1})$$

여기서 D_{n+1}는 기수 p를 가지며 레이블로서 $Z_1, Z_2, \cdots, Z_p$(라는 이름)을 갖는다. 그림 6.9는 대기질 측정소에 대한 벡터 데이터 큐브를 보여 주는데, 한 디멘션이 대기질 파라미터들로 구성되어 있음을 볼 수 있다. 그림 6.9와 같이 Z_i가 서로 전혀 다른 측정 단위를 갖는 경우 '파라미터' 디멘션 D_{n+1}을 축소할 때는 주의가 필요하다. 예를 들어, **mean** 또는 **max**와 같은 함수를 적용하는 것은 의미가 없지만, 각 변수의 임계값을 초과하는 관측치의 개수를 세는 것은 의미가 있을 수 있다.

디멘션과 속성을 유연하게 교환할 수 있게 되면, 분석의 유연성과 확장 가능성이 크게 높아진다(Brown 2010).

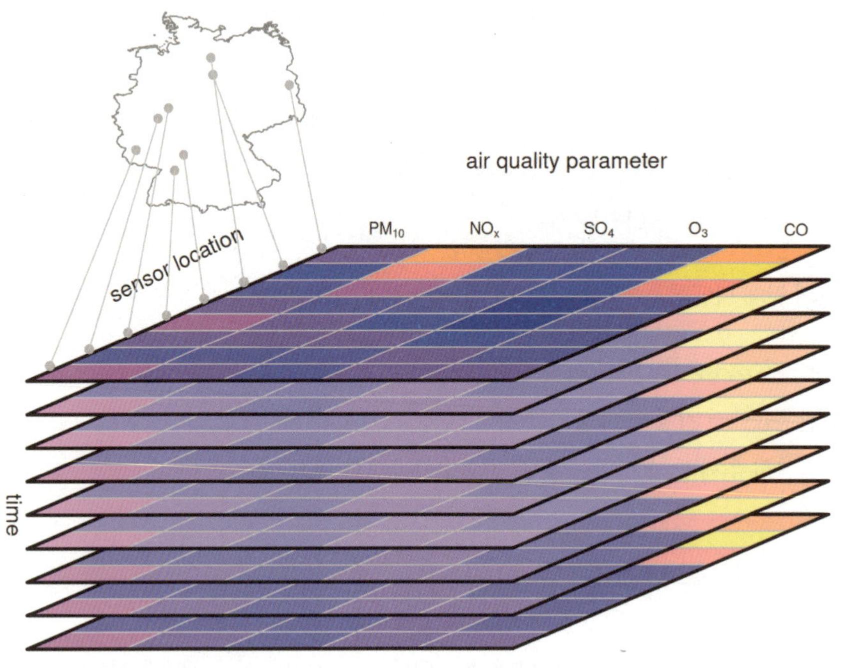

그림 6.9: 대기질의 시계열 데이터를 가진 벡터 데이터 큐브

6.6 기타 동적 공간데이터

앞서 우리는 데이터 큐브 구조와 잘 맞는 다양한 동적 래스터 및 벡터 데이터의 예를 살펴보았다. 그러나 일부 데이터 유형은 그렇지 않다. 특히 시공간 포인트 패턴(11장)과 경로 데이터(이동 데이터; 최근 리뷰는 Joo et al. 2020 참조)는 데이터 큐브로 처리하기보다는 보다 단순한 방식으로 다루어지는 경우가 많다. 시공간 포인트 패턴은 사건이나 객체의 시공간 좌표 집합을 의미하며, 사고, 발병, 교통 체증, 번개 등이 그 예다. 한편, 경로 데이터는 사람, 자동차, 위성, 동물 등과 같이 이동하는 객체의 공간적 위치를 시간 순서대로 기록한 시퀀스이다. 경로 데이터의 핵심 정보는 좌표값이며, 이를 일정하게 분할된 그리드 셀 체계의 위치값으로 변환해 사용할 수 있다. 이러한 변환은 고밀도 지역에서 패턴을 빠르게 탐색하는 등 일부 분석에서 유용하지만, 좌표의 정확성이 손실되어 거리, 방향, 속도 계산과 같은 분석에는 제약이 따른다. 그럼에도 불구하고 이러한 데이터를 데이터 큐브 형태로 변환해 사용하는 경우도 있다. 이 경우 시간 디멘션을 고정한 뒤 공간을 이산화하거나, 반대로 공간 디멘션을 고정한 뒤 시간을 이산화하는 방법이 활용된다.

포인트 패턴이나 경로 데이터는 희소(sparse) 어레이 형태로 표현할 수 있으며, 이를 위해 SciDB

(Brown 2010)나 TileDB(Papadopoulos et al. 2016)와 같은 시스템을 활용할 수 있다. 이러한 방식은 극도로 세밀한 그리드 디멘션을 설정하거나, 데이터 포인트가 포함된 그리드 셀만 선택하는 전략을 통해 좌표 정확도 손실 문제를 상당 부분 완화할 수 있다. 경로 데이터의 경우에는 개별 개체를 식별하거나 연속적인 이동 시퀀스를 구분하기 위해 별도의 그룹화 디멘션을 추가하는 것이 필요하다.

6.7 연습문제

다음의 연습문제에 대해 서술형으로 답하시오. 필요하거나 적절하다면, 주장을 설명하기 위해 R 코드를 활용하시오.

1. 데이터 큐브를 사용하여 이동하는 물체의 경로와 시퀀스 (x, y, t)를 표현하는 것이 어려운 이유를, 이 장의 내용을 바탕으로 답하시오.
2. 인구, 기대 수명, 국내총생산과 같은 변수로 구성된 사회경제적 벡터 데이터 큐브에서 국가와 연도를 디멘션으로 정렬할 때, 어떤 변수들이 공간 디멘션에 대한 블록 서포트를 가지며, 어떤 변수들이 시간 디멘션에 대한 블록 서포트를 가지는지 설명하시오.
3. Sentinel-2 위성이 수집한 12개의 스펙트럼 밴드를 (i) 밴드별로 별도의 데이터 큐브를 구성하는 경우, (ii) 12개 밴드를 각각 속성으로 갖는 하나의 데이터 큐브로 구성하는 경우, (iii) 스펙트럼 디멘션을 가진 단일 속성 데이터 큐브로 구성하는 경우에 대해, 각각의 장점과 단점을 나열하시오.
4. 그림 1.6에 나타난 곡선 래스터가 특별한 데이터 큐브로 간주될 수 있는 이유를 설명하시오.
5. 다음 문제들이 데이터 큐브 연산인 필터(**filter**), 적용(**apply**), 축소(**reduce**), 애그리게이션(**aggregate**)을 사용하여 어떻게 해결될 수 있는지, 그리고 이떤 순서로 적용해야 하는지 설명하시오. 또한 각 문제에 대해 적용되는 함수와, 결과 데이터 큐브의 디멘션(해당되는 경우)을 명시하시오.
   - 대기질 모니터링 스테이션의 시간별 PM_{10} 측정치로부터, 스테이션별 일평균이 $50\,\mu\mathrm{g/m^3}$를 초과하는 연간 일수를 계산하시오.
   - 석유 유출의 항공 이미지 시퀀스를 사용하여, 석유 유출 범위가 가장 넓었던 시점과 그때의 해당 범위를 찾으시오.
   - 10년간의 전 세계 일일 해수면 온도(SST, sea surface temperature) 래스터 맵을 사용하여, SST 값의 시간적 추세가 상위 10%에 해당하는 지역과 하위 10%에 해당하는 지역을 찾으시오.

6장 역자주

1. 여기서 '밴드'는 원격탐사에서 사용되는 용어로, 다중분광 센서가 태양의 전자기 복사 에너지 중 특정 파장대를 감지하는 범위를 의미한다.

2. 정의역은 함수에 입력될 수 있는 값들의 집합이고, 치역은 함수가 출력할 수 있는 값들의 집합, 즉 가능한 결과값의 범위를 의미한다.

3. 예를 들어, 세 개의 16일 합성 이미지(2024-12-17~2025-01-01, 2025-01-01~2025-01-16, 2025-01-16~2025-02-01)가 있고, 목표 기간이 2025년 1월 평균이라면, 각 합성 이미지의 해당 합성 기간과 목표 기간의 중첩 비율에 따라 각각 1/16, 15/16, 16/16이 된다.

4. 로패스 필터링은 데이터에서 저주파 성분은 통과시키고 고주파 성분은 차단하는 기법으로, 원본 이미지보다 평활화된 이미지를 생성한다. 하이패스 필터를 적용하면 반대로 저주파 성분은 차단하고 고주파 성분은 통과시켜 경계나 세부 구조가 강조된 이미지를 얻을 수 있다.

제2부
공간데이터사이언스와 R

이 책의 제2부는 제1부에서 소개한 개념들이 R에서 어떻게 구현되는지를 설명한다. 7장에서는 공간데이터의 기본 처리 방법을 다루며, 여기에는 데이터 읽기와 쓰기, 서브세팅, 공간 프레디케이트에 따른 선택, 버퍼나 교차와 같은 기하 변환, 래스터–벡터 변환, 데이터 큐브 처리, 구면 기하학, 좌표 변환 및 전환 절차 등이 포함된다. 8장은 공간 및 시공간 데이터의 시각화에 초점을 맞추며, R의 기본 그래픽 기능뿐만 아니라 ggplot2, tmap, mapview와 같은 패키지를 활용하는 방법을 다룬다. 이 장에서는 투영법, 컬러 및 컬러 단절값, 경위선망(그래티큘), 범례 등 지도 그래픽 요소와 더불어 인터랙티브 지도 제작 방법을 설명한다. 9장에서는 메모리 사용량이 크거나 다운로드하기에는 너무 방대한 대규모 벡터 및 래스터 데이터셋과 데이터 큐브를 처리하는 접근법을 논의한다.

이 장의 내용은 특정 패키지의 완전한 튜토리얼이나 매뉴얼이 아니라, 여러 일반적인 워크플로를 개관하고 예시를 제시하는 것이다. 보다 구체적이고 상세한 정보는 각 패키지의 문서, 특히 sf와 stars 패키지의 비네트에서 확인할 수 있으며, 해당 비네트의 링크는 각 패키지의 CRAN 랜딩 페이지에서 찾을 수 있다.

7. sf와 stars 패키지

이 장에서는 R의 sf와 stars 패키지를 소개한다. sf는 피처의 지오메트리 정보를 리스트 열 형태로 저장하는 심플 피처 테이블 포맷을 제공한다. stars 패키지는 래스터와 벡터 데이터 큐브(6장)를 지원하기 위해 개발되었으며, 래스터 레이어, 래스터 스택, 피처 시계열도 처리할 수 있다. sf 패키지는 2016년에 CRAN에 처음 공개되었고, stars 패키지는 2018년에 등장했다. 두 패키지는 R 컨소시엄의 지원과 활발한 커뮤니티 참여 속에서 개발되었으며, 상호 연동이 가능하도록 설계되었다. sf나 stars 객체를 대상으로 하는 함수 또는 메서드는 **st_**로 시작하는데, 이는 관련 함수를 쉽게 식별할 수 있게 해 주며, 명령어 자동 완성 기능을 활용할 때 검색을 용이하게 한다.

7.1 sf 패키지

R의 sf 패키지(Pebesma 2018)는 기존의 R 패키지인 **sp, rgeos, rgdal**의 벡터 처리 기능을 대체하고 이를 성공적으로 계승하기 위해 개발되었다. 또한 산업계 및 오픈소스 프로젝트에서 널리 사용되는 표준 기반 접근법에 보다 근접하고, 최신 버전의 오픈소스 지리공간 소프트웨어 스택(그림 1.7)에 기반하며, 필요 시 R 공간 소프트웨어와 타이디버스(Wickham et al. 2019)의 통합을 가능하게 한다.[1]

이를 위해 sf 패키지는 R에서 심플 피처 접근(Herring et al. 2011)을 네이티브(native)로 제공한다.[2] 이 패키지는 여러 **tidyverse** 패키지, 특히 **ggplot2, dplyr, tidyr**와의 인터페이스를 제공하며, GDAL을 통해 데이터를 읽고 쓰고, GEOS(투영 좌표의 경우) 또는 s2geometry(타원체 좌표의 경우)를 이용해 기하 연산을 수행하고, PROJ를 사용하여 좌표 변환 및 전환 작업을 처리한다. 외부 C++ 라이브러리와 연동은 **Rcpp** 패키지(Eddelbuettel 2013)를 통해 이루어진다.

sf 패키지는 **sf** 객체로 심플 피처를 표현하며, 이는 `data.frame` 또는 티블(tibble)의 하위 클래스이다.[3] **sf** 객체는 최소한 하나 이상의 **sfc** 클래스 지오메트리 **리스트** 열(list-column)을 포함하며, 이 리스트 열의 각 요소는 **sfg** 클래스의 R 객체로서 지오메트리 정보를 담고 있다. 지오메트리 리스트 열은 `data.frame`이나 티블 내에서 변수처럼 작동하지만, 숫자형이나 문자형 변수와 같은 기본 벡터보다 복잡한 구조를 갖는다(부록 B.3 참조).

sf 객체는 다음과 같은 메타데이터를 가진다.

- (활성화된) 지오메트리 열의 이름: sf_column 속성에 저장됨.
- 각 비기하 변수의 속성–지오메트리 관계(5.1절 참조): agr 속성에 저장됨.

sfc 지오메트리 리스트 열은 st_geometry( ) 함수를 통해 sf 객체에서 추출할 수 있으며, 다음과 같은 메타데이터를 가진다

- 좌표참조계(CRS): crs 속성에 저장됨.
- 바운딩 박스(bounding box): bbox 속성에 저장됨.
- 정밀도: precision 속성에 저장됨.
- 지오메트리 수: n_empty 속성에 저장됨.

이러한 속성들의 값을 확인하거나 수정하기 위해 st_bbox( ), st_crs( ), st_set_crs( ), st_agr( ), st_set_agr( ), st_precision( ), st_set_precision( ) 등의 함수를 사용할 수 있다.

7.1.1 객체 생성

다음과 같은 방법으로 sf 객체를 생성할 수 있다.

```
library(sf)
# Linking to GEOS 3.11.1, GDAL 3.6.4, PROJ 9.1.1; sf_use_s2( ) is TRUE
p1 <- st_point(c(7.35, 52.42))
p2 <- st_point(c(7.22, 52.18))
p3 <- st_point(c(7.44, 52.19))
sfc <- st_sfc(list(p1, p2, p3), crs = 'OGC:CRS84')
st_sf(elev = c(33.2, 52.1, 81.2),
      marker = c("Id01", "Id02", "Id03"), geom = sfc)
# Simple feature collection with 3 features and 2 fields
# Geometry type: POINT
# Dimension:     XY
# Bounding box:  xmin: 7.22 ymin: 52.2 xmax: 7.44 ymax: 52.4
# Geodetic CRS:  WGS 84
#   elev marker            geom
# 1 33.2   Id01 POINT (7.35 52.4)
# 2 52.1   Id02 POINT (7.22 52.2)
# 3 81.2   Id03 POINT (7.44 52.2)
```

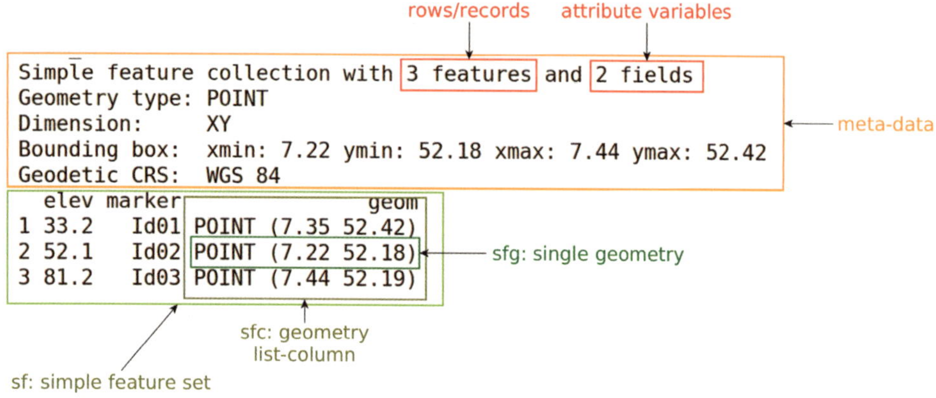

그림 7.1: sf 객체의 구조

그림 7.1은 출력된 구성 요소에 대한 설명을 보여 준다. 객체를 처음부터 생성하는 경우도 있지만, R 에서의 공간데이터는 대체로 외부 소스에서 읽어온다. 이러한 외부 소스에는 다음과 같은 것들이 있다.

- 외부 파일

- 데이터베이스 내의 테이블(또는 테이블 집합)

- 웹서비스 호출을 통해 획득한 데이터셋

- R 패키지에 포함된 데이터셋

7.1.2 읽기와 쓰기

외부 '데이터 소스'(파일, 웹서비스, 문자열 등)에서 데이터셋을 읽어올 때는 **st_read( )** 함수를 사용한다.

```
library(sf)
(file <- system.file("gpkg/nc.gpkg", package = "sf"))
# [1] "/home/edzer/R/x86_64-pc-linux-gnu-library/4.3/sf/gpkg/nc.gpkg"
nc <- st_read(file)
# Reading layer 'nc.gpkg' from data source
#   '/home/edzer/R/x86_64-pc-linux-gnu-library/4.3/sf/gpkg/nc.gpkg'
#   using driver 'GPKG'
# Simple feature collection with 100 features and 14 fields
# Geometry type: MULTIPOLYGON
# Dimension:     XY
```

```
# Bounding box:  xmin: -84.3 ymin: 33.9 xmax: -75.5 ymax: 36.6
# Geodetic CRS:  NAD27
```

여기서 사용된 파일 이름과 경로는 sf 패키지에 포함된 데이터를 가리키며, 이는 sf 패키지를 설치하는 과정에서 설정되므로 어떤 컴퓨터에서든 예외 없이 읽을 수 있다.

st_read( ) 함수는 두 개의 인수, 즉 데이터 소스 이름(dsn)과 레이어(layer)를 가진다. 위의 예에서 사용된 **지오패키지**(GPKG) 파일은 단일 레이어만 포함하고 있으며, 해당 레이어가 불러와진 것이다. 만약 여러 레이어가 포함되어 있었다면, 첫 번째 레이어가 읽히고 경고 메시지가 출력되었을 것이다. 데이터셋에서 사용 가능한 레이어 목록은 다음과 같이 조회할 수 있다.

```
st_layers(file)
# Driver: GPKG
# Available layers:
#   layer_name geometry_type features fields crs_name
# 1    nc.gpkg Multi Polygon      100     14    NAD27
```

심플 피처 객체는 st_write( ) 함수를 사용하여 저장할 수 있다.

```
(file = tempfile(fileext = ".gpkg"))
# [1] "/tmp/Rtmpm9lGRF/file361e653fae4a9.gpkg"
st_write(nc, file, layer = "layer_nc")
# Writing layer 'layer_nc' to data source
#   '/tmp/Rtmpm9lGRF/file361e653fae4a9.gpkg' using driver 'GPKG'
# Writing 100 features with 14 fields and geometry type Multi Polygon.
```

여기서 파일 형식(GPKG)은 파일 이름 확장자에서 결정된다. st_write( ) 함수의 append 인수를 설정하면 기존 레이어에 레코드를 추가하거나, 기존 레이어를 교체할 수 있다. append 인수가 설정되지 않은 상태에서 동일한 레이어가 이미 존재하면 오류가 발생한다. 타이디버스 스타일의 write_sf( ) 함수는 append가 설정되지 않은 경우에도 오류 없이 레이어를 교체한다. 또한, st_delete( ) 함수를 사용하면 레이어를 삭제할 수 있으며, 이는 특히 데이터베이스의 테이블과 연결된 레이어를 다룰 때 유용하다.

WKT-2 좌표참조계를 지원하는 파일 형식의 경우, st_read( )와 st_write( )를 통해 이를 읽고 쓸 수 있다. 그러나 csv와 같은 간단한 포맷에서는 이 기능이 지원되지 않는다. 셰이프파일(shapefile) 형식은 CRS 인코딩에 매우 제한적인 지원만 제공한다.[4]

7.1.3 서브세팅

매우 일반적인 작업 중 하나는 객체의 일부를 추출하는 것인데 이를 서브세팅(subsetting)이라고
한다. 베이스 R에서는 이를 위해 대괄호 기호([ ])를 사용한다. data.frame 객체에 적용되는 규칙
을 sf 객체에도 동일하게 적용할 수 있다. 예를 들어, 다음 같은 코드를 사용하면 레코드 2~5와 열
3~7을 선택할 수 있다.

```
nc[2:5, 3:7]
```

여기에 몇몇 옵션을 부가적으로 적용할 수 있다.

- drop 인수는 기본값이 FALSE로 설정되어 있어, 지오메트리 열이 항상 선택되며 sf 객체가 반
  환된다. TRUE로 설정하면, 지오메트리 열이 선택되지 않은 경우 해당 열이 제거된 data.frame
  이 반환된다.
- 공간(sf, sfc, sfg) 객체를 첫 번째 인수로 사용하여 선택하면, 해당 객체와 공간적으로 교차하
  는 피처가 선택된다(다음 절 참조). 다른 프레디케이트를 사용하려면 op 인수를 설정하여 st_
  covers( )와 같은 함수나 3.2.2절에 나열된 다른 이항 프레디케이트 함수를 지정할 수 있다.

7.1.4 이항 프레디케이트

st_intersects( ), st_covers( )와 같은 이항 프레디케이트 함수(3.2.2절 참조)는 두 개의 피처
집합 또는 피처 지오메트리를 입력받아, 모든 쌍에 대해 조건이 TRUE인지 FALSE인지를 반환한다.
대규모 집합의 경우, 이러한 연산은 일반적으로 대부분이 FALSE 값으로 채워진 거대한 행렬을 생
성하게 되며, 이 때문에 기본적으로 희소 표현(sparse representation)이 반환된다.[5]

```
nc5 <- nc[1:5, ]
nc7 <- nc[1:7, ]
(i <- st_intersects(nc5, nc7))
# Sparse geometry binary predicate list of length 5, where the
# predicate was 'intersects'
#  1: 1, 2
#  2: 1, 2, 3
#  3: 2, 3
#  4: 4, 7
#  5: 5, 6
```

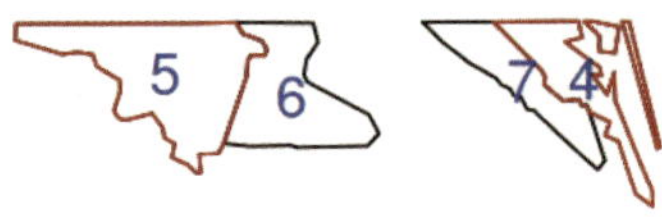

그림 7.2: 노스케롤라이나의 처음 일곱개 카운티

그림 7.2는 처음 다섯 개 카운티와 처음 일곱 개 카운티 간의 교차을 이해하는 방법을 보여 준다. 다음과 같은 방법으로 희소 논리 행렬을 조밀 행렬(dense matrix)로 변환할 수 있다.

```
as.matrix(i)
#        [,1]   [,2]  [,3]  [,4]  [,5]  [,6]  [,7]
# [1,]  TRUE   TRUE FALSE FALSE FALSE FALSE FALSE
# [2,]  TRUE   TRUE  TRUE FALSE FALSE FALSE FALSE
# [3,] FALSE   TRUE  TRUE FALSE FALSE FALSE FALSE
# [4,] FALSE  FALSE FALSE  TRUE FALSE FALSE  TRUE
# [5,] FALSE  FALSE FALSE FALSE  TRUE  TRUE FALSE
```

nc5의 각 카운티와 교차하는 nc7 카운티의 개수는 다음과 같이 계산할 수 있다.

```
lengths(i)
# [1] 2 3 2 2 2
```

역으로 nc7의 개별 카운티와 교차하는 nc5의 카운티의 개수는 다음과 같이 계산할 수 있다.

```
lengths(t(i))
# [1] 2 3 2 1 1 1 1
```

객체 **i**가 **sgbp**(sparse geometrical binary predicate) 클래스의 한 객체라고 할 때, 객체 **i**는 정수 벡터의 리스트로 표현되며, 이 리스트의 각 요소는 논리 프레디케이트 행렬의 한 행을 나타낸다. 논리 프레디케이트 행렬은 해당 행에 대해 **TRUE** 값을 갖는 열의 인덱스를 저장한다. 이 객체에는 사용된 프레디케이트와 총 열 수 등의 메타데이터도 포함된다. **sgbp** 객체에 적용할 수 있는 메서드에는 다음과 같은 것들이 있다.

```
methods(class = "sgbp")
#  [1] as.data.frame as.matrix      coerce        dim
#  [5] initialize    Ops            print         show
#  [9] slotsFromS3   t
# see '?methods' for accessing help and source code
```

sgbp 클래스 객체에서 사용 가능한 유일한 Ops 메서드는 !(부정 연산자)이다.

7.1.5 타이디버스 패키지

tidyverse 패키지는 다양한 데이터사이언스 패키지를 함께 로드한다(Wickham and Grolemund 2017; Wickham et al. 2019). sf 패키지는 tidyverse 스타일의 읽기 및 쓰기 함수인 read_sf( )와 write_sf( )를 제공하며, 이 함수들은 다음과 같은 특징을 가진다.

- data.frame 대신 tibble을 반환한다.
- 출력 내용을 콘솔에 인쇄하지 않는다.
- 기본적으로 기본 데이터를 덮어쓴다.

sf 객체에는 tidyverse 패키지의 filter( ), select( ), group_by( ), ungroup( ), mutate( ), transmute( ), rowwise( ), rename( ), slice( ), summarise( ), distinct( ), gather( ), pivot_longer( ), spread( ), nest( ), unnest( ), unite( ), separate( ), separate_rows( ), sample_n( ), sample_frac( ) 등의 함수를 적용할 수 있다. 대부분의 함수는 sf 객체의 메타데이터만 처리하며, 지오메트리 정보는 변경하지 않는다. 사용자가 지오메트리를 제거하려면, st_drop_geometry( ) 함수를 사용하거나, 선택 작업 전에 간단히 tibble 또는 data.frame으로 강제 변환하면 된다.

```
library(tidyverse) |> suppressPackageStartupMessages( )
nc |> as_tibble( ) |> select(BIR74) |> head(3)
# # A tibble: 3×1
#   BIR74
#   <dbl>
# 1  1091
# 2   487
# 3  3188
```

sf 객체에 대한 summarise( ) 함수에는 두 가지 특별한 인수가 있다.

- do_union(기본값: TRUE): 그룹화된 지오메트리가 반환될 때 유니언(합집합)할지 여부를 결정하여, 이를 통해 밸리드한 지오메트리가 형성되도록 한다.
- is_coverage(기본값: FALSE): 그룹화된 지오메트리가 커버리지(겹침이 없는 경우)를 형성할 때, 이를 TRUE로 설정하면 유니언 과정이 더 빨라진다.

distinct( ) 함수는 고유한 레코드를 선택하며, st_equals( ) 함수는 지오메트리의 고유성을 평가한다.

filter( ) 함수는 일반적인 프레디케이트와 함께 사용할 수 있으며, 공간적 프레디케이트를 사용하고자 할 경우 예를 들어 오렌지 카운티에서 50km 이내에 있는 모든 카운티를 선택하려면 다음과 같이 사용할 수 있다.

```
orange <- nc |> dplyr::filter(NAME == "Orange")
wd <- st_is_within_distance(nc, orange,
                            units::set_units(50, km))
o50 <- nc |> dplyr::filter(lengths(wd) > 0)
nrow(o50)
# [1] 17
```

여기서 dplyr::filter( )를 사용하는 것은 베이스 R의 filter( ) 함수와의 혼동을 피하기 위함이다.[6]

그림 7.3은 이 분석의 결과를 보여 주며, 카운티 경계 주위에 버퍼도 추가되어 있다. 이 버퍼는 설명을 위한 것이며, 카운티를 선택하는 데에는 사용되지는 않았음을 유의하라.

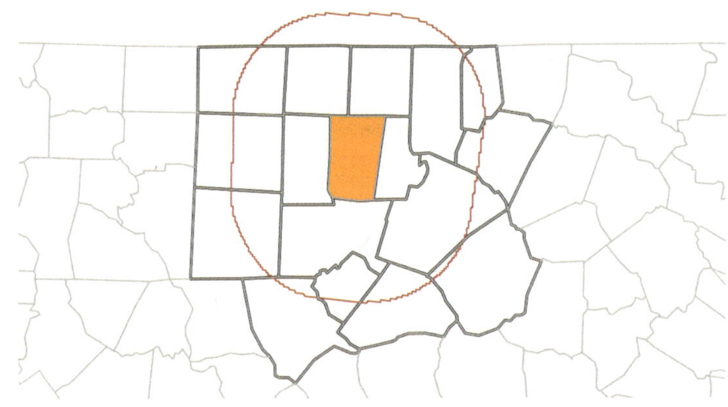

그림 7.3: 오렌지 카운티(오렌지색), 반경 50km 내의 카운티(검은색), 오렌지 카운티 주변의 버퍼(갈색), 나머지 카운티(회색)

7.2 공간적 조인

일반적인 조인(왼쪽 조인, 오른쪽 조인, 내부 조인)에서는 두 테이블에서 하나 이상의 속성이 매치할 때 조인이 이루어진다. 공간적 조인도 이와 유사하지만, 레코드를 조인하는 기준이 속성의 매치가 아니라 공간적 프레디케이트라는 점이 다르다. 이로 인해 **공간적으로** 매치하는 레코드를 정의하는 데에는 여러 선택지가 있으며, 이는 3.2.2절에 나열된 이항 프레디케이트를 사용해 결정할 수 있다. '왼쪽', '오른쪽', '내부', '전체' 조인의 개념은 비공간 조인과 동일하게 유지되는데, 이는 공간적 매치를 고려하지 않고 레코드의 조인을 처리할 때 적용된다.[7]

공간적 조인을 실행할 때, 각 레코드에 여러 일치하는 레코드가 존재할 수 있으므로 결과 테이블이 매우 커질 수 있다. 이러한 복잡성을 줄이는 방법 중 하나는, 일치하는 레코드 가운데 타깃 지오메트리와 가장 넓은 면적이 겹치는 레코드 하나만 선택하는 것이다. 이 방법의 시각적 예시는 그림 7.4에 나와 있으며, st_join( ) 함수에서 largest = TRUE 인수를 설정해 이를 수행할 수 있다.

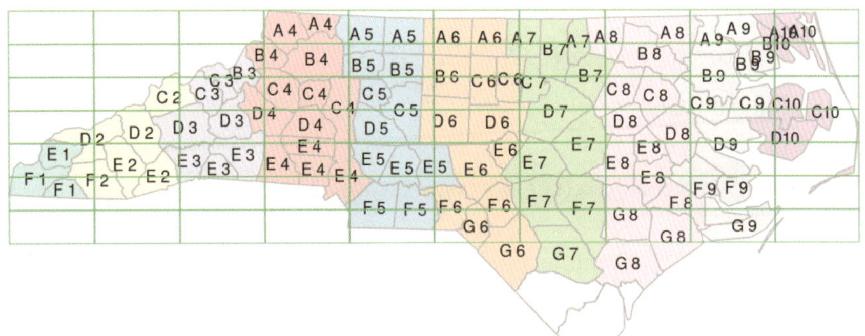

그림 7.4: largest = TRUE 인수를 적용한 st_join( ) 함수의 예시. 아래쪽 그림의 폴리곤과 가장 넓은 면적이 겹치는 위쪽 그림의 폴리곤 라벨이 아래쪽 폴리곤에 할당되어 있다.

결과의 복잡성을 줄이는 또 다른 방법은 조인 후에 **aggregate( )** 함수를 사용하여 모든 일치하는 레코드를 결합함과 동시에 지오메트리도 병합하는 것이다. 이에 대한 자세한 내용은 5.4절을 참고하라.

7.2.1 표본추출, 그리드 생성, 내삽

sf 패키지가 제공하는 몇 가지 유용한 함수를 소개한다. st_sample( ) 함수는 대상 지오메트리로
부터 임의의 표본 포인트를 생성하며, 여기서 대상 지오메트리는 포인트, 라인, 폴리곤 등 다양할
수 있다. 표본추출 방식은 완전 무작위 방식, 규칙적 방식, 또는 폴리곤의 경우 삼각형 방식 중 선택
할 수 있다. 11장에서 spatstat 패키지가 제공하는 공간적 표본추출(또는 포인트패턴 시뮬레이션)
방법이 st_sample( ) 함수를 통해 어떻게 구현되는지 설명한다.

st_make_grid( ) 함수는 특정 영역 위에 정사각형, 직사각형, 또는 육각형의 그리드를 생성한다.
옵션 설정에 따라 그리드 자체가 아닌 그리드의 중심점이나 모서리점을 생성할 수도 있다. 이 함수
는 그림 7.4에서 직사각형 그리드를 생성하는 데 사용되었다.

함수 st_interpolate_aw( ) 함수는 5.3절에서 설명한 바와 같이, 공간 집약형 변수와 공간 확장
형 변수를 새로운 구역으로 '내삽'하는 기능을 제공한다.

7.3 타원체 좌표

비투영 데이터는 경위도로 표현된 타원체 좌표를 가진다. 4.1절에서 설명한 바와 같이, 포인트 간
의 '직선'은 최단 곡선 경로인 '측지선(geodesic line)'이다. 기본적으로 sf 패키지는 s2geometry
라이브러리를 사용해 기하학적 연산을 수행하며, 이는 s2 패키지를 통해 구현된다(Dunnington,
Pebesma, and Rubak 2023).

```
"POINT(50 50.1)" |> st_as_sfc(crs = "OGC:CRS84") -> pt
```

예를 들어, 아래의 지점은 특정 폴리곤 내부에 위치한다(그림 7.5의 왼쪽: 정사 도법).

```
"POLYGON((40 40, 60 40, 60 50, 40 50, 40 40))" |>
  st_as_sfc(crs = "OGC:CRS84") -> pol
st_intersects(pt, pol)
# Sparse geometry binary predicate list of length 1, where the
# predicate was 'intersects'
#  1: 1
```

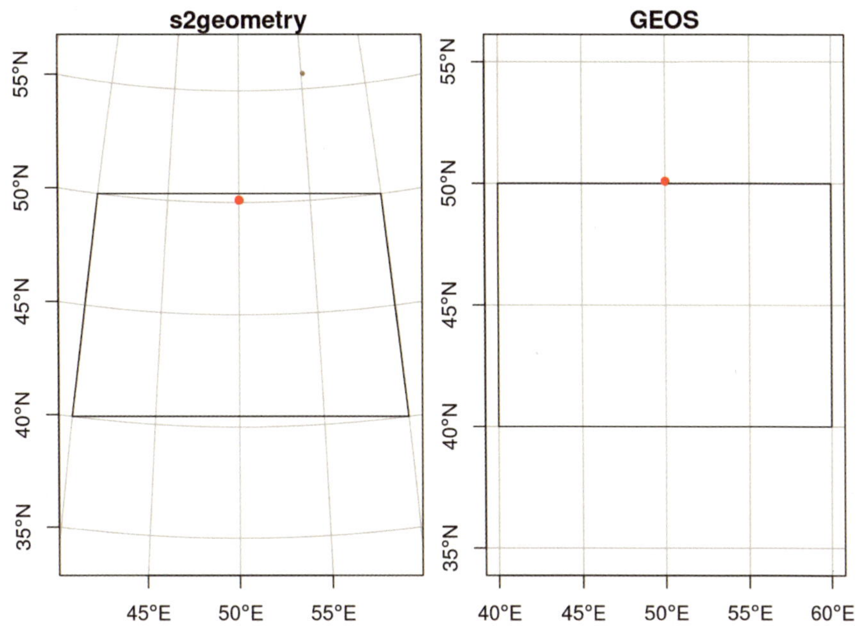

그림 7.5: 교차의 결과는 측지선 혹은 대권호를 사용하느냐(왼쪽) 데카르트 좌표계를 사용하느냐에 따라 달라진다.

sf 패키지가 타원체 좌표를 마치 데카르트 좌표처럼 처리하도록 하려면, s2 사용을 비활성화하면 된다.

```
old <- sf_use_s2(FALSE)
# Spherical geometry (s2) switched off
st_intersects(pol, pt)
# although coordinates are longitude/latitude, st_intersects assumes
# that they are planar
# Sparse geometry binary predicate list of length 1, where the
# predicate was 'intersects'
#  1: (empty)
sf_use_s2(old) # restore
# Spherical geometry (s2) switched on
```

이렇게 하면 그림 7.5의 오른쪽(정거원통 도법)처럼, 엠프티 교차가 반환된다. 경고 메시지에는 타원체 좌표를 평면좌표으로 취급하고 있다는 내용이 명시된다.

s2 사용은 성능상의 이유나 레거시 구현과의 호환성을 위해 비활성화할 수 있다. 데카르트 기하를 위한 GEOS 라이브러리와 구체 기하를 위한 s2geometry 라이브러리(그림 1.7)는 서로 다른 동기로 개발되었으며, sf 패키지를 통해 사용될 때 몇 가지 차이가 있다.

- 특정 연산에서 속도 차이가 크게 발생할 수 있다.
- 일부 함수는 특정 라이브러리에만 존재한다(예를 들어 st_relate( ) 함수는 GEOS 라이브러리에만 존재).
- 변환자를 사용할 때, GEOS는 외부 폴리곤 링을 시계 방향으로 노드로 반환하며, 이를 반시계 방향으로 되돌리기 위해 st_sfc(..., check_ring_dir = TRUE)를 사용한다. 반면, s2geometry는 외부 폴리곤 링을 반시계 방향으로 반환한다.

7.4 stars 패키지

sp 패키지가 래스터 데이터 지원 측면에서 정체되어 있는 동안, raster 패키지(Hijmans 2023a)는 지난 10여 년간 래스터 분석을 위한 강력하고 유연하며 확장 가능한 패키지로서 지배적인 위치를 공고히해 왔다. raster 패키지[및 그 후속인 terra 패키지(Hijmans 2023b)]는 2차원 규칙 래스터 또는 래스터 레이어 집합('래스터 스택')이라는 래스터 데이터 모형에 기반한다. 이러한 모형은 세상이 수많은 레이어로 구성되어 있고, 각 레이어가 특정 주제를 반영한다는 고전적인 정적 'GIS 뷰'와 일치한다. 그러나 오늘날의 많은 데이터는 동적이며, 시계열 래스터 또는 시계열 래스터 스택의 형태로 제공된다. 기존의 래스터 스택은 이러한 동적 특성을 제대로 반영하지 못하며, 사용자가 각 레이어가 무엇을 나타내는지 별도로 기록해야 한다.

또한, raster 패키지와 그 후속인 terra 패키지는 데이터 크기가 로컬 저장소(컴퓨터의 하드 드라이브)보다 크지 않을 때에만 우수한 연산 성능을 발휘한다. 그러나 최근의 데이터셋—예를 들어 위성 이미지, 기후 모형, 기상 예보 데이터—은 로컬 저장소의 용량으로는 더 이상 감당하기 어려운 수준에 도달했다(9장 참조). spacetime 패키지(Pebesma 2012, 2022)는 벡터 지오메트리 또는 래스터 그리드 셀의 시계열 분석을 어느 정도 지원하지만, 더 높은 차원의 어레이나 메모리가 한계를 넘어서는 대규모 데이터셋은 여전히 처리하기 어렵다.

여기서는 래스터 및 벡터 데이터 큐브 분석을 위한 패키지로 stars를 소개한다. 이 패키지는 다음과 같은 기능을 제공한다.

- 동적(시간 변화) 래스터 스택을 재현할 수 있다.
- 로컬 디스크 용량에 제한받지 않는 확장성을 목표로 한다.
- GDAL 라이브러리의 래스터 기능과 강력하게 통합된다.
- 규칙 그리드뿐만 아니라 회전, 전단, 직선, 곡선 래스터도 처리할 수 있다(그림 1.6 참조).

- sf 패키지와 긴밀하게 통합된다.

- 비래스터 공간 디멘션을 가진 어레이 데이터(벡터 데이터 큐브)를 처리할 수 있다.

- 타이디버스 디자인 원리를 따른다.

벡터 데이터 큐브에는 심플 피처의 시계열이나 출발지–목적지 매트릭스(및 그 시계열)를 포함한 공간 그래프 데이터가 포함된다. 공간적 벡터 및 래스터 데이터 큐브의 개념은 6장에서 설명되었다. 불규칙 시공간 관측치는 sftime 패키지(Teickner, Pebesma, and Graeler 2022)에서 제공하는 sftime 객체로 재현할 수 있으며, 이는 시간 열을 추가하는 방식으로 sf 객체를 확장한 것이다 (13.3절 참조).

7.4.1 래스터 데이터의 읽기와 쓰기

래스터 데이터는 일반적으로 파일에서 불러온다. 여기서는 브라질의 올린다시에 대한 30m 해상도의 Landsat 7 데이터셋(밴드 1~5 및 7번)을 사용한다. stars 패키지에서 규칙 비회전 그리드에 대한 예제 GeoTIFF 파일을 읽어 올 수 있다.

```
tif <- system.file("tif/L7_ETMs.tif", package = "stars")
library(stars)
# Loading required package: abind
(r <- read_stars(tif))
# stars object with 3 dimensions and 1 attribute
# attribute(s):
#           Min. 1st Qu. Median Mean 3rd Qu. Max.
# L7_ETMs.tif    1     54     69 68.9      86  255
# dimension(s):
#     from  to  offset delta          refsys point x/y
# x      1 349  288776  28.5 SIRGAS 2000 / ... FALSE [x]
# y      1 352 9120761 -28.5 SIRGAS 2000 / ... FALSE [y]
# band   1   6      NA    NA                 NA    NA
```

여기서 우리는 오프셋, 셀 크기, 좌표참조계, 그리고 디멘션을 확인할 수 있다. 디멘션 테이블은 각 디멘션에 대해 다음과 같은 필드를 포함한다.

- from: 시작 인덱스 값

- to: 종료 인덱스 값

- offset: 첫 번째 픽셀의 시작(모서리)에서의 디멘션 값

- **delta**: 셀 크기로 음의 값은 디멘션 값이 감소할수록 픽셀 인덱스 값이 증가함을 의미
- **refsys**: 참조계
- **point**: 셀 값이 포인트 서포트인지, 셀 서포트인지를 나타내는 논리 값
- **x/y**: 디멘션이 래스터의 x축과 관련되는지, y축과 관련되는지를 나타내는 값

여기에는 사용되지 않기 때문에 숨겨진 또 다른 필드인 **values**가 있다. 규칙, 회전, 또는 전단 그리드와 같이 일정하게 이산화된 디멘션(예: 시간)의 경우, **offset**과 **delta**는 NA가 아니다. 반면 불규칙하게 이산화된 디멘션의 경우에는 **offset**과 **delta**가 NA이며, **values** 속성에는 다음 중 하나가 포함된다.

- 값 또는 구간의 시퀀스: 직선형 공간 래스터 또는 불규칙 시간 디멘션의 경우
- 공간 디멘션과 연결된 지오메트리: 벡터 데이트 큐브의 경우
- 각 래스터 셀에 대한 좌표값이 포함된 매트릭스: 곡선 래스터의 경우
- 디멘션 값과 연결된 밴드 이름 또는 레이블: 이산형 디멘션의 경우

stars 클래스 객체 **r**은 길이 1의 단순 리스트로 구성되어 있으며, 3차원 어레이를 포함한다.

```
length(r)
# [1] 1
class(r[[1]])
# [1] "array"
dim(r[[1]])
#   x    y band
# 349  352    6
```

또한 이 객체는 어레이 디멘션이 무엇을 나타내는지 파악하는 데 필요한 모든 메타데이터를 포함한 디멘션 테이블을 속성으로 가진다. 이는 다음을 통해 확인할 수 있다.

```
st_dimensions(r)
```

다음과 같은 방법으로 어레이의 공간적 범위를 확인할 수 있다.

```
st_bbox(r)
#    xmin    ymin    xmax    ymax
#  288776 9110729  298723 9120761
```

write_stars( ) 함수를 사용하여 래스터 데이터를 로컬 디스크에 저장할 수 있다.

```
tf <- tempfile(fileext = ".tif")
write_stars(r, tf)
```

파일 확장자를 통해 데이터 형식(이 경우 GeoTIFF)이 지정된다. 심플 피처와 마찬가지로 읽기 및 쓰기 작업은 GDAL 라이브러리를 사용하며, 래스터 데이터에 사용할 수 있는 드라이버 목록은 다음과 같이 확인할 수 있다.

```
st_drivers("raster")
```

7.4.2 stars 데이터 큐브의 서브세팅

데이터 큐브는 [ ] 연산자를 사용하거나 타이디버스 동사를 사용하여 서브세팅할 수 있다. 첫 번째 방식인 [ ] 연산자를 사용할 때는 다음 인수를 쉼표로 구분하여 순서대로 지정한다.

- 속성: 이름, 인덱스, 또는 논리 벡터
- 디멘션

예를 들어, r[1:2, 101:200, , 5:10]는 r에서 속성 1~2를 선택하고, 디멘션 1에 대해 인덱스 101~200, 차원 3에 대해 인덱스 5~10을 선택함을 의미한다. 이 경우 디멘션 2를 통한 선택은 이루어지지 않는다. 속성 선택 시에는 속성 이름, 인덱스, 또는 논리 벡터를 사용할 수 있다. 디멘션 선택 시에는 논리 벡터가 지원되지 않는다. 불연속 범위 선택은 규칙 시퀀스일 때만 가능하다. drop은 기본값이 FALSE이며, TRUE로 설정하면 단일 값을 가진 디멘션은 모두 제거된다.

```
r[,1:100, seq(1, 250, 5), 4] |> dim( )
#   x    y band
# 100   50    1
r[,1:100, seq(1, 250, 5), 4, drop = TRUE] |> dim( )
#   x   y
# 100  50
```

특정 범위의 디멘션 값을 선택하려면 filter( ) 함수를 사용할 수 있으며, 이를 위해서는 dplyr 패키지를 먼저 로드해야 한다.

```
library(dplyr, warn.conflicts = FALSE)
filter(r, x > 289000, x < 290000)
# stars object with 3 dimensions and 1 attribute
# attribute(s):
#             Min. 1st Qu. Median Mean 3rd Qu. Max.
# L7_ETMs.tif    5      51     63 64.3      75  242
# dimension(s):
#      from  to  offset delta           refsys point x/y
# x       1  35  289004  28.5 SIRGAS 2000 / ... FALSE [x]
# y       1 352 9120761 -28.5 SIRGAS 2000 / ... FALSE [y]
# band    1   6       1     1                  NA    NA
```

이는 차원의 오프셋을 변경한다. 특정 큐브 슬라이스는 slice( ) 함수를 사용하여 얻을 수 있다.

```
slice(r, band, 3)
# stars object with 2 dimensions and 1 attribute
# attribute(s):
#             Min. 1st Qu. Median Mean 3rd Qu. Max.
# L7_ETMs.tif   21      49     63 64.4      77  255
# dimension(s):
#   from  to  offset delta           refsys point x/y
# x    1 349  288776  28.5 SIRGAS 2000 / ... FALSE [x]
# y    1 352 9120761 -28.5 SIRGAS 2000 / ... FALSE [y]
```

이는 단일 디멘션인 band를 제거한다. mutate( ) 함수는 stars 객체에서 기존 어레이를 기반으로 새로운 어레이를 추가할 때 사용되며, transmute( ) 함수는 여기에 더해 기존 어레이를 제거한다.

7.4.3 크로핑

일부를 추출하는 또 다른 방법으로, sf, sfc 또는 bbox 클래스의 공간 객체를 사용하는 방법이 있다.

```
b <- st_bbox(r) |>
    st_as_sfc( ) |>
    st_centroid( ) |>
    st_buffer(units::set_units(500, m))
r[b]
# stars object with 3 dimensions and 1 attribute
# attribute(s):
```

```
#              Min. 1st Qu. Median Mean 3rd Qu. Max. NA's
# L7_ETMs.tif    22      54     66 67.7    78.2  174 2184
# dimension(s):
#       from  to  offset delta          refsys point x/y
# x      157 193  288776  28.5 SIRGAS 2000 / ... FALSE [x]
# y      159 194 9120761 -28.5 SIRGAS 2000 / ... FALSE [y]
# band     1   6      NA    NA                 NA    NA
```

예를 들어, 해당 지역에 대한 직경 500m의 원형 중심부를 추출할 수 있으며, 그림 7.6은 이를 첫 번째 밴드에 적용한 결과를 보여 준다.

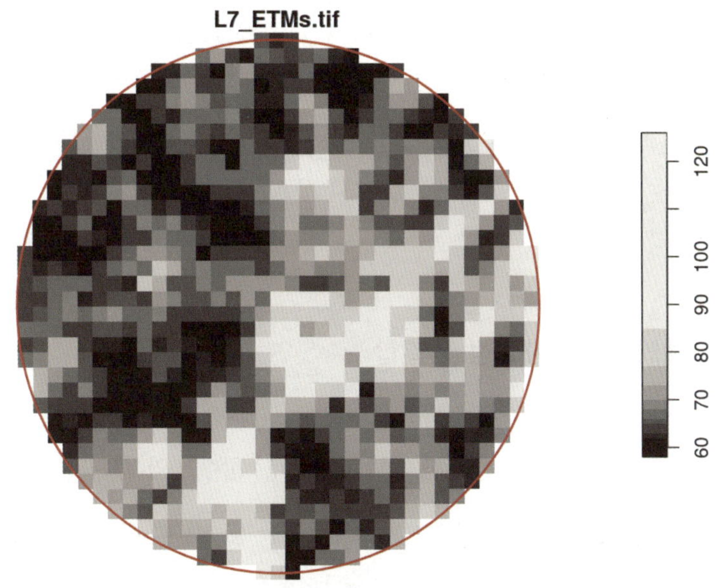

그림 7.6: Landsat 7의 1번 밴드 이미지의 원형 중심부

원형 공간 객체의 외부에 위치한 픽셀에는 **NA** 값이 할당되는 것을 확인할 수 있다. 이 원형 객체는 여전히 r의 **offset**과 **delta** 값에 대한 디멘션 인덱스를 가지고 있다. 다음과 같은 방법으로 **offset** 값을 재설정할 수 있다.

```
r[b] |> st_normalize( ) |> st_dimensions( )
#       from to  offset delta          refsys point x/y
# x        1 37  293222  28.5 SIRGAS 2000 / ... FALSE [x]
# y        1 36 9116258 -28.5 SIRGAS 2000 / ... FALSE [y]
# band     1  6      NA    NA                 NA    NA
```

기본적으로 결과 래스터는 선택 객체의 범위로 크로핑(cropping, 자르기)된다. 입력 객체와 동일한 디멘션을 가진 객체는 다음과 같은 방식으로 얻을 수 있다.

```
r[b, crop = FALSE]
# stars object with 3 dimensions and 1 attribute
# attribute(s):
#              Min. 1st Qu. Median Mean 3rd Qu. Max.    NA's
# L7_ETMs.tif   22      54      66 67.7    78.2  174 731280
# dimension(s):
#       from  to  offset delta          refsys point x/y
# x        1 349  288776  28.5 SIRGAS 2000 / ... FALSE [x]
# y        1 352 9120761 -28.5 SIRGAS 2000 / ... FALSE [y]
# band     1   6      NA    NA                NA    NA
```

stars 객체의 크로핑은 st_crop( ) 함수를 사용해 직접 수행할 수도 있다.

```
st_crop(r, b)
```

7.4.4 stars 객체의 디멘션 재설정 및 결합

stars 패키지는 다양한 어레이 조작을 수행하기 위해 **abind** 패키지(Plate and Heiberger 2016)를 사용한다. 예를 들어, 어레이를 순열하여 전치하는 **aperm( )** 함수가 있다.

```
aperm(r, c(3, 1, 2))
# stars object with 3 dimensions and 1 attribute
# attribute(s):
#              Min. 1st Qu. Median Mean 3rd Qu. Max.
# L7_ETMs.tif    1      54      69 68.9      86  255
# dimension(s):
#       from  to  offset delta          refsys point x/y
# band     1   6      NA    NA                NA    NA
# x        1 349  288776  28.5 SIRGAS 2000 / ... FALSE [x]
# y        1 352 9120761 -28.5 SIRGAS 2000 / ... FALSE [y]
```

stars 객체에 대한 메서드가 제공되며, 이를 통해 결과 객체의 디멘션 순서를 재배열할 수 있다. 속성과 디멘션을 교환할 수도 있으며, 이는 **split( )**과 **merge( )** 함수를 사용해 수행된다.

```
(rs <- split(r))
```

```
# stars object with 2 dimensions and 6 attributes
# attribute(s):
#       Min. 1st Qu. Median Mean 3rd Qu. Max.
# X1     47      67     78 79.1      89  255
# X2     32      55     66 67.6      79  255
# X3     21      49     63 64.4      77  255
# X4      9      52     63 59.2      75  255
# X5      1      63     89 83.2     112  255
# X6      1      32     60 60.0      88  255
# dimension(s):
#    from  to  offset delta         refsys point x/y
# x     1 349  288776  28.5 SIRGAS 2000 / ... FALSE [x]
# y     1 352 9120761 -28.5 SIRGAS 2000 / ... FALSE [y]
merge(rs, name = "band") |> setNames("L7_ETMs")
# stars object with 3 dimensions and 1 attribute
# attribute(s):
#           Min. 1st Qu. Median Mean 3rd Qu. Max.
# L7_ETMs     1      54     69 68.9      86  255
# dimension(s):
#       from  to  offset delta         refsys point    values x/y
# x        1 349  288776  28.5 SIRGAS 2000 / ... FALSE      NULL [x]
# y        1 352 9120761 -28.5 SIRGAS 2000 / ... FALSE      NULL [y]
# band     1  6      NA    NA                 NA    NA X1,...,X6
```

split( ) 함수는 밴드 디멘션을 2차원 어레이의 여섯 개 속성으로 분리하며, merge( ) 함수는 그 반대 작업을 수행한다. st_redimension( ) 함수는 단일 어레이 디멘션을 두 개의 새로운 디멘션으로 분할하는 것과 같은 보다 일반적인 작업에 사용된다.

```
st_redimension(r, c(x = 349, y = 352, b1 = 3, b2 = 2))
# stars object with 4 dimensions and 1 attribute
# attribute(s):
#               Min. 1st Qu. Median Mean 3rd Qu. Max.
# L7_ETMs.tif     1      54     69 68.9      86  255
# dimension(s):
#    from  to  offset delta         refsys point x/y
# x     1 349  288776  28.5 SIRGAS 2000 / ... FALSE [x]
# y     1 352 9120761 -28.5 SIRGAS 2000 / ... FALSE [y]
# b1    1  3      NA    NA                 NA    NA
# b2    1  2      NA    NA                 NA    NA
```

동일한 디멘션을 가진 여러 개의 stars 객체는 c( ) 함수를 사용해 결합할 수 있다. 결합된 어레이는 기본적으로 추가 속성으로 취급되지만, along 인수를 지정하면 새로운 디멘션을 따라 병합할 수도 있다.

```
c(r, r, along = "new_dim")
# stars object with 4 dimensions and 1 attribute
# attribute(s), summary of first 1e+05 cells:
#              Min. 1st Qu. Median Mean 3rd Qu. Max.
# L7_ETMs.tif   47      65     76 77.3      87  255
# dimension(s):
#        from  to offset delta              refsys point x/y
# x         1 349 288776  28.5 SIRGAS 2000 / ... FALSE [x]
# y         1 352 9120761 -28.5 SIRGAS 2000 / ... FALSE [y]
# band      1   6     NA    NA                 NA    NA
# new_dim   1   2     NA    NA                 NA    NA
```

이 사용 예시는 7.5.2절에서 설명한다.

7.4.5 포인트 샘플추출과 애그리게이션

래스터 데이터 큐브 분석에서 매우 흔한 작업 중 하나는 특정 위치에서 값을 추출하거나 지정된 지오메트리에 대해 집계값을 계산하는 것이다. st_extract( ) 함수는 포인트 위치의 값을 추출한다. 여기서는 r 객체의 바운딩 박스 범위 안에서 임의로 선택한 몇 개의 샘플링 포인트에 대해 이 연산을 수행한다.

```
set.seed(115517)
pts <- st_bbox(r) |> st_as_sfc( ) |> st_sample(20)
(e <- st_extract(r, pts))
# stars object with 2 dimensions and 1 attribute
# attribute(s):
#              Min. 1st Qu. Median Mean 3rd Qu. Max.
# L7_ETMs.tif   12    41.8     63   61    80.5  145
# dimension(s):
#          from to              refsys point
# geometry    1 20 SIRGAS 2000 / ...   TRUE
# band        1  6                 NA    NA
#                                      values
# geometry POINT (293002 ...,...,POINT (290941 ...
```

```
# band                                          NULL
```

이는 20개의 포인트와 6개의 밴드를 가진 벡터 데이터 큐브를 생성한다. 시드를 설정하면 반복 실행 시 동일한 샘플을 사용할 수 있다. 따라서 포인트를 무작위로 다시 생성하고자 하는 경우는 시드를 설정하지 않아야 한다.

데이터 큐브에서 정보를 추출하는 또 다른 방법은 집계값을 계산하는 것이다. 이를 수행하는 한 가지 방법은 공간 폴리곤이나 라인에 따라 값을 공간적으로 집계하는 것이다(6.4절 참조). 예를 들어, 그림 1.4(d)에 나타난 세 개의 원 각각에 대해, 여섯 개 밴드에서의 최대 픽셀 값을 계산할 수 있다.

```
circles <- st_sample(st_as_sfc(st_bbox(r)), 3) |>
    st_buffer(500)
aggregate(r, circles, max)
# stars object with 2 dimensions and 1 attribute
# attribute(s):
#               Min. 1st Qu. Median Mean 3rd Qu. Max.
# L7_ETMs.tif     73    94.2    117  121     142  205
# dimension(s):
#          from to              refsys point
# geometry    1  3 SIRGAS 2000 / ... FALSE
# band        1  6                NA    NA
#                                          values
# geometry POLYGON ((2913...,...,POLYGON ((2921...
# band                                        NULL
```

이는 세 개의 지오메트리와 여섯 개의 밴드를 가진 (벡터) 데이터 큐브를 생성한다. 시간 디멘션에 대한 집계는 **aggregate( )** 함수의 두 번째 인수로 시간 변수를 지정하여 수행한다. 시간 변수로는 다음과 같은 값들을 사용할 수 있다.

- 시간 간격의 시작을 나타내는 타임스탬프 집합
- make_intervals( ) 함수로 정의된 시간 간격 집합
- '주', '5일', '년'과 같이 기간을 나타내는 문자열

7.4.6 예측모형

R에서의 일반적인 모형 예측 워크플로는 다음과 같다.

- 응답변수와 예측변수(공변량)가 포함된 data.frame을 준비한다.

- data.frame을 기반으로 모형 객체를 생성한다.

- 모형 객체와 대상 예측변수 값이 포함된 data.frame을 사용하여 predict( ) 함수를 호출한다.

stars 패키지는 stars 객체에 대한 predict( ) 메서드를 제공하며, 이는 위 과정의 마지막 단계를 수행한다. 즉, stars 객체에서 data.frame을 생성한 뒤, predict( )를 호출하고, 예측 값으로 다시 stars 객체를 재구성한다.

이 과정을 설명하기 위해, Landsat 데이터셋과 앞에서 추출한 표본 포인트를 이용해, 육지를 바다에서 분리하는 간단한 이진 클래스 예제를 살펴본다. 결과는 그림 7.7에 제시되어 있다.

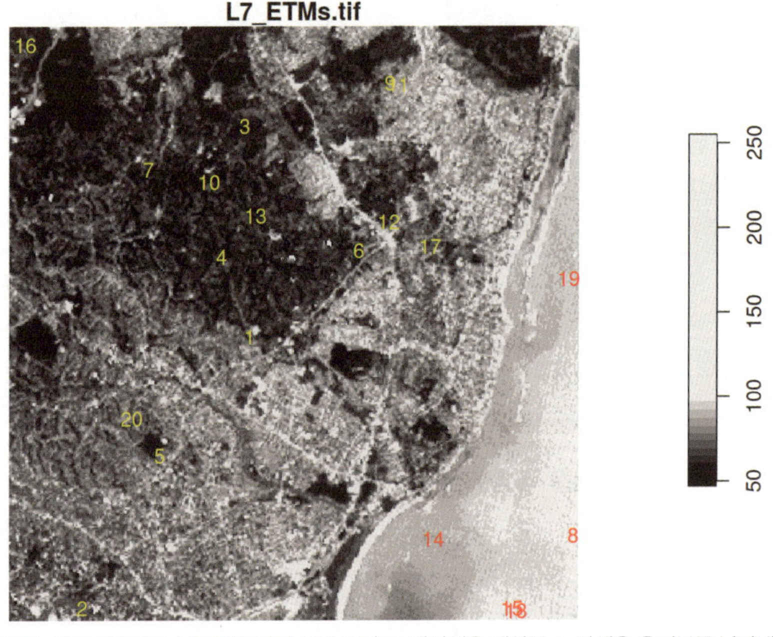

그림 7.7: 훈련 데이터로 사용된 무작위 표본 포인트: 빨간색은 해양부, 노란색은 육지부를 나타낸다.

이 그림에서 포인트 8, 14, 15, 18, 19는 수부에, 나머지 포인트는 육지부에 위치함을 '육안'으로 확인할 수 있다. 선형판별('최대우도') 분류기를 적용한 결과, 그림 7.8과 같은 모형 예측 결과를 얻을 수 있다.

```
rs <- split(r)
trn <- st_extract(rs, pts)
```

```
trn$cls <- rep("land", 20)
trn$cls[c(8, 14, 15, 18, 19)] <- "water"
model <- MASS::lda(cls ~ ., st_drop_geometry(trn))
pr <- predict(rs, model)
```

여기서는 MASS:: 접두사를 사용하여 MASS 패키지를 로드하지 않았는데, 이는 **dplyr** 패키지의 select( ) 함수를 덮어 쓰는 것을 방지하기 위함이다. split 단계는 밴드 디멘션을 속성으로 변환해 예측 변수로 사용하기 위해 필요한 과정이다.

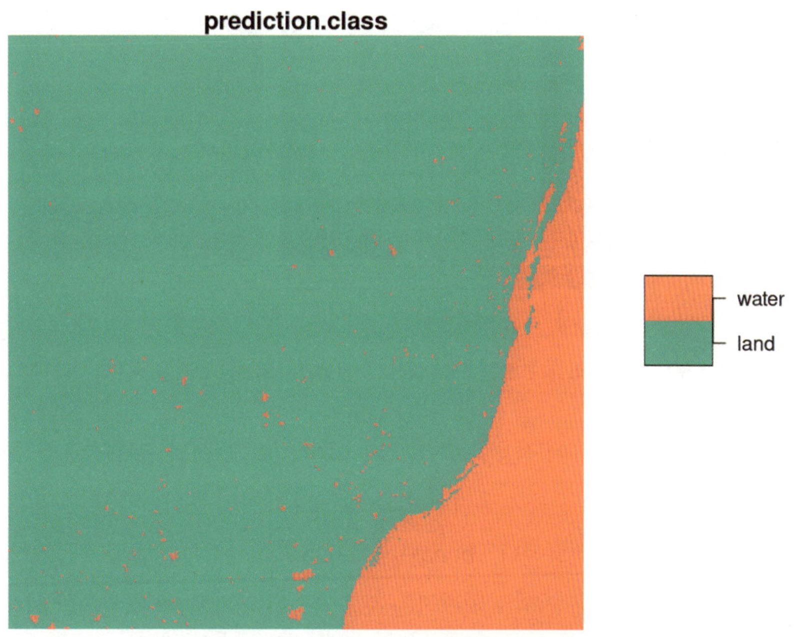

그림 7.8: 그림 7.7의 훈련 데이터를 기반으로 한 육지부/수부 구분 선형 판별 분류 결과

또한, 그림 7.8에 표시된 레이어가 클래스 레이블을 가진 범주형 변수임을 확인할 수 있다.

7.4.7 래스터 데이터 플로팅

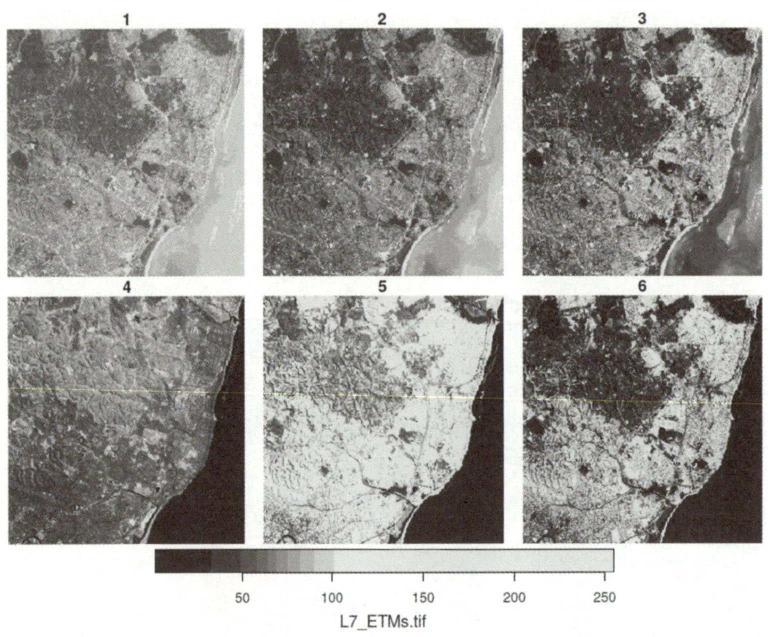

그림 7.9: 30m 해상도의 Landsat 6개 밴드를 90m로 다운샘플한 결과로 브라질 올린다시의 예시이다.

베이스 플롯 함수를 stars 객체에 적용할 수 있으며, plot(r)로 생성된 결과는 그림 7.9에 나타나 있다. 기본 색상 스케일은 회색 톤을 사용하고, 모든 밴드의 데이터 분위수에 맞춰 명암 대비를 조정하는 '히스토그램 평활화'가 적용된다.[8] breaks = "equal"로 설정하면 급폭이 동일한 등간격 분류법이 적용되며, 계급 단절값을 임의로 지정하는 것도 가능하다. 그런데 더 익숙한 시각화 방식은 그림 7.10에 나타난 RGB 또는 폴스(false) 컬러 합성일 것이다.

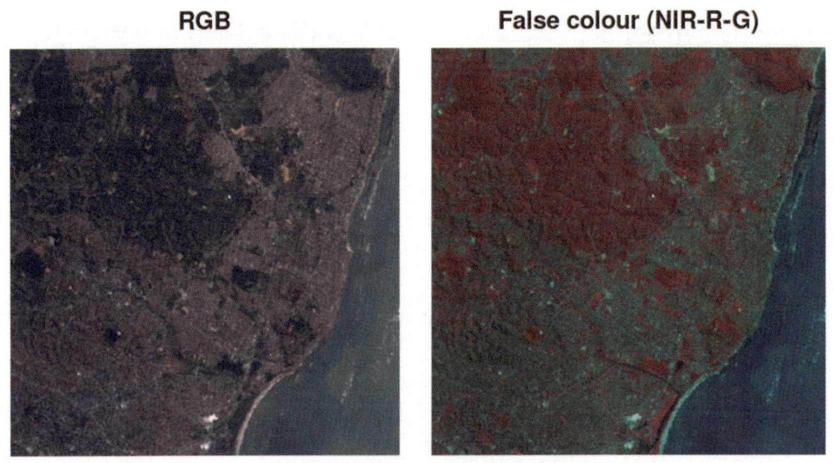

그림 7.10: 컬러 합성의 두 가지 예시

보다 자세한 사항은 8장에서 다룬다.

7.4.8 래스터 데이터 분석

stars 객체의 개별 원소에는 수리 함수가 어레이에 직접 적용된다. 이는 사용자가 함수를 호출하여 표현식을 생성할 수 있음을 의미한다.

```
log(r)
# stars object with 3 dimensions and 1 attribute
# attribute(s):
#              Min. 1st Qu. Median Mean 3rd Qu. Max.
# L7_ETMs.tif     0    3.99   4.23 4.12    4.45 5.54
# dimension(s):
#      from  to  offset delta          refsys point x/y
# x       1 349  288776  28.5 SIRGAS 2000 / ... FALSE [x]
# y       1 352 9120761 -28.5 SIRGAS 2000 / ... FALSE [y]
# band    1   6      NA    NA                NA    NA
r + 2 * log(r)
# stars object with 3 dimensions and 1 attribute
# attribute(s):
#              Min. 1st Qu. Median Mean 3rd Qu. Max.
# L7_ETMs.tif     1      62   77.5 77.1    94.9 266
# dimension(s):
#      from  to  offset delta          refsys point x/y
# x       1 349  288776  28.5 SIRGAS 2000 / ... FALSE [x]
# y       1 352 9120761 -28.5 SIRGAS 2000 / ... FALSE [y]
# band    1   6      NA    NA                NA    NA
```

또는 특정 값을 마스킹할 수도 있다.

```
r2 <- r
r2[r < 50] <- NA
r2
# stars object with 3 dimensions and 1 attribute
# attribute(s):
#              Min. 1st Qu. Median Mean 3rd Qu. Max.    NA's
# L7_ETMs.tif    50      64     75   79      90 255  149170
# dimension(s):
#      from  to  offset delta          refsys point x/y
```

```
# x         1 349   288776   28.5 SIRGAS 2000 / ... FALSE [x]
# y         1 352 9120761  -28.5 SIRGAS 2000 / ... FALSE [y]
# band      1   6     NA     NA                  NA   NA
```

또는 마스킹을 해제할 수도 있다.

```
r2[is.na(r2)] <- 0
r2
# stars object with 3 dimensions and 1 attribute
# attribute(s):
#              Min. 1st Qu. Median Mean 3rd Qu. Max.
# L7_ETMs.tif    0      54     69   63      86  255
# dimension(s):
#      from  to  offset delta          refsys point x/y
# x       1 349   288776  28.5 SIRGAS 2000 / ... FALSE [x]
# y       1 352 9120761 -28.5 SIRGAS 2000 / ... FALSE [y]
# band    1   6      NA    NA                  NA    NA
```

stars 객체에서는 기본 R의 **apply( )** 함수가 어레이에 동작하는 것처럼, 선택된 어레이 디멘션 단위로 함수를 적용할 수 있다(6.3.3절). 예를 들어, 각 픽셀에 대해 6개 밴드 값의 평균을 계산할 수 있다.

```
st_apply(r, c("x", "y"), mean)
# stars object with 2 dimensions and 1 attribute
# attribute(s):
#        Min. 1st Qu. Median Mean 3rd Qu. Max.
# mean   25.5    53.3   68.3 68.9      82  255
# dimension(s):
#    from  to  offset delta          refsys point x/y
# x     1 349   288776  28.5 SIRGAS 2000 / ... FALSE [x]
# y     1 352 9120761 -28.5 SIRGAS 2000 / ... FALSE [y]
```

더 유의미한 함수의 예로는 NDVI(Normalized Difference Vegetation Index, 정규화 식생 지수) 계산이 있다.

```
ndvi <- function(b1, b2, b3, b4, b5, b6) (b4 - b3)/(b4 + b3)
st_apply(r, c("x", "y"), ndvi)
# stars object with 2 dimensions and 1 attribute
# attribute(s):
```

```
#          Min. 1st Qu.  Median    Mean 3rd Qu.  Max.
# ndvi  -0.753   -0.203 -0.0687 -0.0643   0.187 0.587
# dimension(s):
#   from  to  offset delta            refsys point x/y
# x    1 349  288776  28.5 SIRGAS 2000 / ... FALSE [x]
# y    1 352 9120761 -28.5 SIRGAS 2000 / ... FALSE [y]
```

또는 함수를 다음과 같이 정의할 수도 있다.

```
ndvi2 <- function(x) (x[4]-x[3])/(x[4]+x[3])
```

밴드 수가 많을 경우 이러한 방식은 더 편리하지만, 각 픽셀마다 호출해야 하므로 위에서 정의한
ndvi( ) 함수보다 훨씬 느리다. 반면 **ndvi( )** 함수는 모든 픽셀이나 큰 픽셀 덩어리에 대해 한 번
만 호출하면 된다. 전체 영상에 대해 각 밴드의 평균은 다음과 같이 계산된다.

```
st_apply(r, c("band"), mean) |> as.data.frame( )
#   band mean
# 1    1 79.1
# 2    2 67.6
# 3    3 64.4
# 4    4 59.2
# 5    5 83.2
# 6    6 60.0
```

결과는 **data.frame**의 형태로 바로 출력해 볼 수 있을 만큼 작다. 위의 두 예제에서는 전체 디멘션
이 모두 사라지지만, 항상 그런 것은 아니다(6.3.2절). 예를 들어, 각 밴드에 대해 세 개의 사분위수
를 계산할 수도 있다.

```
st_apply(r, c("band"), quantile, c(.25, .5, .75))
# stars object with 2 dimensions and 1 attribute
# attribute(s):
#               Min. 1st Qu. Median Mean 3rd Qu. Max.
# L7_ETMs.tif     32    60.8   66.5 69.8    78.8  112
# dimension(s):
#            from to         values
# quantile     1  3 25%, 50%, 75%
# band         1  6           NULL
```

이렇게 하면 세 개의 값으로 이루어진 새로운 디멘션인 **quantile**이 생성된다. 또는, 각 픽셀에 대해 여섯 개 밴드 값의 세 사분위수를 다음과 같이 계산할 수도 있다.

```
st_apply(r, c("x", "y"), quantile, c(.25, .5, .75))
# stars object with 3 dimensions and 1 attribute
# attribute(s):
#              Min. 1st Qu. Median Mean 3rd Qu. Max.
# L7_ETMs.tif     4      55   69.2 67.2    81.2  255
# dimension(s):
#         from  to  offset delta         refsys point
# quantile   1   3      NA    NA                NA    NA
# x          1 349  288776  28.5 SIRGAS 2000 / ... FALSE
# y          1 352 9120761 -28.5 SIRGAS 2000 / ... FALSE
#             values x/y
# quantile 25%, 50%, 75%
# x                  NULL [x]
# y                  NULL [y]
```

7.4.9 곡선 래스터

불규칙 래스터가 발생하는 이유는 다양하다(그림 1.6). 우선, 데이터가 지구의 곡면 형태를 그대로 반영하는 경우, 규칙 래스터는 곡면인 지구의 표면에 정확히 맞지 않는다. 다른 이유로는 다음과 같은 것들이 있다.

- 규칙 래스터 데이터를 다른 좌표참조계로 변환하거나 재투영할 때, 워핑(7.8절)을 수행하지 않으면 곡선 형태로 나타난다. 그러나 워핑은 항상 데이터 손실을 수반하며, 이는 가역적이지 않다.
- 관측 방식 자체가 불규칙 래스터를 만들어 낼 수 있다. 예를 들어 품질이 낮은 위성 영상의 경우, 위성의 진행 방향에서는 규칙 래스터 형태를 유지 하지만(x 또는 y 축과 정렬되지 않음), 진행 방향과 직각인 방향에서는 직교 래스터가 된다(예: 센서가 시야각을 일정 간격으로 분할하여 관측하는 경우).

7.4.10 GDAL 유틸리티

GDAL 라이브러리는 일반적으로 데이터 변환과 처리를 위한 여러 실행 파일, 즉 GDAL 명령줄 유틸리티와 함께 제공된다. 이들 유틸리티 가운데 상당수(Python으로 작성된 것을 제외한 모든 유틸리티)는 'GDAL Algorithms C API'를 통해 GDAL 라이브러리의 C 함수로도 제공된다. GDAL 라이브러리와 연동된 R 패키지(예: sf 패키지)가 이러한 C API 알고리즘을 사용한다면, 사용자는 별도로 GDAL 명령줄 유틸리티를 설치하지 않아도 된다.

sf 패키지는 **gdal_utils( )** 함수를 통해 이러한 C API 알고리즘을 호출할 수 있다. 이때 첫 번째 인수에는 **gdal** 접두사를 제외한 이름을 지정한다. 주요 명령과 기능은 다음과 같다.

- **info**: GDAL 래스터 데이터셋에 대한 정보를 출력한다.
- **warp**: 래스터를 새로운 래스터로 변환한다(CRS의 전환 포함).
- **rasterize**: 벡터 데이터셋을 래스터화한다.
- **translate**: 래스터 파일을 다른 형식으로 변환한다.
- **vectortranslate**: 벡터 파일을 다른 형식으로 변환한다(**ogr2ogr**에 해당).
- **buildvrt**: 가상 래스터 타일(여러 파일의 결합하여 생성된 단일 래스터)을 생성한다.
- **demprocessing**: DEM(digital data model)에 대한 다양한 처리를 수행한다.
- **nearblack**: 거의 검정색 또는 흰색인 경계 부분을 검정색으로 변환한다.
- **grid**: 흩어진 데이터로부터 규칙 그리드를 생성한다.
- **mdiminfo**: 다차원 어레이에 대한 정보를 출력한다.
- **mdimtranslate**: 다차원 어레이를 다른 형식으로 변환한다.

이러한 유틸리티는 기본적으로 파일 단위로 작동하며, **sf** 또는 **stars** 객체에 직접 적용되지는 않는다. 그러나 **stars_proxy** 객체는 본질적으로 파일에 대한 포인터 역할을 하므로, 다른 객체들도 파일로 저장하여 사용할 수 있다. 이러한 유틸리티 중 일부는(항상 혹은 선택적으로) **st_mosaic( )**, **st_warp( )**, 또는 **st_write( )** 등의 함수를 통해 호출된다. R의 **gdalUtilities**(O'Brien 2022) 패키지는 **sf::gdal_utils( )** 함수에 기반하여, 명령줄 유틸리티 인수 이름과 동일한 인수 이름을 사용하는 편의성 래퍼 함수를 제공한다.

7.5 벡터 데이터 큐브 예제

7.5.1 예제: 대기질 시계열 데이터 애그리게이션 실행

유럽 대기질 데이터를 사례로, 벡터 데이터 큐브의 애그리게이션 작업을 설명한다. 이 데이터는 Gräler, Pebesma와 Heuvelink(2016)에서 사용된 것과 동일하며, 12장과 13장에서도 다시 사용될 예정이다. 독일 농촌 지역 관측소에서 1998~2009년 동안 수집한 데이터를 바탕으로 일평균 PM_{10} 값을 계산하였다.

air 데이터 매트릭스, 날짜 벡터 dates, 그리고 SpatialPoints 객체 stations을 결합하여 stars 객체를 생성할 수 있다.

```
load("data/air.rda") # this loads several datasets in .GlobalEnv
dim(air)
# space  time
#   70  4383
stations |>
    st_as_sf(coords = c("longitude", "latitude"), crs = 4326) |>
    st_geometry( ) -> st
d <- st_dimensions(station = st, time = dates)
(aq <- st_as_stars(list(PM10 = air), dimensions = d))
# stars object with 2 dimensions and 1 attribute
# attribute(s):
#       Min. 1st Qu. Median Mean 3rd Qu. Max.    NA's
# PM10    0    9.92   14.8 17.7      22  274 157659
# dimension(s):
#         from    to     offset  delta refsys point
# station    1    70         NA     NA WGS 84  TRUE
# time       1  4383 1998-01-01 1 days   Date FALSE
#                                        values
# station POINT (9.59 53.7),...,POINT (9.45 49.2)
# time                                     NULL
```

그림 7.11에서는 시간 시계열이 상당히 길지만, 큰 결측 구간도 존재함을 확인할 수 있다. 그림 7.12 는 평균 PM_{10} 값과 함께 측정소의 공간 분포를 보여 준다.

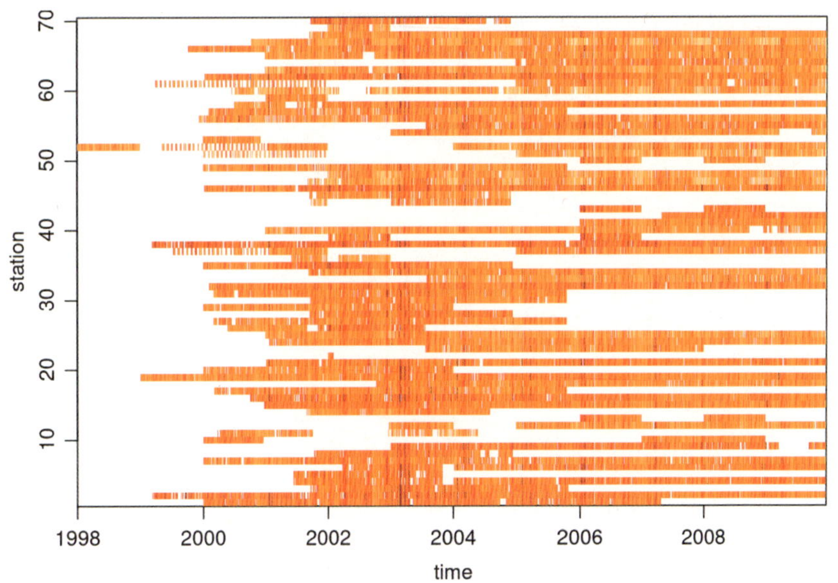

그림 7.11: 시간과 관측소별로 계산된 PM₁₀ 값에 대한 시공간 다이어그램

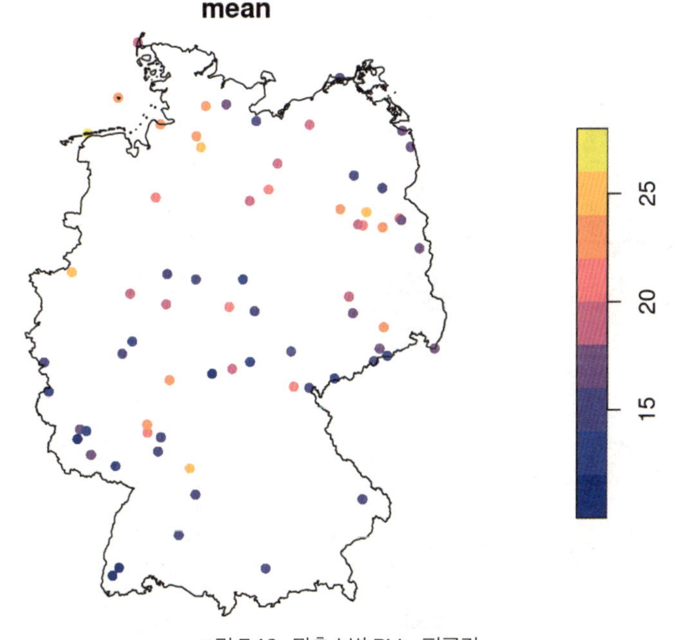

그림 7.12: 관측소별 PM₁₀ 평균값

간단한 실습 차원에서, 관측소별 시간 시계열 데이터를 지역 평균으로 애그리게이션할 수 있다. 이를 위해 stars 객체에 대한 aggregate( ) 메서드를 사용한다.

```
(a <- aggregate(aq, de_nuts1, mean, na.rm = TRUE))
# stars object with 2 dimensions and 1 attribute
# attribute(s):
#       Min. 1st Qu. Median Mean 3rd Qu. Max.  NA's
# PM10  1.08    10.9   15.3 17.9    21.8  172 25679
# dimension(s):
#      from    to     offset delta refsys point
# geom    1    16         NA    NA WGS 84 FALSE
# time    1  4383 1998-01-01 1 days   Date FALSE
#                                          values
# geom MULTIPOLYGON (...,...,MULTIPOLYGON (...
# time                                       NULL
```

또한, 아래 코드를 통해 임의로 선택한 여섯 날짜의 지도를 표시할 수 있다(그림 7.13).

```
library(tidyverse)
a |> filter(time >= "2008-01-01", time < "2008-01-07") |>
    plot(key.pos = 4)
```

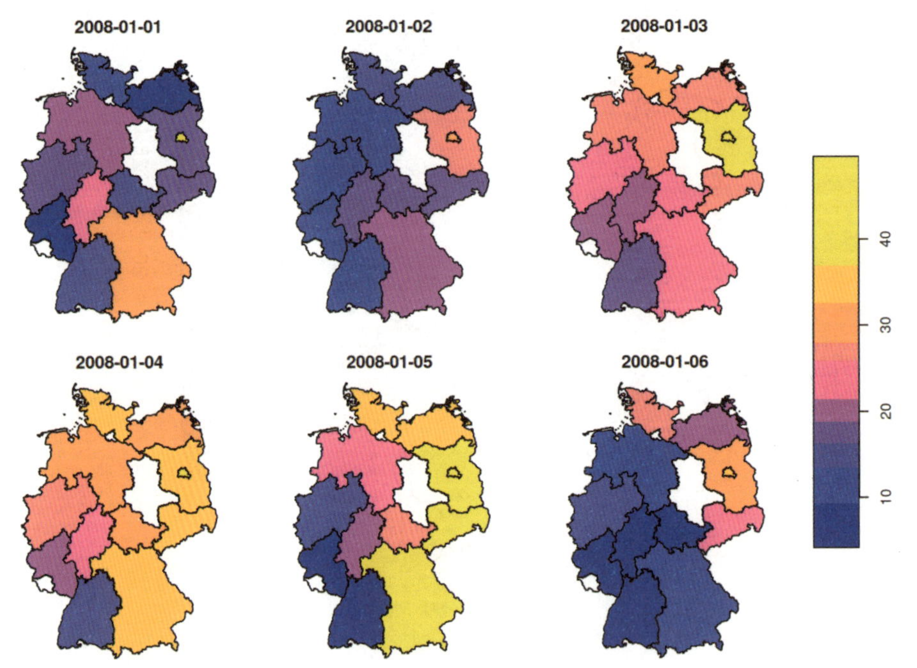

그림 7.13: 임의의 여섯 날짜에 대한 지역 평균 PM_{10}

또한, 아래 코드를 이용해 단일 주(state)의 평균값 시계열 플롯을 생성할 수 있다(그림 7.14).

```
library(xts) |> suppressPackageStartupMessages( )
plot(as.xts(a)[,4], main = de_nuts1$NAME_1[4])
```

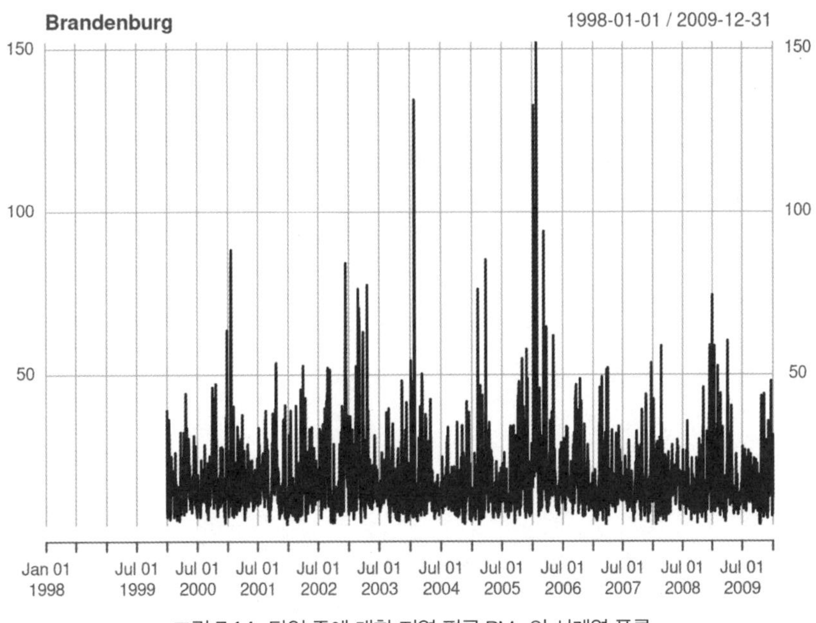

그림 7.14: 단일 주에 대한 지역 평균 PM₁₀의 시계열 플롯

7.5.2 예제: 브리스톨 출발지−도착지 데이터 큐브

이 예제에 사용된 데이터는 Lovelace, Nowosad와 Muenchow(2019)에서 가져온 출발지−목적지 (OD) 매트릭스로, A 지역에서 B 지역으로 이동하는 인구수를 교통수단별로 나타낸 것이다. 102개 지역의 피처 지오메트리는 sf 객체인 bristol_zones에 포함되어 있다.

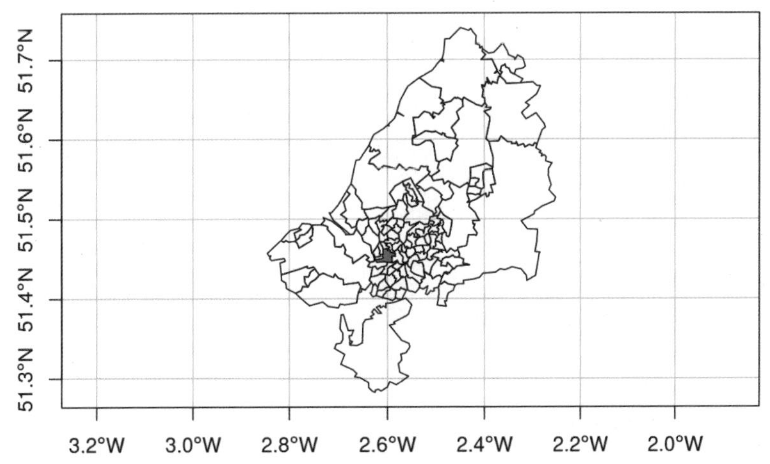

그림 7.15: 영국 브리스틀의 102개 구역 현황[33번 구역(E02003043)이 빨간색으로 표시되어 있음]

bristol_od 테이블에 OD 쌍(이동량이 0인 경우는 제외)이 레코드로 저장되어 있으며, 서로 다른 교통수단이 변수로 포함되어 있다.

```
head(bristol_od)
# # A tibble: 6×7
#   o         d           all bicycle  foot car_driver train
#   <chr>     <chr>     <dbl>   <dbl> <dbl>      <dbl> <dbl>
# 1 E02002985 E02002985   209       5   127         59     0
# 2 E02002985 E02002987   121       7    35         62     0
# 3 E02002985 E02003036    32       2     1         10     1
# 4 E02002985 E02003043   141       1     2         56    17
# 5 E02002985 E02003049    56       2     4         36     0
# 6 E02002985 E02003054    42       4     0         21     0
```

제외된 무이동 OD 쌍의 개수는 모든 OD 조합 수에서 데이터에 포함된 OD 쌍 수를 빼서 구할 수 있다.

```
nrow(bristol_zones)^2 - nrow(bristol_od)
# [1] 7494
```

우리는 출발지, 목적지, 교통수단을 디멘션으로 하는 3차원 벡터 데이터 큐브를 만들 것이다. 이를 위해 먼저 pivot_longer( ) 함수를 사용하여 bristol_od 테이블을 정리해, 출발지(o), 목적지(d), 교통수단(mode), 빈도(n) 변수를 갖도록 한다.

```
# create O-D-mode array:
bristol_tidy <- bristol_od |>
    select(-all) |>
    pivot_longer(3:6, names_to = "mode", values_to = "n")
head(bristol_tidy)
# # A tibble: 6×4
#   o         d         mode         n
#   <chr>     <chr>     <chr>    <dbl>
# 1 E02002985 E02002985 bicycle      5
# 2 E02002985 E02002985 foot       127
# 3 E02002985 E02002985 car_driver  59
# 4 E02002985 E02002985 train        0
# 5 E02002985 E02002987 bicycle      7
# 6 E02002985 E02002987 foot        35
```

그리고 나서 0으로 채워진 3차원 어레이 a를 생성한다.

```
od <- bristol_tidy |> pull("o") |> unique( )
nod <- length(od)
mode <- bristol_tidy |> pull("mode") |> unique( )
nmode = length(mode)
a = array(0L,  c(nod, nod, nmode),
    dimnames = list(o = od, d = od, mode = mode))
dim(a)
# [1] 102 102   4
```

해당 어레이의 세 차원에 구역 이름(o, d)과 교통수단 이름(mode)이 부여되어 있음을 확인할 수 있다. 이렇게 함으로써 **bristol_tidy**의 각 행은 해당 어레이의 한 단위(엔트리)에 해당하게 된다. **bristol_tidy** 테이블에 있는 인덱스(o, d 및 **mode**)와 값(n)을 이용해 해당 어레이(a)의 0이 아닌 부분을 채울 수 있다.

```
a[as.matrix(bristol_tidy[c("o", "d", "mode")])] <-
      bristol_tidy$n
```

bristol_zones의 구역과 **bristol_tidy**의 구역명이 서로 다른 순서를 가질 수 있으므로, 아래와 같이 인덱스를 일치 시키는 정렬 절차를 수행한다.

```
order <- match(od, bristol_zones$geo_code)
zones <- st_geometry(bristol_zones)[order]
```

순서가 이미 올바를 수도 있지만, 그런 가정은 배제하고 위 코드를 그대로 실행하는 편이 안전하다. 다음으로, 구역과 교통수단을 이용해 stars 디멘션 객체를 생성한다.

```
library(stars)
(d <- st_dimensions(o = zones, d = zones, mode = mode))
#      from  to refsys point                              values
# o       1 102 WGS 84 FALSE MULTIPOLYGON (...,...,MULTIPOLYGON (...
# d       1 102 WGS 84 FALSE MULTIPOLYGON (...,...,MULTIPOLYGON (...
# mode    1   4     NA FALSE                        bicycle,...,train
```

마지막으로, 어레이 **a**와 디멘션 **d**를 이용해 최종 **stars** 객체를 생성한다.

```
(odm <- st_as_stars(list(N = a), dimensions = d))
```

```
# stars object with 3 dimensions and 1 attribute
# attribute(s):
#    Min. 1st Qu. Median Mean 3rd Qu. Max.
# N     0      0      0  4.8       0 1296
# dimension(s):
#      from  to refsys point                                values
# o       1 102 WGS 84 FALSE MULTIPOLYGON (...,...,MULTIPOLYGON (...
# d       1 102 WGS 84 FALSE MULTIPOLYGON (...,...,MULTIPOLYGON (...
# mode    1   4     NA FALSE                      bicycle,...,train
```

이 3차원 어레이에서 단일 슬라이스를 추출할 수 있다. 예를 들어, 구역 33에 대한 데이터를 odm[, , 33]으로 추출한 뒤 플롯을 그릴 수 있다(그림 7.16).

```
plot(adrop(odm[,,33]) + 1, logz = TRUE)
```

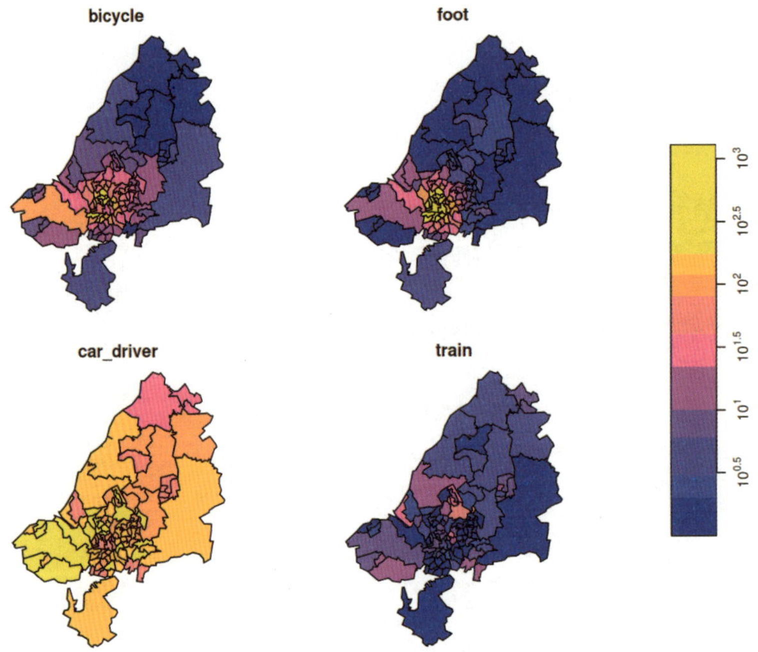

그림 7.16: 33번 존에 대한 OD 데이터 추출 및 교통수단별 지도화 결과

이렇게 서브세팅을 수행하면, 첫 번째 인수가 비어 있으므로 모든 속성(여기서는 하나만 존재: N)을 선택하고, 두 번째 인수가 비어 있어 모든 출발지를 선택하며, 세 번째 인수로 목적지 구역 33을 선택하고, 네 번째 인수가 비어 있어 모든 교통 수단을 선택하게 된다.

이 특정 구역을 목적지로 선택한 이유는 해당 구역이 가장 많은 여행자를 보유하고 있기 때문이다.

이는 목적지별로 모든 출발지와 여행 수단을 합산해 확인할 수 있다.

```
d <- st_apply(odm, 2, sum)
which.max(d[[1]])
# [1] 33
```

다른 애그리게이션도 수행할 수 있다. 예를 들어, OD(102 × 102)의 총통행량은 다음과 같이 구할 수 있다.

```
st_apply(odm, 1:2, sum)
# stars object with 2 dimensions and 1 attribute
# attribute(s):
#      Min. 1st Qu. Median Mean 3rd Qu. Max.
# sum     0       0      0 19.2      19 1434
# dimension(s):
#   from  to refsys point                                 values
# o    1 102 WGS 84 FALSE MULTIPOLYGON (...,...,MULTIPOLYGON (...
# d    1 102 WGS 84 FALSE MULTIPOLYGON (...,...,MULTIPOLYGON (...
```

교통수단별로 출발지 총계를 구할 수 있다.

```
st_apply(odm, c(1,3), sum)
# stars object with 2 dimensions and 1 attribute
# attribute(s):
#      Min. 1st Qu. Median Mean 3rd Qu. Max.
# sum     1    57.5    214  490     771 2903
# dimension(s):
#      from  to refsys point                                 values
# o       1 102 WGS 84 FALSE MULTIPOLYGON (...,...,MULTIPOLYGON (...
# mode    1   4     NA FALSE                          bicycle,...,train
```

교통수단별로 도착지 총계를 구할 수 있다.

```
st_apply(odm, c(2,3), sum)
# stars object with 2 dimensions and 1 attribute
# attribute(s):
#      Min. 1st Qu. Median Mean 3rd Qu.  Max.
# sum     0      13    104  490     408 12948
# dimension(s):
#      from  to refsys point                                 values
```

```
# d      1 102 WGS 84 FALSE MULTIPOLYGON (...,...,MULTIPOLYGON (...
# mode   1   4    NA FALSE                       bicycle,...,train
```

모드별 합산 출발지 총계를 구할 수 있다.

```
o <- st_apply(odm, 1, sum)
```

모드별 합산 도착지 총계를 구할 수 있다.

```
d <- st_apply(odm, 2, sum)
```

o와 d를 결합한 뒤 함께 플롯할 수 있다(그림 7.17).

```
x <- (c(o, d, along = list(od = c("origin", "destination"))))
plot(x, logz = TRUE)
```

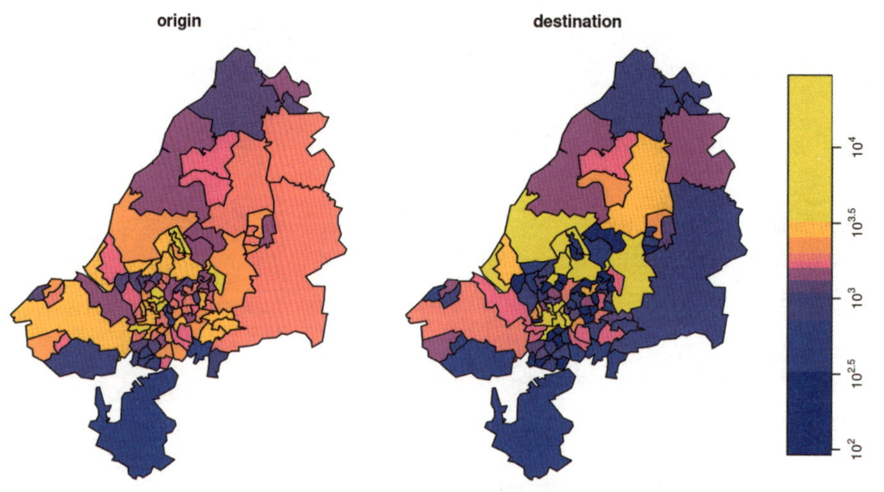

그림 7.17: 출발지별 총통근(왼쪽)과 목적지별 총통근(오른쪽)

이 지도는 현상의 본질을 왜곡할 수 있다는 우려가 있다. 그 이유는 실질적인 값의 크기(컬러)뿐만 아니라 구역의 면적 역시 시각적으로 인지되는 양의 크기에 영향을 미치기 때문이다. 이를 감안해 밀도값(카운트/km²)을 계산해 나타낼 수 있다(그림 7.18).[9]

```
library(units)
a <- set_units(st_area(st_as_sf(o)), km^2)
o$sum_km <- o$sum / a
d$sum_km <- d$sum / a
```

```
od <- c(o[“sum_km”], d[“sum_km”], along =
        list(od = c(“origin”, “destination”)))
plot(od, logz = TRUE)
```

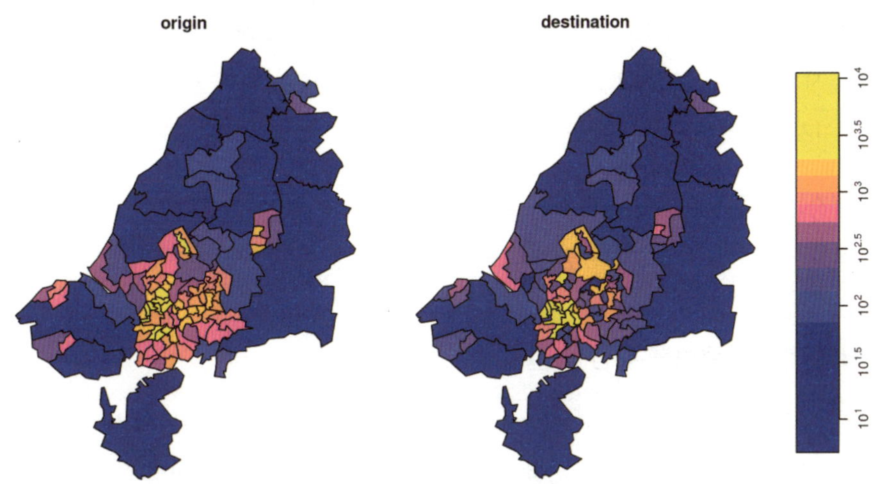

그림 7.18: 출발지별 총통근 밀도(왼쪽)와 목적지별 총통근 밀도(오른쪽)

카운트 속성을 정규화하는 또 다른 방법은 값을 면적이 아닌 인구수로 나누는 것이다.

7.5.3 타이디 어레이 데이터

Wickham(2014)의 타이디 데이터 논문은 3차원 데이터를 어레이 데이터 형식보다는 각 행이 (지역, 클래스, 연도, 값으로 구성된) 긴(비정규화된) 테이블 형식으로 처리되는 것이 더 바람직하다고 제안한다. 이는 가능하다면 항상 좋은 접근이다. 그러나 기본 처리나 저장 목적에서는 이 방법을 적용할 수 없는 경우가 있으며, 그 이유는 다음과 같다.

- 많은 어레이 데이터는 처음부터 어레이 형식으로 수집되거나 생성된다. 예를 들어, 원격탐사를 통해 수집된 데이터나 기후 모형을 통해 생성된 데이터가 이에 해당한다.
- 어레이 형식을 긴 테이블 형태로 변환하는 것이 그 반대보다 훨씬 쉽다.
- 긴 테이블 형식의 데이터는 훨씬 더 많은 메모리를 요구한다. 디멘션 i의 기수(크기)를 n_i라고 할 때, 디멘션 값이 차지하는 메모리 공간은 $O(\sum n_i)$가 아니라 $O(\prod n_i)$로 주어진다.
- 결측값이 있는 셀을 삭제하면, 긴 테이블 형식은 어레이 형식이 내재하고 있는 인덱싱을 상실하게 된다.

이 주장을 극단적으로 표현하자면, 모든 이미지, 비디오, 음성 데이터가 어레이 형식으로 저장된다고 가정해 보자. 실제로 이를 긴 테이블 형식으로 저장해야 한다고 주장하는 사람은 거의 없을 것이다. 그럼에도 불구하고 tsibble(Wang et al. 2022)과 같은 R 패키지는 긴 테이블 형식을 취하고 있으며, 동일한 시간 스텝을 가진 다수의 공간적 피처에 순서를 매기는 작업이 매우 모호함에도 불구하고 어쨌든 인덱싱을 해야 한다는 문제점이 있다. 이러한 문제는 stars 패키지에서 제공하는 어레이 형식을 사용함으로써 **자동**으로 해결된다. 물론 이는 조밀한 어레이를 사용해야한다는 대가를 치루는 것이기도 하다.

stars 패키지는 어레이 집합을 처리하는 문제에서 타이디 데이터 원칙(tidy manifesto)을 따르려 하며, 특히 하나 이상의 디멘션이 공간 및/또는 시간을 참조하는 경우에 그러하다.

7.5.4 벡터 데이터 큐브를 위한 파일 포맷

규칙 테이블 형식(긴 테이블 형식을 포함)은 하나의 대안이지만 사용하기에는 불편하다. 위의 출발지–목적지 데이터 예제와 13장에서 다룰 내용은 테이블 형식에서 벡터 데이터 큐브를 재구성하는 작업이 매우 복잡하다는 점을 잘 보여 준다. NetCDF나 Zarr와 같은 어레이 형식은 어레이 데이터를 저장하기 위해 설계되었으나, 사실상 **모든** 데이터 구조를 저장할 수 있다. 다만, 한 번 작성된 파일은 재사용하기 어렵다는 위험이 있다. 포인트, (멀티)라인스트링, (멀티)폴리곤으로 구성된 **단일** 지오메트리 디멘션을 가진 벡터 데이터 큐브의 경우, CF 규칙(Eaton et al. 2022)은 이러한 지오메트리를 인코딩하는 방법을 설명한다. `stars::read_mdim( )` 함수와 `stars::write_mdim( )` 함수는 이 규칙을 따르는 벡터 데이터 큐브를 읽고 쓸 수 있다.

7.6 래스터-벡터 전환과 벡터-래스터 전환

1.3절에서 래스터–벡터 전환과 벡터–래스터 전환의 몇 가지 예제를 이미 다루었다. 이 절에서는 이에 대한 코드와 예제를 추가로 제시한다.

7.6.1 벡터–래스터 전환

`st_as_stars( )` 함수는 객체를 stars 객체로 변환하도록 설계된 메서드이다. 그러나 모든 stars 객체가 래스터 객체인 것은 아니며, sf 객체에 이 메서드를 적용하면 지오메트리를 공간적 (벡터) 디멘션으로, 속성을 속성 디멘션으로 가지는 벡터 데이터 큐브가 생성된다. 피처 **지오메트리** (sfc) 객체가 주어지면, `st_as_stars( )` 함수는 이를 래스터화한다(7.8절과 그림 7.19).

```r
file <- system.file("gpkg/nc.gpkg", package="sf")
read_sf(file) |>
    st_geometry( ) |>
    st_as_stars( ) |>
    plot(key.pos = 4)
```

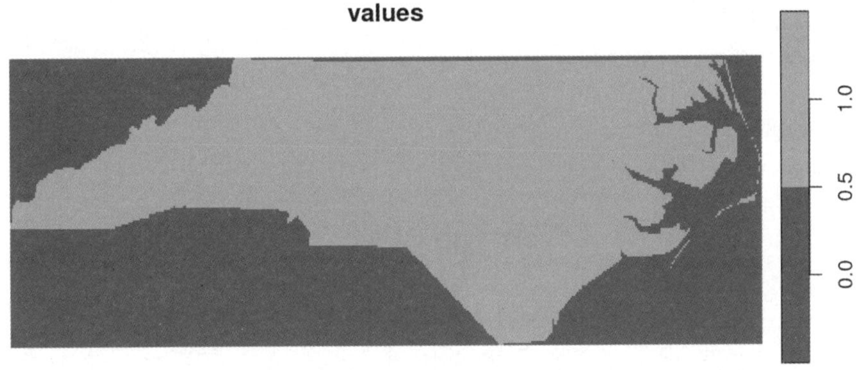

그림 7.19: st_as_stars( ) 함수를 활용한 백터 지오메트리의 래스터화

st_as_stars( ) 함수는 셀 크기, 셀 수 그리고/또는 범위를 제어하는 파라미터를 설정할 수 있다. 반환되는 셀 값은 중심점이 지오메트리 외부에 있는 경우 0이고, 지오메트리 내부 또는 경계에 있는 경우 1이다. 기존 피처를 래스터화하는 작업은 st_rasterize( ) 함수를 사용해 수행하며, 이는 그림 1.5에서도 확인할 수 있다.

```r
library(dplyr)
read_sf(file) |>
    mutate(name = as.factor(NAME)) |>
    select(SID74, SID79, name) |>
    st_rasterize( )
# stars object with 2 dimensions and 3 attributes
# attribute(s):
#      SID74          SID79            name
#  Min.  : 0      Min.   : 0      Sampson : 655
#  1st Qu.: 3     1st Qu.: 3      Columbus:  648
#  Median : 5     Median : 6      Robeson :  648
#  Mean   : 8     Mean   :10      Bladen  :  604
#  3rd Qu.:10     3rd Qu.:13      Wake    :  590
#  Max.   :44     Max.   :57      (Other) :30952
#  NA's   :30904  NA's   :30904   NA's    :30904
# dimension(s):
```

```
#   from  to offset   delta refsys point x/y
# x    1 461  -84.3  0.0192  NAD27 FALSE [x]
# y    1 141   36.6 -0.0192  NAD27 FALSE [y]
```

라인과 포인트 지오메트리도 이와 유사하게 래스터화할 수 있다(그림 7.20).

```
read_sf(file) |>
    st_cast("MULTILINESTRING") |>
    select(CNTY_ID) |>
    st_rasterize( ) |>
    plot(key.pos = 4)
```

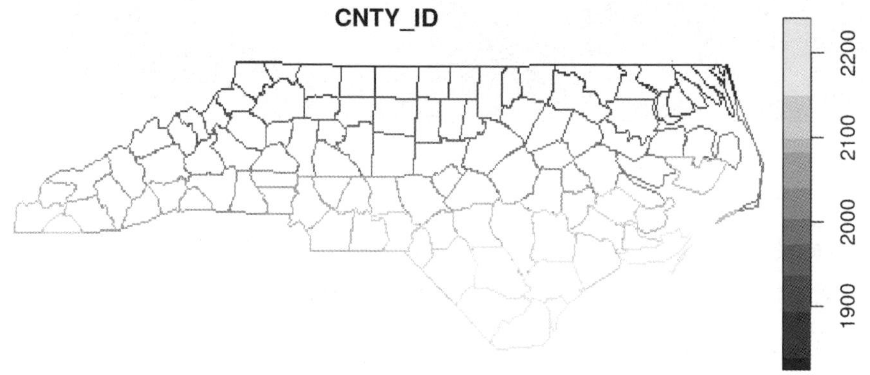

그림 7.20: 노스캐롤라이나 카운티 경계를 래스터로 전환하기

7.7 좌표 변환 및 좌표 전환

7.7.1 st_crs( ) 함수

sf 또는 stars 클래스의 공간 객체는 CRS(좌표참조계)를 포함하고 있다. st_crs( ) 함수를 사용하여 해당 객체의 CRS를 확인하거나 다른 CRS로 교체할 수 있다. 또한, st_set_crs( ) 함수를 사용하여 CRS를 설정하거나 교체할 수 있다. CRS는 EPSG 코드로 설정할 수 있으며, 예를 들어 st_crs(4326)는 st_crs('EPSG:4326')로 변환된다. 또는 "+proj=utm +zone=25 +south"와 같은 PROJ.4 문자열, "WGS84"와 같은 이름, "OGC:CRS84"처럼 기관명이 앞에 붙은 이름으로도 설정할 수 있다. 대안으로 WKT, WKT-2(2.5절), 또는 PROJJSON 형식의 CRS 정의를 사용할 수 있다. st_crs( ) 함수가 반환하는 객체는 다음 두 개의 필드를 포함한다.

- wkt: WKT-2 형식으로 표현된 CRS

- **input**: 사용자 입력(있는 경우), 또는 CRS에 대한 인간 가독 설명(가능한 경우)

PROJ.4 문자열은 일부 CRS를 정의하는 데는 사용할 수 있지만, CRS 전체를 대표하는 용도로는 적합하지 않다. 예를 들어, **crs** 객체의 WKT-2를 **$proj4string** 메서드를 사용해 proj4string으로 전환하려면 다음과 같이 한다.

```
x <- st_crs("OGC:CRS84")
x$proj4string
# [1] "+proj=longlat +datum=WGS84 +no_defs"
```

그러나, 이 과정이 성공적으로 이루어졌다 하더라도, 일반적으로 정보 손실이 수반되며 가역적으로 전환되지 않는다. PROJ.4 문자열을 사용해 CRS를 정의하는 경우(예: 파라미터가 지정된 투영 CRS), 해당 투영 CRS가 WGS84 데이텀과 관련되는 한에는 문제가 없다.

7.7.2 st_transform( ) 함수와 st_project( ) 함수

sf 또는 **stars** 객체의 좌표 변환이나 좌표 전환은 **st_transform( )** 함수를 사용해 수행한다. 이 함수의 첫 번째 인수는 CRS가 설정된 **sf** 또는 **stars** 클래스의 공간 객체이고, 두 번째 인수는 **crs** 객체(또는 **st_crs( )** 함수로 **crs** 객체로 변환 가능한 객체)이다. 소스 **crs**에서 타깃 **crs**로 변환 또는 전환하는 방법이 여러 가지인 경우, PROJ는 가장 높은 명시(declared) 정확도를 가진 방법을 선택한다. 더 세밀한 옵션은 7.7.5절에서 설명된다. 규칙 래스터 디멘션을 가진 **stars** 객체의 경우, **st_transform( )** 함수는 좌표만 변환하며 항상 곡선 그리드를 생성한다. 새로운 CRS에서 규칙 래스터를 생성하려면, 재그리딩(regridding)을 수행하는 **st_warp( )** 함수를 사용하면 된다(7.8절).

sf나 **stars** 객체가 아닌 경우의 좌표 변환이나 좌표 전환은 저수준(lower-level) 함수인 **sf_project( )**를 통해 수행된다. 이 함수는 좌표가 담긴 행렬과 소스 및 타깃 CRS(**crs**)를 입력받아, 변환 또는 전환된 좌표를 반환한다.

7.7.3 sf_proj_info( ) 함수

sf_proj_info( ) 함수는 PROJ 소프트웨어에서 사용 가능한 투영, 타원체, 단위 및 본초 자오선에 대한 정보를 조회하는 데 사용된다. 이 함수는 단일 매개변수 **type**을 받으며, **type**에는 다음과 같은 값을 지정할 수 있다.

- type = "proj": 사용 가능한 투영법의 짧은 이름과 긴 이름을 나열한다. 짧은 이름은 "+proj = name" 문자열에서 사용할 수 있다.
- type = "ellps": 사용 가능한 타원체를 나열하며, 이름, 긴 이름 및 타원체의 파라미터 정보를 포함한다.
- type = "units": 사용 가능한 길이 단위를 나열하며, 미터로의 변환 상수 정보를 포함한다.
- type = "prime_meridians": 본초 자오선을 나열하고, 그리니치 자오선과의 상대적 위치 정보를 포함한다.

7.7.4 데이텀 그리드, proj.db, cdn.proj.org. 로컬 캐시

데이텀 그리드(2.4절 참조)는 로컬에 설치하거나 PROJ 측량 그리드 CDN(https://cdn.proj.org)에서 불러올 수 있다. 로컬에 설치된 경우, 데이텀 그리드는 PROJ 검색 경로를 통해 불러오며, 이 경로는 다음과 같이 표시된다.

```
sf_proj_search_paths( )
# [1] "/home/edzer/.local/share/proj" "/usr/share/proj"
```

핵심 PROJ 데이터베이스는 **proj.db**이며, 일반적으로 다음 위치에서 불러올 수 있는 **sqlite3** 데이터베이스이다.

```
paste0(tail(sf_proj_search_paths( ), 1), .Platform$file.sep,
    "proj.db")
# [1] "/usr/share/proj/proj.db"
```

각 PROJ 릴리스에 포함된 EPSG 데이터베이스 스냅샷의 버전은 **proj.db**의 "metadata" 테이블에 명시되어 있으며, **sf** 패키지에서 사용되는 PROJ 런타임 버전은 다음과 같이 표시된다.

```
sf_extSoftVersion( )["PROJ"]
#     PROJ
# "9.1.1"
```

특정 좌표 변환에 필요한 데이텀 그리드가 로컬에 없을 경우, PROJ는 PROJ CDN에서 온라인 데이텀 그리드를 검색한다. 단, 아래의 결과가 **TRUE**인 경우에 한한다.

```
sf_proj_network( )
```

```
# [1] FALSE
```

기본값은 **FALSE**로 설정되어 있지만, 이를 **TRUE**로 변경하면 해당 네트워크 리소스의 URL을 반환한다. 이 리소스는 더 빠르거나 제한이 덜한 다른 리소스로 변경할 수도 있다.

```
sf_proj_network(TRUE)
# [1] "https://cdn.proj.org"
```

CDN에서 데이텀 그리드를 조회한 후, PROJ는 조회된 그리드의 일부만(기본값은 전체 그리드가 아님) 로컬 캐시에 기록한다. 이 캐시는 사용자 디렉터리에 저장된 또 다른 **sqlite3** 데이터베이스이며, 다음과 같이 표시된다.

```
list.files(sf_proj_search_paths( )[1], full.names = TRUE)
# [1] "/home/edzer/.local/share/proj/cache.db"
```

차후의 데이텀 그리드 조회는 이 데이터베이스를 우선적으로 참조한다.

7.7.5 변환 파이프라인

내부적으로 PROJ는 소스 CRS에서 타겟 CRS로 변환하는 연산 시퀀스를 나타내기 위해, 이른바 좌표 연산 파이프라인(coordinate operation pipeline)을 사용한다. 소스에서 타겟으로 가는 여러 옵션이 있을 경우, **st_transform( )** 함수는 가장 높은 정확도의 옵션을 선택한다. 사용 가능한 옵션을 조회하려면 **sf_proj_pipelines( )** 함수를 사용하면 된다.

```
(p <- sf_proj_pipelines("OGC:CRS84", "EPSG:22525"))
# Candidate coordinate operations found:  5
# Strict containment:      FALSE
# Axis order auth compl:   FALSE
# Source:  OGC:CRS84
# Target:  EPSG:22525
# Best instantiable operation has accuracy: 2 m
# Description: axis order change (2D) + Inverse of Corrego Alegre
#              1970-72 to WGS 84 (2) + UTM zone 25S
# Definition:  +proj=pipeline +step +proj=unitconvert +xy_in=deg
#              +xy_out=rad +step +inv +proj=hgridshift
#              +grids=br_ibge_CA7072_003.tif +step
#              +proj=utm +zone=25 +south +ellps=intl
```

해당 변환에서 가장 높은 정확도를 보이는 연산 파이프라인이 요약되어 있으며, 특정 데이텀 그리드의 사용이 지정되어 있음을 확인할 수 있다. 네트워크 검색을 활성화하지 않았다면 다른 결과가 나왔을 것이다.

```
sf_proj_network(FALSE)
# character(0)
sf_proj_pipelines("OGC:CRS84", "EPSG:22525")
# Candidate coordinate operations found:  5
# Strict containment:      FALSE
# Axis order auth compl:  FALSE
# Source:  OGC:CRS84
# Target:  EPSG:22525
# Best instantiable operation has accuracy: 2 m
# Description: axis order change (2D) + Inverse of Corrego Alegre
#              1970-72 to WGS 84 (2) + UTM zone 25S
# Definition:  +
```

이 경우에는 데이텀 그리드 관련 정보가 누락되어 있음을 확인할 수 있다. **sf_proj_pipelines**( ) 함수가 반환하는 객체는 서브클래스화된 **data.frame**으로, 다음과 같은 열을 포함한다.

```
names(p)
# [1] "id"          "description"  "definition"   "has_inverse"
# [5] "accuracy"     "axis_order"   "grid_count"   "instantiable"
# [9] "containment"
```

예를 들어 다음과 같이 정확도를 나열할 수 있다.

```
p |> pull(accuracy)
# [1]  2  5  5  8 NA
```

여기서 **NA**는 '대략적인 정확도'를 의미하며, 이는 30~120m 범위 내의 값을 가진다.

```
p |> filter(is.na(accuracy))
# Candidate coordinate operations found:  1
# Strict containment:      FALSE
# Axis order auth compl:  FALSE
# Source:  OGC:CRS84
# Target:  EPSG:22525
# Best instantiable operation has only ballpark accuracy
```

```
# Description: Ballpark geographic offset from WGS 84 (CRS84) to
#              Corrego Alegre 1970-72 + UTM zone 25S
# Definition:  +proj=pipeline +step +proj=unitconvert +xy_in=deg
#              +xy_out=rad +step +proj=utm +zone=25
#              +south +ellps=intl
```

st_transform( ) 함수가 선택한 가장 정확한 오프레이션 파이프라인이 기본값이지만, pipe-
line 인수를 지정하면 결과를 변경할 수도 있다. 이 경우 p$definition에 있는 옵션 중 하나를 선
택하면 된다.

7.7.6 축 순서와 방향

2.5절에서 언급했듯이, EPSG:4326은 첫 번째 축을 위도에, 두 번째 축을 경도에 대응하도록 정의한
다. 이는 많은 다른 타원체 CRS에서도 동일하다. 이러한 방식은 해당 기관(EPSG)이 규정한 것이지
만, 현재 대부분의 데이터셋은 이러한 방식을 따르지 않는다. 대부분의 다른 소프트웨어와 마찬가
지로, sf 패키지는 이를 무시하고 기본값으로 타원체 좌표 쌍을 (경도, 위도)로 해석한다. 그러나 해
당 기관의 규정을 준수하는 데이터 원천(예: WFS 서비스)에서 생성된 데이터를 읽어야 하는 경우,
다음과 같이 지정할 수 있다.

```
st_axis_order(TRUE)
```

이렇게 하면 sf 패키지가 GDAL과 PROJ 루틴을 호출할 때, 규정 준수(위도, 경도 순서)가 항상 전제
되도록 할 수 있다. 그러나 이러한 규정 준수 과정에서 많은 문제가 발생할 수 있으며, 예를 들어 데
이터를 플로팅할 때 그 문제가 드러난다. sf 객체를 위한 플롯 메서드는 축 순서 규정을 준수하며,
플로팅 전에 변환 파이프라인 "+proj=pipeline +step +proj=axisswap +order=2,1"을 사용
해 위도, 경도 순서를 바꾸지만, ggplot2 패키지의 geom_sf( )는 이러한 수정 과정을 거치지 않는
다. 앞서 언급했듯이, EPSG:4326에서 발견되는 축 순서의 모호성은 OGC:CRS84를 사용하면 모두
해결된다.

축 순서와는 별개의 문제로, 모든 CRS가 북쪽과 동쪽 방향을 양의 값으로 지정하는 것은 아니라는
점도 매우 중요하다. R의 대부분의 플로팅 함수는 이와 반대로 정의된 축을 가진 데이터에서는 제
대로 작동하지 않는다. 축의 방향과 단위에 대한 정보는 다음과 같이 확인할 수 있다.

```
st_crs(4326)$axes
```

```
#                 name orientation
# 1  Geodetic latitude           1
# 2 Geodetic longitude           3
st_crs(4326)$ud_unit
# 1 [°]
st_crs("EPSG:2053")$axes
#        name orientation
# 1  Westing           4
# 2 Southing           2
st_crs("EPSG:2053")$ud_unit
# 1 [m]
```

7.8 래스터 변환 및 워프

래스터 데이터셋에 대해 **st_transform( )** 함수를 사용할 때는 다음과 같이 한다.

```
tif <- system.file("tif/L7_ETMs.tif", package = "stars")
read_stars(tif) |>
    st_transform('OGC:CRS84')
# stars object with 3 dimensions and 1 attribute
# attribute(s):
#              Min. 1st Qu. Median Mean 3rd Qu. Max.
# L7_ETMs.tif     1      54     69 68.9      86  255
# dimension(s):
#     from  to refsys point                values x/y
# x      1 349 WGS 84 FALSE [349x352] -34.9,...,-34.8 [x]
# y      1 352 WGS 84 FALSE [349x352] -8.04,...,-7.95 [y]
# band   1   6     NA    NA                       NULL
# curvilinear grid
```

이제 곡선 그리드가 생성된 것을 확인할 수 있다. 이는 새로운 CRS에 따라 모든 그리드 셀의 좌표가 재계산되므로 더 이상 규칙 그리드로 존재할 수 없음을 의미한다. 이러한 데이터를 플로팅하면 속도가 극도로 느려지는데, 그 이유는 각 그리드 셀에 대해 작은 폴리곤을 먼저 계산한 뒤 플로팅하기 때문이다. 장점은 정보가 손실되지 않는다는 점으로, 투영 이후에도 그리드 셀의 값은 그대로 유지된다.

규칙 그리드를 입력하여 새로운 CRS에서도 **규칙** 그리드를 산출하려면 **워프** 연산을 적용해야 한다. 즉, 새로운 위치에 그리드를 재생성하고 새로운 그리드 셀에 값을 할당하는 특정 규칙을 사용해야 한다. 이 과정에는 가장 가까운 값을 사용하는 방법이나, 어떤 형태의 보간법을 적용하는 방법도 포함될 수 있다.[10] 다만, 이 연산은 정보 손실이 발생하며, 한 번 수행되면 원래 데이터로 되돌릴 수 없다.

워핑을 할 때 가장 좋은 방법은 타깃 그리드를 **stars** 객체로 명시하는 것이다. 타깃 CRS만 지정하면, 타깃 그리드의 기본 옵션이 자동으로 선택되는데, 이는 실제 작업 상황에 전혀 맞지 않을 수도 있다. 아래 예시는 목표 CRS만 지정했을 때의 워크플로를 보여 준다.

```
read_stars(tif) |>
    st_warp(crs = st_crs('OGC:CRS84')) |>
    st_dimensions( )
#       from  to offset      delta refsys x/y
# x        1 350  -34.9   0.000259 WGS 84 [x]
# y        1 352  -7.95 -0.000259 WGS 84 [y]
# band     1   6     NA         NA     NA
```

이 방법은 원본과 상당히 비슷한 래스터를 생성하지만, 변환 정도도 비교적 작다. 소스 래스터와 정확히 동일한 행과 열을 갖는 타깃 래스터를 먼저 생성하려는 워크플로의 경우, 다음과 같이 하면 된다.

```
r <- read_stars(tif)
grd <- st_bbox(r) |>
        st_as_sfc( ) |>
        st_transform('OGC:CRS84') |>
        st_bbox( ) |>
        st_as_stars(nx = dim(r)["x"], ny = dim(r)["y"])
st_warp(r, grd)
# stars object with 3 dimensions and 1 attribute
# attribute(s):
#              Min. 1st Qu. Median Mean 3rd Qu. Max. NA's
# L7_ETMs.tif     1      54     69 68.9      86  255 6180
# dimension(s):
#       from  to offset      delta refsys x/y
# x        1 349  -34.9   0.00026 WGS 84 [x]
# y        1 352  -7.95 -0.000259 WGS 84 [y]
# band     1   6     NA         NA     NA
```

여기서 x와 y 방향의 그리드 해상도가 조금 달라졌음을 확인할 수 있다.

7.9 연습문제

R을 사용하여 다음 연습문제를 해결하시오.

1. nc 카운티 중 LINESTRING(-84 35,-78 35)와 인터섹션하는 카운티의 이름을 찾으시오. 이를 위해 [ ]를 사용하고, 대안으로 st_join( ) 함수를 사용하시오.

2. sf_use_s2(FALSE)를 설정한 후 위 작업을 반복하고, 차이를 계산하시오(힌트: setdiff( ) 사용). 차이가 나타나는 카운티는 색상 '#88000088'로 채색하시오.

3. 두 지점 사이의 직선과 대권을 하나의 플롯에 그리시오. 현재 사용 중인 투영법에서는 R이 직선을 항상 직선으로 그린다는 점을 명심하시오. st_segmentize( ) 함수를 사용하여 직선 또는 타원 좌표의 대권상에 포인트를 추가하시오.

4. NDVI는 (NIR-R)/(NIR+R)로 계산되며, 여기서 NIR은 근적외선 밴드, R은 적색 밴드이다. L7_ETMs.tif 파일을 객체 x로 읽고, split(x, "band")를 사용하여 밴드 디멘션을 속성으로 분리하시오. 그런 다음 NIR(밴드 4)과 R(밴드 3) 속성을 직접 사용하는 표현식을 이용해 이 객체에 NDVI 속성을 추가하시오.

5. L7_ETMs.tif 이미지의 밴드 디멘션을 축소하여 NDVI를 계산하시오. 이를 위해 st_apply( ) 함수와 ndvi = function(x) {(x[4]-x[3])/(x[4]+x[3])} 함수를 사용하시오. 결과를 플로팅하고, GeoTIFF 형식으로 저장하시오.

6. L7_ETMs.tif에서 읽은 stars 객체를 st_transform( ) 함수를 사용하여 OGC:CRS84로 변환하시오. 객체를 출력하시오. 이것이 규칙 그리드인지 확인하시오. 첫 번째 밴드를 axes = TRUE, border = NA 인수와 함께 플로팅하고, 왜 이렇게 시간이 오래 걸리는지 설명하시오.

7. L7_ETMs.tif 객체를 st_warp( ) 함수를 사용하여 OGC:CRS84로 변환하시오. 결과 객체를 axes = TRUE로 플로팅하시오. 왜 st_transform( ) 함수에 비해 플롯이 훨씬 더 빨리 생성되는지 설명하시오.

8. 래스터 L7_ETMs의 벡터 표현을 사용하여 POINT(293716 9113692)를 중심으로 반지름 75m인 원형 영역과의 교차를 플로팅하고, 이 원의 면적 가중 평균 픽셀 값을 계산하시오. 벡터 데이터에 aggregate( ) 함수를 적용하여 얻은 결과와 래스터 데이터에 aggregate( ) 함수를 적용하여 얻은 결과(exact = FALSE 및 exact = TRUE 각각)를 비교하고, 차이점을 설명하시오.

7장 역자주

1. 타이디버스(tidyverse)는 해들리 위컴(Hadley Wickham)을 중심으로 한 R 커뮤니티가 R을 데이터사이언스를 위한 현대적 언어로 재정립하려는 흐름을 상징하는 용어이다. 타이디버스는 본질적으로 데이터 정제, 탐색, 시각화, 모델링 등 데이터사이언스 전 과정을 일관된 철학 아래 수행하도록 설계된 일군의 패키지들을 묶어놓은 일종의 '엄브렐러 패키지'(umbrella package)의 이름이다. 그러나 타이디버스는 단순한 패키지 모음 이상의 의미를 가진다. 데이터를 '정돈된(tidy)' 형태로 다루자는 데이터 구조 철학, 함수 설계와 문법의 일관성, 파이프 기반 처리 흐름, 가독성과 재현성을 중시하는 프로그래밍 문화 전반을 포괄하는 개념으로 자리 잡았다. 많은 패키지들이 이러한 철학을 구현하고 있으며, 오늘날 R 사용자들에게 가장 널리 사용되는 도구 생태계를 형성하고 있다.

2. 여기서 '네이티브'는 추가적인 변환 과정이나 별도의 중간 계층 없이, 해당 환경에서 직접 실행되거나 지원되는 방식을 의미한다.

3. 티블은 tidyverse 패키지에서 제안한, 개선된 형태의 데이터 프레임 포맷이다.

4. 셰이프파일은 ESRI가 개발한 벡터 데이터 포맷으로, 현재 가장 널리 사용되는 형식 중 하나이다.

5. 희소 표현은 메모리 사용을 최적화하고 데이터 처리를 더욱 효율적으로 하는 방식으로, 일반적으로 TRUE 값만을 저장하고 FALSE 값은 저장하지 않는다.

6. 베이스 R과 패키지, 또는 서로 다른 패키지에서 동일한 이름의 함수를 제공하는 경우, 충돌을 방지하기 위해 패키지명::함수명 형식으로 함수를 명시한다.

7. 왼쪽 조인(left join)은 왼쪽 데이터의 모든 레코드를 유지하고, 오른쪽 데이터와 매치되는 경우 해당 값을 결합한다. 오른쪽 조인(right join)은 오른쪽 데이터의 모든 레코드를 유지하고, 왼쪽 데이터와 매치되는 경우 해당 값을 결합한다. 내부 조인(Inner join)은 양쪽 데이터 모두에서 매치되는 레코드만 결합한다. 전체 조인(full join)은 양쪽 데이터의 모든 레코드를 유지하며, 매치되지 않는 값은 결측값(NA)으로 채운다.

8. 히스토그램 평활화는 데이터의 분포를 재조정하여 시각적으로 더 유용하게 하고 세부 사항을 더 잘 드러나게 하는 기법이다. 예를 들어, 어두운 영상에서는 어두운 영역의 픽셀 값이 한쪽에 몰려 있는데, 히스토그램 평활화를 적용하면 이 픽셀 값의 범위를 더 넓게 확장(stretch)시켜 이미지를 더 밝고 선명하게 만들 수 있다.

9. 지도학적 원칙에 따르면, 총통근과 같은 카운트 변수를 코로플레스 맵으로 표현하는 것은 적절하지 않다. 보다 바람직한 방법은 도형표현도로 나타내는 것이다.

10. 이러한 작업은 GIS 래스터 분석인 원격탐사 분야에서는 재샘플링(resampling)이라고 하는데, 최근린(nearest neighbor), 양선형(bilibear), 3차 회선(cubic convolution) 등의 내삽 기법이 사용된다.

8. 공간 데이터의 플로팅

타임라인과 더불어 지도는 가장 강력한 그래프 유형 중 하나다. 이는 우리가 플롯의 공간 속에서 '현재 내가 있는 곳'이나 '한때 있었던 곳'을 즉각적으로 연관 지을 수 있기 때문일 것이다. 시각화를 다룬 최근 두 권의 책(Healy 2018; Wilke 2019)에서도 지리공간 데이터와 지도의 시각화에 관한 장을 각각 포함하고 있다. 여기서는 어떤 지도가 좋은지 혹은 나쁜지를 평가하려는 것이 아니라, 지도를 만드는 다양한 방법과 그 과정에서 마주치는 여러 도전 과제, 그리고 이를 완화할 수 있는 방안을 살펴보고자 한다.

8.1 모든 지도는 투영법을 가지고 있다

지구는 둥글지만, 플로팅 장치는 평면이다. 2.2.2절에서 언급했듯이, 어떤 방식으로든 평면 장치에 지구를 플로팅하는 순간 우리는 특정한 투영법을 적용한 것이다. 즉, 타원체 좌표를 특정한 방식으로 데카르트 좌표로 전환하는 것이다. 이는 우리가 '아무것도 하지 않았다고' 생각하는 경우[1](그림 8.1의 왼쪽)나, 우주에서 본 것처럼 세상을 '있는 그대로' 보여 준다고 생각하는 경우(그림 8.1의 오른쪽)에도 마찬가지이다. 평면상의 모든 지도는 투영법을 갖는다.

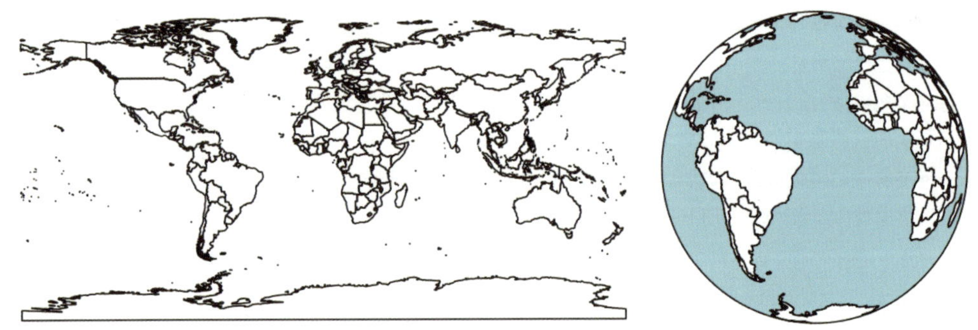

그림 8.1: 국가 경계: 왼쪽은 경위도를 x, y 좌표로 선형변환한 플라트 카레(Plate Carrée) 도법이며, 오른쪽은 무한히 먼 거리에서 지구를 바라본 것처럼 표현한 정사 도법이다.

왼쪽 지도는 다음의 코드로 작성하였다.

```
library(sf)
library(rnaturalearth)
w <- ne_countries(scale = "medium", returnclass = "sf")
```

```
plot(st_geometry(w))
```

지구 전체를 타원체 좌표로 표현할 때, 사용되는 투영법이 기본 투영법임은 다음과 같이 확인할 수 있다.

```
st_is_longlat(w)
# [1] TRUE
```

그림 8.1(왼쪽)에 사용된 투영법은 등장방형 도법(정거원통 도법)으로, 경도를 x축, 위도를 y축에 선형적으로 대응시켜 지도에서 가로와 세로 방향의 거리 단위가 동일하게 유지되도록 한다.[2] 따라서 지구의 일부 영역을 이 도법으로 플로팅할 때에도 동서와 남북 방향의 거리 단위가 동일하게 유지되도록 플롯 비율을 선택해야 한다. 이는 비투영 sf 또는 stars 데이터셋에 대한 plot( ) 메서드의 기본 동작이며, ggplot2::geom_sf( ) 함수의 기본 설정이기도 하다(8.4절).[3]

플로팅 전에 투영법을 적용해 데이터를 변형할 수도 있다. 예를 들어, 독일을 플로팅하려면 국가 경계를 sf 객체로 불러온 후, st_transform( ) 함수로 원하는 투영법을 적용한다.

```
DE <- st_geometry(ne_countries(country = "germany",
                               returnclass = "sf"))
DE |> st_transform("+proj=eqc +lat_ts=51.14 +lon_0=90w") ->
   DE.eqc
```

여기서 eqc는 PROJ의 '등장방형 도법'을 의미한다. lat_ts는 투영 파라미터로, 표준 위선(참인 축척이 나타나는 위선)의 위치를 지정한다. 이 표준 위선에서는 동서와 남북 방향의 길이 단위가 동일해진다. 일반적으로 이 값은 지도의 바운딩 박스의 중간 지점에 해당한다.

```
# [1] 51.14
```

그림 8.2의 두 지도를 비교해 보면, 축 값만 다를 뿐 두 지도는 동일하다. 왼쪽 지도는 타원체 좌표(도 단위)를, 오른쪽 지도는 투영 좌표(데카르트 좌표)(미터 단위)를 사용한다.

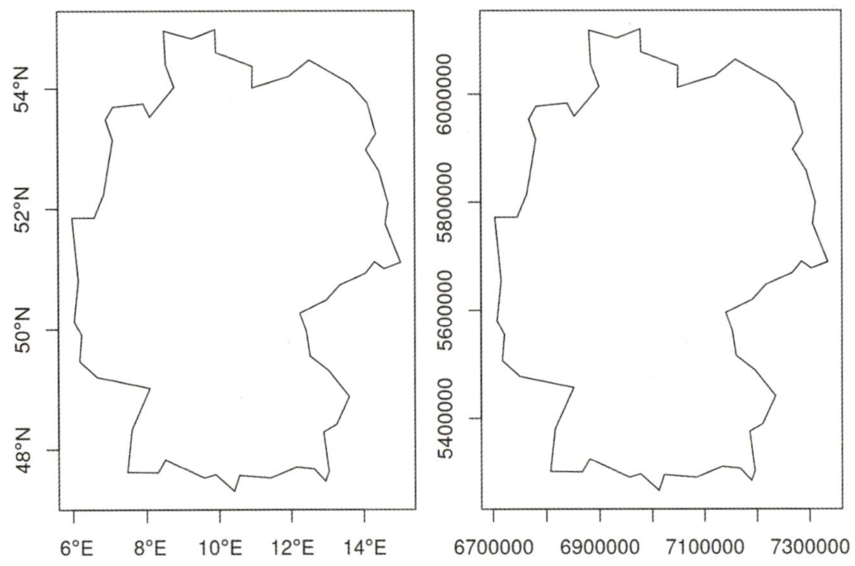

그림 8.2: 등장방형 도법이 적용된 독일. 왼쪽 지도의 단위는 도이고 정거원통 도법이 적용된 오른쪽 지도의 단위는 미터이다.

8.1.1 데이터에 맞는 투영법 선정

안타깝게도 만능 해법은 없다. 모든 지점 모든 방향에서 축척이 동일한 투영법은 없으며, 이 속성은 오직 지구본만 갖는다. 널리 쓰이는 투영법은 보통 다음 중 하나를 보존한다:

- 면적: 정적 도법
- 형태: 정형 도법(예: 메르카토르 도법)[4]
- 거리의 일부 속성: **등장방형** 도법은 모든 지점의 경선 방향 거리를, **정거방위** 도법은 투영 원점으로부터의 거리를 보존한다.

또한 일부 도법은 두 속성의 절충을 지향한다.[5] 투영 파라미터는 지도에서 어떤 지역을 중앙과 가장자리에 배치할지, 어느 지역을 위와 아래에 둘지, 어디가 가장 크게 확대될지를 결정한다. 이러한 선택을 돕는 가이드라인은 있으나 절대적인 규준은 없으며, 맥락에 따라 정치적 결단에 가까울 때도 있다.

다양한 투영법을 적용해 결과를 비교해 보는 일은 흥미롭고 교육적이다. 다만 지도 제작의 주된 목적이 투영법 자체에 대한 관심 충족이나 지식 축적이 아니라면, 널리 알려졌거나 최소한 덜 생소한 투영법을 선택해 '어떤 투영법을 고를 것인가'에 머무르기 보다 '선택한 투영법을 어떻게 적용할 것인가'로 논의를 진전시키는 편이 바람직하다. 한편 세계지도를 위한 투영법 선택과 관련해서는 일정한 합의가 있다. 대부분의 경우, 정적 도법이 플라트 카레 도법이나 웹 메르카토르 도법보다 선호된다.

8.2 포인트, 라인, 폴리곤, 그리드 셀 플로팅

지도는 통계 데이터를 플로팅하는 특별한 형식으로 볼 수 있으므로, 플로팅의 일반 규칙이 지도에도 그대로 적용된다. 다만 지도 특유의 문제가 존재하며, 예를 들면 다음과 같다.

- 매우 작은 폴리곤의 경우, 플로팅 시 사라질 수 있다.
- 데이터에 따라 지도 심볼이 서로 겹쳐 일부 심볼이 부분적으로만 보일 수 있다. 이때 투명도를 조정하면 겹친 심볼을 식별하는 데 도움이 된다.
- 포인트 피처 또는 포인트 심볼을 플로팅하는 경우, 포인트가 쉽게 겹쳐 다른 포인트 뒤에 완전히 가려질 수 있다. 이럴 때는 커널 밀도 지도(11장)가 더 유용할 수 있다.
- 라인 피처 또는 라인 심볼을 플로팅하는 경우, 색이 잘 구분되지 않을 수 있으며, 라인 너비와 무관하게 서로 겹칠 수 있다.

8.2.1 컬러

컬러 심볼이 적용된 폴리곤을 플로팅할 때는 폴리곤 경계를 표시할지 생략할지를 선택해야 한다. 경계선이 지나치게 눈에 띄면 회색 톤이나 폴리곤 컬러와 충돌이 덜한 색을 경계에 적용할 수 있다. 반대로 경계를 완전히 생략하면 (거의) 동일한 컬러의 폴리곤을 시각적으로 구별하기 어렵다. 컬러가 서로 다른 토지 피복 유형을 표현하는 경우에는 경계 생략이 큰 문제가 되지 않을 수 있다. 그러나 컬러가 집계값(예: 인구수)의 크기를 표현한다면 지도 오독을 유발할 수 있다.[6] 특히 인구수처럼 공간 확장형 변수는 오독의 위험이 크다. 더 나아가, 이러한 속성은 경계를 유지하더라도 폴리곤 내부를 컬러로 채우는 코로플레스 맵(choropleth map)이 본질적으로 적절하지 않을 수 있다. 이는 컬러가 폴리곤이 가진 속성의 크기뿐 아니라 폴리곤의 면적도 함께 전달하기 때문이다.[7]

연속형 컬러 스킴(컬러의 단절이 없는 팔레트)은 연속형 공간 현상을 표현할 때 주로 쓰이지만, 지도학적 실용성보다는 시각적 매력도가 더 중요한 채택 이유이다.

- 지도에서 특정 컬러를 범례의 특정 값과 일대일로 맞추는 것은 인간의 시각 한계를 고려할 때

실용성이 크지 않다.[8]

- 데이터 값의 범위와 컬러 범위가 비선형적으로 연결되는 일이 흔해, 값의 상대적 차이를 분간하기 더 어렵게 만든다.

따라서 값의 식별보다 공간적 현상의 연속성 재현이 더 중요한 목적인 경우에 한해 연속형 컬러 스킴의 사용이 정당화될 수 있다. 대표적인 예는 고해상도 DTM(digitnal terrain model, 수치지형모형)을 채색으로 표현하는 경우다. 적절한 컬러 스킴과 팔레트는 **hcl.colors( )** 또는 **palette.colors( )** 함수에서 찾을 수 있으며, **RColorBrewer**(Neuwirth 2022), **viridis**(Garnier 2021), **colorspace**(Ihaka et al. 2023; Zeileis et al. 2020) 등의 패키지에서도 제공된다.

8.2.2 컬러 단절값: classInt

연속형 공간적 속성을 제한된 컬러(또는 기호)로 플로팅하려면, 데이터를 몇 개의 계급으로 구분해야 한다. R의 **classInt** 패키지(Bivand 2022)는 이를 수행하는 여러 방법을 제공하며, 기본값은 '등개수 분류법(quantile)'이다.[9]

```
library(classInt)
# set.seed(1) if needed ?
r <- rnorm(100)
(cI <- classIntervals(r))
# style: quantile
#   one of 1.49e+10 possible partitions of this variable into 8 classes
#   [-2.29,-1.27)  [-1.27,-0.698) [-0.698,-0.426) [-0.426,-0.147)
#              13             12             13             12
#   [-0.147,0.129)   [0.129,0.47)    [0.47,1.06)     [1.06,2.1]
#              12             13             12             13
cI$brks
# [1] -2.290 -1.272 -0.698 -0.426 -0.147  0.129  0.470  1.059  2.105
```

classInt 패키지의 **classIntervals( )** 함수에서 n 인수로 계급 수를 설정하고, **style** 인수로 계급 구분 방식을 선택한다. 사용 가능한 옵션에 'fixed', 'sd', 'equal', 'pretty', 'quantile', 'kmeans', 'hclust', 'bclust', 'fisher', 'jenks'이다.[10] n을 지정했더라도 'pretty'를 선택하면 무시될 수 있으며, n을 지정하지 않으면 **nclass.Sturges( )**가 사용된다. 자동으로 n을 선택하는 다른 방법도 제공된다. 관측치가 3,000개를 초과하면, 'fisher'와 'jenks'에서는 10% 샘플을 사용해 계급을 산출한다.

8.2.3 그래티큘 및 관련 요소

그래티큘(graticule)은 일정한 위도 또는 경도를 따라 지도상에 그어진 선의 네트워크이다. 그림 1.1 에서는 회색으로, 그림 1.2에서는 흰색으로 표시되어 있다. 그래티큘은 기본적으로 위치에 대한 참 조물로 지도에 그려진다. 예를 들어 그림 1.1의 첫 번째 지도에서는 플로팅된 지역이 북위 35도, 서 경 80도 근처에 있음을 읽을 수 있다. 투영 좌표에 기반한 그래티큘은 모든 선이 직선으로 나타나고 좌표값이 특정 지점으로부터의 거리를 의미하므로, 경위도 그래티큘에 비해 쓰임새가 크지 않다.[11] 그래도 독자가 이러한 그래티큘에 익숙하고 좌표값의 단위가 제공된다면, 크기나 거리를 해석하는 데 도움을 줄 수 있다. 그래티큘의 형태는 사용한 투영법의 특성을 반영한다. 따라서 그래티큘을 통 해 투영법에 대한 정보를 유추할 수 있다. 등장방형 도법이나 메르카토르 도법은 수직선과 수평선 을 갖고, 원추 도법은 경선이 직선(방사형)으로 나타나며 간격이 달라지고, 많은 정적 도법에서는 경선이 곡선으로 표현된다.[12]

그림 8.1과 다수의 다른 지도에서 실제 참조물 역할을 하는 것은 그래티큘이라기 보다는 주 경계, 국가 경계, 해안선, 강, 도로, 철도와 같은 지리적 요소들이다. 이러한 요소가 지도상에 적절히 배치 된다면 그래티큘은 생략하는 편이 좋다. 그래티큘을 생략하면 일반 플롯의 중요 구성요소인 축, 눈 금, 레이블도 사라지므로, 실질적인 지도 데이터로 채울 수 있는 플로팅 공간을 더 확보할 수 있다.

8.3 베이스 플롯

sf 및 **stars** 객체에 적용되는 **plot( )** 메서드는 유용한 데이터 탐색용 플롯을 빠르고 간편하게 만 들어 준다. 더 높은 품질과 사용자 자율성을 원한다면 **ggplot2**(Wickham et al. 2022), **tmap**(Ten- nekes 2022, 2018), **mapsf**(Giraud 2022)와 같은 패키지를 활용하면 된다.

plot( ) 메서드의 기본값은 주어진 '모든 것'을 플로팅하는 것이다. 이는 다음을 의미한다.

- 지오메트리만 주어지면(**sfc**), 컬러 없이 지오메트리만 플로팅된다.
- 지오메트리와 속성이 함께 주어지면, 속성 값에 따라 지오메트리에 컬러가 부여된다. **factor** 나 **logical** 속성에는 질적 컬러 스킴, 그 외에는 연속형 컬러 스킴이 적용되며 컬러 범례가 추 가된다.
- 여러 속성이 주어지면 여러 지도가 플로팅된다. 색상 할당은 각 하위 지도별로 이루어지므로 지도마다 다른 컬러 스킴이 적용된다. 기본값으로 범례는 생략된다.

- 여러 속성을 가진 **stars** 객체의 경우 첫 번째 속성만 플로팅되며, 3차원 래스터 큐브의 경우 세 디멘션을 따라 생성되는 모든 슬라이스가 하위 플롯으로 플로팅된다.

8.3.1 플롯에 범례 첨가하기

stars 및 **sf** 객체의 plot( ) 메서드는 플롯 영역 한쪽에 컬러 범례를 표시할 수 있다(그림 1.1). 이를 위해 base::plot( ) 함수는 플롯 영역을 두 부분으로 나누어 두 개의 플롯을 생성한다. 하나는 지도, 다른 하나는 범례다. plot( ) 함수는 기본값으로 그래픽 장치를 초기화하며[예: layout (matrix (1))] 이는 이후 플롯이 이전의 영역 분할 영향을 받지 않도록 하기 위한 설정이다. 그러나 이 때문에 이미 만들어진 플롯에 그래픽 요소를 추가할 수 없게 된다. 컬러 범례가 있는 기존 플롯에 요소를 첨가하려면, 먼저 plot( ) 명령에서 reset = FALSE로 장치 초기화를 막고, 이어지는 호출에서는 add = TRUE를 사용한다. 예시는 그림 8.3에 제시되어 있다.

```
library(sf)
nc <- read_sf(system.file("gpkg/nc.gpkg", package = "sf"))
plot(nc["BIR74"], reset = FALSE, key.pos = 4)
plot(st_buffer(nc[1,1], units::set_units(10, km)), col = 'NA',
     border = 'red', lwd = 2, add = TRUE)
```

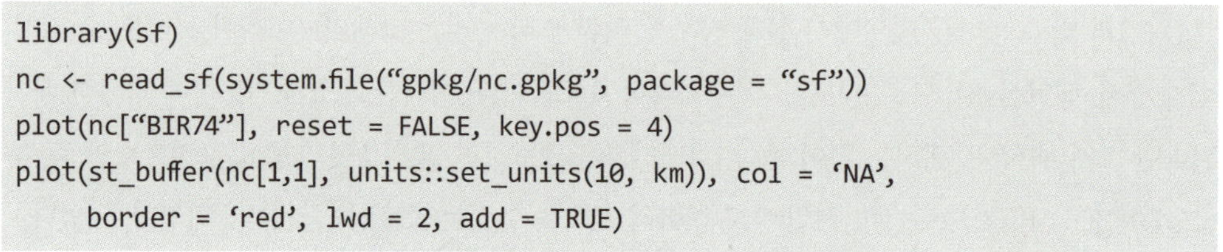

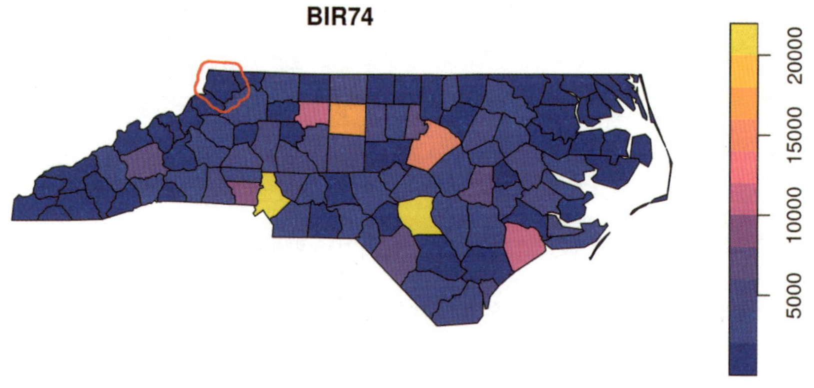

그림 8.3: 범례가 있는 베이스 플롯에 주석 달기

단일 **stars** 레이어가 표시되는 경우, 주석 추가는 같은 방식으로 수행된다. 여러 슬라이스를 가진 래스터 큐브의 **stars** 패싯 플롯에 주석을 더하려면, '후크(hook)' 함수를 정의해 각 슬라이스마다 개별적으로 호출되도록 하면 된다.[13] 이는 다음과 같이 수행할 수 있으며, 결과는 그림 8.4에 제시되어 있다. 후크 함수는 패싯 파라미터, 패싯 레이블, 바운딩 박스에 접근할 수 있다.

```
library(stars)
# Loading required package: abind
system.file("tif/L7_ETMs.tif", package = "stars") |>
    read_stars( ) -> r
st_bbox(r) |> st_as_sfc( ) |> st_sample(5) |>
    st_buffer(300) -> circ
hook <- function( ) {
    plot(circ, col = NA, border = 'yellow', add = TRUE)
}
plot(r, hook = hook, key.pos = 4)
# downsample set to 1
```

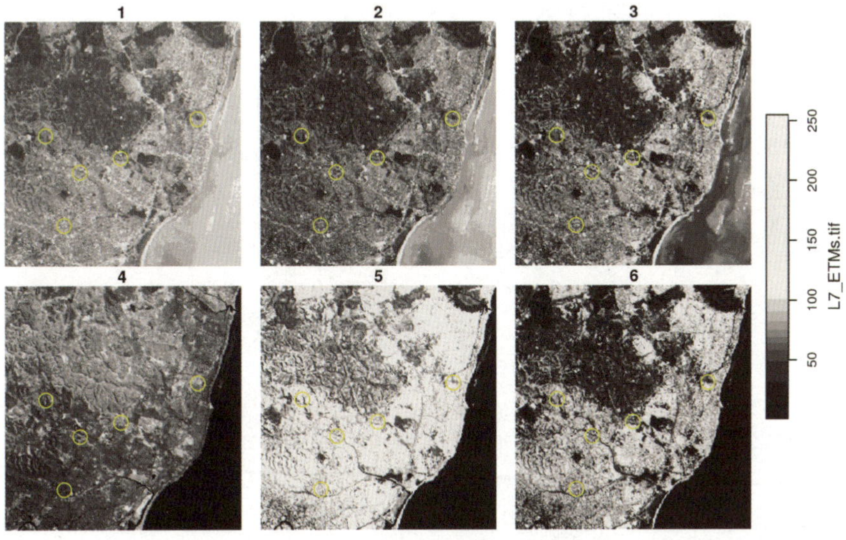

그림 8.4: 다중 슬라이스를 가진 stars 플롯에 주석 달기

베이스 plot( ) 메서드는 그래픽 장치의 해상도에 접근한다. 따라서 stars 및 stars_proxy 객체의 고밀도 래스터는 사용 중인 장치에 맞는 해상도로 다운샘플링되어, 해당 밀도로만 픽셀이 플로팅된다.

8.3.2 베이스 플롯의 투영법

베이스 plot( ) 메서드는 타원체 좌표를 가진 데이터를 등장방형 도법으로 플로팅하며(그림 8.2), 표준 위선 파라미터의 기본값으로 바운딩 박스의 중간 위도를 사용한다. 이 값을 제어하려면 플로팅 전에 다른 파라미터를 가진 등장방형 도법을 적용하거나 asp 파라미터를 직접 설정해 기본 동작을 해제하면 된다[예: asp = 1은 플라트 카레 도법의 지도를 생성한다(그림 8.1 왼쪽)]. 기존 플롯 위에 후속 플롯을 중첩하려면, 후속 플롯에도 동일한 CRS가 적용되어야 한다. 베이스 **plot( )** 메서드는 CRS 일치 여부를 검사하지 않는다.

8.3.3 컬러와 컬러 단절값

베이스 **plot**에서는 **nbreaks** 인수로 컬러 단절값의 개수를 설정하고, **breaks** 인수로 실제 컬러 단절값을 담은 숫자 벡터를 지정하거나, **classInt::classIntervals( )** 함수의 **style** 인수에 전달할 스타일 문자열을 지정할 수 있다.

8.4 ggplot2 패키지를 활용한 지도 제작

ggplot2 패키지(Wickham et al. 2022; Wickham 2016)는 더 복잡하면서도 보기 좋은 그래프를 만들 수 있게 해 준다. 이 패키지에는 **sf** 패키지의 발전과 함께 도입된 **geom_sf( )** 레이어가 있어, 아름다운 지도를 만드는 데 도움을 준다. 이에 대한 소개는 Moreno와 Basille(2018)에서 찾을 수 있다. 첫 번째 예시는 그림 1.2에 나와 있으며, 이 플롯에 사용된 코드는 다음과 같다.

```
library(tidyverse) |> suppressPackageStartupMessages( )
nc.32119 <- st_transform(nc, 32119)
year_labels <-
    c("SID74" = "1974 - 1978", "SID79" = "1979 - 1984")
nc.32119 |> select(SID74, SID79) |>
    pivot_longer(starts_with("SID")) -> nc_longer
ggplot( ) + geom_sf(data = nc_longer, aes(fill = value), linewidth = 0.4) +
  facet_wrap(~ name, ncol = 1,
              labeller = labeller(name = year_labels)) +
  scale_y_continuous(breaks = 34:36) +
  scale_fill_gradientn(colours = sf.colors(20)) +
  theme(panel.grid.major = element_line(colour = "white"))
```

코드를 살펴보면, 패싯 형태의 플로팅을 위해 사전에 두 개의 속성을 **pivot_longer( )** 함수로 스택(길게 피벗)했다는 것을 알 수 있다. 이것이 '타이디' 데이터의 핵심 개념이며, **sf** 객체에 대한 **pivot _longer( )** 함수는 지오메트리 열도 함께 스택한다.

ggplot2 패키지는 그래픽 객체를 먼저 생성한 뒤 플로팅하므로, 모든 요소의 CRS를 제어할 수 있으며 이후 추가되는 객체는 첫 번째 레이어의 CRS로 자동 변환된다. 또한 회색 배경의 얇은 흰색선(기본값)으로 그래피쿨을 표시하며, 특정 데이텀(기본값은 WGS84)을 사용한다. geom_sf( )는 다른 geom과 결합할 수 있어, 주석 추가 등 다양한 작업을 수행할 수 있다.

stars 패키지의 경우, geom_stars( )가 존재하지만, 집필 시점 기준으로 활용성이 다소 제한적이다. 지도 레이아웃과 벡터 데이터 큐브는 geom_sf( )를 사용하고, 규칙 래스터는 geom_raster( ), 직교 래스터는 geom_rect( )를 추가로 사용한다. 사용자가 다운샘플링 비율을 지정하면 다운샘플링을 수행하지만, 화면 크기에 접근해 자동으로 비율을 선택하는 기능은 없다. 이 정도 기능만으로도 충분한 경우가 많으며, 예를 들어 그림 8.5는 다음 명령으로 생성되었다.

```r
library(ggplot2)
library(stars)
r <- read_stars(system.file("tif/L7_ETMs.tif", package = "stars"))
ggplot( ) + geom_stars(data = r) +
        facet_wrap(~band) + coord_equal( ) +
        theme_void( ) +
        scale_x_discrete(expand = c(0,0)) +
        scale_y_discrete(expand = c(0,0)) +
        scale_fill_viridis_c( )
```

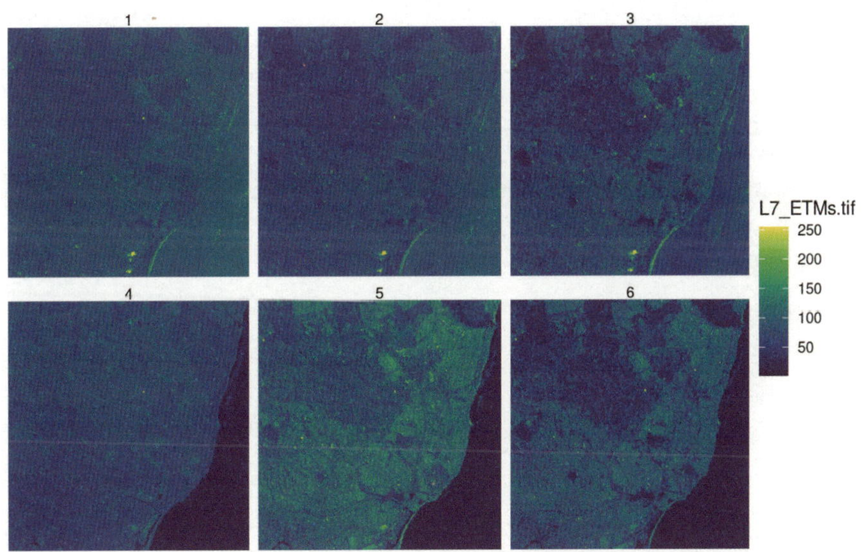

그림 8.5: ggplot2와 geom_stars( )로 제작된 패싯 래스터 플롯

더 정교한 **ggplot2** 패키지 기반의 **stars** 객체 플롯은 **ggspatial** 패키지(Dunnington 2022)를 사용해 제작할 수 있다. 더 고품질의 지도를 만들기 위한 옵션으로 **tmap** 패키지가 있으며, **ggplot2**와

직접 호환되지는 않지만 형식적으로 유사한 스타일의 지도를 생성할 수 있다(8.5절).

서로 다른 CRS를 가진 여러 피처 레이어들을 **geom_sf( )**로 함께 그리면, 모든 레이어가 첫 번째 레이어의 CRS로 변환된다. '기준' CRS를 더 세밀하게 제어하려면 **coord_sf( )**를 사용하면 된다. 이렇게 하면, 예를 들어 투영 좌표계에서 작업하면서도 **sf** 객체가 아닌 일반 **data.frame**으로 주어진 그래픽 요소(예: WGS84에 기반한 타원체 경위도 좌표)를 함께 결합해 표현할 수 있다.

8.5 tmap 패키지를 활용한 지도 제작

tmap 패키지(Tennekes 2022, 2018)는 R에서 공간데이터를 플로팅하는 참신한 접근을 제시한다. 이 패키지는 **grid** 패키지를 기반으로 그래픽 객체를 먼저 구성한 뒤 출력하며, 지도 요소를 + 기호로 연결하는 문법은 **ggplot2** 패키지와 유사하지만, 그 외에는 **ggplot2** 패키지와 완전히 독립적이고 상호 호환되지 않는다. 또한 고품질의 전문 지도를 만들 수 있는 다양한 옵션을 제공하며, 여러 기본값도 신중하게 설계되어 있다. 유사한 두 속성의 지도를 한번에 생성하려면 **tm_polygons( )** 함수에 두 변수를 동시에 지정하면 된다.[14]

```
library(tmap)
system.file("gpkg/nc.gpkg", package = "sf") |>
    read_sf( ) |> st_transform('EPSG:32119') -> nc.32119
tm_shape(nc.32119) +
    tm_polygons(c("SID74", "SID79"), title = "SIDS") +
    tm_layout(legend.outside = TRUE,
              panel.labels = c("1974-78", "1979-84")) +
    tm_facets(free.scales=FALSE)
```

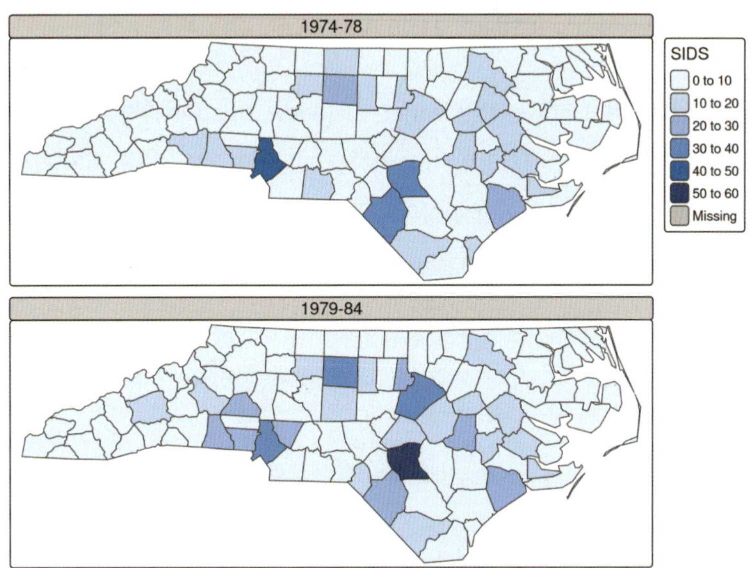

그림 8.6: **tmap**: tm_polygons( ) 함수에 두 개의 속성을 동시에 지정하여 플로팅하기

또는 pivot_longer( ) 함수로 얻은 긴 테이블 형식 데이터에 **tm_polygons("SID")**와 **tm_facets(by = "name")**를 조합해도 동일한 지도를 생성할 수 있다.

tmap 패키지는 **stars** 객체도 지원하며, 예시는 그림 8.7에 제시되어 있다. tmap 패키지를 활용한 추가 사례 지도는 14~16장에 제시되어 있다.

```
tm_shape(r) + tm_raster( )
```

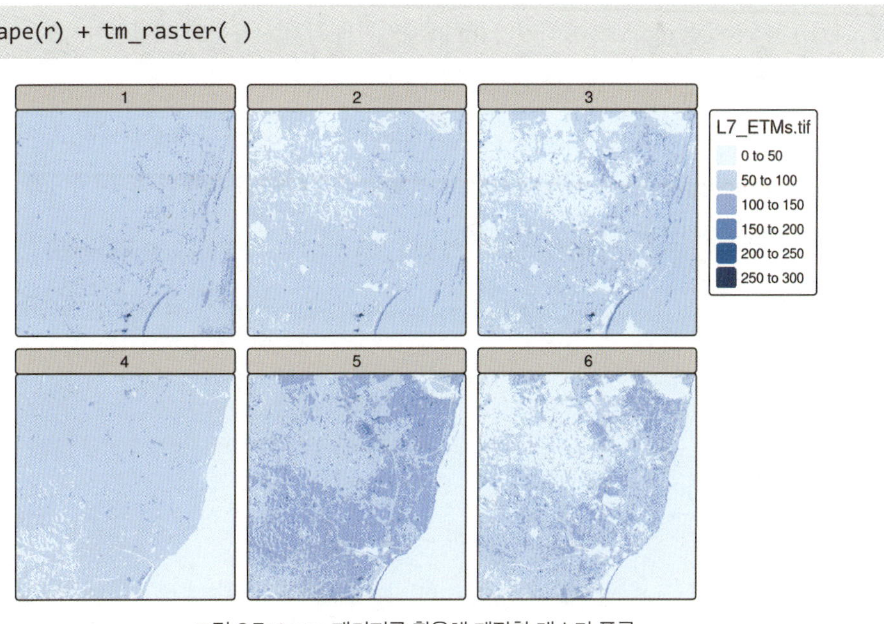

그림 8.7: **tmap** 패키지를 활용해 제작한 래스터 플롯

8.6 인터랙티브 지도: leaflet, mapview, tmap 패키지

그림 1.3과 같은 인터랙티브 지도는 R의 **leaflet**, **mapview**, **tmap** 패키지를 사용해 생성할 수 있다. **mapview** 패키지는 **leaflet** 패키지의 기본 기능을 확장하여 지도 범례, 피처 클릭 팝업의 세부 조정, 래스터 데이터 지원, FlatGeobuf 형식의 대규모 피처 세트를 위한 스케일러블 지도, 줌과 팬 동기화에 반응하는 패싯 지도를 제공한다. **tmap** 패키지는 두 가지 모드를 지원하여 다음과 같이 **"view"**를 지정하면, 모든 **tmap** 명령이 상호작용형 html/leaflet 위젯에 적용된다.

```
tmap_mode("view")
```

반면 **"plot"**을 지정하면, 모든 결과물은 다시 R의 정적 그래픽 장치로 출력된다.

```
tmap_mode("plot")
```

8.7 연습문제

1. 인도네시아와 캐나다에 대해 등장방형 도법, 정사 도법, 그리고 람베르트 정적원추 도법을 적용한 지도 플롯을 생성하시오. 각 투영법에 대해 해당 국가에 적절한 투영 파라미터를 선택하시오.
2. 그림 8.3의 플롯을 **ggplot2** 패키지와 **tmap** 패키지를 각각 사용하여 재생성하시오.
3. 그림 8.7의 플롯을 **viridis** 색상 팔레트로 재생성하시오.
4. **tmap**의 인터랙티브 모드(**"view"** 모드)를 사용하여 그림 8.7을 다시 플로팅하고, 가능한 상호작용을 탐색하시오. 또한 **+tm_facets(as.layers = TRUE)**를 추가한 후 레이어의 켜기/끄기를 시험하고, 투명도를 0.5로 설정하시오.

1. 투영법을 적용하지 않았다고 생각하는 경우

2. 지구의 동서 범위는 360°, 남북 범위는 180°이므로, 이 지도의 가로세로비는 정확히 2:1이다.

3. 비투영 객체는 경위도 좌표계를 가진 객체를 의미하며, 이를 plot( ) 메서드를 통해 플롯하면 기본적으로 경위도 값을 평면 좌표처럼 취급한다. 지구 전체에 대해 이 방식으로 플롯하면 시각적으로 등장방형 도법과 동일하게 보인다.

4. 형태가 유지되기 위해서는 각도가 유지되어야 하기 때문에 정각 도법이라고도 부른다.

5. 주로 면적과 형태를 절충하며, 이를 절충 도법이라 부른다. 대표적으로 로빈슨 도법(Robinson projection)과 빈켈 트리펠 도법(Winkel Tripel Projection)이 있다.

6. 인구 1,000명인 폴리곤이 서로 인접해 있을 때 경계를 없애면 마치 훨씬 넓은 지역의 인구가 여전히 1,000명인 것처럼 보일 수 있다.

7. 이런 이유로 공간 확장형 변수는 코로플레스 맵이 아니라 도형표현도로 나타내는 것이 지도학적으로 합리적이다. 그럼에도 불구하고 총합이나 총빈도를 코로플레스 맵으로 표현한 지도가 인터넷에 넘쳐난다.

8. 연속형 컬러 스킴은 미세한 컬러 차이로 미세한 값 차이를 구분하게 하는데, 효과적인 정보 전달 측면에서 지도학적 실효성이 없다.

9. 등개수 분류법은 각 계급에 동일한 개수의 관측치를 할당하는 방법이다.

10. ‘sd’는 표준편차 분류법, ‘equal’은 등간격 분류법, ‘fisher’와 ‘jenks’는 자연단절 분류법, ‘kmeans’, ‘hclust’, ‘bclust’는 군집화 기반 계급 구분이다.

11. 통상적으로 투영 좌표에 기반한 격자망은 그래티큘이 아니라 그리드(grid)라 부른다.

12. 이는 과도한 일반화일 수 있다. 세계 전체를 나타내는 타원형 형태의 정적 도법(예: 에케르트 IV 도법)에서는 경선이 곡선으로 표현되지만, 정적원통 도법(정축의 경우)에서는 경위선이 모두 직선으로 나타난다.

13. ‘후크 함수’는 stars의 plot( )이 패싯의 각 슬라이스를 그린 직후 실행되는 사용자 정의 콜백이다. 이 함수 안에서 text( ), points( ), segments( ), box( ) 같은 베이스 그래픽스를 호출해 레이블, 스케일바, 북향표시, 보조선 등을 패널마다 자동으로 추가할 수 있다.

14. ggplot2 패키지로 지도를 제작하는 접근은 ‘지도도 그래프다’라는 관점에 서 있다. tmap 패키지로 지도를 제작하는 접근은 ‘지도는 지도다’라는 관점에 서 있다. tmap 패키지는 현존하는 여러 언어의 지도 제작 도구 가운데 지도학적 원칙을 가장 충실히 반영한 도구로 평가되며, 이는 R을 선택할 강력한 이유가 된다. 최근 tmap 4.0이 도입되면서 문법이 한층 정교해지고 기능이 보완되었다. 예시 지도들도 4.0 버전으로 제작된 것이다. 자세한 내용은 https://r-tmap.github.io/tmap를 참조하라.

9. 대규모 데이터와 클라우드 네이티브

이 장에서는 R을 사용하여 대규모 공간 및 시공간 데이터셋을 처리하는 방법을 설명하며, sf와 stars 패키지의 활용에 초점을 둔다.[1] 여기서 '대규모'는 다음 세 가지로 구분된다.

- 작업 메모리에 담기 어려울 만큼 크다.
- 로컬 하드 드라이브 용량에 담기 어려울 만큼 크다.
- 로컬 관리 인프라(네트워크 부착 스토리지)로 다운로드하기 어려울 만큼 크다.

이 세 가지 범주는 (현재 기준) 대략 기가바이트, 테라바이트, 페타바이트 규모의 데이터셋에 대응한다고 볼 수 있다. 크기뿐 아니라 접근과 처리 속도도 중요한 요소이며, 특히 초대규모 데이터셋이나 인터랙티브 애플리케이션에서는 그 중요성이 더욱 커진다. 클라우드 네이티브 지리공간 포맷은 클라우드 인프라에서의 처리를 염두에 둔 형식으로, 컴퓨팅과 저장 비용 측면에서 최적화가 요구된다.[2]

다음과 같은 방식으로 비용을 절감할 수 있다.

- 압축. 클라우드–최적화 GeoTIFF에 사용하는 LERC(제한 오류 래스터 압축)나 ZARR 어레이 데이터에 사용하는 BLOSC 압축기와 같은 기술을 활용한다.
- 공간 하위 영역 또는 컬럼–지향 접근: 전자는 클라우드–최적화 GeoTIFF에 대해 HTTP Range 리퀘스트로 부분 읽기를 수행하고, 후자는 GeoParquet와 GeoArrow 포맷에 주로 적용된다.
- 점진적 해상도 접근: 먼저 저해상도 데이터를 제공하고, 필요에 따라 해상도를 단계적으로 높여 간다(예: 점진적 JPEG, 이미지 피라미드/오버뷰).
- 데이터 접근 최적화: 사용 중인 해당 클라우드 스토리지의 구조와 동작 방식에 맞추어 데이터 배치와 네이밍을 조정하거나, 해당 객체 스토리지 프로토콜이 제공하는 기능을 적극 활용한다.

이 분야에는 만능 해법이 없다는 점을 유의해야 한다. 특정 접근 패턴에 맞춰 스토리지를 최적화하면 다른 방식의 접근 성능이 저하될 수 있다. 예를 들어, 래스터 데이터가 서로 다른 공간 해상도에서 공간 영역 접근에 최적화해 저장하면, 픽셀 시계열(시간 축을 따라 픽셀 값을 읽는 방식) 읽기 속도가 매우 느려질 수 있다. 압축은 스토리지와 대역폭(전송) 비용을 낮추지만, 읽기 시 압축 해제 과정이 필요하므로 처리 비용(시간과 CPU)이 증가한다.

9.1 벡터 데이터: sf 패키지

9.1.1 로컬 디스크에서 불러오기

st_read( ) 함수는 GDAL을 사용해 디스크에서 벡터 데이터를 읽은 뒤, 해당 객체를 작업 메모리에 유지한다. 파일이 너무 커서 전부 메모리에 올리기 어렵다면 일부만 읽는 여러 옵션을 사용할 수 있다. 한 가지 방법은 **wkt_filter** 인수에 지오메트리를 담은 WKT 문자열을 지정하는 것이고, 이 경우 지정한 지오메트리와 교차하는 대상 파일의 지오메트리만 반환된다. 아래에 사례가 제시되어 있다. 여기에서는 **st_read( )** 함수 대신 **read_sf( )** 함수를 사용했는데, 이렇게 하면 콘솔 출력이 억제된다.

```
library(sf)
# Linking to GEOS 3.11.1, GDAL 3.6.4, PROJ 9.1.1; sf_use_s2( ) is TRUE
file <- system.file("gpkg/nc.gpkg", package = "sf")
c(xmin = -82,ymin = 36, xmax = -80, ymax = 37) |>
    st_bbox( ) |> st_as_sfc( ) |> st_as_text( ) -> bb
read_sf(file, wkt_filter = bb) |> nrow( ) # out of 100
# Re-reading with feature count reset from 17 to 16
# [1] 16
```

두 번째 옵션은 **st_read( )** 함수의 **query** 인수를 사용하는 것으로, 이 인수는 'OGR SQL'로 작성한 쿼리를 받아 특정 레이어에서 피처를 선택하거나, 반환할 필드를 제한하는 데 사용할 수 있다. 아래에 사례가 있다.

```
q <- "select BIR74,SID74,geom from 'nc.gpkg' where BIR74 > 1500"
read_sf(file, query = q) |> nrow( )
# [1] 61
```

nc.gpkg는 파일 이름이며, 레이어 이름은 **st_layers( )** 함수로 확인할 수 있다. 레코드 시퀀스는 SQL의 **LIMIT**과 **OFFSET**을 사용해 부분 읽기가 가능하며, 51~60번째 레코드를 읽으려면 다음과 같이 한다.

```
q <- "select BIR74,SID74,geom from 'nc.gpkg' LIMIT 10 OFFSET 50"
read_sf(file, query = q) |> nrow( )
# [1] 10
```

추가 쿼리 옵션으로 지오메트리 유형이나 폴리곤 면적을 기준으로 선택할 수 있다. 쿼리 대상이 공간 데이터베이스인 경우, 해당 쿼리는 GDAL이 해석하지 않고 데이터베이스로 전달되므로 더 강력한 기능을 활용할 수 있다. 자세한 내용는 GDAL 문서의 'OGR SQL 방언(dialect)' 절을 참조하라.

대용량 파일이나 디렉터리가 압축되어 있다면, 경로 앞에 **/vsizip**(Zip), **/vsigzip**(Gzip), **/vsitar**(Tar) 접두사를 붙여 압축 해제 없이 파일을 읽을 수 있다. 사용 방법은 접두사 + 압축 파일 경로 + 압축 내부 파일 경로 순서로 지정하면 된다. 다만 이 방식은 추가적인 압축 해제와 인덱싱 오버헤드로 인해 컴퓨팅 자원을 더 많이 소모할 수 있다.

9.1.2 데이터베이스에서 불러오기와 dbplyr 패키지

GDAL은 여러 공간 데이터베이스를 지원하며, 앞서 설명했듯 **query** 인수에 담긴 SQL 문을 데이터베이스로 전달한다. 그러나 DBI와 해당 드라이버, 그리고 **dbplyr** 패키지를 사용해 공간 데이터베이스에 직접 읽고 쓰는 편이 더 유리한 경우도 있다. 이러한 사례는 다음과 같다. 여기에서, 데이터베이스 호스트와 사용자 이름은 환경 변수에서 가져오며, 데이터베이스 이름은 **postgis**이다.

```
pg <- DBI::dbConnect(
    RPostgres::Postgres( ),
    host = Sys.getenv("DB_HOST"),
    user = Sys.getenv("DB_USERNAME"),
    dbname = "postgis")
read_sf(pg, query =
        "select BIR74,wkb_geometry from nc limit 3") |> nrow( )
# [1] 3
```

공간 쿼리는 보통 다음과 같은 형태다.

```
q <- "SELECT BIR74,wkb_geometry FROM nc WHERE \
ST_Intersects(wkb_geometry, 'SRID=4267;POINT (-81.50 36.43)');"
read_sf(pg, query = q) |> nrow( )
# [1] 1
```

여기서, 교차 연산은 데이터베이스 내에서 수행되며, 공간 인덱스가 존재하면 이를 활용한다. 데이터베이스 백엔드에서 **dplyr** 패키지를 사용할 때도 동일한 메커니즘이 작동한다.

```
library(dplyr, warn.conflicts = FALSE)
```

```r
nc_db <- tbl(pg, "nc")
```

dplyr 패키지 문법으로 공간 쿼리를 작성하면, 해당 쿼리는 데이터베이스로 전달된다.

```r
nc_db |>
    filter(ST_Intersects(wkb_geometry,
                'SRID=4267;POINT (-81.50 36.43)')) |>
    collect( )
# # A tibble: 1×16
#   ogc_fid  area perimeter cnty_ cnty_id name  fips  fipsno cress_id
#     <int> <dbl>     <dbl> <dbl>   <dbl> <chr> <chr>  <dbl>    <int>
# 1       1 0.114      1.44  1825    1825 Ashe  37009  37009        5
# # i 7 more variables: bir74 <dbl>, sid74 <dbl>, nwbir74 <dbl>,
# #   bir79 <dbl>, sid79 <dbl>, nwbir79 <dbl>,
# #   wkb_geometry <pq_gmtry>
nc_db |> filter(ST_Area(wkb_geometry) > 0.1) |> head(3)
# # Source:   SQL [3 x 16]
# # Database: postgres  [edzer@localhost:5432/postgis]
#   ogc_fid  area perimeter cnty_ cnty_id name   fips  fipsno cress_id
#     <int> <dbl>     <dbl> <dbl>   <dbl> <chr>  <chr>  <dbl>    <int>
# 1       1 0.114      1.44  1825    1825 Ashe   37009  37009        5
# 2       3 0.143      1.63  1828    1828 Surry  37171  37171       86
# 3       5 0.153      2.21  1832    1832 North… 37131  37131       66
# # i 7 more variables: bir74 <dbl>, sid74 <dbl>, nwbir74 <dbl>,
# #   bir79 <dbl>, sid79 <dbl>, nwbir79 <dbl>,
# #   wkb_geometry <pq_gmtry>
```

(참고로, PostGIS의 **ST_Area( )** 함수가 nc의 **AREA** 필드와 동일한 값을 내놓더라도, 이는 의미가 없다. 경위도 좌표를 투영 좌표처럼 간주해 계산한 면적이기 때문이다.)

9.1.3 온라인 리소스 또는 웹 서비스에서 불러오기

GDAL 드라이버는 **https://**로 시작하는 온라인 리소스에서 읽는 것을 지원하며, 이때 URL 앞에 **/vsicurl/**을 붙여 사용한다. 특정 클라우드에 특화된 유사 드라이버도 있으며, Amazon S3는 **/vsis3/**, Google Cloud Storage는 **/vsigs/**, Azure는 **/vsiaz/**, Alibaba Cloud는 **/vsioss/**, OpenStack Swift Object Storage는 **/vsiswift/**를 사용한다. **/vsicurl/** 사용 예시는 9.3.2절을 참조하라.

위 접두사에 **/vsizip/**을 결합하면 압축된 온라인 리소스에서 파일을 직접 읽을 수 있다. 다만 파일 형식에 따라 전체 파일을 한 번 이상 내려받아야 하는 상황이 발생할 수 있어, 항상 가장 효율적인 방법은 아니다. 클라우드 네이티브 포맷은 HTTP 리퀘스트에서 부분 읽기가 효과적으로 동작하도록 최적화되어 있다.

9.1.4 API와 OpenStreetMap

지리공간 데이터용 웹 서비스는 요청에 따라 데이터를 실시간으로 생성해 API로 접근할 수 있게 해준다.[3] 예를 들어 OpenStreetMap(OSM) 데이터는 GDAL 벡터 드라이버 등을 통해 일괄 다운로드하여 로컬에서 활용할 수 있다. 그러나 실제 사용자는 대개 일부 데이터만을 필요로 하거나 소규모 쿼리로 데이터를 쓰고자 한다. 이를 위해 OSM을 쿼리하는 여러 R 패키지가 제공된다.

- **OpenStreetMap** 패키지(Fellows와 Jan Peter Stotz의 JMapViewer 라이브러리, 2019)는 지도를 래스터 타일로 내려받아, 다른 피처를 플로팅할 때 배경 또는 참조 지도로 주로 사용된다.
- **osmdata** 패키지(Mark Padgham et al. 2017)는 벡터 데이터를 **sf** 또는 **sp** 형식의 포인트, 라인, 폴리곤으로 다운로드한다.
- **osmar** 패키지(CRAN 아카이브 제공)는 벡터 데이터를 반환할 뿐 아니라, 도로 요소 간 연결 관계를 포함한 네트워크 토폴로지(igraph 객체)도 제공하고, 최단 경로 계산 함수도 포함한다.

올바르게 구성된 API 호출이 URL의 형태로 주어지면, 세세한 옵션을 제공하는 GDAL OSM 드라이버(**st_read( )** 함수에서 사용 가능)가 '.osm'(xml) 파일을 읽어 중요 태그를 가진 **points**, 면적이 없는 'way' 피처를 가진 **lines**, 'relation' 기반의 **multilinestrings**와 **miltipolygons**, 그리고 **other_relations**로 이루어진 다섯 개 레이어를 포함하는 데이터셋을 반환한다. 아래는 매우 작은 영역을 대상으로 한 간단한 OpenStreetMap 쿼리의 예시다.

```
download.file(paste0("https://openstreetmap.org/api/0.6/map?",
      "bbox=7.595,51.969,7.598,51.970"),
   "data/ms.osm", method = "auto")
```

다운로드한 파일에서 **lines** 레이어를 읽은 뒤, 첫 번째 속성을 다음과 같이 플로팅할 수 있다(그림 9.1). Overpass API는 OpenStreetMap 데이터에 대해 보다 일반적이고 강력한 쿼리 기능을 제공한다.

```r
o <- read_sf("data/ms.osm", "lines")
p <- read_sf("data/ms.osm", "multipolygons")
st_bbox(c(xmin = 7.595, ymin = 51.969,
          xmax = 7.598, ymax = 51.970), crs = 'OGC:CRS84') |>
    st_as_sfc( ) |>
    plot(axes = TRUE, lwd = 2, lty = 2, cex.axis = .5)
plot(o[,1], lwd = 2, add = TRUE)
plot(st_geometry(p), border = NA, col = '#88888888', add = TRUE)
```

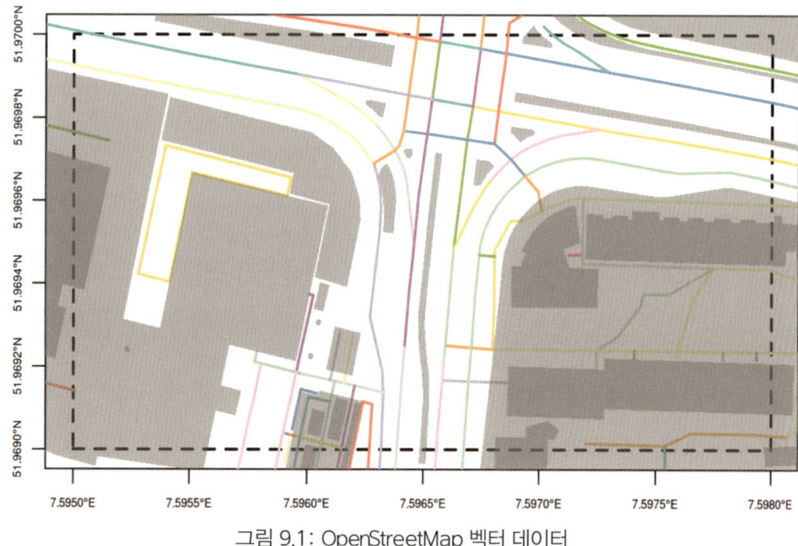

그림 9.1: OpenStreetMap 벡터 데이터

9.1.5 GeoParquet와 GeoArrow

클라우드 네이티브 분석에 특화된 두 포맷은 Apache Parquet와 Apache Arrow에서 파생된 GeoParquet와 GeoArrow다. 두 포맷은 테이블 데이터에 대한 컬럼 지향 저장 방식을 제공하며, 이는 레코드 지향 저장 방식에 다수의 레코드에서 특정 열만 선택적으로 읽는 데 유리하다. 두 포맷의 Geo 확장에는 다음이 포함된다.

- 지오메트리 컬럼 저장 방식: WKB 또는 WKT로 저장할 수 있으며, 부분 지오메트리를 미리 인덱싱한 보다 효율적인 형식으로도 저장할 수 있다.
- CRS의 저장 방법(CRS 메타데이터의 보존)

이 책의 집필 시점 기준으로 두 포맷 모두 활발히 개발 중이며, GDAL 3.5부터는 이를 읽고 생성하기 위한 드라이버가 제공된다. 두 포맷 모두 압축 저장을 지원한다. 차이점은 (Geo)Parquet가 영속적 저장에 더 초점을 두는 반면, (Geo)Arrow는 빠른 접근과 계산에 중점을 둔다는 점이다. 예를 들어, Arrow는 인메모리 포맷과 온디스크 포맷 모두로 사용할 수 있다.[4]

9.2 래스터 데이터: stars 패키지

래스터 데이터셋을 다룰 때 흔한 문제는 파일 용량이 지나치게 크다는 점뿐 아니라(단일 Senti-nel-2 타일은 약 1GB), 관심 지역과 기간을 모두 커버하려면 수천에서 수백만 개까지 필요하다는 것이다. 2022년에 Sentinel 위성 운영 프로그램인 Copernicus는 매일 160 TB의 이미지를 생산했다. 이는 데이터를 로컬 디스크에 내려받고, 메모리에 적재한 뒤, 분석하는 전통적인 R 사용 패턴이 더 이상 작동하지 않음을 시사한다.

Google Earth Engine(Gorelick et al. 2017), Sentinel Hub, openEO.cloud 같은 클라우드 기반 지구 관측 프로세싱 플랫폼은 이러한 문제를 인식하고, 사용자가 페타바이트 규모의 데이터셋을 쉽게 다루고 상호작용할 수 있도록 한다. 이들 플랫폼은 다음과 같은 특성을 공유한다.

- 계산은 가능한 한 늦게 수행된다(지연 평가).
- 사용자가 요청한 데이터만 계산하고 반환한다.
- 중간 결과를 저장하지 않고 즉석(on-the-fly) 계산을 선호한다.
- 유용한 결과를 가진 지도를 신속히 생성하고 표시하여 인터랙티브 모형 개발을 가능하게 한다.

이는 데이터베이스와 클라우드 기반 분석 환경을 대상으로 하는 **dbplyr** 패키지의 인터페이스와 유사하지만, 확인하려는 대상이 다르다. **dbplyr** 패키지의 지연 테이블에서는 보통 처음 n개의 레코드를 재빨리 확인하고자 하지만, 여기서는 전체 영역 또는 일부 영역에 대해 지도 형태의 결과 **개요**를 빠르게 보고자 한다. 이를 위해 해상도는 희생되며, 원본(관측) 해상도가 아니라 화면 해상도로 표시된다.

예를 들어 화면에서 미국의 결과를 즉시 '보고자' 할 때 1000×1000 픽셀 해상도가 필요하다면, 그만큼의 픽셀에 대한 결과만 계산하면 된다. 이는 대략 3000m×3000m 그리드 셀로 구성된 데이터에 해당한다. Sentinel-2 데이터의 해상도가 10m이므로, 300배로 다운샘플링하여 3km×3km 해상도로 작업할 수 있다. 이 경우, 기본 10m×10m 해상도로 작업할 때와 비교해 처리, 저장, 네트워크 요구량이 $300^2 \approx 10^5$배 줄어든다. 언급한 플랫폼에서는 지도를 확대하면 더 세밀한 해상도와 더 작은 범위에 대한 추가 계산이 촉발된다.

이 원리에 따른 간단한 최적화 사례가 **stars** 객체의 **plot( )** 매서드 동작이다. 대용량 래스터를 플로팅할 때 플롯 이전에 어레이를 다운샘플링하여 시간을 크게 절약하며, 다운샘플링 정도는 플롯 영역의 크기와 장치 해상도(픽셀 밀도)를 기준으로 결정된다. 벡터 장치(예: PDF)에서는 R이 플롯 해상도를 75 dpi로 지정하며, 이는 픽셀 크기 약 0.34 mm에 해당한다. 플롯을 확대하면 픽셀화가 보일 수 있지만, 확대된 장치에서 다시 플롯하면 목표 밀도로 재생성된다. 한편 **geom_stars( )** 함수의 경우 사용자가 **downsample** 비율을 직접 지정해야 하는데, 이는 **ggplot2** 패키지의 해당 함수만으로 장치 크기를 직접 설정할 수 없기 때문이다.

9.2.1 stars 프록시 객체

작업 메모리에 담기 어려울 만큼 큰 데이터셋을 처리하기 위해 stars는 **stars_proxy** 객체를 제공한다. 사용 예를 보이기 위해, 대용량 데이터셋(총 약 1GB)을 포함한 R 패키지 **starsdata**를 사용할 것이다. 설치는 다음과 같이 수행한다.

```
options(timeout = 600) # or larger in case of slow network
install.packages("starsdata",
  repos = "http://cran.uni-muenster.de/pebesma/", type = "source")
```

다음과 같이 **starsdata** 패키지에서 Sentinel-2 이미지를 '연결해 올' 수 있다.

```
library(stars) |> suppressPackageStartupMessages( )
f <- paste0("sentinel/S2A_MSIL1C_20180220T105051_N0206",
        "_R051_T32ULE_20180221T134037.zip")
granule <- system.file(file = f, package = "starsdata")
file.size(granule)
# [1] 7.69e+08
base_name <- strsplit(basename(granule), ".zip")[[1]]
s2 <- paste0("SENTINEL2_L1C:/vsizip/", granule, "/", base_name,
    ".SAFE/MTD_MSIL1C.xml:10m:EPSG_32632")
(p <- read_stars(s2, proxy = TRUE))
# stars_proxy object with 1 attribute in 1 file(s):
# $EPSG_32632
# [1] "[...]/MTD_MSIL1C.xml:10m:EPSG_32632"
#
# dimension(s):
#      from    to offset delta            refsys    values x/y
# x       1 10980  3e+05    10 WGS 84 / UTM z...      NULL [x]
```

```
# y          1 10980  6e+06    -10 WGS 84 / UTM z...       NULL [y]
# band   1   4    NA    NA                   NA B4,...,B8
object.size(p)
# 12576 bytes
```

이 과정에서 실제 픽셀 값을 전혀 불러오지 않고, 데이터셋에 대한 참조만 유지한 채 디멘션 테이블을 채운다. 또한 길고 복잡한 Sentinel-2 제품명(S2 파일명)을 활용해 **.zip** 파일 내부의 115개 파일 중 대상 파일을 GDAL이 식별할 수 있도록 한다.

프록시 객체 개념을 바탕으로 다음과 같은 표현식을 정의할 수 있다.

```
p2 <- p * 2
```

그러나 이 경우 계산은 지연된다. 실제 데이터가 필요할 때에만 **p * 2**가 평가된다. 데이터가 필요한 시점은 다음과 같다.

- 데이터를 플로팅할 때
- **write_stars( )** 함수로 객체를 디스크에 쓸 때
- **st_as_stars( )** 함수로 객체를 명시적으로 메모리에 불러올 때

전체 객체를 담을 메모리가 부족한 경우, **plot( )**과 **write_stars( )**는 서로 다른 전략을 선택한다.

- **plot( )** 함수는 화면에 표시될 픽셀만 다운샘플링하여 가져온다.
- **write_stars( )** 함수는 데이터를 청크 단위로 읽고 처리한 뒤 기록한다.

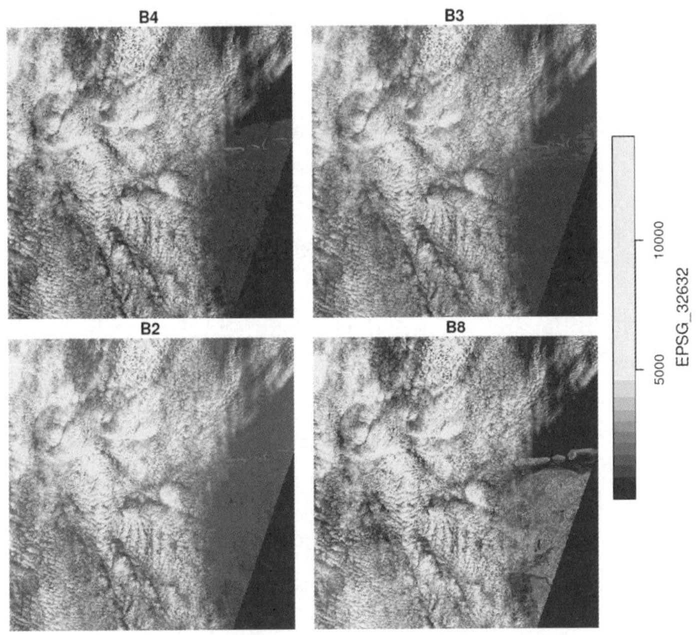

그림 9.2: Sentinel-2의 10m 밴드를 다운샘플링한 경우

고밀도 공간 이미지는 다운샘플링과 청크 처리가 구현되어 있지만, 고밀도 시계열이나 기타 고밀도 디멘션에는 적용되지 않는다. 예를 들어 그림 9.2의 **plot(p)** 출력은 각 밴드에 존재하는 10,980×10,980 픽셀 전체가 아닌, 그래픽 장치에서 표시 가능한 픽셀만 가져온다. 적용된 다운샘플링 비율은 다음과 같이 구할 수 있다.

```
# [1] 19
```

이 숫자는 원본 이미지의 19×19 크기 서브 이미지마다 오직 1픽셀만 읽어 플로팅했음을 뜻한다.

9.2.2 프록시 객체에 대한 연산

stars_proxy 객체에는 전용 메서드기 다수 제공된다.

```
methods(class = "stars_proxy")
#  [1] [               [[<-            [<-             adrop
#  [5] aggregate       aperm          as.data.frame   c
#  [9] coerce          dim            droplevels      filter
# [13] hist            image          initialize      is.na
# [17] Math            merge          mutate          Ops
```

```
# [21] plot            predict        print          pull
# [25] rename          select         show           slice
# [29] slotsFromS3     split          st_apply       st_as_sf
# [33] st_as_stars     st_crop        st_dimensions<- st_downsample
# [37] st_mosaic       st_normalize   st_redimension st_sample
# [41] st_set_bbox     transmute      write_stars
# see '?methods' for accessing help and source code
```

우리는 이미 plot( )과 print( ) 함수의 동작을 살펴보았고, dim( ) 함수는 디멘션 메타데이터 테이블에서 디멘션 정보를 읽어 온다.

실제로 데이터를 가져오는 메서드는 st_as_stars( ), plot( ), write_stars( )의 세 가지 함수이다. st_as_stars( ) 함수는 실제 데이터를 stars 객체로 읽어오며, 이때 downsample 인수가 다운샘플링 비율을 제어한다. plot( ) 함수도 데이터를 읽어 오되, 장치 해상도에 맞는 다운샘플링 값을 선택해 객체를 플로팅한다. write_stars( ) 함수는 stars_proxy 객체를 디스크에 기록한다.

stars_proxy 객체에 대한 나머지 메서드는 래스터 데이터에 즉시 작용하지 않고, 객체에 연결된 작업 목록에 연산을 추가만 한다. 실제 래스터 데이터가 호출될 때만(예: plot( ) 또는 st_as_stars( ) 함수가 호출 시) 이 목록의 명령이 실행된다.

st_crop( ) 함수는 읽을 래스터의 범위(영역)를 제한한다. c( ) 함수는 stars_proxy 객체를 결합하며, 마찬가지로 실제 데이터를 곧바로 결합하는 것은 아니다. adrop( ) 함수는 빈 디멘션을 제거하고, aperm( ) 함수는 디멘션 순서를 변경한다.

write_stars( ) 함수는 입력을 청크 단위로 읽고 처리한 뒤 기록하며, 사용자가 공간 청크의 크기를 제어할 수 있도록 chunk_size 인수를 제공한다.

9.2.3 원격 래스터 리소스

COG('Cloud Optimised GeoTIFF')와 같은 포맷은 효율성과 리소스 절약을 염두에 두고 설계되었다. 예를 들어 메타데이터만 읽거나, 오버뷰(전체 이미지를 낮은 해상도로 축약한 버전)만 읽거나 /vsixxx/ 메커니즘을 사용해 특정 공간 영역만 부분 읽기할 때 유용하다(9.1.3절 참조). COG는 GDAL의 GeoTIFF 드라이버로 생성할 수 있으며, write_stars( ) 함수 호출에서 적절한 데이터셋 생성 옵션을 지정하면 된다.

9.3 초대규모 데이터 큐브

어느 시점에는 다운로드가 사실상 불가능할 만큼 거대한 데이터셋을 분석해야 할 수 있다. 로컬 저장소가 충분하더라도 네트워크 대역폭이 병목이 될 수 있다. 예를 들어, Landsat과 Copernicus (Sentinel-x)의 위성 이미지 아카이브, 1950년부터의 전 세계 대기와 육지 표면, 해양 파도를 모형화한 ERA5(기후 재분석 모형, Hersbach et al. 2020) 등이 이에 해당한다. 이런 경우에는 데이터가 있는 클라우드의 가상 머신에 직접 접근하거나, 사용자가 가상 머신과 스토리지 관리 없이 계산을 수행할 수 있게 하는 시스템을 이용하는 편이 가장 효과적일 수 있다. 아래에는 이 두 가지 옵션을 논의한다.

9.3.1 에셋의 검색과 처리

클라우드 가상 머신에서 작업할 때 첫 단계는 대개 작업 대상 에셋(파일)을 찾는 일이다. 보통 파일 목록을 받아온 뒤, 다음과 같은 파일명 패턴을 파싱한다.

```
S2A_MSIL1C_20180220T105051_N0206_R051_T32ULE_20180221T134037.zip
```

파싱은 획득 날짜와 공간 타일 코드 정보를 담은 메타데이터를 대상으로 수행된다. 그러나 이런 방식으로 파일 목록을 나열하는 작업은 대체로 전산 부담이 크고, 타일 수가 수백만 개에 이르면 결과 후처리 또한 만만치 않다.

이 문제의 한 가지 해결책은 카탈로그를 활용하는 것이다. 최근 빠르게 보급 중인 STAC(*Spatio-temporal Asset Catalogue*)은 바운딩 박스, 날짜, 밴드, 구름 피복률와 같은 속성으로 이미지 컬렉션을 쿼리할 수 있는 API를 제공한다. R의 **rstac** 패키지(Simoes, Carvalho, Brazil Data Cube Team 2023)는 이러한 쿼리를 구성하고, 반환된 항목과 에셋 정보를 관리하기 위한 R 인터페이스를 제공한다.

결과 파일 처리 단계에서는 서로 다른 CRS(예: 여러 UTM 존)를 가진 이미지로부터 더 낮은 공간 또는 시간 해상도의 데이터 큐브를 구성할 수 있다. 이때 이미지 컬렉션에서 규칙 데이터 큐브를 생성하는 R 패키지로 **gdalcubes**(Appel 2023; Appel and Pebesma 2019)가 있으며, STAC(Appel, Pebesma, Mohr 2021)을 직접 쿼리해 사용할 이미지를 식별한다.

9.3.2 클라우드 네이티브 스토리지: Zarr

COG가 래스터 이미지의 클라우드 네이티브 스토리지를 제공하는 반면, Zarr은 대규모 다차원 어레이를 위한 클라우드 네이티브 스토리지 포맷이다. Zarr은 NetCDF의 후속 포맷으로 볼 수 있으며, 기후 및 예측 커뮤니티에서 유사한 관례를 따르는 것으로 보인다(Eaton et al. 2022). Zarr '파일'은 실제로 압축된 데이터 청크를 담는 하위 디렉터리를 포함한 디렉터리 구조이다. 선택한 압축 알고리즘과 청킹 전략은 특정 하위 큐브를 읽고 쓰는 속도에 직접적인 영향을 미친다.

stars::read_mdim( ) 함수를 통해 전체 데이터 큐브를 읽을 수도 있고, 옵션을 통해 하위 큐브만 읽을 수도 있다. 각 디멘션별로 오프셋, 픽셀 수, 스텝 크기(낮은 해상도로 읽기)를 지정할 수 있다(Pebesma 2022). 이와 유사하게, stars::write_mdim( ) 함수는 다차원 어레이를 Zarr, NetCDF, GDAL C++ 다차원 배열 API를 지원하는 다른 포맷으로 쓸 수 있다.

원격(클라우드 기반) Zarr 파일을 읽으려면, URL 앞에 형식과 접근 프로토콜을 나타내는 지시자를 추가해 주어야 한다.

```
dsn = paste0('ZARR:"/vsicurl/https://ncsa.osn.xsede.org',
        '/Pangeo/pangeo-forge/gpcp-feedstock/gpcp.zarr"')
```

그다음, 다음과 같이 처음 10개의 시간 스텝을 읽을 수 있다.

```
library(stars)
bounds = c(longitude = "lon_bounds", latitude = "lat_bounds")
(r = read_mdim(dsn, bounds = bounds, count = c(NA, NA, 10)))
# stars object with 3 dimensions and 1 attribute
# attribute(s):
#              Min. 1st Qu. Median Mean 3rd Qu. Max.
# precip [mm/d]   0       0      0 2.25     1.6  109
# dimension(s):
#           from  to     offset delta refsys x/y
# longitude    1 360          0     1     NA [x]
# latitude     1 180        -90     1     NA [y]
# time         1  10 1996-10-01 1 days   Date
st_bbox(r)
# xmin ymin xmax ymax
#    0  -90  360   90
```

이 예에서 두 가지 사항을 설명하면 다음과 같다.

- count의 NA 값은 해당 디멘션의 사용 가능한 모든 값을 가져오라는 뜻이다.
- bounds 변수는 데이터 소스가 최신 CF (1.10) 규칙을 따르지 않아 명시 지정이 필요하다. 이를 무시하면 위도 범위 [−90, 90]를 벗어나는 바운딩 박스를 가진 래스터가 생성될 수 있다.

9.3.3 데이터 API: GEE와 openEO

클라우드상에 존재하는 가상 머신을 직접 관리하거나 프로그래밍하지 않고도 이미지에 바로 다룰 수 있는 플랫폼으로는 GEE(Google Earth Engine, 구글 어스 엔진), openEO, 기후 데이터 스토어가 있다.

GEE는 대규모 지구 관측 데이터와 모형 산출물에 대한 접근을 제공하는 클라우드 플랫폼이다 (Gorelick et al. 2017). 이 플랫폼은 6.3절에서 다룬 데이터 큐브 작업을 포함해 강력한 분석 기능을 제공하며, JavaScript와 Python 인터페이스를 지원한다. GEE의 코드는 오픈소스가 아니며, Python이나 R을 통해 서버 측에서 사용자 정의 함수를 업로드해 실행하는 방식은 지원하지 않는다. R의 **rgee** 패키지(Aybar 2022)는 GEE에 대한 R 클라이언트 인터페이스를 제공한다.

온전히 오픈소스 소프트웨어로 구축된 클라우드 기반 데이터 큐브 처리 플랫폼도 등장하고 있으며, 그중 일부는 openEO API(Schramm et al. 2021)를 사용한다. 이 API는 Python 또는 R로 작성한 사용자 정의 함수(UDF)를 허용하며, 함수는 API를 통해 전달되어 픽셀 수준에서 실행된다. 예를 들어 사용자 정의 리듀서를 사용해 디멘션을 애그리게이션하거나 디멘션을 축소할 수 있다. R의 UDF는 처리할 데이터 청크를 **stars** 객체로 표현하고, Python에서는 **xarray** 객체를 사용한다.

기타 플랫폼으로는 Copernicus 기후 데이터 스토어(Raoult et al. 2017)와 대기 데이터 스토어가 있으며, 이를 통해 ERA5를 포함한 ECMWF의 대기 및 기후 데이터를 처리할 수 있다. 이 두 스토어에 대한 인터페이스를 제공하는 R 패키지는 **ecmwfr**(Hufkens 2023)이다.

9.4 연습문제

다음 연습문제를 R을 사용하여 해결하시오.

1. 위의 S2 이미지에 대해 **st_get_dimension_values( )** 함수를 사용해 밴드 순서를 확인하

고, 각 스펙트럴 밴드/색상이 무엇인지 파악하시오.

2. S2 이미지에 대해 **st_apply( )** 함수와 적절한 **ndvi( )** 함수를 사용하여 NDVI를 계산하시오. 결과를 화면에 플로팅한 뒤, GeoTIFF로 저장하시오. 플로팅과 쓰기의 실행 시간 차이에 대해 설명하시오.

3. S2 이미지를 RGB 합성으로 플로팅하시오. 먼저 **plot( )** 함수의 **rgb** 인수를 사용하고, 이어서 **st_rgb( )** 함수를 사용하시오.

4. S2의 바운딩 박스에서 무작위로 다섯 개의 점을 선택하고, 이 점들에서 밴드 값을 추출하시오. 반환된 객체를 **sf** 객체로 변환하시오.

5. **POINT(390000 5940000)**을 중심으로 반경 10km 원을 정의하고, **aggregate( )** 함수를 사용하여 S2 이미지의 평균 픽셀 값을 계산하시오. 이미지를 30배 다운샘플링한 결과와 원래 해상도의 결과를 비교하고, 두 결과 간의 상대적 차이를 계산하시오.

6. 다운샘플링된 S2 이미지에서 **hist( )** 함수로 히스토그램을 계산하시오. 각 밴드에 대해서도 동일한 작업을 수행하시오. **ggplot2** 패키지를 사용해 네 개의 히스토그램을 모두 포함하는 단일 플롯을 작성하시오.

7. **st_crop( )** 함수를 사용해 S2 이미지를 10km 원이 포함하는 영역으로 클리핑한 뒤 결과를 플로팅하시오. 인수 **crop = FALSE**를 설정했을 때 어떤 변화가 있는지 살펴보시오.

8. 다운샘플링된 이미지를 사용하여, 네 개의 밴드에서 모든 픽셀 값이 1,000보다 큰지의 여부를 나타내는 논리 레이어를 계산하시오. 네 개의 밴드에 대해 래스터 대수 표현식을 사용하거나 (**split( )** 함수 우선 사용), **st_apply( )** 함수를 사용하시오.

9장 역자주

1. 영어 'large data'의 번역으로 '대규모 데이터'를 사용하기로 한다. '대용량'은 주로 저장 용량 측면에서 데이터가 큰 경우를 의미하는 반면, '대규모'는 데이터의 관측치 수가 매우 많아 규모가 큰 경우를 가리킨다. 따라서 더 포괄적인 의미를 담을 수 있다는 점에서 대규모를 기본적으로 선택한다. 다만, 문맥상 대용량이 더 적합한 경우에는 이를 함께 사용한다.

2. 여기서 '클라우드 네이티브'는 클라우드에서 쓰도록 처음부터 설계된 데이터 형식과 작업 방식이다. 파일을 통째로 내려받지 않고 객체 스토리지에서 필요한 부분만 바로 읽고, 데이터를 잘게 나눠 병렬로 처리하며, 가능하면 데이터를 옮기지 않고 연산을 데이터가 있는 곳에서 실행한다. 전통적인 로컬 파일 중심 방식과 구별된다.

3. API는 응용 프로그래밍 인터페이스(Application Programming Interface)를 의미하며, 프로그램이 HTTP 요청 등 표준 방식으로 다른 서비스의 기능을 호출하고 데이터를 주고받게 하는 규칙과 명세를 말한다. 여기서는 데이터 제공자와 사용자가 합의된 규칙에 따라 데이터를 교환하도록 하는 인터페이스로 이해하면 된다.

4. '영속적 저장(persistent storage)'은 데이터를 장기적으로 훼손 없이 보관하는 방식을, '인메모리(in-memory) 포맷'은 데이터를 주기억장치에 올려 처리하는 방식을, '온디스크(on-disk) 포맷'은 데이터를 저장 매체에 기록해 처리하는 방식을 각각 뜻한다.

제3부

공간통계분석과 공간모형화

이 책의 제1부와 제2부에서는 '공간데이터 모형'과 관련된 핵심 개념들을 살펴보았다. 다룬 주제는 다음과 같다.

- 실제 현상과 수치 표현의 관계(2장)
- 좌표가 다양한 공간에서 정의되는 방식(2장과 4장)
- 심플 피처 지오메트리와 두 점 사이 직선으로 라인스트링과 폴리곤을 정의하는 방법(3장)
- 지오메트리 유형의 집합(3.1절)
- 서포트, 피처 속성, 지오메트리의 관계(5장)
- 심플 테셀레이션이 시공간 체적(볼륨)을 표현하는 방식(6장)
- 이 개념을 데이터사이언스 소프트웨어에 적용하는 방법(7장)

이 책의 제3부는 분량이 가장 많으며, 공간데이터의 **통계적** 모형화를 다룬다. 과학으로서 **통계학**은 관측값의 변동성을 기술하고 이해하며, 미래 관측값을 예측하는 데 중점을 둔다. 관측값은 보통 다음과 같이 모형화된다.

$$관측값 = 설명된\ 부분 + 잔여\ 부분$$

여기서 '잔여 부분'은 측정 오차를 포함해 예측 변수로 설명되지 않는 변동성을 의미할 뿐만 아니라, 낮은 모형 적합도나 모형 오지정(misspecification)에서 비롯된 변동성도 포함한다. 공간데이터의 경우에는 항이 하나 더 추가되어 다음과 같이 쓴다.

$$관측값 = 설명된\ 부분 + 매끄러운\ 부분 + 잔여\ 부분$$

여기서 '매끄러운 부분'은 외부 예측 변수로는 설명되지 않지만 뚜렷한 '매끄러운' 공간 패턴을 보이는 성분을 뜻하고, '잔차'는 이런 패턴을 보이지 않는 '거친' 변동성을 뜻한다. 이 '매끄러운' 항은 좌표상의 기저함수(스플라인, 스무더)로 모형화하거나, 공간적 자기상관을 가진 랜덤 항으로 모형화할 수 있다.

10장은 공간데이터의 통계적 모형화를 소개하며, 이를 통해 후속 장의 내용을 준비하는 동시에 후속 장에서 자세히 다루지 않는 사항도 함께 다룬다. 또한 이 장은 제1부에서 소개한 개념, 특히 5장에서 논의한 '서포트' 개념과의 연계를 시도한다.

공간데이터의 통계적 모형화 전반과 세부적인 전산 소프트웨어 활용을 한 권에 모두 담는 것은 애초에 불가능하다. 예를 들어, **spatstat** 책(Baddeley, Rubak, and Turner 2015)은 공간 포인트 패턴

데이터와 R만을 다루는데도 분량이 약 850쪽에 이른다. 이 제3부에서는 '고전적인' 공간통계 주제 세 가지, 즉 포인트 패턴 데이터 분석(11장), 지구통계학적 데이터 분석(12장과 13장), 에어리어(래티스) 데이터 분석(14~17장)에 집중한다. 또한, 본문 곳곳에서 통계 방법론과 R 구현과 관련된 참고 사항을 가능한 한 많이 제시할 것이다.

10. 공간데이터의 통계적 모형화

지금까지 이 책은 주로 데이터를 **기술**하거나 **탐색**하는 문제를 다뤘다. 이는 기하학적 측정, 프레디케이트, 지오메트리 변환, 속성의 통계적 요약, 플로팅 등의 방법으로 이루어졌다. 특히 플로팅은 지오메트리와 속성 각각의 변동성을 보여 줄 뿐만 아니라 두 요소의 결합 변동성까지 보여 준다.

통계적 모형화는 단순한 데이터의 기술 및 탐색을 넘어, 데이터를 모집단에서 추출된 표본으로 간주하고 모집단에 대한 추론을 수행하는 것을 목표로 한다. 예를 들어 변수들 간 관계를 정량화하고, 모집단의 모수를 추정하며, 내삽처럼 실제로 관측되지 않은 값을 예측하는 작업이 이에 해당한다.

이는 보통 데이터에 대한 모형을 수립하여 수행되며, 예를 들어 특정 모형은 관측값을 다음과 같이 분해한다.

$$\text{관측값} = \text{설명된 부분} + \text{잔여 부분} \quad (10.1)$$

여기서 '설명된 부분'은 일반적으로 관측변수와 관련된 외부변수(예측변수, 공변량, 머신러닝에서는 혼동되게 **피처**라고도 함)와, 관측변수의 변동성을 설명하기 위한 회귀모형 등을 활용하여 산출된다. 반면 '잔여 부분'은 설명되지 않은 나머지 변동성을 의미한다. 이러한 통계적 모형화의 목적은 예측변수와 관측변수 간 관계의 특성과 크기를 파악하거나, 새로운 관측값을 예측하는 데 있다.

통계모형과 **표본추출**은 확률 개념에 근거한다. 그런데 공간데이터사이언스에서 확률은 자명한 것이 아니라, 특정한 방식으로 가정되어야 한다. (공간적) 무작위 표본추출로 얻은 데이터가 주어지고 평균이나 합계를 추정하는 것이 목표라면, 표본 위치의 무작위성을 전제로 하는 **디자인 기반**(design-based) 접근법이 가장 적절하다(10.4절에서 더 자세히 설명한다). 반대로 관측값이 무작위로 추출되지 않았거나, 특정 위치의 값을 예측하여 지도화하는 것이 목적이라면 **모형 기반**(model-based) 접근법이 필요하다.[1] 이 제3부의 나머지 장에서는 모형 기반 접근법을 다룬다.

10.1 비공간적 회귀분석과 머신러닝 모형을 통한 지도화

회귀모형이나 기타 머신러닝(machine learning) 모형은 비공간 문제에서 새로운 관측값을 예측하는 방식과 동일하게, 공간 및 시공간 데이터에도 적용할 수 있다.

1. **추정**: 주어진 일련의 관측값에 대해, 해당 관측값에 대응하는 예측변수 값을 사용하여 회귀 또는 머신러닝 모형을 적합시킨다. 머신러닝 용어로는 이 단계를 '훈련'이라고 한다.

2. **예측**: 새로운 상황에서 알려진 예측변수 값을 적합된 모형에 적용하여 관측변수 값을 예측하며, 가능하다면 예측오차나 예측구간도 함께 제시한다.

sf 클래스 객체는 본질적으로 **data.frame** 객체이므로 특별한 처리가 필요 없다. 예측 결과를 지도에 표현하려면, 예측된 값을 **sf** 객체에 추가하면 되며, 1장에서 불러온 **nc** 데이터셋을 사용하면 다음과 같이 구현할 수 있다.

```
nc |> mutate(SID = SID74/BIR74, NWB = NWBIR74/BIR74) -> nc1
lm(SID ~ NWB, nc1) |>
  predict(nc1, interval = "prediction") -> pr
bind_cols(nc, pr) |> names( )
#  [1] "AREA"       "PERIMETER" "CNTY_"      "CNTY_ID"   "NAME"
#  [6] "FIPS"       "FIPSNO"    "CRESS_ID"  "BIR74"     "SID74"
# [11] "NWBIR74"   "BIR79"     "SID79"     "NWBIR79"   "geom"
# [16] "fit"        "lwr"       "upr"
```

여기에서 우리는 다음과 같은 점을 확인할 수 있다.

- **lm( )** 함수는 선형모형을 추정하며, **sf** 객체에도 직접 적용할 수 있다.
- 모형의 결과가 **predict( )** 함수에 전달되며, 이 함수는 nc와 동일하게 **sf** 객체인 **nc1**에 대한 예측값을 생성한다.
- **predict( )** 함수는 세 개의 열을 반환하는데, **fit**은 예측값을, **lwr**과 **upr**은 각각 95% 예측구간의 하한과 상한을 나타낸다.
- 이 세 열은 **bind_cols( )** 함수를 사용해 최종 객체에 추가된다.

모형 추정과 예측에 사용되는 데이터셋은 반드시 동일할 필요는 없다. **stars** 객체를 활용해 이를 수행하는 방법은 7.4.6절에 상세히 설명되어 있다(기본적으로 데이터 큐브를 긴 형식의 **data. frame**으로 변환한 뒤 예측 결과를 다시 원래 구조로 되돌리는데, 이 과정은 필요에 따라 청크 단위로 처리할 수 있다.).

많은 회귀 및 머신러닝 유형의 문제들이 동일한 구조를 공유하므로, **caret**(Kuhn 2022)이나 **tidymodels**(Kuhn and Wickham 2022)과 같은 패키지는 다양한 모형 대안을 자동으로 평가 및 비교할 수 있으며, 여러 모형 평가 지표와 교차검증(cross-validation) 전략을 제공한다. 이러한 교차검증 접근법은 기본적으로 관측값들이 서로 독립적이라는 가정에 기반한다. 그러나 공간데이터에서는 이 가정이 타당하지 않은 경우가 많다. 이는 공간적 자기상관(Ploton et al. 2020)이나 표본 데이터의 강한 공간 클러스터링(Meyer and Pebesma 2022), 혹은 두 가지 모두에 기인할 수 있다. 이러한 단순 교차검증을 대체하기 위한 방법을 제공하는 R 패키지로는 **spatialsample**(Silge and Mahoney 2023), **CAST**(Meyer, Milà, and Ludwig 2023), **mlr3spatial**(Becker and Schratz 2022), **mlr3spatiotempcv**(Schratz and Becker 2022) 등이 있다.[2]

표본의 강한 공간 클러스터링은 여러 이유로 발생할 수 있다. 하나는 서로 다른 데이터베이스를 결합해 하나의 표본 데이터를 구성하는 경우로, 각 데이터베이스가 서로 다른 표본추출 밀도를 갖기 때문에 주로 글로벌 데이터셋에서 나타난다(Meyer and Pebesma 2022). 또 다른 예로는 토지 피복 클래스를 표본추출하기 위해 폴리곤을 디지타이징한 뒤, 이 폴리곤 내부에서 위성 이미지의 픽셀 해상도로 포인트를 표본추출하는 경우가 있다.[3]

모형의 '잔여 부분'에 존재하는 공간적 상관성은 예측변수 집합에 공간좌표나 공간좌표의 함수를 추가함으로써 줄일 수 있다. 그러나 이러한 방법은 외삽(extrapolation) 상황에서 과도하게 낙관적인 예측을 초래할 위험이 있으며, (교차)검증과 모형 평가에서도 동일한 문제가 발생할 수 있다.[4] 이에 대해서는 10.5절에서 더 자세히 논의한다.

10.2 서포트와 통계적 모형화

데이터의 서포트(1.6절; 5장) 개념은 공간데이터의 통계 분석에서 중요한 역할을 한다. 에어리어 데이터에 적용되는 기법(14~17장)은 에어리어 서포트를 가진 데이터, 즉 여러 에어리어가 모여 전체 지역을 포괄하는 데이터를 대상으로 한다.

공간 확장형 변수를 코로플레스 맵으로 나타내는 것은(예: 그림 1.1) 상당히 위험할 수 있다. 이는 정보가 폴리곤 크기와 연관되면서, 컬러로 표현된 속성값이 해당 폴리곤 전역에서 동일하게 나타나는 것처럼 보이기 때문이다. 이를 피하는 한 가지 방법은 공간 확장형 변수를 공간 집약형 변수로 변환하는 것이다. 예를 들어, **인구 카운트**와 같은 변수의 경우 폴리곤 면적으로 나누어 **인구 밀도**를 계산한 뒤 이를 지도에 나타낼 수 있다. 보건 데이터에서 그림 1.1과 같이 연도별 발병자수를 나타내는 경우에는, 폴리곤 면적으로 나누어 공간적 밀도를 구하기보다는 해당 폴리곤의 인구수로 나누어 확률이나 **발병률**로 변환하는 것이 일반적이다. 이 경우에도 변수는 폴리곤 면적과 연관되지만, 그 서포트는 인구 총수와 관련된다. 이러한 총수는 후속 모형화, 예를 들어 16장에서 다루는

CAR 유형 모형에서 (포아송) 변동성을 추정하는 데 중요한 역할을 한다.

11장은 원칙적으로 포인트 서포트 관측 개체를 다루지만, 그렇다고 해서 관측 개체가 면적이 전혀 없는 0차원이라는 뜻은 아니다. 예를 들어, 나무 줄기 '포인트'의 경우 나무 지름보다 작은 거리에서는 다른 포인트가 존재할 수 없다. 또한 포인트 패턴 분석에서 포인트는 관측 윈도우(observational window) 개념에 따라 정의되며, 이 관측 윈도우는 완전한 포인터 데이터셋을 구성해야 한다(즉, 관측 윈도우 외부에는 포인트가 없다).[5] 관측 윈도우 개념은 많은 분석 도구의 전제에 영향을 미친다. 만약 포인트가 라인 네트워크상에서 관측된다면, 관측 윈도우는 관측된 라인의 집합으로 구성되며, 포인트 간 거리는 해당 네트워크를 따라 측정된다.

지구통계학적 데이터(12장 및 13장)는 일반적으로 포인트 서포트 관측값에 기반하여, 연구 대상 지역 내 비관측 지점의 값을 예측하거나(공간적 내삽), 세부 지역의 평균값을 예측한다(블록 크리깅; 12.5절). 관측값이 포인트 값이 아니라 구역 전체의 집계값일 수도 있다(Skøien et al. 2014). 원격 탐사 데이터에서 픽셀 값은 보통 픽셀 전체에 대한 집계값이다. 이 경우 구름으로 인한 이미지의 결함을 인접한 공간 및 시간의 픽셀 정보로 보완하는 것이 중요한 과제다(Militino et al. 2019).

서로 다른 공간 서포트를 가진 데이터를 결합할 때, 모든 데이터를 해상도가 가장 높은 데이터에 '맞추는' 경우가 종종 있다. 예를 들어, 행정구역 폴리곤과 래스터 레이어를 결합하는 경우, 래스터 레이어의 개별 픽셀 위치에서 폴리곤 속성값을 단순 추출하고, 이렇게 생성된 '관측값'을 기반으로 분석을 진행하는 방식이다. 그러나 이러한 방식으로 생성된 '데이터'를 분석하면 비합리적인 결과를 초래할 위험이 크다. 불확실성에 대응하기 위해서는 시뮬레이션을 활용한 적절한 다운표본추출 전략이 더 나은 대안이 될 수 있다. 특히 초보 사용자가 소프트웨어를 경각심 없이 사용할 경우가 우려되는데, 일부 소프트웨어는 구역 관련 속성값의 서포트 개념을 제대로 다루지 않거나, 안이한 다운샘플링에 대한 경고조차 제공하지 않기 때문이다.

10.3 예측모형에서의 시간

Schabenberger와 Gotway(2005)는 이미 오래전에, 많은 시공간 데이터의 통계 분석이 시간 차원을 먼저 축소한 뒤 해당 문제를 공간적으로 다루는 방식(시간 먼저, 공간 나중)이나, 공간 차원을 먼저 축소한 뒤 문제를 시간적으로 다루는 방식(공간 먼저, 시간 나중)으로 진행된다고 지적한 바 있다. 첫 번째 접근 방식의 예는 12장에서 볼 수 있다. 여기서는 1년 동안의 시간 단위 측정값 데이터셋(13장에서 자세히 설명됨)을 먼저 측정소의 평균 값으로 축소한 후(시간 먼저), 이 평균 값을 공간적으로 내삽하는(공간 나중) 과정을 보여 준다.

원격탐사 분야에서의 예시는 다음과 같다.

- Simoes 등(2021)은 지도학습 기법과 시계열 딥러닝을 사용하여 픽셀 시계열을 토지이용 시퀀스로 분할한 후(시간 먼저), 결과로 생성된 맵 시퀀스를 평활화하여 개별 픽셀이 나타내는 불가능한 전환을 제거한다(공간 나중).
- Verbesselt 등(2010)은 픽셀 시계열에서 급변점을 탐지하기 위해 비지도 구조적 변화 알고리즘을 적용하고(시간 먼저), 이후 이러한 급변점을 산림 파괴의 맥락에서 해석한다.

원격탐사 분야에서 공간 먼저, 시간 나중 접근 방식의 예로는, 단일 레이어 또는 단일 시즌에 속하는 레이어를 먼저 분류한 뒤, 분류된 레이어의 시간 순서를 비교하여 토지이용 또는 토지피복의 장기 변화를 평가하는 경우가 있다. Brown 등(2022)이 그 예이다. 공간과 시간을 **함께** 고려하는 예로는 13장에서 다루는 시공간 내삽(spatiotemporal interpolation)과 Lu 등(2016)이 원격탐사 맥락에서 제시한 연구가 있다.

10.4 디자인 기반 추정과 모형 기반 추정

통계적 추론은 표본 데이터를 바탕으로 모집단의 파라미터를 추정하는 것을 의미한다. 위치 s에서 측정된 속성값을 z라고 하면, 변수는 $z(s)$로 나타낼 수 있다. 이제 표본 데이터 $z(s_1)$, $\cdots$, $z(s_n)$를 이용해 도메인 D의 면적 $|D|$에 대한 $z(s)$의 평균값을 추정한다고 하자.

$$z(s) = \frac{1}{|D|} \int_{u \in D} z(u)\,du$$

이때 가능한 접근법은 크게 모형 기반과 디자인 기반 두 가지다. 모형 기반 접근법에서는 $z(s)$를 초모집단 $Z(s)$의 실현으로 간주하며(확률변수를 나타내기 위해 대문자를 사용), 예를 들어 다음과 같은 공간 변동성 모형을 가정할 수 있다.

$$Z(s) = m + e(s), \quad \mathrm{E}(e(s)) = 0, \quad \mathrm{Cov}(e(s)) = \Sigma(\theta)$$

여기서 m은 상수 평균이고 $e(s)$는 평균이 0이며 공분산 행렬이 $\Sigma(\theta)$인 잔차를 의미한다. 이 경우, 공분산 함수 $\Sigma(\ )$를 선택하고, $z(s)$로부터 매개변수 θ를 추정한 다음, 블록 크리깅 예측값 $\hat{Z}(s)$를 계산한다(12.5절). 이 접근법은 $z(s)$가 **공간적으로** 어떻게 표본추출되었는지에 대한 가정을 필요로 하지 않지만, 공분산 함수를 적절히 선택하고 그 파라미터를 추정할 수 있어야 한다. 따라서 추론의 신뢰성은 가정된 모형이 타당한지 여부에 달려 있다.

디자인 기반 접근법(De Gruijter and Ter Braak 1990; Brus 2021a; Breidt, Opsomer et al. 2017) 은 초모집단 모형이 아니라 위치의 무작위성을 가정한다. 따라서 이 접근법은 무작위 표본추출을 사용할 때만 정당화된다. 표본 데이터는 **반드시** 확률 표본추출을 통해 획득되어야 하며, $z(s)$의 모든 요소가 표본에 포함될 (양수) 확률이 수학적으로 규정된 특정 형태의 공간적 무작위 표본추출이 사용되어야 한다. 이 접근법에서 무작위 과정은 표본추출 과정이다. 즉 $z(s_1)$은 **무작위 표본추출을 반복하여** 얻은 첫 번째 관측값이며, 이는 무작위 과정 $z(S_1)$의 한 실현이다. 디자인 기반 추정량은 이러한 포함 확률만 있으면 평균값을 표준오차와 함께 추정할 수 있다.[6] 예를 들어 단순 무작위 표본이 주어진 경우, 가중치가 없는 표본 평균이 그대로 모집단 평균을 추정하는 데 사용되며, 모형 파라미터를 적합시킬 필요가 없다.

이제 질문은, s_1과 s_2가 서로 가까이 있을 때 $z(s_1)$과 $z(s_2)$가 상관될 것으로 기대할 수 있는가 하는 점이다. $z(s_1)$과 $z(s_2)$가 단지 두 개의 숫자에 불과하다면, 이 질문은 성립하지 않는다. 상관성을 논하려면 확률변수와 같은 일종의 프레임워크가 필요하며, 이를 위해서는 이러한 상황을 재현할 수 있는 두 세트의 숫자를 만들어 내야 한다. 여기서 흔히 발생하는 오해는, Brus(2021a)가 설명한 바와 같이, 두 세트의 숫자가 항상 공간적으로 상관되어 있다고 생각하는 것이다. 그러나 이는 $z(s_1)$과 $z(s_2)$가 강한 상관성을 가진다고 가정하는 모형을 전제로 할 때만 성립한다('모형 의존'). 특정 무작위 표본(실현)에서 $z(s_1)$과 $z(s_2)$는 공간적으로 가까울 수 있지만, 반복적 무작위 표본추출을 통해 얻은 확률변수 $z(S_1)$과 $z(S_2)$는 유사하지 않을 수 있으며, 표본 설계상 서로 독립일 수도 있다. 이 두 상황은 모순 없이 공존할 수 있으며, 어떤 추론 프레임워크를 선택하느냐의 문제일 뿐이다.

디자인 기반 프레임워크를 선택할지, 모형 기반 프레임워크를 선택할지는 연구 목적과 데이터 수집 방식에 따라 달라진다. 모형 기반 프레임워크는 다음과 같은 경우에 가장 적합하다.

- 개별 위치에 대한 예측이 필요하거나, 표본추출이 불가능할 만큼 작은 지역에 대한 예측이 필요한 경우
- 데이터가 무작위 표본추출 방식으로 수집되지 않은 경우(즉, 포함 확률이 알려져 있지 않거나, 특정 지역이나 시기에 대해 포함 확률이 0인 경우)

디자인 기반 접근법은 다음과 같은 경우에 가장 적합하다.

- 관측값이 공간 무작위 표본추출 과정을 통해 수집된 경우

- 전체 표본 지역(또는 하위 지역)에 대한 집계 속성이 필요한 경우
- 규제나 법적 목적 등에서, 모형 오지정 문제에 민감하지 않은 추정치가 필요한 경우

표본추출 절차를 계획해야 한다면(De Gruijter et al. 2006), 공간적 무작위 표본추출 방식을 고려하는 것은 매우 바람직하다. 이는 두 가지 추론 프레임워크를 모두 활용할 수 있는 가능성을 열어주기 때문이다.

10.5 좌표값을 활용한 예측모형

데이터사이언스 프로젝트를 수행할 때, 좌표값을 예측변수(또는 피처, 공변량) 중 하나로 포함하여 다른 변수와 동일하게 취급하는 경우가 있다. 그러나 이러한 접근에는 몇 가지 잠재적 위험이 존재한다.

예측변수를 다룰 때와 마찬가지로, 원점 이동이나 단위(스케일) 변화에 민감하지 않은 예측 기법을 선택하는 것이 바람직하다. 2차원 문제를 가정할 경우, 예측모형은 x축과 y축 또는 위도와 경도 축의 임의 회전에 민감해서는 안 된다. 투영된 2차원(데카르트) 좌표에서는, 예를 들어 $(x+y)^n$과 같은 n차 다항식을 사용하여 이러한 특성을 보장할 수 있으며, 이는 $(x)^n + (y)^n$ 형태 대신 사용된다. 2차 다항식의 경우에는 xy항을 포함시켜 타원형 경향면이 반드시 x축이나 y축에 정렬될 필요가 없도록 한다. 스플라인(spline) 요소를 포함하는 GAM 모형에서도, 상호작용을 허용하지 않는 독립적 스플라인 $s(x)$와 $s(y)$ 대신 2차원 스플라인 $s(x, y)$를 사용하는 것이 바람직하다.[7] 이러한 '규칙'에도 예외가 있다. 예를 들어, 연간 총 태양에너지 유입량을 설명할 때는 위도의 효과만으로 충분한 경우가 이에 해당한다.

데이터가 넓은 지역에 걸쳐 있는 경우, 타원체 좌표와 투영 좌표 중 어떤 것을 사용하는지에 따라 예측모형화 결과가 크게 달라질 수 있다. 범위가 매우 넓거나 전 지구적인 모형에서는, 위도와 경도 좌표를 사용한 다항식이나 스플라인이 경도의 순환 특성과 극지점에서의 좌표 특이성을 무시하기 때문에 제대로 작동하지 않는다.[8] 이러한 경우, 다항식이나 스플라인 기저 함수의 대안으로 구면 조화 함수(spherical harmonics)를 사용할 수 있다. 구면 조화 함수는 구면 위에서 연속성을 유지하며, 공간 주파수가 높아질수록 더 세밀한 변화를 표현할 수 있다.

많은 경우, 표본이 수집된 공간좌표는 예측이 이루어질 공간 범위도 정의하므로, 좌표 변수는 다른 예측변수와 뚜렷이 구별되는 특성을 가진다. 대부분의 단순한 예측 기법, 특히 많은 머신러닝 방법

은 표본 데이터가 서로 독립적이라고 가정한다. 표본이 대상 지역에서 공간 무작위 표본추출로 수집된 경우, 디자인 기반 모형의 맥락에서는 이 가정을 정당화할 수 있다(Brus 2021b). 그러나 디자인 기반 접근에서는 좌표 공간을 무작위화의 대상 변수로 간주하므로, 새롭게 무작위로 선택된 위치에 대해서는 예측이 가능하지만 고정된 위치에 대한 예측은 불가능하다. 즉, 표본이 수집된 지역의 평균값은 추정할 수 있지만, 그 지역에 대한 공간적 내삽값은 얻을 수 없다.[9] 따라서 고정된 위치에 대한 예측이 필요하거나, 데이터가 공간 무작위 표본추출로 수집되지 않은 경우에는 모형 기반 접근(12장에서 설명)과 더불어 잔차의 공간적 및/또는 시간적 자기상관을 가정하는 방법을 고려해야 한다.

일반적으로 표본 데이터는 '기회적 표본(opportunistic sample)'인 경우가 많다(즉, '찾을 수 있는 것은 모두' 수집). 이후 이러한 데이터가 가중치 없이 예측 프레임워크에서 사용되면, 결과 모형은 예측변수 공간 및/또는 공간좌표 공간에서 과대표집된 영역으로 편향될 수 있다. 이 경우 단순한 (무작위) 교차검증 통계를 공간 예측 성능의 척도로 사용할 때, 실제보다 지나치게 낙관적인 결과가 나올 수 있다(Meyer and Pebesma 2021, 2022; Mila et al. 2022). 이러한 상황에서 공간적 교차검증(spatial cross-validation)과 같은 적응형 교차검증 기법이 예측 성능에 대한 보다 신뢰성 높은 평가값을 얻는 데 도움이 될 수 있다.[10]

10.6 연습문제

다음 연습문제를 R을 사용하여 해결하시오.

1. 10.1절의 **lm( )** 함수 예제를 참고하여 랜덤 포레스트 모형(예: **randomForest** 패키지 사용)을 이용해 SID 값을 예측하고, 랜던 포레스트 예측값을 관측값과 함께 플로팅하되 $x=y$ 선도 함께 표시하시오.

2. **nc** 데이터셋에서 1,000개의 포인트를 무작위로 추출하여 새로운 데이터셋을 만들고, 이 데이터셋에 10.1절의 선형회귀 모형을 다시 실행하시오. 적합된 모형의 **summary( )**를 확인하고, 특히 추정 계수, 표준오차, 잔차 표준오차에 주목하시오. 원래 모형과 비교했을 때 무엇이 달라졌는지 설명하시오.

3. 7.4.6절의 수역-육지 분류를 **lda( )** 함수 대신 **class::knn( )** 함수를 사용하여 k = 5로 설정한 후 다시 수행하고, 예측값을 **lda( )** 함수의 예측값과 비교하시오.

4. **nc** 데이터셋을 사용하는 선형 모형과 이전 연습문제의 **knn** 예제에 대해, 1차 및 2차 공간 좌표

변수를 추가한 다항 선형 모형을 실행하고 결과를 비교하시오. 이를 위해 st_centroid( ) 함수를 사용하여 폴리곤의 중심점을 얻고, st_coordinates( ) 함수를 사용하여 x 및 y 좌표를 행렬 형태로 추출하시오.

10장 역자주

1. 디자인 기반 접근법은 표본 설계(예: 무작위 표본추출)에 내재된 확률에 의존하여 전체 평균이나 총합을 추정하는 방식이다. 예를 들어, 전국 농경지에서 무작위로 선정한 지점의 토양 질소 함량을 바탕으로 전국 평균을 추정하는 경우가 이에 해당한다. 반면, 모형 기반 접근법은 데이터 생성 프로세스를 설명하는 통계적 가정에 따라 확률 구조를 정의하며, 표본이 무작위로 배치되지 않아도 적용할 수 있다. 예를 들어, 특정 위치의 대기질을 예측하기 위해 측정소 자료와 공간 회귀모형을 활용해 지도화하는 경우가 이에 해당한다.

2. 여기서 말하는 '단순 교차검증'은 관측값이 서로 독립이라고 전제하고 무작위로 데이터를 나누는 전통적인 교차 검증을 의미한다. 그러나 공간데이터에서는 공간적 자기상관이나 표본의 공간 클러스터링으로 인해 이 가정이 자주 위배된다. spatialsample, CAST, mlr3spatial 등에서 제공하는 방법은 이러한 비독립성을 완화하기 위해 공간적 및 시공간적 구조를 반영한 교차검증을 수행한다.

3. 전자의 경우, 각 데이터베이스의 관측 밀도가 달라 특정 지역에 표본이 집중되며, 이 표본들은 서로 유사한 값을 보일 가능성이 높다. 후자의 경우, 특정 토지피복 폴리곤은 내부가 대체로 동질적이므로, 그 안에서 추출한 위성영상 픽셀들도 유사한 값을 나타낼 가능성이 높다.

4. 여기서 말하는 '과도하게 낙관적인 예측'이란, 모형이 실제 예측력을 과대평가하는 상황을 의미한다. 예를 들어 경향면 분석(trend surface analysis)처럼 좌표를 예측변수로 사용하면, 공간적 자기상관 때문에 훈련 데이터와 가까운 검증 지점의 값이 지나치게 잘 맞는 것처럼 보인다. 그러나 이러한 모형은 훈련 범위를 벗어난 지역(외삽)에서는 예측 성능이 크게 저하될 수 있다.

5. 포인트 패턴 분석에서 '관측 윈도우'는 분석 대상이 되는 공간 범위를 뜻하며, 이 범위 안의 포인트가 누락 없이 완전히 기록되어 있다고 가정한다. 일반적인 '연구 범위' 개념과 유사하지만, 자료의 완전성을 전제로 한다는 점에서 더 엄격하다.

6. 포함 확률(inclusion probability)이란 모집단의 각 단위(예: 지역, 가구, 포인트)가 표본에 포함될 확률을 말한다. 디자인 기반 표본추출에서는 이 확률이 사전에 정의되고 계산 가능해야 하며, 이를 활용해야만 평균이나 총합을 편향 없이 추정할 수 있다.

7. 좌표값을 예측변수로 사용할 때는, 모형이 좌표의 '위치나 단위, 회전'에 따라 결과가 달라지는 문제를 피해야 한다. 예를 들어, 위도와 경도 축을 조금만 돌려도 예측 결과가 크게 달라진다면, 모형은 좌표를 잘못 활용하고 있는 셈이다. 이를 막기 위해 좌표를 다항식이나 2차원 스플라인 형태로 처리하면, 회전이나 단위 변화에 덜 민감한 모형을 만들 수 있다.

8. '경도의 순환 특성'이란 경도 값이 180°(또는 360°)를 넘으면 다시 처음으로 돌아가는 성질을 말한다. 예를 들어 경도 179°와 −179°는 실제로 불과 2° 떨어져 있지만, 단순 계산으로는 358° 차이가 난다. '극지점에서의 좌표 특이성'이란 위도 ±90°에서는 모든 경도가 같은 지점을 가리켜 경도 정보가 무의미해지는 현상을 말한다. 이 두 문제 때문에 위도와 경도를 그대로 모형에 사용하면 경계 근처나 극지방에서 불연속이나 왜곡이 발생할 수 있다.

9. 디자인 기반 접근에서는 새로 **무작위로** 뽑힌 위치는 표본추출 설계의 일부로 간주되므로, 그 위치의 값을 모집단 평균이나 총합 추정 과정에 포함시켜 예측할 수 있다. 반면, 이미 정해진 특정 위치는 표본추출 과정에서 무작위로 선정된 것이 아니므로, 그 값을 예측하려면 모형에 의존해야 하며, 이 경우는 모형 기반 접근이 필요하다.

10. '기회적 표본'은 체계적 표본 설계 없이 '얻을 수 있는 모든 데이터'를 모은 것으로, 대개 특정 지역이나 조건에 표본이 과도하게 몰린다. 이렇게 분포가 고르지 않은 데이터를 가중치 없이 예측모형에 사용하면, 표본이 많은 영역

에서는 성능이 높게 나오지만, 표본이 적거나 없는 영역은 실제보다 예측이 잘 되는 것처럼 보이는 편향이 발생한다. 무작위 교차검증을 적용하면 훈련 세트와 검증 세트가 공간적으로 가까운 지점에서 추출되어 이러한 편향이 더 심해지며, 그 결과 예측 성능이 과도하게 낙관적으로 평가될 수 있다. 이러한 문제를 완화하려면 훈련 세트와 검증 세트를 공간적으로 분리하는 공간적 교차검증과 같은 적응형 교차검증 기법을 사용하는 것이 효과적이다.

11. 포인트 패턴 분석

포인트 패턴 분석은 공간상에 나타난 포인트의 분포 패턴을 기술하거나, 그러한 패턴을 생성한 프로세스에 대해 추론하는 기법이다. 여기서 핵심은 포인트의 위치 정보인데, 이 위치는 표본추출을 위해 임의로 정한 지점이 아니라 특정한 프로세스의 결과물이다(예: 동물 목격 지점, 사고 지점, 발병 지점, 수목 위치 등). 이는 모든 지점에서 해당 현상이 존재하지만 관측값은 **연구자가 통제한** 관측 지점에서만 얻어진다고 보는 지구통계학적 프로세스(12장)와 대조적이다. 지구통계학적 연구의 주된 관심은 관측 지점 자체가 아니라 관측되지 않은 지점의 값을 추정하는 데 있다. 반면, 포인트 패턴 분석에서는 연구 대상 지역의 모든 지점에서 관측이 이루어질 수 있다고 가정한다. 이 경우, 특정 지점에 포인트가 없다는 것은 관측이 이루어지지 않았다는 뜻이 아니라(지구통계학적 프로세스와의 차이점), 관측은 이루어졌지만 현상이 발생하지 않았다는 의미다. 확률과정(random process)의 관점에서 보면, 포인트 패턴 분석에서는 위치가 확률변수인 반면, 지구통계학적 분석에서 측정 변수가 고정된 위치를 갖는 랜덤필드(random field)이다.

이 장에서는 spatstat 패키지(Baddeley, Turner, and Rubak 2022)를 활용한 포인트 패턴 분석의 기초만을 다룬다. 포인트 패턴 이론과 spatstat 및 관련 패키지 사용에 대한 포괄적인 내용은 Baddeley, Rubak와 Turner(2015)의 spatstat 저서에 잘 정리되어 있다. 여기서는 특정 주제만을 다루지만, 그렇다고 해서 이 주제들이 누락된 다른 주제들보다 더 중요하다는 의미는 아니다. 또한 spatstat 패키지와 보다 공간데이터사이언스 지향적인 패키지인 sf 및 stars 간의 인터페이스 설명에도 지면을 할애한다. 포인트 패턴 분석을 소개하는 또 다른 참고서로는 Stoyan 등(2017)이 있으며, 시공간 포인트 프로세스 분석용 R 패키지인 stpp(Gabriel et al. 2022)에 대해서는 Gabriel, Rowlingson와 Diggle(2013)을 참조할 수 있다.

포인트 패턴 분석에서 중요한 개념은 포인트 **패턴**과 포인트 **프로세스**를 구분하는 것이다. 포인트 프로세스는 포인트 패턴을 생성하는 확률과정(stochastic process)이며, 우리가 다루는 데이터셋은 항상 포인트 패턴이다. 분석의 목적은 관찰된 패턴을 생성했을 가능성이 있는 포인트 프로세스의 특성을 파악하는 데 있다. 공간 포인트 프로세스의 주요 특성은 다음과 같다.

- 1차 특성: 강도 함수(intensity function)는 단위 면적당 포인트의 수를 나타내며, 이질적(inhomogeneous) 포인트 프로세스에서는 공간적으로 변동한다.
- 2차 특성: 주어진 강도 함수(고정 혹은 변동)하에서, 포인트들이 서로 독립적으로 분포하는지,

서로 끌어당기는 경향이 있는지(군집화), 혹은 서로 밀어내는 경향이 있는지(완전 공간 무작위
성(complete spatial randomness)보다 더 규칙적인 분포인지)를 묘사한다.

11.1 관측 윈도우

포인트 패턴은 관측 윈도우(observation window)를 가진다. 관측 윈도우는 포인트가 기록될 수
있는 공간적 범위를 정의하며, 분석에서 중요한 역할을 한다. 다음 코드는 무작위 포인트 패턴을 생
성하는 예시이다.

```
library(sf)
# Linking to GEOS 3.11.1, GDAL 3.6.4, PROJ 9.1.1; sf_use_s2( ) is TRUE
n <- 30
set.seed(13531) # remove this to create another random sequence
xy <- data.frame(x = runif(n), y = runif(n)) |>
    st_as_sf(coords = c("x", "y"))
```

이 포인트들은 [0, 1]×[0, 1] 영역 내에 고르게 분포하고 있으며, 완전한 공간적 무작위 분포로도 표
현할 수 있다. 그러나 영역의 크기가 커지면 '고르게 분포한다'고 말하기는 어려워진다. 예를 들어,
아래 코드로 두 개의 정사각형 영역(w1과 w2)을 생성하는 예시를 보여 준다(그림 11.1).

```
w1 <- st_bbox(c(xmin = 0, ymin = 0, xmax = 1, ymax = 1)) |>
      st_as_sfc( )
w2 <- st_sfc(st_point(c(1, 0.5))) |> st_buffer(1.2)
```

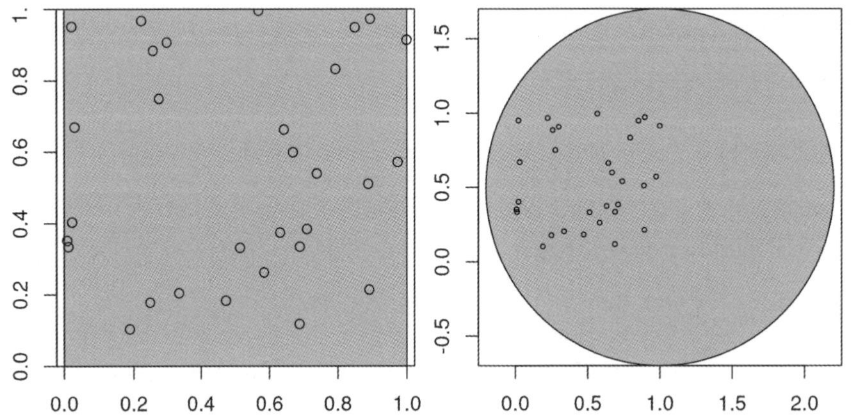

그림 11.1: 관측 윈도우(회색)에 따라 동일한 포인트 패턴이 공간적으로 완전히 무작위로 나타날 수도 있고(왼쪽), 군집
을 이루고 있는 것으로 나타날 수도 있다(오른쪽).

spatstat 패키지는 포인트 패턴을 ppp 클라스의 객체로 저장한다. 모든 ppp 객체는 포인트의 위치 정보와 관측 윈도우(owin 클라스의 객체)를 함께 가진다. 다음 예시는 포인트 데이터를 이용해 ppp 객체를 생성하는 방법을 보여 준다.

```
library(spatstat) |> suppressPackageStartupMessages( )
as.ppp(xy)
# Planar point pattern: 30 points
# window: rectangle = [0.009, 0.999] x [0.103, 0.996] units
```

여기서 관측 윈도우를 별도로 지정하지 않으면, 포인트들의 바운딩 박스가 자동으로 관측 윈도우로 설정된다. 데이터셋의 첫 번째 피처로 폴리곤 지오메트리를 추가하면, 해당 폴리곤이 관측 윈도우로 사용된다.

```
(pp1 <- c(w1, st_geometry(xy)) |> as.ppp( ))
# Planar point pattern: 30 points
# window: polygonal boundary
# enclosing rectangle: [0, 1] x [0, 1] units
c1 <- st_buffer(st_centroid(w2), 1.2)
(pp2 <- c(c1, st_geometry(xy)) |> as.ppp( ))
# Planar point pattern: 30 points
# window: polygonal boundary
# enclosing rectangle: [-0.2, 2.2] x [-0.7, 1.7] units
```

포인트 패턴의 등질성(homogeneity)을 검정하기 위해, 적절한 방격 레이아웃을 설정할 수 있다.[1] 예를 들어, 그림 11.2에는 3×3 레이아웃이 나타나 있다. 이를 사용하여 방격 빈도(quadrat count), 즉 방격별 포인트 수를 구할 수 있다.

```
par(mfrow = c(1, 2), mar = rep(0, 4))
q1 <- quadratcount(pp1, nx=3, ny=3)
q2 <- quadratcount(pp2, nx=3, ny=3)
plot(q1, main = "")
plot(xy, add = TRUE)
plot(q2, main = "")
plot(xy, add = TRUE)
```

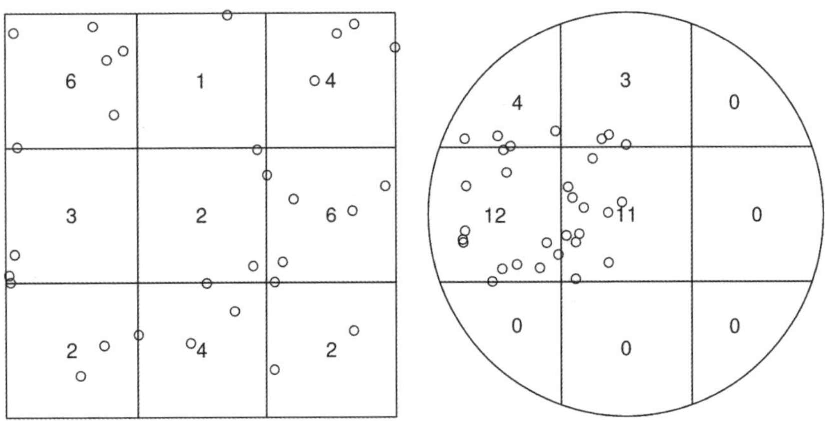

그림 11.2: 두 포인트 패턴의 3×3 방격 빈도

이 방격 빈도 정보를 이용하여 다음과 같이 χ^2 검정을 수행한다.

```
quadrat.test(pp1, nx=3, ny=3)
# Warning: Some expected counts are small; chi^2 approximation may be
# inaccurate
#
#   Chi-squared test of CSR using quadrat counts
#
# data:  pp1
# X2 = 8, df = 8, p-value = 0.9
# alternative hypothesis: two.sided
#
# Quadrats: 9 tiles (irregular windows)
quadrat.test(pp2, nx=3, ny=3)
# Warning: Some expected counts are small; chi^2 approximation may be
# inaccurate
#
#   Chi-squared test of CSR using quadrat counts
#
# data:  pp2
# X2 = 43, df = 8, p-value = 2e-06
# alternative hypothesis: two.sided
#
# Quadrats: 9 tiles (irregular windows)
```

이는 두 번째 사례가 완전공간무작위성(CSR, complete spatial randomness) 패턴이 아님을 시사한다. 경고 메시지에 언급된 대로 기대빈도가 너무 작으므로 유의확률(p값)의 해석에는 각별한 주의가 필요하다.

density( ) 함수를 사용하면 커널 밀도를 계산할 수 있으며, 커널의 형태와 탐색반경을 조정할 수 있다. 탐색반경을 결정하는 파라미터 **sigma** 값은 **bw.diggle( )** 함수의 교차검증을 통해 지정되며, 그림 11.3에 이렇게 생성된 밀도면이 나타나 있다.

```
den1 <- density(pp1, sigma = bw.diggle)
den2 <- density(pp2, sigma = bw.diggle)
```

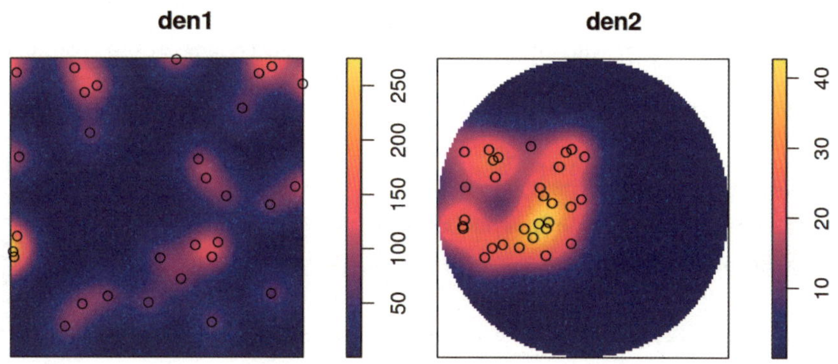

그림 11.3: 두 포인트 패턴에 대한 커널 밀도면

이러한 방식으로 생성된 밀도 지도는 본질적으로 래스터 이미지이므로, 이를 **stars** 객체로 변환할 수 있다.

```
library(stars)
# Loading required package: abind
s1 <- st_as_stars(den1)
(s2 <- st_as_stars(den2))
# stars object with 2 dimensions and 1 attribute
# attribute(s):
#       Min.  1st Qu. Median Mean 3rd Qu. Max. NA's
# v  6.28e-15 0.000153  0.304 6.77    13.1 42.7 3492
# dimension(s):
#   from  to offset   delta x/y
# x    1 128   -0.2  0.0187 [x]
# y    1 128    1.7 -0.0187 [y]
```

밀도면 하부 체적을 계산하면, 다음 코드에서 확인할 수 있듯이 표본크기(30)와 유사한 값을 얻을

수 있다.[2]

```
s1$a <- st_area(s1) |> suppressMessages( )
s2$a <- st_area(s2) |> suppressMessages( )
with(s1, sum(v * a, na.rm = TRUE))
# [1] 29
with(s2, sum(v * a, na.rm = TRUE))
# [1] 30.7
```

여기에 밀도면을 외부 변수의 함수로 나타내는 모형화를 적용하면 더 흥미로운 결과를 얻을 수 있다. 예를 들어, pp2의 밀도를 푸아송 포인트 패턴 프로세스로 모형화한다고 가정해 보자(즉, 포인트 간에 상호작용이 없다고 가정). 이때 밀도의 변화는 '클러스터' 중심으로부터의 거리의 함수로 설명되며, 해당 거리값은 **stars** 객체에 포함되어 있다.

```
pt <- st_sfc(st_point(c(0.5, 0.5)))
st_as_sf(s2, as_points = TRUE, na.rm = FALSE) |>
  st_distance(pt) -> s2$dist
```

그런 다음 ppm( ) 함수를 사용하여 밀도를 모형화할 수 있으며, **formula**의 왼쪽에는 포인트 패턴 객체의 이름이 위치한다.

```
(m <- ppm(pp2 ~ dist, data = list(dist = as.im(s2["dist"]))))
# Nonstationary Poisson process
# Fitted to point pattern dataset 'pp2'
#
# Log intensity:  ~dist
#
# Fitted trend coefficients:
# (Intercept)         dist
#        4.54        -4.24
#
#             Estimate  S.E. CI95.lo CI95.hi Ztest  Zval
# (Intercept)     4.54 0.341    3.87    5.21   *** 13.32
# dist           -4.24 0.700   -5.62   -2.87   *** -6.06
```

반환된 객체는 **ppm** 클래스이며, 이를 플로팅할 수 있다. 그림 11.4는 예측된 밀도면을 보여 주며, 예측 표준오차 역시 플로팅할 수 있다.

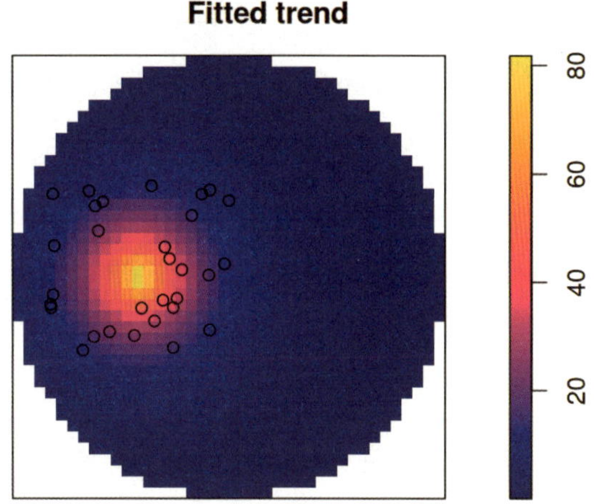

Fitted trend

그림 11.4: ppm 모형에 기반한 예측 밀도면

모형에는 `predict( )` 메서드도 있어, 이를 통해 **im** 객체를 반환하며, 이 객체는 다음과 같이 **stars** 객체로 전환될 수 있다.

```
predict(m, covariates = list(dist = as.im(s2["dist"]))) |>
    st_as_stars( )
# stars object with 2 dimensions and 1 attribute
# attribute(s):
#      Min. 1st Qu. Median Mean 3rd Qu. Max. NA's
# v  0.0698   0.529   2.13 6.62     7.3 89.7 3492
# dimension(s):
#   from  to offset   delta x/y
# x    1 128   -0.2  0.0187 [x]
# y    1 128    1.7 -0.0188 [y]
```

11.2 CRS

spatstat 패키지의 모든 루틴은 데카르트 좌표계를 사용하는 2차원 데이터에 맞게 설계되어 있다. 따라서 타원체 좌표계(위도, 경도)를 가진 객체를 변환하려고 시도하면 오류가 발생한다.

```
system.file("gpkg/nc.gpkg", package = "sf") |>
    read_sf( ) |>
    st_geometry( ) |>
```

```
    st_centroid( ) |>
    as.ppp( )
# Error: Only projected coordinates may be converted to spatstat
# class objects
```

spatstat 패키지의 데이터 구조로 변환되면, 원래의 CRS(coordinate reference system, 좌표참조계) 정보가 손실된다. 이를 다시 **sf** 또는 **stars** 객체로 복원하려면 **st_set_crs( )** 함수를 사용해야 된다.

11.3 마크 포인트 패턴과 선형 네트워크상의 포인트

spatstat 패키지에서는 몇 가지 확장된 데이터 유형을 상호 변환할 수 있다. 마크(marked) 포인트 패턴은 각 포인트에 범주형 레이블 또는 숫자형 레이블이 '부여된' 포인트 패턴을 말한다. 예를 들어, **spatstat** 패키지에 포함된 **longleaf** 소나무 데이터셋은 가슴 높이에서 측정한 나무 직경 값을 숫자형 마크로 포함하고 있다.

```
longleaf
# Marked planar point pattern: 584 points
# marks are numeric, of storage type  'double'
# window: rectangle = [0, 200] x [0, 200] metres
ll <- st_as_sf(longleaf)
print(ll, n = 3)
# Simple feature collection with 585 features and 2 fields
# Geometry type: GEOMETRY
# Dimension:     XY
# Bounding box:  xmin: 0 ymin: 0 xmax: 200 ymax: 200
# CRS:           NA
# First 3 features:
#   spatstat.geom..marks.x.  label                       geom
# NA                    NA window POLYGON ((0 0, 200 0, 200 2...
# 1                   32.9  point          POINT (200 8.8)
# 2                   53.5  point          POINT (199 10)
```

해당 값은 다음과 같이 **ppp** 객체로 다시 변환할 수 있다.

```
as.ppp(ll)
# Warning in as.ppp.sf(ll): only first attribute column is used for
```

```
# marks
# Marked planar point pattern: 584 points
# marks are numeric, of storage type  ‘double’
# window: polygonal boundary
# enclosing rectangle: [0, 200] x [0, 200] units
```

spatstat 패키지의 psp 클래스에 속하는 선분은 LINESTRING 지오메트리를 가진 sf 피처로 상호 변환할 수 있으며, 관측 윈도우를 나타내는 POLYGON 피처가 하나 포함된다.

```
print(st_as_sf(copper$SouthLines), n = 5)
# Simple feature collection with 91 features and 1 field
# Geometry type: GEOMETRY
# Dimension:      XY
# Bounding box:  xmin: -0.335 ymin: 0.19 xmax: 35 ymax: 158
# CRS:            NA
# First 5 features:
#    label                            geom
# 1  window POLYGON ((-0.335 0.19, 35 0...
# 2 segment LINESTRING (3.36 0.19, 10.4...
# 3 segment LINESTRING (12.5 0.263, 11....
# 4 segment LINESTRING (11.2 0.197, -0....
# 5 segment LINESTRING (6.35 12.8, 16.5...
```

마지막으로, 선형 네트워크상의 포인트 패턴은 spatstat 패키지에서 lpp 객체로 표현되며, 다음과 같이 sf 객체로 변환할 수 있다.

```
print(st_as_sf(chicago), n = 5)
# Simple feature collection with 620 features and 4 fields
# Geometry type: GEOMETRY
# Dimension:      XY
# Bounding box:  xmin: 0.389 ymin: 153 xmax: 1280 ymax: 1280
# CRS:            NA
# First 5 features:
#    label seg tp marks                            geom
# 1  window  NA NA  <NA> POLYGON ((0.389 153, 1282 1...
# 2 segment  NA NA  <NA> LINESTRING (0.389 1254, 110...
# 3 segment  NA NA  <NA> LINESTRING (110 1252, 111 1...
# 4 segment  NA NA  <NA> LINESTRING (110 1252, 198 1...
# 5 segment  NA NA  <NA> LINESTRING (198 1277, 198 1...
```

여기서는 처음 다섯 개 피처만 표시되어 있어 쉽게 눈에 띄지는 않지만, `label` 변수를 보면 포인트들도 이 객체에 포함되어 있음을 알 수 있다.

```
table(st_as_sf(chicago)$label)
#
#   point segment  window
#     116     503       1
```

네트워크의 구조에 관한 정보, 즉 **LINESTRING** 지오메트리가 어떻게 연결되어 있는지는 **sf** 객체에 포함되지 않는다. 이런 측면에서 **sfnetworks** 패키지(van der Meer et al. 2022)는 좋은 대안이 될 수 있다. 이 패키지는 네트워크 위상 정보를 다룰 수 있을 뿐 아니라 OpenStreetMap에서 불러온 네트워크 데이터를 spatstat 패키지로 전달하는 기능도 제공한다.

11.4 공간적 표본추출과 포인트 프로세스 시뮬레이션하기

sf 패키지에는 **MULTIPOINT**, 선형, 또는 폴리곤 지오메트리에서 포인트를 표본추출하는 **st_sample( )** 메서드가 있으며, 여러 가지 공간적 표본추출 전략을 지원한다. 기본적으로 'random', 'hexagonal', 'Fibonacci'(11.5절 참고), 'regular' 옵션을 제공한다. 'regular'는 정사각형 격자에서의 표본추출을, 'hexagonal'은 사실상 삼각형 격자에 해당하는 표본추출을 의미한다. 'random' 유형만 요청한 포인트 수를 정확히 반환하며, 다른 유형은 근사값을 반환한다.

st_sample( ) 함수는 표본추출 유형에 다른 값을 지정할 경우, spatstat 패키지의 포인트 프로세스 시뮬레이션 함수와도 연동된다. 예를 들어, **type = Thomas**로 설정하면 spatstat 패키지의 **rThomas( )** 함수가 호출된다(그림 11.5).

```
kappa <- 30 / st_area(w2) # intensity
th <- st_sample(w2, kappa = kappa, mu = 3, scale = 0.05,
    type = "Thomas")
nrow(th)
# [1] 90
```

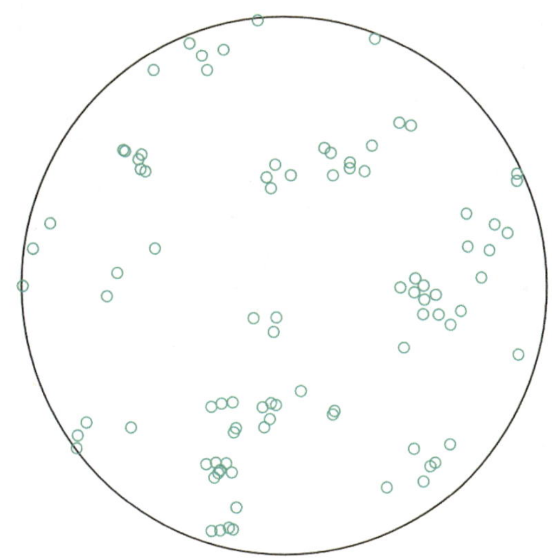

그림 11.5: mu =3, scale = 0.05로 설정한 Thomas 프로세스

?rThomas를 실행하면 함수 **rThomas( )**의 매개변수 **kappa, mu, scale**의 의미를 자세히 확인할 수 있다. 포인트 프로세스 시뮬레이션에서는 표본크기를 지정하는 대신 강도를 지정한다. 이때 관측 윈도우 내에서 실제로 생성되는 표본크기는 확률변수가 된다.

11.5 구체상에서 포인트 시뮬레이션하기

sf 패키지에서 기본적으로 제공하는 또 다른 공간적 무작위 표본추출 유형은 구면에서의 무작위 포인트 시뮬레이션이다. 그림 11.6은 그 한 예시로, 생성된 포인트들이 모두 해양에 위치해 있다. 구면에서 규칙적인 포인트 패턴을 시뮬레이션하려면 **st_sample( )** 함수에서 인수를 **type = "Fibonacci"**로 지정하면 된다(González 2010).

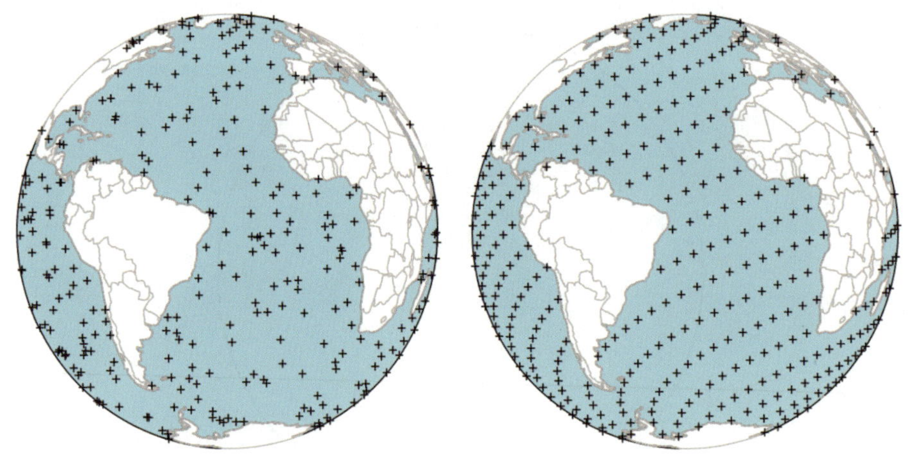

그림 11.6: 구면에서 해양부에만 제한된 표본 포인트: 무작위 패턴(왼쪽)과 규칙 패턴(오른쪽)이 정사 도법 지도에 표시되어 있다.

11.6 연습문제

1. spatstat 패키지에서 `plot(longleaf)`로 생성되는 플롯과 동일한 결과를 ggplot2 패키지의 `geom_sf( )` 함수 및 `sf::plot( )` 함수를 사용하여 구현하시오.

2. 12장에서 사용된 NO_2 데이터의 표본 위치를 적절한 관측 윈도우와 함께 ppp 객체로 변환하시오.

3. NO 데이터셋을 사용하여 밀도를 계산하고, 밀도면을 플로팅하시오. 이어서 밀도면을 stars 객체로 변환하고, 표면 하부 체적을 계산하시오.

11장 역자주

1. 포인트 패턴의 등질성은 기대 밀도가 모든 지점에서 동일한지를 의미한다.

2. '밀도면 하부 체적'이란 각 셀별로 면적과 밀도값을 곱하여 셀 체적을 구하고 모든 셀에 대한 이 체적값을 합한 값을 의미한다.

12. 공간적 내삽

공간적 내삽(spatial interpolation)은 관측된 위치 정보를 바탕으로, 관측되지 않은 공간 위치에서 공간 연속형 변수(필드)의 값을 추정하는 과정이다. 이를 위한 통계적 방법론을 지구통계학(geostatistics)이라 하며, 공간적으로 연속적인 현상의 모형화, 예측, 그리고 시뮬레이션에 중점을 둔다. 공간적 내삽의 전형적인 적용 사례는 결측값 문제이다. 즉, 연구 대상 지역에서 한정된 표본 위치 s_i, $i=1, ..., n$에서만 특정 현상의 속성 $Z(s)$가 관측되었을 때, 이를 바탕으로 해당 연구 내 모든 위치 s_0에서의 속성값을 추정하는 것이다. 관측되지 않은 위치에 대해 속성값을 예측하는 이러한 과정을 크리깅(kriging) 또는 가우시안 프로세스 예측(Gaussian Process prediction)이라고도 부른다. 만일 $Z(s)$에 화이트 노이즈 성분인 ε이 포함되어 있다면, 이를 $Z(s)=S(s)+\varepsilon$ (측정 오차 포함) 형태로 나타낼 수 있다. 이 경우, $Z(s)$ 자체가 아니라 오차가 제거된 $S(s)$를 예측하거나 시뮬레이션하는 것이 대안적인 목표가 될 수 있다. 이러한 과정을 보통 **공간 필터링**(spatial filtering) 또는 **평활화**(smoothing)라고 부른다.

이 장에서는 지구통계학적 데이터를 다루는 간단한 접근법, 기초적인 내삽 기법, 그리고 공간적 자기상관, 공간 예측 및 시뮬레이션 모형화를 다룬다. 13장에서는 다변량 및 시공간 지구통계학적 모형과 같은 보다 복잡한 모형에 중점을 둔다. 주요 도구로는 **gstat** 패키지(Pebesma and Graeler 2022; Pebesma 2004)를 사용하며, 이 패키지는 다양한 비베이지안 지구통계 분석 모형과 옵션을 제공한다. R로 구현된 베이지안 방법은 Diggle, Tawn과 Moyeed(1998), Diggle과 Ribeiro Jr.(2007), Blangiardo와 Cameletti(2015), Wikle, Zammit-Mangion과 Cressie(2019)에서 확인할 수 있다. 대용량 데이터셋 분석에 활용되는 기법의 개요와 비교는 Heaton 등(2018)에 제시되어 있다.

12.1 첫 번째 데이터셋

gstat 패키지에 포함된 평균 NO$_2$ 데이터셋을 불러온다. 이 데이터셋은 13장에서 준비된 것이다.

```r
library(tidyverse) |> suppressPackageStartupMessages( )
no2 <- read_csv(system.file("external/no2.csv",
    package = "gstat"), show_col_types = FALSE)
```

이 데이터셋에 UTM 투영을 적용한 뒤, 이를 sf 객체로 변환한다.

```
library(sf)
# Linking to GEOS 3.11.1, GDAL 3.6.4, PROJ 9.1.1; sf_use_s2( ) is TRUE
crs <- st_crs("EPSG:32632")
st_as_sf(no2, crs = "OGC:CRS84", coords =
    c("station_longitude_deg", "station_latitude_deg")) |>
    st_transform(crs) -> no2.sf
```

그다음, 국가 행정 경계를 불러오고, **ggplot2** 패키지를 사용해 지도를 작성한다(그림 12.1).

```
read_sf("data/de_nuts1.gpkg") |> st_transform(crs) -> de
```

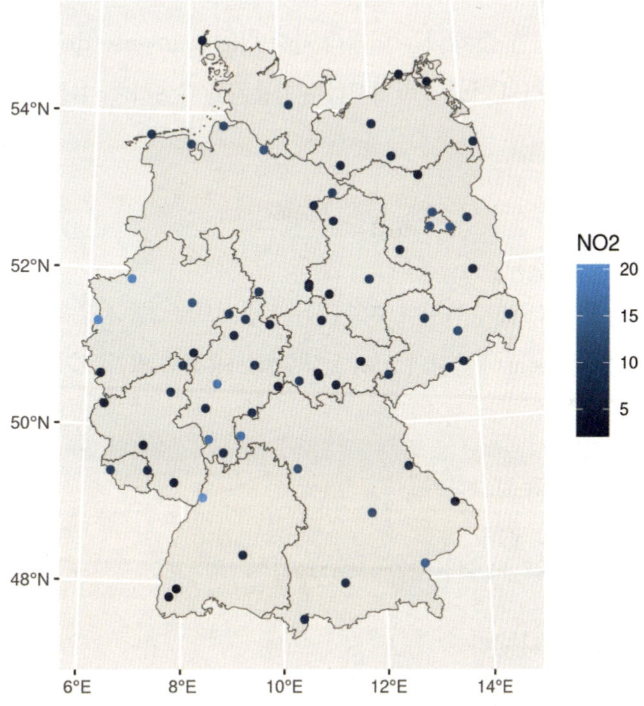

그림 12.1: 독일의 농촌 지역 관측소들에 높은 평균 NO₂ 값이 집중해 있다.

이 데이터를 바탕으로 공간적 내삽을 수행하려면, 먼저 예측을 수행할 위치를 결정해야 한다. 일반적으로는 연구 대상 지역 전체를 덮는 규칙 그리드를 사용한다. 객체 **de**의 국가 윤곽에 맞추어, 독일 전역을 커버하는 10km×10km의 규칙 그리드를 생성한다. 그리드 셀의 크기를 너무 세밀하게 설정하지 않은 것은, 플롯에서 결과를 눈으로 확인하기 위함이다.

```
library(stars) |> suppressPackageStartupMessages( )
st_bbox(de) |>
  st_as_stars(dx = 10000) |>
  st_crop(de) -> grd
grd
# stars object with 2 dimensions and 1 attribute
# attribute(s):
#        Min. 1st Qu. Median Mean 3rd Qu. Max. NA's
# values    0       0      0    0       0    0 2076
# dimension(s):
#   from to  offset  delta           refsys x/y
# x    1 65  280741   10000 WGS 84 / UTM z... [x]
# y    1 87 6101239  -10000 WGS 84 / UTM z... [y]
```

가장 단순한 공간적 내삽 기법 중 하나는 역거리 가중법(IDW, inverse distance weighted)이다. 이 방법은 예측 지점으로부터의 거리에 반비례하는 가중치를 부여하여, 이를 기반으로 가중평균을 계산한다.

$$\hat{Z}(s_0) = \frac{\sum_{i=1}^{n} w_i z(s_i)}{\sum_{i=1}^{n} w_i}$$

여기서 가중치는 $w_i = |s_0 - s_i|^{-p}$로 주어지며, 지수(p)는 일반적으로 2를 사용하지만 교차검증을 통해 최적값을 찾을 수도 있다. gstat 패키지의 **idw( )** 함수를 사용하면 역거리 가중 내삽을 쉽게 수행할 수 있다.

```
library(gstat)
i <- idw(NO2~1, no2.sf, grd)
# [inverse distance weighted interpolation]
```

그 결과는 그림 12.2에 나타나 있다.

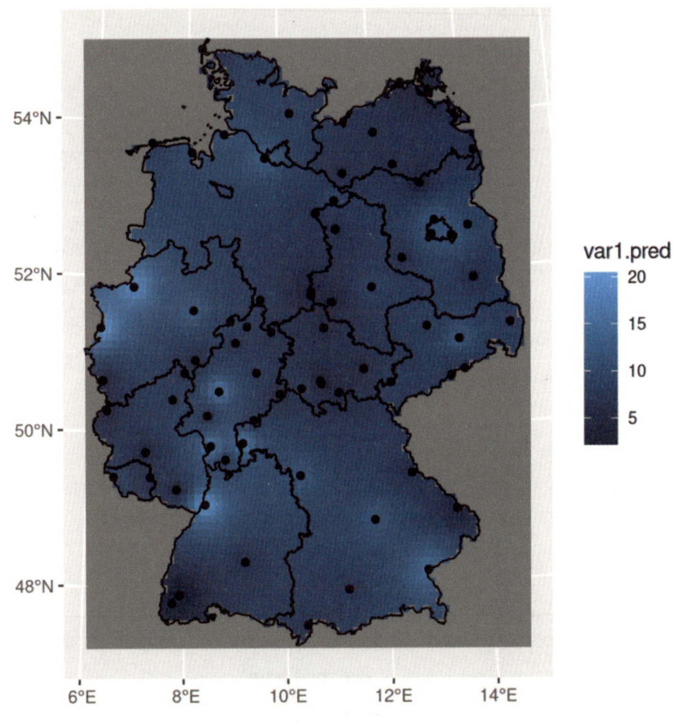

그림 12.2: 독일 NO$_2$ 집중도에 대한 역거리 가중 내삽의 결과

12.2 표본 베리오그램

지구통계학적 방법으로 공간 예측을 수행하려면 먼저 평균과 공간적 자기상관을 설명할 수 있는 모형을 설정해야 한다. 가장 단순한 모형은 $Z(s) = m + e(s)$로, 여기서 m은 알려지지 않은 상수 평균값이며, 공간적 자기상관은 $\gamma(h) = 0.5E(Z(s) - Z(s+h))^2$ 형태의 베리오그램(variogram)으로 표현된다. 유한한 분산 $C(0)$를 가지는 경우에는 $\gamma(h) = C(0) - C(h)$가 성립하며, 이를 통해 베리오그램이 코베리오그램(covariogram) 또는 공분산 함수와 밀접하게 연결되어 있음을 알 수 있다.

표본 베리오그램은 거리 구간 $h_i = [h_{i,0}, h_{i,1}]$별 $\gamma(h)$의 추정값을 계산하여 얻는다.

$$\hat{\gamma}(h_i) = \frac{1}{2N(h_i)} \sum_{j=1}^{N(h_i)} (z(s_i) - z(s_i + h'))^2, \quad h_{i,0} \le h' < h_{i,1} \quad (12.1)$$

여기에서 $N(h_i)$는 거리 구간 h_i에 속하는 모든 표본 쌍의 개수를 의미한다.[1] gstat 패키지의 vario-gram( ) 함수를 사용하면 이러한 표본 베리오그램을 계산할 수 있다.

```
v <- variogram(NO2~1, no2.sf)
```

그림 12.3은 계산된 베리오그램 결과를 플롯으로 나타낸 것이다.

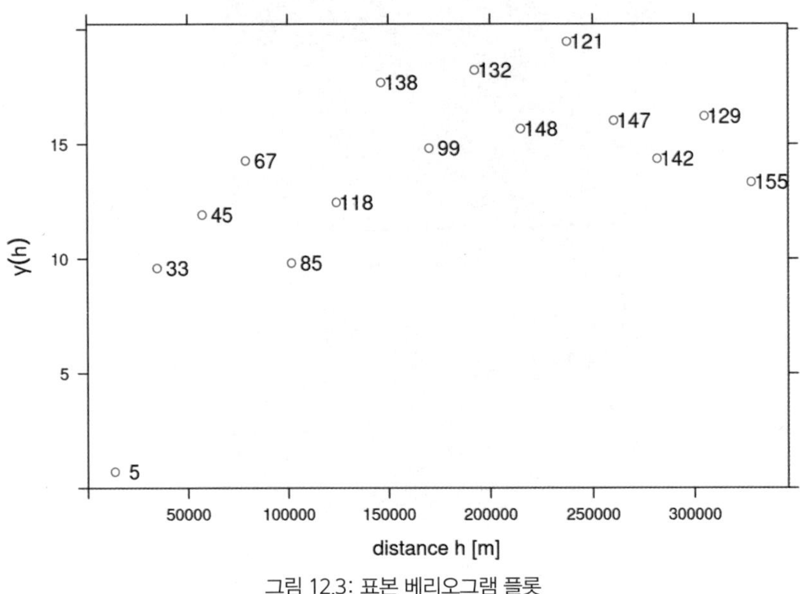

그림 12.3: 표본 베리오그램 플롯

variogram( ) 함수는 기본적으로 최대 거리(cutoff)를 바운딩 박스의 대각선 길이의 1/3로, 구간 너비(width)를 cutoff를 15로 나눈 값으로 설정한다. 이러한 기본값은 다음과 같이 변경할 수 있다.

```
v0 <- variogram(NO2~1, no2.sf, cutoff = 100000, width = 10000)
```

변경된 설정값을 적용한 결과는 그림 12.4에 나타나 있다.

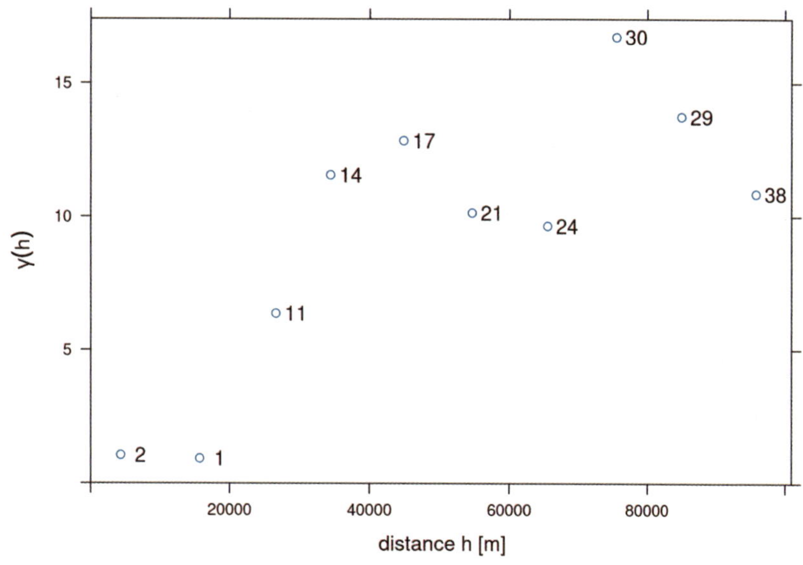

그림 12.4: 변경된 설정값을 적용하여 생성한 표본 베리오그램

공식 NO2~1은 데이터 파일(NO2)에서 관심 변수를 선택하고 평균 모형을 지정하는 데 사용된다. 여기서 ~1은 절편만 포함된(알려지지 않은 상수 평균을 가정하는) 모형을 의미한다.

12.3 베리오그램 모형 적합

공간 예측을 수행하려면, 앞에서 도출한 거리 구간별 추정값이 아니라 이론적으로 모든 거리 h에 적용할 수 있는 베리오그램 모형 $\gamma(h)$이 필요하다. 구간별 추정값을 단순히 직선으로 연결하거나 각 구간에서 일정한 값이라고 가정하면 문제가 발생한다. 이는 비양수 정의 공분산 행렬(non-positive definite covariance matrices)을 전제하게 되며, 이러한 행렬을 기반으로 한 통계 모형은 예측에 사용할 수 없다.[2]

이 문제를 피하기 위해, 파라메트릭 형태의 $\gamma(h)$를 적합하여 추정값 $\hat{\gamma}(h_i)$를 구한다. 여기서 h_i는 $\hat{\gamma}(h_i)$를 추정하는 데 사용된 모든 h' 값의 평균값으로 설정된다. 예를 들어, 다음과 같은 지수형 베리오그램 모형을 적합할 수 있다.

```
v.m <- fit.variogram(v, vgm(1, "Exp", 50000, 1))
```

결과는 그림 12.5에 제시되어 있다.

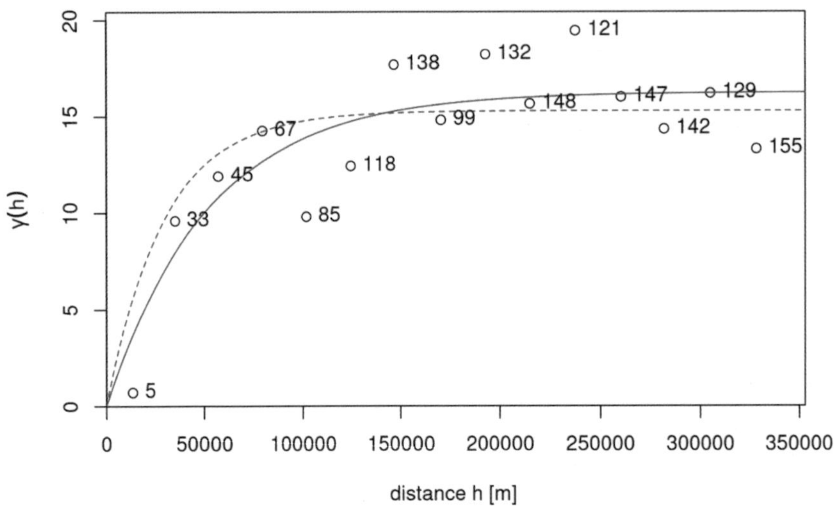

그림 12.5: 표본 베리오그램(가운데가 비어 있는 점) 위에, 가중 최소제곱법(실선) 및 최대우도추정법(점선)으로 적합한 모형이 함께 표시되어 있다.

선의 적합에는 다음 식을 최소화하는 가중 최소제곱법이 적용되었다.

$$\sum_{i=1}^{n} w_i(\gamma(h_i) - \widehat{\gamma}(h_i))^2 \quad (12.2)$$

여기에서 가중치 w_i의 기본값은 $N(h_i)/h^2$로 주어지며, **fit.method** 인수를 통해 다른 가중치 옵션을 선택할 수 있다.

가중 최소제곱법 적합의 대안으로 최대우도 또는 제한 최대우도 모수추정법(Kitanidis and Lane 1985)을 사용할 수 있다. 이 사례에서는 그림 12.5에서 점선으로 나타난 것처럼, 비교적 유사한 적합 모형이 도출되었다. 최대우도추정법의 장점은 식 12.1에서 거리 구간 h_i나 식 12.2에서 가중치 w_i를 선택할 필요가 없다는 것이다. 반면, 단점은 데이터가 다변량 정규분포를 따른다는 강한 가정을 전제로 하며, 대규모 데이터셋의 경우 관측 수에 해당하는 크기의 선형 시스템을 반복적으로 풀어야 한다는 점이다. Heaton 등(2018)은 대규모 데이터셋에 모형을 적합하는 데 특화된 접근법을 비교한다.

12.4 크리깅 내삽

일반적으로 내삽은 연구 대상 지역을 덮는 규칙 그리드 지점들을 대상으로 수행된다. 먼저, 해당 지역을 포함하되 외부 영역은 **NA**로 채워진 래스터(**stars** 객체)를 생성한다.

크리깅은 연구 대상 지역 내 임의 지점 $Z(s_0)$의 속성값을 예측하는 방법이다. **gstat** 패키지의
krige( ) 함수를 사용하면 NO_2 값을 크리깅할 수 있으며, 이때 경향 모형(아래 참조), 데이터, 예측
그리드, 베리오그램 모형을 인수로 함께 전달한다(그림 12.6).

```
k <- krige(NO2~1, no2.sf, grd, v.m)
# [using ordinary kriging]
ggplot( ) + geom_stars(data = k, aes(fill = var1.pred, x = x, y = y)) +
    xlab(NULL) + ylab(NULL) +
    geom_sf(data = st_cast(de, "MULTILINESTRING")) +
    geom_sf(data = no2.sf) +
    coord_sf(lims_method = "geometry_bbox")
```

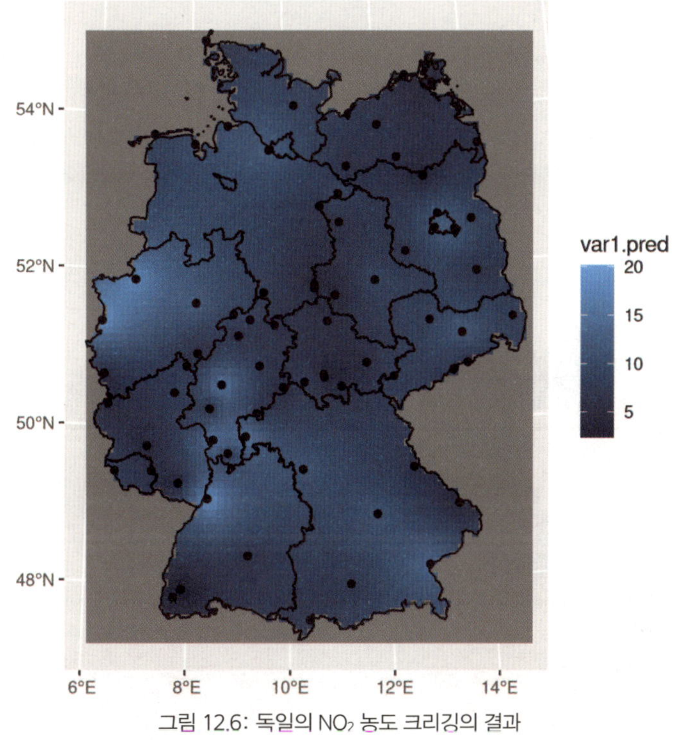

그림 12.6: 독일의 NO_2 농도 크리깅의 결과

12.5 에어리어 평균: 블록 크리깅

에어리어 평균을 계산하는 방법에는 여러 가지가 있다. 그중 가장 간단한 방법은 대상 폴리곤 내부
에 포함된 포인트 표본들의 값을 평균하는 것이다.

```
a <- aggregate(no2.sf["NO2"], by = de, FUN = mean)
```

더 복잡한 방법으로는 블록 크리깅(block kriging, Journel and Huijbregts 1978)이 있으며, 이는 타깃 에어리어의 평균값을 추정하기 위해 모든 데이터를 활용한다. **krige( )** 함수의 **newdata** 인 수에 타깃 에어리어(폴리곤)을 전달하면 된다.

```
b <- krige(NO2~1, no2.sf, de, v.m)
# [using ordinary kriging]
```

두 지도를 하나의 객체로 병합해 단일 플롯으로 표현한다(그림 12.7).

```
b$sample <- a$NO2
b$kriging <- b$var1.pred
b |> select(sample, kriging) |>
        pivot_longer(1:2, names_to = "var", values_to = "NO2") -> b2
b2$var <- factor(b2$var, levels = c("sample", "kriging"))
ggplot( ) + geom_sf(data = b2, mapping = aes(fill = NO2)) + facet_wrap(~var) +
    scale_fill_gradientn(colors = sf.colors(20))
```

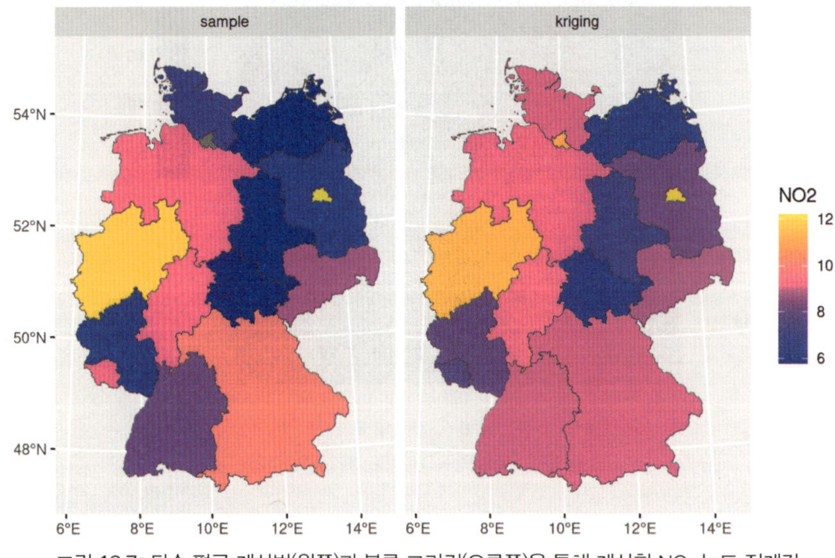

그림 12.7: 단순 평균 계산법(왼쪽)과 블록 크리깅(오른쪽)을 통해 계산한 NO_2 농도 집계값

패턴은 유사하지만, 단순 평균을 통한 표본 평균이 블록 크리깅 결과보다 변동성이 더 크다. 이는 크리깅에서 집계 영역 외부의 데이터 포인트에도 가중치를 부여함으로써 발생하는 평활화 효과 때 문일 수 있다.

표준오차의 대략적인 추정치는 $\sqrt{(\sigma^2/n)}$ 으로 계산할 수 있다.

```
SE <- function(x) sqrt(var(x)/length(x))
a <- aggregate(no2.sf["NO2"], de, SE)
```

표본이 공간적으로 무작위 표본 추출을 통해 얻어진 경우, 디자인 기반 추론(10.4절)에서 실제 추정치는 위와 같았을 것이다. 블록 크리깅 분산은 모형 기반 추정치이며, 크리깅의 부산물로 계산된다. 그림 12.8에서 두 값을 비교하면, 단순 평균 접근법이 블록 크리깅에 비해 구역 평균의 예측 오차에서 변동성이 더 클 뿐 아니라, 그 값 자체도 더 크다는 것을 확인할 수 있다.

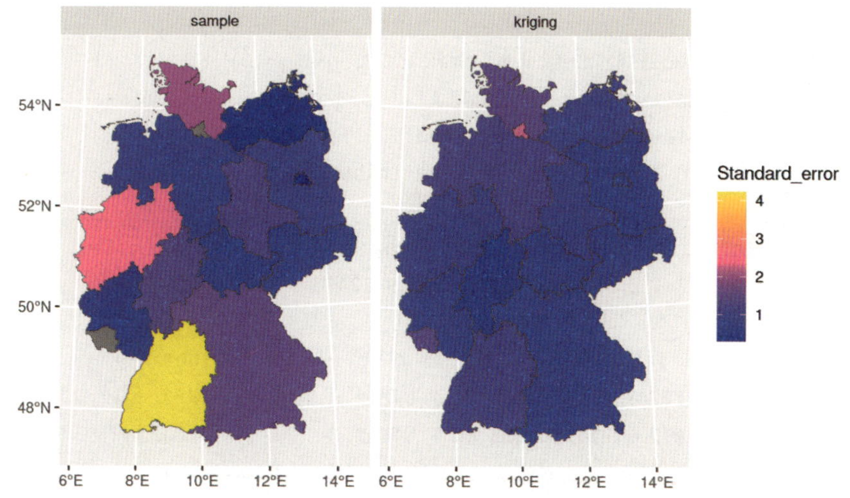

그림 12.8: 단순 평균 계산법(왼쪽)과 블록 크리깅(오른쪽)을 통해 산출한 평균 NO_2 농도의 표준 오차

12.6 조건부 시뮬레이션

필드 $Z(s)$의 조건부 평균이 아니라, 하나 또는 여러 개의 조건부 실현이 필요한 경우, 조건부 시뮬레이션을 활용한다.[3] 이러한 조건부 실현이 필요한 상황은, 비선형 함수 $g(\cdot)$을 통해 $Z(s)$의 구역 평균값 $g(Z(s))$를 추정해야 하는 경우에 해당된다. 간단한 예로는 $Z(s)$가 특정 임계값을 초과하는 지역이 존재하는지를 평가하는 경우를 들 수 있다.

gstat 패키지의 기본 접근법은 이를 위해 순차(sequential) 시뮬레이션 알고리즘을 사용한다. 이 알고리즘은 예측 대상 위치들을 무작위로 순회하며, 각 위치에서 다음 단계를 수행한다.

- 해당 위치에서 크리깅 예측을 수행한다.

- 크리깅 분산과 동일한 평균과 분산을 갖는 정규분포로부터 난수를 생성한다.
- 이 값을 조건부 데이터셋에 추가한다.
- 새로운 무작위 시뮬레이션 위치를 찾는다.

위 과정을 모든 위치에 대해 반복한다.

gstat 패키지의 krige( ) 함수가 이를 수행하며, nsim 인수를 양수로 설정하면 조건부 시뮬레이션이 실행된다. set.seed( )를 설정한 것은 시뮬레이션 결과가 실행될 때마다 달라지지 않도록, 즉 재현 가능성을 확보하기 위함이다.

```
set.seed(13341)
(s <- krige(NO2~1, no2.sf, grd, v.m, nmax = 30, nsim = 6))
# drawing 6 GLS realisations of beta...
# [using conditional Gaussian simulation]
# stars object with 3 dimensions and 1 attribute
# attribute(s):
#        Min. 1st Qu. Median Mean 3rd Qu. Max.   NA's
# var1  -5.7    6.12   8.68 8.88    11.5 23.9 12456
# dimension(s):
#         from to  offset  delta           refsys      values x/y
# x          1 65  280741  10000 WGS 84 / UTM z...        NULL [x]
# y          1 87 6101239 -10000 WGS 84 / UTM z...        NULL [y]
# sample     1  6      NA     NA                NA sim1,...,sim6
```

크리깅 추정 시 포함할 최근접 이웃의 최대 개수는 nmax 인수를 통해 제한할 수 있다. 이는 단계가 진행됨에 따라 조건부 데이터셋이 계속 증가하면서 계산 시간이 길어지고 메모리 사용량이 커지기 문제를 방지하기 위함이다. 조건부 시뮬레이션 결과가 그림 12.9에 나타나 있다.

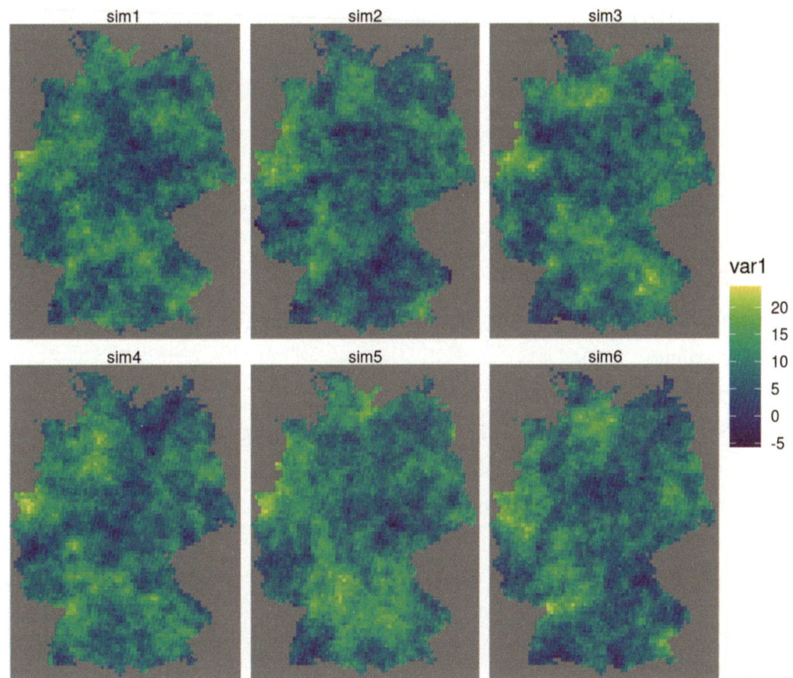

그림 12.9: NO₂ 농도에 대한 여섯 가지 조건부 시뮬레이션 결과

gstat 패키지에는 최근 조건부 시뮬레이션의 대안 기법이 추가되었으며, 원형 임베딩(circular embedding) 기법을 구현한 함수 `krigeSimCE( )`(Davies and Bryant 2013)와 터닝 밴드(turning band) 기법을 구현한 함수 `krigeSTSimTB( )`(Schlather 2011)가 있다. 이러한 기법들은 대규모 데이터셋이나 시공간 데이터셋의 조건부 시뮬레이션에 특히 유용하다.

12.7 경향 모형

이 장에서 사용된 크리깅과 조건부 시뮬레이션은 모든 공간 변동성이 공간 공분산 모형으로 특징지어지는 무작위 과정이라고 가정한다. 그러나 타깃 변수와 의미 있게 상관된 다른 변수가 있는 경우, 이러한 변수를 경향 모형(trend model)을 위한 선형 회귀 모형에 포함할 수 있다.[4]

$$Z(s) = \sum_{j=0}^{p} \beta_j X_j(s) + e(s)$$

여기서 $X_0(s) = 1$, β_0는 절편, β_j는 각 변수에 대한 회귀계수이다. 변수를 추가하면 일반적으로 잔차 $e(s)$의 공간적 자기상관과 분산이 모두 감소하여, 더 정확한 예측과 유사한 조건부 시뮬레이션 결과를 얻을 수 있다. NO₂의 변동에 대한 설명변수로 인구 밀도 변수를 사용하는 예를 살펴본다.

12.7.1 인구 밀도 그리드

대기 중 NO_2의 예측변수로 인구 밀도를 사용한다. NO_2는 주로 교통에서 발생하며, 교통량은 인구 밀도가 높은 지역에서 더 집중된다. 인구 밀도 데이터는 2011년 인구 조사에서 얻어진 것으로, 100 m×100m 그리드 셀당 거주자 수가 CSV 파일에 포함되어 있다. 이 데이터를 타깃 그리드 셀에 맞춰 합산하여 새로운 집계 데이터를 생성할 수 있다.

```
v <- vroom::vroom("aq/pop/Zensus_Bevoelkerung_100m-Gitter.csv")
v |> filter(Einwohner > 0) |>
    select(-Gitter_ID_100m) |>
    st_as_sf(coords = c("x_mp_100m", "y_mp_100m"), crs = 3035) |>
    st_transform(st_crs(grd)) -> b
a <- aggregate(b, st_as_sf(grd, na.rm = FALSE), sum)
```

위의 코드를 통해 집계된 타깃 그리드 셀의 인구수가 a에 저장된다. 인구 밀도를 계산하려면 각 셀의 면적이 필요한데, 국경과 겹치는 셀의 경우 면적이 10km×10km보다 작을 수 있다.

```
grd$ID <- 1:prod(dim(grd)) # to identify grid cells
ii <- st_intersects(grd["ID"],
  st_cast(st_union(de), "MULTILINESTRING"), as_points = FALSE)
grd_sf <- st_as_sf(grd["ID"], na.rm = FALSE)[lengths(ii) > 0,]
st_agr(grd_sf) = "identity"
iii <- st_intersection(grd_sf, st_union(de))
grd$area <- st_area(grd)[[1]] +
    units::set_units(grd$values, m^2)
grd$area[iii$ID] <- st_area(iii)
```

위의 두 단계 과정(먼저 국경에 걸친 셀을 찾은 뒤 면적을 계산하는 과정)을 거치지 않고, 모든 셀에 바로 **st_intersection( )** 함수를 적용하는 방법도 있다. 그러나 이 방법은 연산 시간이 오래 걸린다는 단점이 있다. 인구수와 면적을 이용해 인구 밀도를 계산하고(그림 12.10), 총계가 맞는지 확인해 본다.

```
grd$pop_dens <- a$Einwohner / grd$area
sum(grd$pop_dens * grd$area, na.rm = TRUE) # verify
# 80323301 [1]
sum(b$Einwohner)
# [1] 80324282
```

두 값이 상당히 잘 일치하는 것을 확인할 수 있다. **st_interpolate_aw( )** 함수를 사용했다면, 완전히 동일한 결과를 얻었을 것이다. 인구수를 인구 밀도로 변환하려면 해당 인구수를 100m×100m 그리드 셀의 면적으로 나누어야 한다.

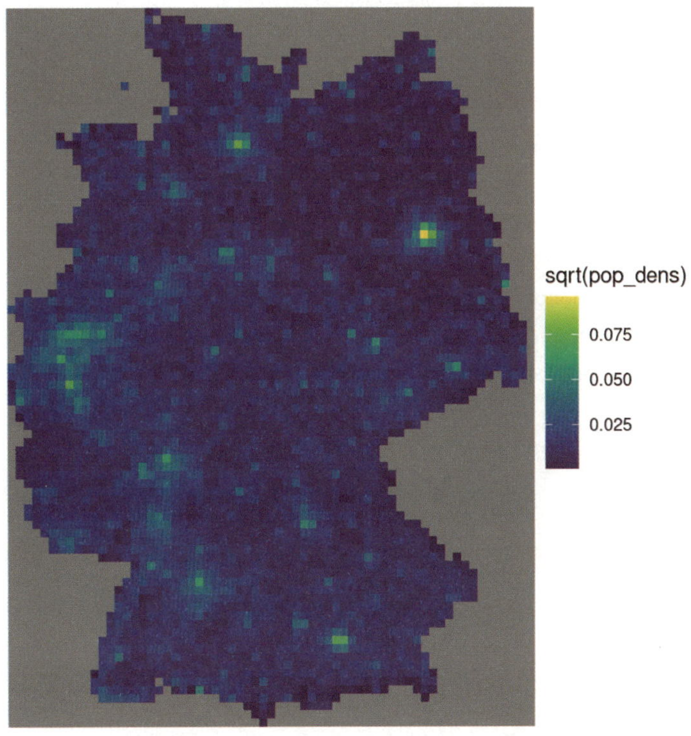

그림 12.10: 100m×100m 그리드 셀별 인구 밀도

대기질 관측소가 위치한 지점의 인구 밀도 값을 추출하기 위해 **st_extract( )** 함수를 사용한다.

```
grd |>
  select(“pop_dens”) |>
  st_extract(no2.sf) |>
  pull(“pop_dens”) |>
  mutate(no2.sf, pop_dens = _) -> no2.sf
```

그런 다음, 관측소 위치에서 NO$_2$와 인구 밀도 사이의 선형 관계를 살펴볼 수 있다.

```
summary(lm(NO2~sqrt(pop_dens), no2.sf))
#
# Call:
# lm(formula = NO2 ~ sqrt(pop_dens), data = no2.sf)
```

```
#
# Residuals:
#    Min     1Q Median     3Q    Max
# -7.990 -2.052 -0.505  1.610  8.095
#
# Coefficients:
#               Estimate Std. Error t value Pr(>|t|)
# (Intercept)      4.537      0.685    6.62  5.5e-09 ***
# sqrt(pop_dens) 326.154     49.366    6.61  5.8e-09 ***
# ---
# Signif. codes:  0 '***' 0.001 '**' 0.01 '*' 0.05 '.' 0.1 ' ' 1
#
# Residual standard error: 3.13 on 72 degrees of freedom
# Multiple R-squared:  0.377,   Adjusted R-squared:  0.369
# F-statistic: 43.7 on 1 and 72 DF,  p-value: 5.82e-09
```

두 변수 간의 선형 관계는 그림 12.11의 산점도에서 확인할 수 있다.

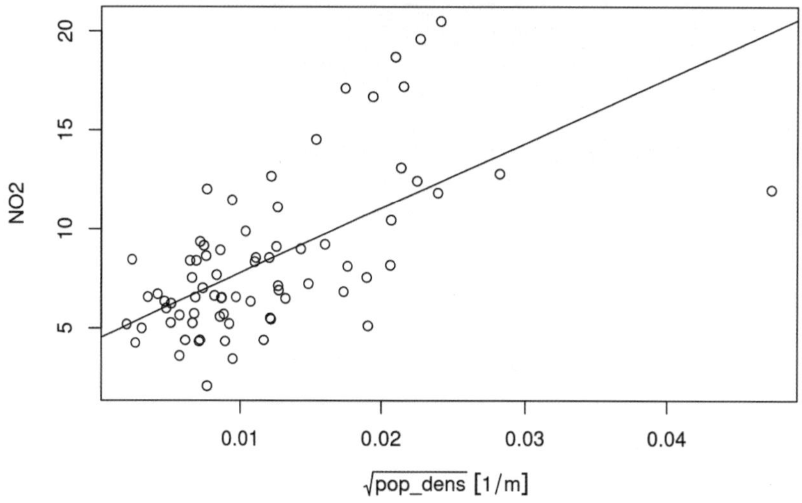

그림 12.11: 2017년 농촌 지역 대기질 관측소의 연평균 NO$_2$ 농도와 인구 밀도의 산점도

이 새로운 모형을 사용해 예측을 수행하려면, 먼저 잔차 베리오그램을 모형화해야 한다(그림 12.12).

```
no2.sf <- no2.sf[!is.na(no2.sf$pop_dens),]
vr <- variogram(NO2~sqrt(pop_dens), no2.sf)
vr.m <- fit.variogram(vr, vgm(1, "Exp", 50000, 1))
```

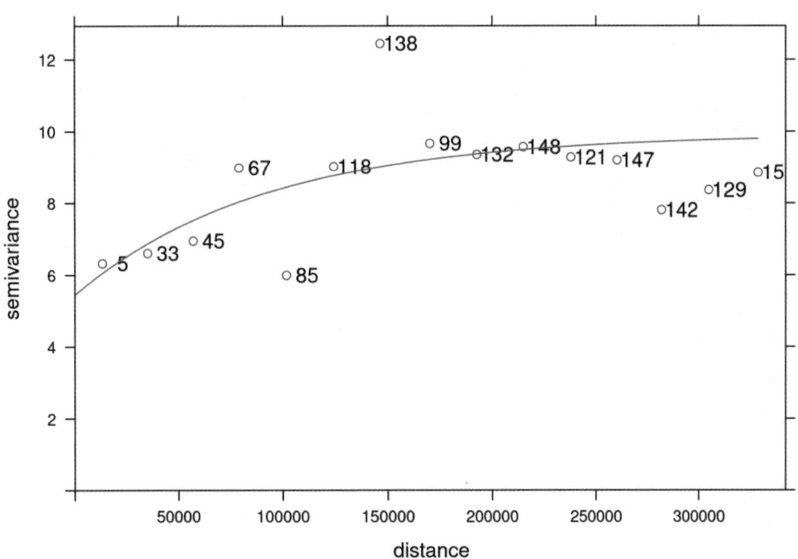

그림 12.12: 인구 밀도 경향을 제거한 후 잔차에 대해 계산한 베리오그램

그리고 나서 아래의 코드를 사용해 크리깅 예측을 수행한다. 이때 중요한 점은, 예측 대상 위치에 대해서도 pop_dens 값이 계산되어 새로 생성되는 객체 grd에 포함된다는 것이다. 예측 결과는 그림 12.13에 나타나 있다.

```
kr <- krige(NO2 ~ sqrt(pop_dens), no2.sf,
            grd["pop_dens"], vr.m)
# [using universal kriging]
```

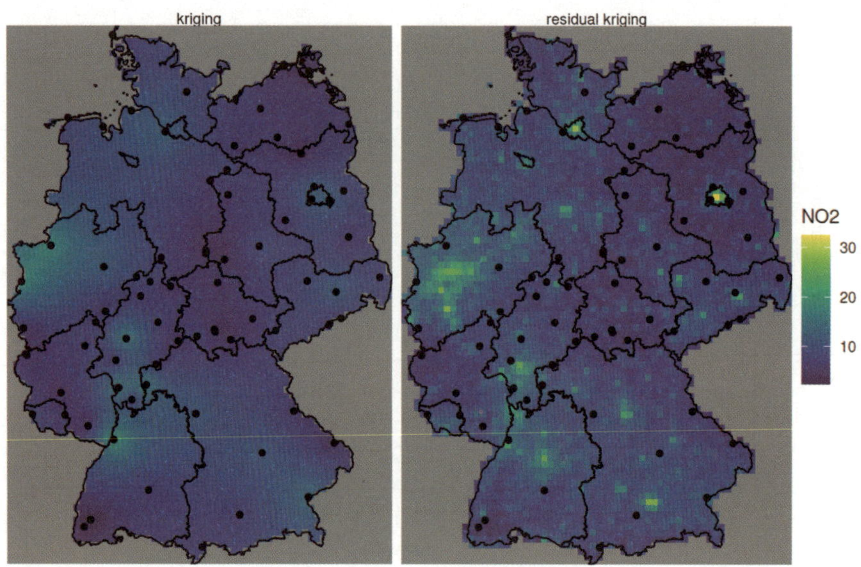

그림 12.13: 인구 밀도를 경향 변수로 활용한 크리깅 기반 NO₂ 농도 예측값

(오디너리) 크리깅과 비교하면 몇 가지 뚜렷한 차이가 나타난다. 인구 밀도를 경향 변수로 사용한 크리깅 결과 지도는 측정소의 극단적인 값보다는 인구 밀도의 극단적인 값을 따르는 경향을 보이며, 값의 범위도 오디너리 크리깅보다 넓다. 그러나 사용된 측정소가 모두 '농촌 배경' 범주에 속해 전반적으로 인구 밀도가 낮다는 점에서, 결과 해석에는 주의가 필요하다. 그림 12.11의 산점도에서 x축을 보면, 측정소의 인구 밀도 값이 인구 밀도 지도에 나타난 값의 범위보다 훨씬 좁다는 사실을 알 수 있다. 따라서 오른쪽 지도는 그림 12.11의 관계를 강하게 반영하여 내삽한 결과라 할 수 있다.

12.8 연습문제

1. 그림 12.13과 동일한 플롯을 생성하되, 왼쪽 패널에 그림 12.2의 역거리 가중 내삽 지도를 추가하시오.

2. 역거리 가중 내삽 결과와 크리깅 결과 간 산점도를 작성하고, 역거리 가중 내삽 결과와 잔차 크리깅 결과 간 산점도를 작성하시오.

3. 그리드 셀을 중심으로 하는 블록 평균을 예측하기 위해 krige( ) 함수의 **block** 인수를 사용하여 블록 크기 10km(그리드 셀 크기), 50km, 200km로 설정한 **블록 크리깅**을 수행하시오. 세 가지 블록 크기에 대한 추정치 결과 지도를 포인트 크리깅 결과 지도와 비교하고, 각 경우에 해당하는 크리깅 표준 오차 지도도 동일하게 비교하시오.

4. 위에서 얻은 잔차 크리깅 결과를 기반으로, 크리깅 오차가 정규 분포를 따른다고 가정하여 95% 신뢰구간의 하한선과 상한선에 해당하는 지도를 산출하고, 이를 단일(공통) 범례를 사용하여 플로팅하시오.

5. 크리깅 오차가 정규분포를 따른다고 가정할 때, NO_2의 포인트 값이 15ppm을 초과할 확률을 계산하여 이를 지도로 표현하시오.

12장 역자주

1. 즉, 표본 쌍 간의 거리가 해당 구간 내에 포함되는 경우의 개수를 의미한다.

2. 표본 베리오그램의 구간별 평균값(위의 그림 12.3과 12.4의 포인트들)을 단순히 직선으로 연결하거나 각 구간에서 일정한 값으로 고정하면, 이를 바탕으로 계산된 공분산 행렬이 양의 정부호(positive definite) 조건이라는 수학적 제약을 만족하지 못할 수 있다.

3. '조건부 실현'이란, 이미 관측된 자료를 조건으로 하여 공간 필드 $Z(s)$의 가능한 한 가지 구체적인 분포 패턴을 생성한 결과를 의미한다. 반면 '조건부 시뮬레이션'은 이러한 조건부 실현을 여러 번 생성하는 과정을 말한다. 조건부 평균이 하나의 '가장 그럴듯한' 값만 제공하는 데 비해, 조건부 시뮬레이션은 불확실성을 반영한 다양한 가능성을 탐색할 수 있다는 장점이 있다. 이를 통해 단순 평균값 예측만으로는 얻기 어려운 확률적 특성이나 극단값 발생 가능성 등을 평가할 수 있다.

4. 여기서 '경향 모형'은 공간데이터의 평균 구조를 설명하는 회귀 기반 모형을 의미한다. 즉, 타깃 변수와 상관된 하나 이상의 보조 변수를 설명변수로 포함하여 기대값을 추정하고, 잔차에 대해 공간적 자기상관 구조를 모형화한다. 이는 공간적 내삽 기법인 경향면 분석(trend surface analysis)과는 다른 개념이다.

13. 다변량 및 시공간 지구통계학

12장에 살펴본 간단한 내삽 기법을 바탕으로, 이 장에서는 다변량 지구통계학과 시공간 지구통계학을 다룬다. 다변량 지구통계학은 Bivand, Pebesma와 Gómez-Rubio(2013)에서 자세히 다루고 있으므로, 여기서는 간략히 개요만 제시한다. 시공간 지구통계학은 NO_2 대기 질 데이터의 사례 연구를 통해 설명하며, 인구 밀도를 공변량으로 활용한 시공간 내삽 기법을 소개한다.

13.1 대기질 데이터셋 준비

여기서 사용할 데이터셋은 EEA(European Enviromental Agency, 유럽환경청)에서 제공하는 대기질 데이터셋이다. 유럽 회원국들은 대기질 측정 결과를 EEA에 보고하며, **검증된** 데이터는 각 회원국에서 품질을 관리한 후 연 단위로 보고된다. 이러한 데이터는 정책 준수 여부를 평가하고 대응 조치를 마련하는 데 기초 자료로 활용된다.

EEA의 대기질 전자보고(e-reporting) 웹사이트를 통해 유럽 회원국이 보고한 데이터에 접근할 수 있다. 여기서는 기본 측정 자료인 시간별(시계열) 데이터를 다운로드하였다. 웹 양식을 사용하면 선택한 데이터 기준이 손쉽게 HTTP GET 요청으로 변환된다. 예를 들어, 독일(**CountryCode=DE**)의 2017년(**Year_from, Year_to**) 모두 검증된(**Source=E1a**) NO_2(**Pollutant=8**) 데이터를 선택하면, 여러 CSV 파일과 해당 파일들의 URL 정보를 담은 텍스트 파일을 변환하는 URL이 생성된다. 각 CSV 파일에는 특정 측정소의 전체 기간에 대한 시간별 측정값이 포함되어 있다. 다운로드한 파일들은 **dos2unix** 명령줄 유틸리티를 이용해 인코딩을 변환하였다.

마지막으로, 측정소 메타데이터가 담긴 단일 파일을 제외하고, 나머지 파일들은 모두 리스트 형태로 읽어들였다.

```
files <- list.files(“aq”, pattern = “*.csv”, full.names = TRUE)
files <- setdiff(files, “aq/AirBase_v8_stations.csv”) # metadata file
r <- lapply(files, function(f) read.csv(f))
```

그다음, 시간 변수를 **POSIXct** 형식으로 변환한 뒤, 시간 순서대로 정렬한다.

```
Sys.setenv(TZ = “UTC”) # don’t use local time zone
```

```
r <- lapply(r, function(f) {
      f$t = as.POSIXct(f$DatetimeBegin)
      f[order(f$t), ]
   }
)
```

이 데이터셋에서 시간별 자료가 없는 소규모 하위 집합은 제거한다.

```
r <- r[sapply(r, nrow) > 1000]
names(r) <- sapply(r,
              function(f) unique(f$AirQualityStationEoICode))
length(r) == length(unique(names(r)))
# [1] TRUE
```

그다음, xts 패키지의 **cbind( )** 함수를 사용해 모든 파일을 병합하고, 시간을 기준으로 레코드를 매칭하여 결합한다.

```
library(xts) |> suppressPackageStartupMessages( )
r <- lapply(r, function(f) xts(f$Concentration, f$t))
aq <- do.call(cbind, r)
```

이 데이터셋에 대해 추가적인 선택을 수행하였다. 측정된 시간별 값 중 75% 이상이 유효한 측정소만을 선택한 것이다. 즉, 결측 시간별 값이 25%를 초과하는 측정소는 제외하였다. **mean(is.na(x))** 함수는 벡터 x에서 결측값의 비율(fraction)을 계산하므로, 이 함수를 각 열(측정소)에 적용하면 된다.

```
sel <- apply(aq, 2, function(x) mean(is.na(x)) < 0.25)
aqsel <- aq[, sel]
```

다음으로, 측정소 메타데이터를 읽어 들인 뒤, 독일("DE") 농촌 배경 측정소에 해당하는 자료만 선별한다.

```
library(tidyverse) |> suppressPackageStartupMessages( )
read.csv("aq/AirBase_v8_stations.csv", sep = "\t") |>
   as_tibble( ) |>
   filter(country_iso_code == "DE",
          station_type_of_area == "rural",
```

```
        type_of_station == "Background") -> a2
```

포함된 좌표값을 이용해 측정소 메타데이터를 담은 **sf** 객체를 생성한다.

```
library(sf) |> suppressPackageStartupMessages( )
a2.sf <- st_as_sf(a2, crs = 'OGC:CRS84',
  coords = c("station_longitude_deg", "station_latitude_deg"))
```

이제 앞에서 정리한 대기질 측정 데이터에서 농촌 배경 유형에 해당하는 측정소만 선별해야 한다. 측정소의 코드 정보는 메타데이터를 정리한 **a2**에 저장되어 있다.

```
sel <- colnames(aqsel) %in% a2$station_european_code
aqsel <- aqsel[, sel]
dim(aqsel)
# [1] 8760   74
```

측정소별 평균을 계산한 뒤, 이를 측정소 위치 객체와 조인한다.

```
tb <- tibble(NO2 = apply(aqsel, 2, mean, na.rm = TRUE),
          station_european_code = colnames(aqsel))
crs <- st_crs('EPSG:32632')
right_join(a2.sf, tb) |> st_transform(crs) -> no2.sf
read_sf("data/de_nuts1.gpkg") |> st_transform(crs) -> de
```

그림 12.1에는 이렇게 계산된 측정소별 평균 NO_2 농도와 국가 경계가 나타나 있다.

13.2 다변량 지구통계학

다변량 지구통계학은 여러 변수를 결합하여 모형화, 예측, 시뮬레이션하는 것을 의미한다. 이를 수식으로 표현하면 다음과 같다.

$$Z_1(s) = X_1\beta_1 + e_1(s)$$

$$\cdots$$

$$Z_n(s) = X_n\beta_n + e_n(s)$$

이러한 모형을 구축하려면 각 변수별로 관측치, 경향 모형, 베리오그램이 필요하며, 나아가 각 변수 쌍별로 잔차의 교차 베리오그램(cross-variogram)이 필요하다. 교차 베리오그램은 $e_i(s)$와 $e_j(s+h)$

사이의 공분산을 나타낸다. 이 교차 공분산이 0이 아니라면, $e_j(s+h)$의 정보는 $e_i(s)$를 예측(또는 시뮬레이션)하는 데 유용할 수 있다. 이는 특히 $Z_j(s)$가 $Z_i(s)$보다 더 조밀하게 표집된 경우에 두드러진다. 이러한 방식의 예측과 시뮬레이션은 각각 코크리깅(cokriging) 및 코시뮬레이션(cosimulation)이라 부른다. 데모 스크립트를 실행하면 gstat 패키지를 이용한 예제를 확인할 수 있으며, 보다 자세한 내용은 Bivand, Pebesma와 Gómez-Rubio(2013)를 참고하라.

```
library(gstat)
demo(cokriging)
demo(cosimulation)
```

다양한 변수가 동일한 위치에서 관측되는 경우, 예를 들어 여러 대기질 변수가 동일한 측정소에서 함께 수집되는 경우, 코크리깅(cokriging)의 통계적 이점이 미미할 수 있다. 그러나 진정한 다변량 모형화를 목표로 한다면 코크리깅을 수행하는 것이 바람직하다. 코크리깅을 통해 예측 벡터 $(\hat{Z}(s_0) = (\hat{Z}_1(s_0), \ldots, \hat{Z}_n(s_0))$를 얻을 뿐만 아니라, 예측 오차의 전체 공분산 행렬도 구할 수 있다(Ver Hoef and Cressie 1993). 이 예측 오차 공분산 행렬을 이용하면, $\hat{Z}(s_0)$의 임의의 선형 조합—예를 들어 $\hat{Z}_2(s_0) - \hat{Z}_1(s_0)$—에 대한 표준 오차를 계산할 수 있다.

베리오그램과 교차 베리오그램은 자동으로 계산하고 적합할 수 있지만, 변수의 수가 많아질수록 다변량 지구통계 모형화의 관리가 어려워진다. 이는 필요한 베리오그램 및 교차 베리오그램의 수가 $n(n+1)/2$로 늘어나기 때문이다.

또한, 여러 변수라는 의미가 동일한 변수의 여러 시점을 가리키는 경우에도 다변량(코크리깅) 예측 방법을 적용할 수 있다. 하지만 이 경우 두 시점 사이의 임의 시점에 대해 직접적으로 내삽하는 것은 불가능하다. 이러한 상황이나, 여러 시간 인스턴스에서 관측된 데이터를 처리해야 하는 경우에는 $Z(s, t)$와 같이 연속적인 시공간 **결합** 함수를 통해 변동성을 모형화할 수 있다. 다음 절에서 이를 다룬다.

13.3 시공간 지구통계학

시공간 지구통계 프로세스는 시공간의 모든 위치에서 변수 값이 존재한다는 전제에 기반한다. 이를 $Z(s, t)$로 나타낼 수 있으며, 여기서 s와 t는 시공간에서 연속적으로 정의되는 인덱스이다. 관측치 $Z(s_i, t_j)$와 베리오그램(또는 공변동) 모형 $\gamma(s, t)$가 주어지면, 표준 가우시안 프로세스 이론을 활용해 임의의 시공간 위치 (s_0, t_0)에서 속성값 $Z(s_0, t_0)$를 예측할 수 있다.

최근에 시공간 지구통계 데이터의 처리 및 모형화에 관한 현대적인 접근을 다룬 책들이 출간되었다. 예를 들어 Wikle, Zammit-Mangion과 Cressie(2019), Blangiardo와 Cameletti(2015) 등이 있다. 여기서는 Gräler, Pebesma와 Heuvelink(2016)를 참고하며, 이전 장에서 사용한 데이터셋을 바탕으로 간단한 예제를 제시한다.

13.3.1 시공간 베리오그램 모형

이 장의 서두에서 NO_2 시공간 매트릭스 데이터를 aq 객체에 저장하였으며, 이로부터 완전한 레코드를 보유한 농촌 배경 관측소만을 선택해 aqsel 객체를 생성하였다. 최종적으로 74개 관측소의 공간 위치를 다음과 같이 선택할 수 있다.

```
sfc <- st_geometry(a2.sf)[match(colnames(aqsel),
                          a2.sf$station_european_code)] |>
  st_transform(crs)
```

그다음, 시간과 측정소를 디멘션으로 하는 stars 벡터 큐브를 생성한다.

```
library(stars)
# Loading required package: abind
st_as_stars(NO2 = as.matrix(aqsel)) |>
    st_set_dimensions(names = c(“time”, “station”)) |>
    st_set_dimensions(“time”, index(aqsel)) |>
    st_set_dimensions(“station”, sfc) -> no2.st
no2.st
# stars object with 2 dimensions and 1 attribute
# attribute(s):
#      Min. 1st Qu. Median Mean 3rd Qu. Max.  NA’s
# NO2  -8.1    3.02   5.66 8.39    10.4  197 16134
# dimension(s):
#          from    to       offset   delta          refsys point
# time        1 8760 2017-01-01 UTC 1 hours          POSIXct    NA
# station     1   74            NA      NA WGS 84 / UTM z...   TRUE
#                                        values
# time                                     NULL
# station POINT (439814 ...,...,POINT (456668 ...
```

이 데이터를 바탕으로 다음과 같이 시공간 베리오그램을 생성한다.

```
library(gstat)
v.st <- variogramST(NO2~1, no2.st[,1:(24*31)], tlags = 0:48,
    cores = getOption("mc.cores", 2))
```

그 결과는 그림 13.1에 제시되어 있다.

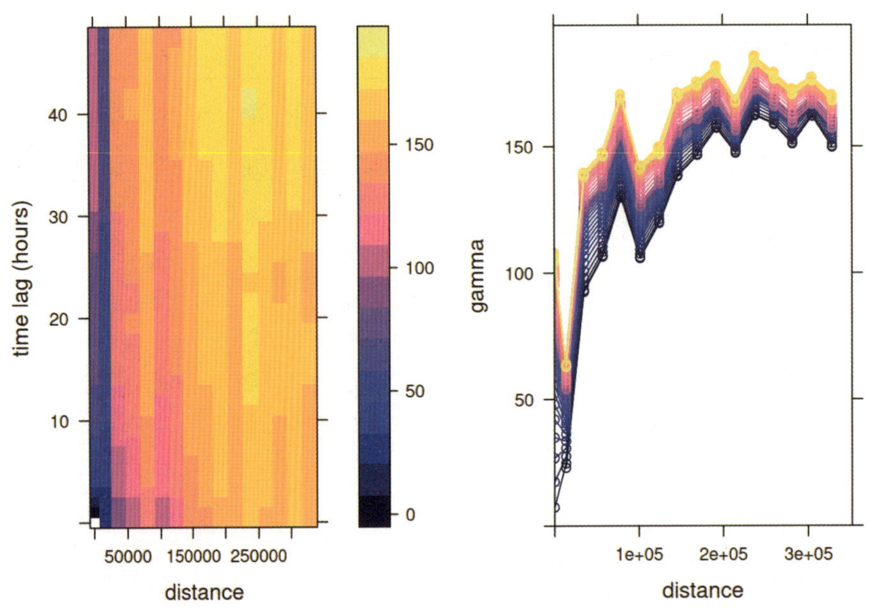

그림 13.1: 2017년 독일의 농촌 배경 관측소의 시간별 NO_2 농도에 대한 시공간 표본 베리오그램이다. 오른쪽의 컬러는 시간 지체를 나타내며, 노란색일수록 더 늦은 시간을 의미한다. 거리는 미터 단위이다.

이 표본 베리오그램에는 특정한 베리오그램 모형을 적합할 수 있다. 여기서는 비교적 유연한 모형인 곱합(product-sum) 모형(Gräler, Pebesma, and Heuvelink 2016)을 적용하며, 그 적합 과정은 다음과 같다.

```
# product-sum
prodSumModel <- vgmST("productSum",
    space = vgm(150, "Exp", 200000, 0),
    time = vgm(20, "Sph", 6, 0),
    k = 2)
#v.st$dist = v.st$dist / 1000
StAni <- estiStAni(v.st, c(0,200000))
(fitProdSumModel <- fit.StVariogram(v.st, prodSumModel,
```

```
    fit.method = 7, stAni = StAni, method = "L-BFGS-B",
    control = list(parscale = c(1,100000,1,1,0.1,1,10)),
    lower = rep(0.0001, 7)))
# space component:
#   model    psill range
# 1   Nug   0.0166       0
# 2   Exp 152.7046 83590
# time component:
#   model    psill range
# 1   Nug  0.0001  0.00
# 2   Sph 25.5736  5.77
# k: 0.00397635996859073
```

그림 13.2에 결과가 제시되어 있으며, 그림 13.3과 같이 와이어프레임 형태로도 플로팅할 수 있다. 이 모형의 적합은 선택된 파라미터에 다소 민감한데, 이는 사용 가능한 관측소 수가 상대적으로 적은 74개에 불과하기 때문으로 보인다.

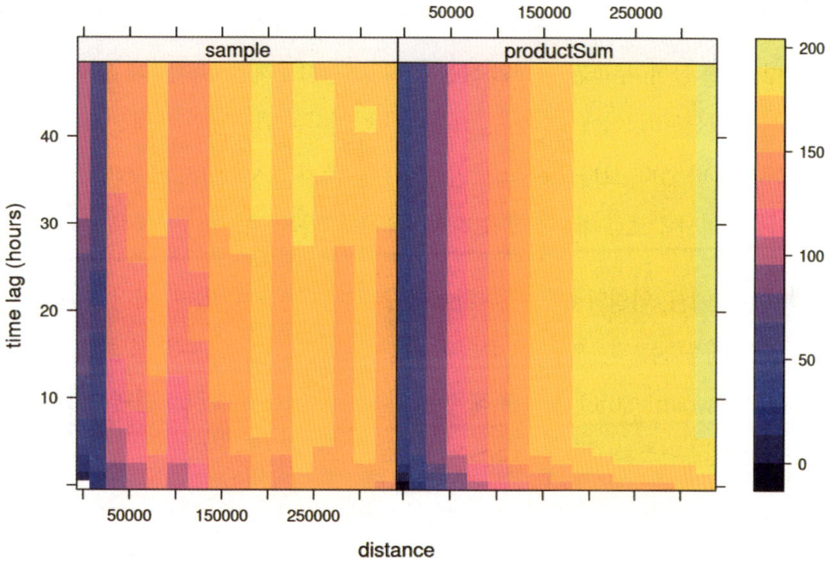

그림 13.2: 표본 베리오그램의 곱합 모형 적합 결과

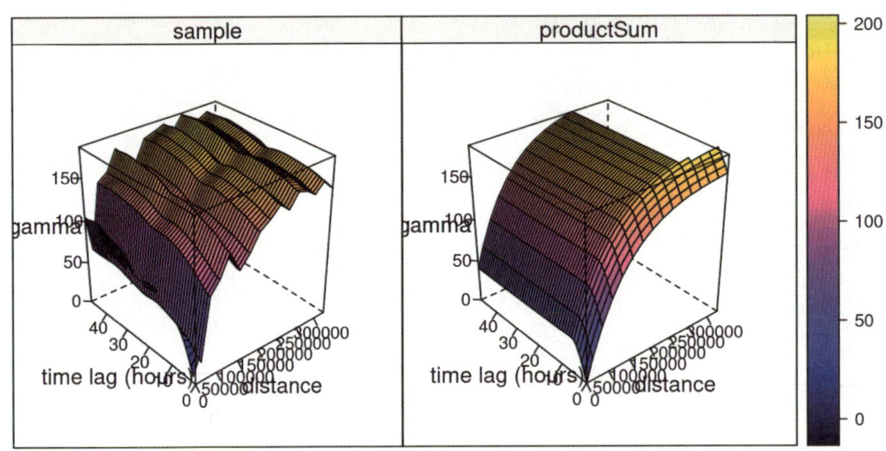

그림 13.3: 적합된 시공간 베리오그램 모형의 와이어프레임 플롯

시공간 베리오그램의 적합 전략과 대체 모형에 대해서는 Gräler, Pebesma와 Heuvelink(2016)를 참고하라.

이 적합 모형과 주어진 관측치를 바탕으로 시공간의 임의 위치에 대해 크리깅이나 시뮬레이션을 수행할 수 있다. 예를 들어, 누락된 시계열 값을 추정(또는 시뮬레이션)하는 데 활용할 수 있다. 이러한 상황은 흔히 발생하며, 이에 대한 대응으로 12.4절에서는 관측치의 최대 25%를 제외하고 시계열 평균을 계산한 바 있다. 보다 더 합리적인 방법은 결측치를 시공간적 이웃의 관측치에 기반한 추정값이나 시뮬레이션 값으로 대체한 후 연간 평균을 계산하는 것이다.

보다 일반적인 관점에서, 임의의 시공간 위치에서 추정을 수행할 수 있다. 이러한 과정을 특정 위치의 시계열 값을 예측하는 경우와 공간 슬라이스를 예측하는 경우를 통해 설명할 것이다(Gräler, Pebesma, and Heuvelink 2016). 이를 위해 두 개의 공간 지점을 무작위로 선택하고, 이들 두 지점에 대한 모든 시간 인스턴스를 포함한 **stars** 객체를 생성한다.

```r
set.seed(1331)
pt <- st_sample(de, 2)
t <- st_get_dimension_values(no2.st, 1)
st_as_stars(list(pts = matrix(1, length(t), length(pt)))) |>
    st_set_dimensions(names = c("time", "station")) |>
    st_set_dimensions("time", t) |>
    st_set_dimensions("station", pt) -> new_pt
```

그다음, **krigeST( )** 함수를 사용해 이 두 지점의 시공간 예측값을 구한다.

```
no2.st <- st_transform(no2.st, crs)
new_ts <- krigeST(NO2~1, data = no2.st["NO2"], newdata = new_pt,
        nmax = 50, stAni = StAni, modelList = fitProdSumModel,
        progress = FALSE)
```

그 결과는 그림 13.4에 제시되어 있다.

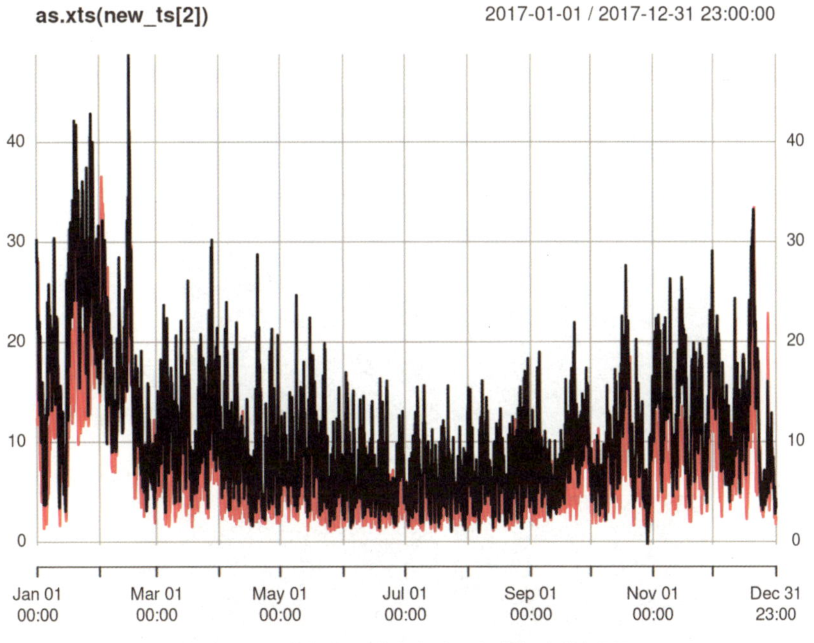

그림 13.4: 선택된 두 지점의 시공간 예측 시계열 플롯

또한, 2017년 한 해 동안 일정한 시간 간격으로 생성된 일련의 래스터 지도에 대해 시공간 예측을 생성할 수 있으며, 이는 다음과 같이 수행된다.

```
st_bbox(de) |>
  st_as_stars(dx = 10000) |>
  st_crop(de) -> grd
d <- dim(grd)
t4 <- t[(1:4 - 0.5) * (3*24*30)]
st_as_stars(pts = array(1, c(d[1], d[2], time = length(t4)))) |>
    st_set_dimensions("time", t4) |>
    st_set_dimensions("x", st_get_dimension_values(grd, "x")) |>
    st_set_dimensions("y", st_get_dimension_values(grd, "y")) |>
    st_set_crs(crs) -> grd.st
```

예측은 다음과 같이 수행된다.

```
new_int <- krigeST(NO2~1, data = no2.st["NO2"], newdata = grd.st,
        nmax = 200, stAni = StAni, modelList = fitProdSumModel,
        progress = FALSE)
names(new_int)[2] = "NO2"
```

그 결과는 그림 13.5에 제시되어 있다.

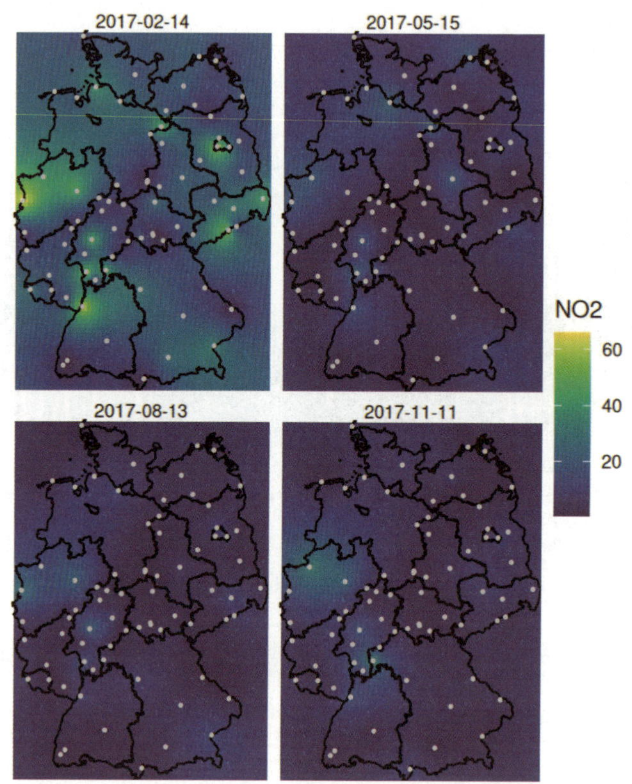

그림 13.5: 네 개 시점의 시공간 예측 결과

여기서는 **nmax** 인수 값을 크게 설정할 필요가 있다. 이는 이산적인 이웃 선택에서 시간과 공간을 모두 고려해야 하며, 그로 인해 발생할 수 있는 시각적 왜곡(날카로운 경계)을 줄이기 위한 조치이다.[1]

13.3.2 불규칙 시공간 데이터

관측 지점이 계속 변하거나, 고정된 관측 지점이라 하더라도 시간 프레임이 일관되지 않은 경우

stars 객체(벡터 데이터 큐브)는 이러한 데이터를 잘 처리하지 못한다. 이러한 불규칙 시공간 관측 치는 sftime 패키지(Teickner, Pebesma, and Graeler 2022)에서 제공하는 sftime 객체로 표현 할 수 있다. sftime 객체는 기본적으로 sf 객체에 지정된 시간 컬럼을 포함한 형태이다. 사용 예시 는 gstat 패키지에서 제공되는 demo(sftime)에서 확인할 수 있다.

13.4 연습문제

1. 13.1절에서 "관측소가 최소 75%의 완전한 데이터를 보유해야 한다"는 기준을 적용할 때, 전체 관측소의 몇 %가 제거되는지 말하시오.
2. no2.st의 시간별 시계열 데이터에서 aggregate( ) 함수를 사용하여 일별 평균 농도를 계산 하고, 이에 대한 시공간 베리오그램을 작성하시오. 이를 시간별 베리오그램과 비교하시오.
3. 그림 13.5에 표시된 날짜의 일별 평균값에 대해 시공간 내삽을 수행하고, 그 결과를 비교하시 오.
4. 13.2절에서 소개된 데모 스크립트 예를 참고하여, 그림 13.5에 표시된 네 날짜의 일별 평균 관 측소 데이터를 사용해 코크리깅을 수행하시오.
5. 위에서 제시한 시공간 크리깅 접근법이 가지는 차별점은 무엇인지 말하시오.

13장 역자주

1. 시공간 크리깅에서는 예측값을 계산할 때 주변의 '이웃' 데이터를 선택한다. 이웃을 선택할 때 공간 거리뿐 아니라 시간 차이까지 함께 고려하면, 적합한 이웃 수가 줄어들어 지도에 뚜렷하고 부자연스러운 경계선이 생길 수 있다. nmax 값을 크게 설정하면 이웃을 더 많이 포함시켜 이러한 경계를 완화할 수 있다.

14. 근접성과 에어리어 데이터

관측 단위가 에어리어 객체인 경우는 매우 흔하다. 이는 연구 대상 전체에서 관측이 동시에 이루어 지고, 그 관측값이 비중첩 구역 단위로 집계되는 경우를 말한다. 이러한 구역 단위는 행정구역인 경우가 많다. 물론 통근 흐름처럼 기저 공간 프로세스를 직접적으로 반영하는 경우도 있지만, 대체로 공간 프로세스와 무관하게 임의로 설정된다. 구역 단위와 기저 공간 프로세스 간의 불일치는 동일한 공간 프로세스가 인접한 구역 단위 사이에서 부분적으로 공유됨을 의미하며, 이러한 불일치가 데이터셋의 단 하나의 변수에서라도 발생하면 전반적으로 공간적 자기상관의 문제가 발생할 수 있다. 여기서 근접성(proximity)이란 데이터 생성 프로세스의 관점에서의 **가까움**(closeness)을 의미한다. 포인트 서포트를 사용하는 횡단 지구통계학 분석에서는 측정된 거리가 전형적인 데이터 생성 프로세스에 적합하다. 그러나 에어리어 데이터의 경우, 공유 경계를 사용하는 것이 더 타당할 수 있다. 이는 우리가 확실히 알고 있는 정보이며, 에어리어 간 거리를 이보다 타당하게 측정할 방법은 없기 때문이다.[1]

데이터의 서포트란 개별 관측 단위(관측 개체)의 물리적 크기(길이, 면적, 부피)를 의미한다(5장 참조). 에어리어 데이터는 기본적으로 폴리곤 서포트를 가지지만, 포인트 서포트를 가지는 것으로 재현할 수도 있다. 예를 들어, 개별 폴리곤의 경우에는 센트로이드를, 멀티폴리곤의 경우에는 가장 큰 폴리곤의 센트로이드를 대표 지점으로 사용할 수 있다. 반대로, 포인트 서포트를 가지는 데이터를 에어리어 데이터로 취급할 수도 있다. 이 경우 포인트를 비중첩 테셀레이션으로 변환해야 하는데, 들로네 삼각망을 통해 보로노이 다이어그램(디리클레 테셀레이션 혹은 티센 폴리곤)을 생성한다. 다른 메트릭을 선택할 수도 있고, 평면이 아닌 네트워크상의 거리를 사용할 수도 있다. 국지적 공간분석에서는 가중 보로노이 다이어그램이 활용되기도 한다(Boots and Okabe 2007; Okabe et al. 2008; She et al. 2015 참조).

데이터의 원래 서포트가 포인트이지만, 기저 공간 프로세스가 관측 개체 간 거리보다 인접성에 의거해 발생하는 경우, 데이터는 총빈도나 총계(예: 투표소 수, 총매출액)일 수 있으며, 또는 관측 개체의 직접적인 속성(예: 투표소의 개방 시간)일 수도 있다. 이러한 모든 경우에는 기저 공간 프로세스를 잘못 재현할 위험이 항상 존재한다. 특히, 연구 지역 전체를 하나의 테셀레이션 체계로 재현하는 경우, 관측값이 기저 공간 프로세스를 온전히 포착했다고 가정하게 되므로 그 위험은 더욱 커진다. 이러한 측면에서 에어리어 데이터는 지구통계학적 데이터와 다르다. 지구통계학적 데이터는 전체 지역에 대해 일정한 방식의 표본추출이 적용되었다는 것을 전제로 하지만, 에어리어 데이터는 그렇지 않다. 또한, 생태 및 환경 분석에서 사용되는 에어리어 표본추출과도 다르다. 후자의 경우는 지역 전체가 아니라 일부 영역을 대상으로 선택적으로 표본추출이 이루어진다.[2]

15~17장에서는 에어리어 데이터를 탐색하고 분석하기 위한 기법들을 다룬다. 이를 위해서는 관측 개체 간 근접성을 나타내는 특정한 방식이 필요하다. 이 장에서는 근접성을 연접성(contiguity)에 의거해 규정하는 방식에 집중한다. 여기서 연접성은 이웃으로 정의된 관측 개체들을 서로 연결한 그래프를 통해 표현된다. 이 그래프는 일반적으로 방향성과 가중치가 없지만, 특정 설정에서는 방향과 가중치가 부여될 수 있으며, 이 경우 대칭성에 관한 추가적인 문제가 발생할 수 있다. 원칙적으로 근접성은 공간상에서 대칭적으로 작동하는 것으로 간주한다. 즉, i가 j에 미치는 영향과 j가 i에 미치는 영향은 동일하다고 본다. 일반적으로 에지 효과(edge effect)는 고려하지 않는다.[3]

14.1 근접성의 재현: spdep 패키지의 경우

공간적 자기상관을 그래프상의 이웃 관계를 통해 다루는 접근에서는, 해당 그래프가 주어진 것이며 연구자가 이를 선택한 것으로 간주한다. 이는 지구통계학적 접근과는 다른데, 지구통계학에서 연구자는 경험적 베리오그램에서 거리를 어떻게 구간화할지, 어떤 함수를 적용할지, 그리고 베리오그램 적합을 어떻게 수행할지를 모두 선택한다. 두 접근법 모두 사전 선택을 포함하지만, 기저 상관성을 재현하는 방식에서는 서로 다르다(Wall 2004). 또한, 그래프 기반 이웃 규정 방식을 보다 넓은 맥락에서 설명하는 시도도 있다(Bavaud 1998).

이웃 관계 객체를 생성할 때, 이웃이 없는 구역 단위의 존재는 문제를 야기할 수 있다(Bivand and Portnov 2004). 섬이나 강으로 분리된 구역 단위가 이러한 무이웃 구역 단위에 해당하며, 이는 구역 단위에 에어리어 서포트가 적용되고 공유 경계와 같은 위상 관계가 사용되는 경우에 발생한다. 예를 들어, `mgcv::gam`과 같은 모형 적합 함수에서 `mrf`(마르코프 랜덤 필드) 항을 사용할 때, 방향은 필요하지 않지만 그래프가 분리된 하위 그래프들로 구성되는 있으면 에러가 발생한다.

이러한 무이웃 문제는 포인트 간 거리를 기준으로 이웃을 규정하는 경우에도 발생할 수 있다. 예를 들어, 거리 임계값이 최근린 이웃 거리보다 작은 경우가 이에 해당한다. 공유 경계 기반의 연접성 규정은 좌표계의 종류(투영 좌표계이든 비투영 경위도 좌표계이든)에 영향을 받지 않지만, 모든 포인트 기반 접근법은 결국 거리를 사용하므로, 적용하는 투영법의 선택이 결과에 영향을 미칠 수 있다.

spdep 패키지는 이웃을 규정하는 nb 클래스를 제공한다. nb 클래스는 관측 개체 수를 길이로 하는 리스트이며, 각 구성 요소는 정수 벡터로 이루어진다. 이웃이 없는 경우는 0L이 단일 요소로 포함된 정수 벡터로 인코딩된다. 이웃이 있는 경우는 1L:n 범위 내의 값이 포함된 정수 벡터로 인코딩되며, 해당 값들은 이웃으로 정의된 관측 개체의 인덱스 값이다. 이러한 구조는 소위 '행 기반 희소 표현(row-oriented sparse representation)' 방식이다.[4] spdep 패키지는 nb 객체를 생성하는 다양한 방법을 제공하며, 이 표현과 생성 함수는 다른 패키지에서도 널리 사용된다.

spdep 패키지는 nb 클래스(무방향 혹은 유방향 그래프)를 기반으로 listw 객체를 구성한다. listw 객체는 세 가지 구성 요소를 갖는 리스트로, nb 객체, 가중치 리스트, 그리고 가중치 계산 방식을 나타내는 단일 요소 문자 벡터가 포함된다. 사회과학 연구에서 가장 흔히 사용되는 방식은 '행 표준화 가중치(row-standardized weights)'를 계산하는 것이며, 이때 개별 관측 개체의 한 이웃 가중치는 해당 관측 개체의 이웃 수(즉, 카디널리티)의 역수, 즉, 1/card(nb)[i]로 변환된다.

이 장에서는 2015년 폴란드 대통령 선거 데이터를 사용한다. 연구 지역은 총 2,495개의 지방자치단체와 바르샤바 구역으로 구성되어 있다(그림 14.1 참조). 이 지도는 tmap 패키지(8.5절)를 활용해 작성되었으며, 지방자치단체 유형이 표시되어 있다. 구역 단위는 sf 패키지의 sf 객체이며, 투표소 단위의 결과를 구역 단위로 집계한 데이터이다.

```r
library(sf)
# Linking to GEOS 3.11.1, GDAL 3.6.4, PROJ 9.1.1; sf_use_s2( ) is TRUE
data(pol_pres15, package = "spDataLarge")
pol_pres15 |>
    subset(select = c(TERYT, name, types)) |>
    head( )
# Simple feature collection with 6 features and 3 fields
# Geometry type: MULTIPOLYGON
# Dimension:     XY
# Bounding box:  xmin: 235000 ymin: 367000 xmax: 281000 ymax: 413000
# Projected CRS: ETRS89 / Poland CS92
#    TERYT              name        types
# 1 020101         BOLESŁAWIEC      Urban
# 2 020102         BOLESŁAWIEC      Rural
# 3 020103           GROMADKA       Rural
# 4 020104         NOWOGRODZIEC Urban/rural
# 5 020105          OSIECZNICA      Rural
# 6 020106 WARTA BOLESŁAWIECKA      Rural
```

```
#                      geometry
# 1 MULTIPOLYGON (((261089 3855...
# 2 MULTIPOLYGON (((254150 3837...
# 3 MULTIPOLYGON (((275346 3846...
# 4 MULTIPOLYGON (((251770 3770...
# 5 MULTIPOLYGON (((263424 4060...
# 6 MULTIPOLYGON (((267031 3870...
library(tmap, warn.conflicts = FALSE)
# Breaking News: tmap 3.x is retiring. Please test v4, e.g. with
# remotes::install_github('r-tmap/tmap')
tm_shape(pol_pres15) + tm_fill("types")
```

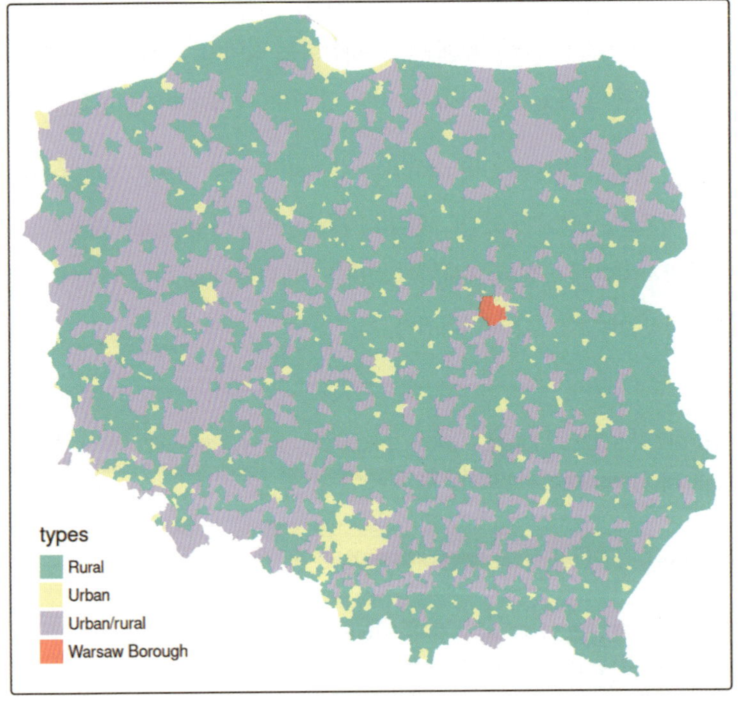

그림 14.1: 2015년 폴란드 구역 단위 유형

sf 객체의 위상 구조가 밸리드한지 확인한다.

```
if (!all(st_is_valid(pol_pres15)))
      pol_pres15 <- st_make_valid(pol_pres15)
```

2002년 초부터 2019년 4월까지 spdep 패키지에는 이웃 및 공간가중치 객체를 생성하고 처리하는 함수, 공간적 자기상관을 검정하는 함수, 그리고 모형 적합과 관련된 함수 등이 포함되어 있었다.

이 중 모형 적합과 관련 함수는 **spatialreg** 패키지로 분리되었으며, 이에 대해서는 이후 장에서 다룰 예정이다. 현재 **spdep** 패키지(Bivand 2022)는 **sf** 클래스와 **sp** 클래스 객체 모두를 지원한다.

```
library(spdep) |> suppressPackageStartupMessages( )
```

14.2 연접성에 기반한 이웃의 규정

spdep 패키지의 **poly2nb( )** 함수는 pl 인수를 통해 입력된 객체에서 폴리곤 경계를 구성하는 경계 포인트들을 이용한다. 입력 객체는 일반적으로 **POLYGON** 또는 **MULTIPOLYGON** 지오메트리를 가진 **sf** 또는 **sfc** 객체이다. 각 관측 개체에 대해, 최소 하나의 포인트(기본값인 퀸 방식, queen = TRUE) 또는 최소 두 개의 포인트(루크 방식, queen = FALSE)가 snap 거리 내에 다른 폴리곤의 경계 포인트에 위치하는 지를 확인한다. 거리 계산은 투영법에 관계없이 원 길이 단위에 기반한 평면 거리로 수행된다. 필요한 수의 충분히 가까운 점을 찾으면 검색이 중단된다.

```
args(poly2nb)
# function (pl, row.names = NULL, snap = sqrt(.Machine$double.eps),
#    queen = TRUE, useC = TRUE, foundInBox = NULL)
```

spdep 패키지 1.1-7부터 **poly2nb( )** 함수는 후보 이웃을 찾고 **foundInBox**를 내부적으로 채우기 위해 **sf** 패키지의 GEOS 인터페이스를 사용한다. 이 경우, **sf** 패키지를 통한 GEOS의 공간 인덱싱(STRtree 쿼리 사용)이 기본값으로 설정된다.

```
pol_pres15 |> poly2nb(queen = TRUE) -> nb_q
```

print 메서드는 이웃 객체의 요약 구조를 출력한다.

```
nb_q
# Neighbour list object:
# Number of regions: 2495
# Number of nonzero links: 14242
# Percentage nonzero weights: 0.229
# Average number of links: 5.71
```

sf 패키지 버전 1.0-0부터는 구체 지오메트리에 대해 기본적으로 s2 패키지(Dunnington, Pebesma, and Rubak 2023)가 사용된다. 이는 poly2nb( ) 함수에서 사용하는 st_intersects( ) 함수가 계산을 s2::s2_intersects_matrix( ) 함수로 전달하기 때문이다(4장 참조). spdep 패키지 버전 1.1-9부터는 sf_use_s2( )가 TRUE일 경우 구체 인터섹션을 사용하여 후보 이웃을 찾는다. GEOS와 마찬가지로 s2 라이브러리도 빠른 공간 인덱싱을 사용한다.

```
old_use_s2 <- sf_use_s2( )
sf_use_s2(TRUE)
(pol_pres15 |> st_transform("OGC:CRS84") -> pol_pres15_ll) |>
    poly2nb(queen = TRUE) -> nb_q_s2
```

이 예시에서는 구면 인터섹션과 평면 인터섹션이 동일한 인접 이웃을 생성한다. 두 경우 모두 입력 지오메트리가 밸리드해야 한다.

```
all.equal(nb_q, nb_q_s2, check.attributes=FALSE)
# [1] TRUE
```

nb 객체는 대칭적인 이웃 관계인 i에서 j, j에서 i를 모두 기록한다. 이는 nb 객체가 비대칭적인 관계도 허용하기 때문이다. 그러나 객체 생성 단계에서 이러한 중복은 큰 의미가 없다.

대부분의 spdep 패키지 함수는 이웃 객체를 생성할 때 row.names 인수를 사용하며, 이 값은 region.id 속성으로 저장된다. row.names 인수가 지정되지 않으면, 첫 번째 인수의 row.names에서 값을 가져온다. region.id 속성은 nb 객체가 원 데이터와 동일한 순서로 정리되어 있는지를 확인하는 데 사용된다. nb 객체의 일부만 추출할 경우, 인덱스는 1:length(subsetted_nb) 범위 내 값으로 재설정되지만, region.id 속성을 통해 원본 객체와의 정확한 연결 정보를 확인할 수 있다. 이는 17.4절에서 간략히 논의할 공간적 회귀 모형의 표본 외 예측에서 사용된다.

또는 n.comp.nb( ) 함수를 사용해 이 무방향 그래프의 연결성을 확인할 수도 있다. 일부 모형 추정 기법은 비연결 그래프를 지원하지 않지만, 비연결 그래프가 초래할 문제를 인지하는 것은 중요하다(Freni-Sterrantino, Ventrucci, and Rue 2018).

```
(nb_q |> n.comp.nb( ))$nc
# [1] 1
```

이 접근법은 이웃 객체를 그래프로 취급한 뒤, 해당 그래프에 대해 그래프 분석을 수행하는 것과 동일하다(Csardi and Nepusz 2006; Nepusz 2022). 먼저 이웃 객체를 이진 희소 행렬로 변환한 후,

그래프 분석을 수행한다(Bates, Maechler, and Jagan 2022).

```
library(Matrix, warn.conflicts = FALSE)
library(spatialreg, warn.conflicts = FALSE)
nb_q |>
    nb2listw(style = "B") |>
    as("CsparseMatrix") -> smat
library(igraph, warn.conflicts = FALSE)
(smat |> graph.adjacency( ) -> g1) |>
    count_components( )
# [1] 1
```

다른 소프트웨어와의 호환성을 위해 이웃 객체를 GAL 형식으로 내보내거나 가져올 수 있다. 이를 위해 **write.nb.gal( )** 함수와 **read.gal( )** 함수를 사용한다.

```
tf <- tempfile(fileext = ".gal")
write.nb.gal(nb_q, tf)
```

14.3 그래프에 기반한 이웃의 규정

구역 단위가 적합한 재현이지만 평면상의 포인트로 관찰된 경우, 연접성은 그래프 기반 이웃을 사용해 근사할 수 있다. 이때 평면은 폴리곤 테셀레이션으로 분할되며, 각 폴리곤 내 모든 지점은 해당 포인트를 가장 가까운 포인트로 갖는다. 가장 간단한 형태는 삼각망(triangulation)을 사용하는 것이며, 여기서는 deldir 패키지의 **deldir( )** 함수를 사용한다.[5] 이 함수는 i와 j 식별자를 반환하므로, 세로(긴) 형식으로 **listw** 객체를 구성하기가 용이하다. 이는 과거 S-Plus SpatialStats 모듈에서 사용된 방식이며, nb 객체(가로 형식)를 생성하기 위해 내부적으로 **sn2listw( )** 함수에서 사용되는 방식이기도 하다. 한편 GEOS와 같은 다른 대안은 이웃을 식별하기 위한 충분한 정보를 반환하지 못한다.

이러한 함수들이 반환한 결과는 **graph2nb( )** 함수를 통해 **nb** 객체로 변환된다. 이때 **sym** 인수를 사용해 이웃 관계의 대칭성을 지정할 수 있다. 그래프 기반 방식을 적용하기 위해 폴리곤의 센트로이드(다중 폴리곤의 경우 가장 큰 폴리곤의 센트로이드)를 포인트 재현으로 활용한다. 물론 인구 가중 센트로이드를 구할 수 있다면 더 바람직하다.

```
pol_pres15 |>
    st_geometry( ) |>
    st_centroid(of_largest_polygon = TRUE) -> coords
(coords |> tri2nb( ) -> nb_tri)
# Neighbour list object:
# Number of regions: 2495
# Number of nonzero links: 14930
# Percentage nonzero weights: 0.24
# Average number of links: 5.98
```

평균 이웃 수의 측면에서 보면 퀸 방식의 경계 연접성과 유사한 결과가 나타났다. 그러나 `nbdists`
( ) 함수를 사용해 엣지 길이의 분포를 살펴보면, 상위 4분위수는 약 15km이지만 최댓값은 거의
300km에 달한다. 이는 전체 지역을 포괄하는 컨벡스헐(convex hull)의 한쪽 변 길이에 버금가는
수준이다.[6] 최소 거리 역시 중요한데, 많은 도시 구역의 센트로이드가 주변 농촌 구역의 센트로이
드와 매우 근접해 있기 때문이다.

```
nb_tri |>
    nbdists(coords) |>
    unlist( ) |>
    summary( )
#    Min. 1st Qu.  Median     Mean 3rd Qu.     Max.
#     247    9847   12151    13485   14994   296974
```

삼각망에 의거한 이웃 규정도 연결 그래프를 생성한다.[7]

```
(nb_tri |> n.comp.nb( ))$nc
# [1] 1
```

그래프 기반 접근법에는 **soi.graph( )**, **relativeneigh( )**, **gabrielneigh( )** 등의 메서드가 있
으며, 여기서는 **soi.graph( )** 함수만 살펴본다.

soi.graph( ) 함수에서 SOI는 영향권(sphere of influence)의 약자이다. 이 함수는 삼각망 이웃
에서 비정상적으로 긴 엣지로 표현된 이웃 관계를 제거하여, 실질적인 의미를 갖는 이웃 관계만 남
긴다. 이러한 비정상적으로 긴 엣지는 컨벡스헐의 가장자리에서 흔히 나타난다(Avis and Horton
1985).

```
(nb_tri |>
```

```
      soi.graph(coords) |>
        graph2nb( ) -> nb_soi)
# Neighbour list object:
# Number of regions: 2495
# Number of nonzero links: 12792
# Percentage nonzero weights: 0.205
# Average number of links: 5.13
```

그러나 삼각망 기반 이웃 관계의 일부를 해체하면, 연결 그래프로서의 전체 특성은 사라지게 된다.

```
(nb_soi |> n.comp.nb( ) -> n_comp)$nc
# [1] 16
```

이 알고리즘은 비정상적으로 긴 엣지를 제거하도록 설계되었지만, 농촌 구역이 하나의 도시 구역을 완전히 둘러싸고 있는 경우, 매우 가까운 도시–농촌 쌍의 엣지도 잘못 삭제될 수 있다. 이로 인해 15개의 도시–농촌 쌍이 메인 그래프로부터 분리되는 결과가 발생하였다.

```
table(n_comp$comp.id)
#
#    1     2     3     4     5     6     7     8     9    10    11    12    13
# 2465     2     2     2     2     2     2     2     2     2     2     2     2
#   14    15    16
#    2     2     2
```

컨벡스헐에서 가장 긴 엣지들이 제거되었지만, 연결되지 않은 이웃 쌍이 발생하면서 '구멍'이 형성되었다. nb_tri와 nb_soi의 차이는 그림 14.2에서 주황색으로 표시되어 있다.

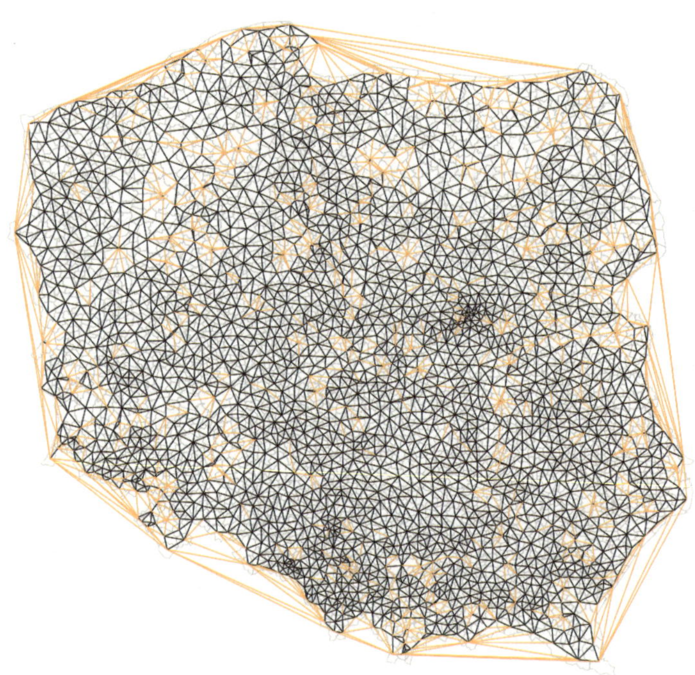

그림 14.2: 삼각망 이웃(오렌지색과 검은색)과 영향권 이웃(검은색)의 비교. 곳곳에 형성된 구멍은 모두 도시 구역이 농촌 구역으로 완전히 둘러싸여 있는 경우에 해당한다(그림 14.1 참조).

14.4 거리에 기반한 이웃의 규정

거리 기반 이웃은 dnearneigh( ) 함수를 사용해 생성할 수 있다. bounds 인수를 통해 거리 구간을 설정할 수 있으며, d1과 d2는 각각 거리의 하한값과 상한값이다. 경위도 좌표계를 사용하고 좌표 객체 x가 주어지며 longlat = TRUE로 설정된 경우, WGS84 기준 타원체를 가정해 킬로미터 단위의 대권 거리를 계산한다. use_s2 = TRUE(기본값)로 설정하면 구체를 가정한 거리 계산을 수행한다(4장 참조). dwithin이 FALSE이고 s2 패키지 버전이 1.0.7보다 크면 s2_closest_edges( ) 함수가 사용되며, dwithin이 TRUE이고 use_s2 = TRUE이면 s2_dwithin_matrix( ) 함수가 사용된다. 두 방법 모두 빠른 구형 공간 인덱싱을 사용하지만, s2_closest_edges( ) 함수의 경우 최소 및 최대 경계를 지정하므로 dnearneigh( ) 함수의 R 코드에서 한 번의 실행만으로 충분하다.

dbscan 패키지(Hahsler and Piekenbrock 2022)에 새로운 인수가 추가되어, 2차원 또는 3차원에서 평면 공간 인덱싱을 사용해 이웃을 찾는 기능이 보강되었으며, 대칭성을 확인하는 절차가 필요 없어졌다. 또한, 구면 기하학적 거리 측정을 위한 세 가지 인수도 추가되었다.

k-최근린 이웃을 위한 knearneigh( ) 함수는 knn 객체를 반환하며, 이를 knn2nb( ) 함수를 사용해 nb 객체로 변환된다. 이 함수는 구면 거리 계산도 지원하는데, 이는 평면 거리와는 다른 최근린 이웃을 산출할 수 있기 때문이다. k 값은 작은 숫자로 설정하는 것이 일반적이다. 투영 좌표계에서는 dbscan 패키지를 사용해 최근린 이웃을 더 효율적으로 계산할 수 있다. 이렇게 생성된 nb 객체는 대개 대칭적이지 않으므로, knn2nb( ) 함수는 대칭성을 강제할 수 있는 sym 인수를 제공한다. 대칭성을 강제하면 모든 단위가 최소 k개의 이웃을 갖게 되지만, 모든 단위가 정확히 k개의 이웃을 갖는 것은 아니다. sf_use_s2( ) 함수가 TRUE인 경우, 입력 객체가 sf 또는 sfc 클래스일 때 knearneigh( ) 함수는 빠른 구형 공간 인덱싱을 사용한다.

nbdists( ) 함수는 투영 좌표를 사용할 경우 좌표 단위로, 그렇지 않으면 킬로미터 단위로 이웃 관계 엣지의 길이를 반환한다. 거리 밴드의 상한을 설정하려면 먼저 첫 번째 최근린 이웃 거리의 최댓값을 찾아야 하며, 이때 반환된 객체의 리스트 구조를 제거하기 위해 unlist( ) 함수를 사용할 수 있다. sf_use_s2( ) 함수가 TRUE이면, 입력 객체가 sf 또는 sfc 클래스일 때 nbdists( ) 함수는 빠른 구형 거리 계산을 사용한다.

```
coords |>
    knearneigh(k = 1) |>
    knn2nb( ) |>
    nbdists(coords) |>
    unlist( ) |>
    summary( )
#    Min. 1st Qu.  Median    Mean 3rd Qu.    Max.
#     247    6663    8538    8275   10124   17979
```

여기서 첫 번째 최근린 이웃 거리의 최댓값은 약 18km이며, 이를 거리 상한으로 설정하면 모든 단위가 최소 하나 이상의 이웃을 갖게 된다.

```
coords |> dnearneigh(0, 18000) -> nb_d18
```

이 사례에서 보듯, 관측 개체의 수가 많지 않으면 공간 인덱싱을 사용하더라도 실행 시간에서 큰 이점을 얻기 어렵다.

```
coords |> dnearneigh(0, 18000, use_kd_tree = FALSE) -> nb_d18a
```

그리고 산출되는 객체 역시 동일하다.

```
all.equal(nb_d18, nb_d18a, check.attributes = FALSE)
# [1] TRUE
nb_d18
# Neighbour list object:
# Number of regions: 2495
# Number of nonzero links: 20358
# Percentage nonzero weights: 0.327
# Average number of links: 8.16
```

이웃이 없는 관측값은 없지만(이는 nb 객체의 **print** 메소드에서 확인할 수 있음), 그래프는 완전 연결 상태가 아니다. 한 쌍의 관측 개체가 서로의 유일한 이웃인 경우가 있기 때문이다.

```
(nb_d18 |> n.comp.nb( ) -> n_comp)$nc
# [1] 2
table(n_comp$comp.id)
#
#    1    2
# 2493    2
```

임계값에 300m를 추가하면, 비이웃 관측 단위가 없는 이웃 객체가 생성되며 모든 관측 단위가 그래프를 통해 서로 도달 가능해진다.

```
(coords |> dnearneigh(0, 18300) -> nb_d183)
# Neighbour list object:
# Number of regions: 2495
# Number of nonzero links: 21086
# Percentage nonzero weights: 0.339
# Average number of links: 8.45
(nb_d183 |> n.comp.nb( ))$nc
# [1] 1
```

거리 기반 이웃의 특징 중 하나는, 면적이 작은 단위가 밀집된 지역일수록 이웃 수가 많아진다는 점이다. 예를 들어, 바르샤바 구역은 평균 면적이 훨씬 작지만 이 거리 기준으로 약 30개의 이웃을 가진다. 이웃 수가 많아지면, 개별 이웃의 영향이 더 많은 이웃에게 분산되어 관계가 완화된다.[8]

나중에 사용하기 위해, 16km의 임계값을 사용하여 비이웃 단위가 포함된 이웃 객체도 생성한다.

```
(coords |> dnearneigh(0, 16000) -> nb_d16)
```

```
# Neighbour list object:
# Number of regions: 2495
# Number of nonzero links: 15850
# Percentage nonzero weights: 0.255
# Average number of links: 6.35
# 7 regions with no links:
# 569 1371 1522 2374 2385 2473 2474
```

k-최근린 이웃을 사용하면 이웃의 수를 직접적으로 제어할 수 있으며, 비대칭 이웃을 허용하는 것도 가능하다.

```
((coords |> knearneigh(k = 6) -> knn_k6) |> knn2nb( ) -> nb_k6)
# Neighbour list object:
# Number of regions: 2495
# Number of nonzero links: 14970
# Percentage nonzero weights: 0.24
# Average number of links: 6
# Non-symmetric neighbours list
```

또는 대칭성을 부여할 수도 있다.

```
(knn_k6 |> knn2nb(sym = TRUE) -> nb_k6s)
# Neighbour list object:
# Number of regions: 2495
# Number of nonzero links: 16810
# Percentage nonzero weights: 0.27
# Average number of links: 6.74
```

여기서 k 값은 완전 연결성을 보장할 만큼 크지만, 그래프가 반드시 평면성을 가지는 것은 아니다. 이는 엣지가 노드가 아닌 지점에서 교차하기 때문이며, 이러한 현상은 연접성 기반 이웃이나 그래프 기반 이웃에서는 발생하지 않는다.[9]

```
(nb_k6s |> n.comp.nb( ))$nc
# [1] 1
```

구체상의 포인트인 경우(4장 참조), st_centroid( ) 함수의 출력이 달라질 수 있으므로, 포인트를 직접 역투영하기 보다는 역투영된 폴리곤 지오메트리에서 경위도 좌표를 추출한다.

```
old_use_s2 <- sf_use_s2( )
sf_use_s2(TRUE)
pol_pres15_ll |>
    st_geometry( ) |>
    st_centroid(of_largest_polygon = TRUE) -> coords_ll
```

구면 좌표의 경우, 이웃 판정을 위한 거리 구간의 경계값은 킬로미터 단위로 지정된다.

```
(coords_ll |> dnearneigh(0, 18.3, use_s2 = TRUE,
                         dwithin = TRUE) -> nb_d183_ll)
# Neighbour list object:
# Number of regions: 2495
# Number of nonzero links: 21140
# Percentage nonzero weights: 0.34
# Average number of links: 8.47
```

이 이웃들은 예상한 바와 같이 구면 거리 18.3km 기준의 이웃들과는 다르다.

```
isTRUE(all.equal(nb_d183, nb_d183_ll, check.attributes = FALSE))
# [1] FALSE
```

s2 패키지가 더 빠른 거리 기반 이웃 인덱싱을 제공하는 경우, 경위도 좌표에서는 기본적으로 s2_closest_edges( ) 함수가 사용된다.

```
(coords_ll |> dnearneigh(0, 18.3) -> nb_d183_llce)
# Neighbour list object:
# Number of regions: 2495
# Number of nonzero links: 21140
# Percentage nonzero weights: 0.34
# Average number of links: 8.47
```

이 경우, 두 s2 기반 이웃 객체는 동일하다.

```
isTRUE(all.equal(nb_d183_llce, nb_d183_ll,
                 check.attributes = FALSE))
# [1] TRUE
```

s2 패키지를 사용해 빠른 구형 공간 인덱싱으로 k-최근린 이웃을 찾는다.

```
(coords_ll |> knearneigh(k = 6) |> knn2nb( ) -> nb_k6_ll)
# Neighbour list object:
# Number of regions: 2495
# Number of nonzero links: 14970
# Percentage nonzero weights: 0.24
# Average number of links: 6
# Non-symmetric neighbours list
```

이 이웃들은 예상대로 평면 기준 $k = 6$ 최근린 이웃과는 다르며, 전통적인 브루트포스(brute-force) 방식의 타원체 거리 계산 결과와도 약간 차이가 날 것이다.[10]

```
isTRUE(all.equal(nb_k6, nb_k6_ll, check.attributes = FALSE))
# [1] FALSE
```

nbdists( ) 함수도 sf 또는 sfc 클래스의 투입 객체가 경위도 좌표값을 가질 경우, s2 패키지를 사용해 구면 거리를 계산하며, 반환 거리는 킬로미터 단위로 표시된다.

```
nb_q |> nbdists(coords_ll) |> unlist( ) |> summary( )
#    Min. 1st Qu.  Median    Mean 3rd Qu.    Max.
#     0.2     9.8    12.2    12.6    15.1    33.0
```

동일한 가중치 객체라도 평면 좌표를 사용할 경우와 구형 또는 타원체 지오메트리를 사용할 경우에는 계산된 거리 값이 약간 다르다[평면 지오메트리의 경우 거리는 투영 좌표계의 단위(보통 미터)로 반환되며, 타원체와 구형 지오메트리의 경우 거리는 킬로미터 단위로 반환된다].

```
nb_q |> nbdists(coords) |> unlist( ) |> summary( )
#    Min. 1st Qu.  Median    Mean 3rd Qu.    Max.
#     247    9822   12173   12651   15117   33102
sf_use_s2(old_use_s2)
```

14.5 가중치 지정

이웃 객체를 기반으로 가중치 객체를 지정한다. 이 과정에서 몇 가지 선택을 해야 한다. nb2listw( ) 함수는 nb 객체를 바탕으로 listw 가중치 객체를 생성한다. 가중치 객체는 가중치 벡터 리스트와 가중치 스타일을 나타내는 선택값으로 구성된다. 이때 중요한 사안 중 하나는 비이웃 관측 개체의 처리 방식이며, 이를 **zero.policy** 인수가 제어한다. 기본값은 **FALSE**로, 비이웃 관측 개체가 존재하면 오류가 난다. 이는 관측 개체가 이웃을 갖지 않으면 공간래그값(spatially lagged values)을 계산할 수 없기 때문이다.[11] 일반적으로 비이웃 관측 개체에 대해 공간래그값을 0으로 부여하는데, 이는 제로 값의 가중치 벡터와 데이터 벡터의 교차곱과 동일하기 때문에 **zero.policy**라는 이름이 붙여졌다.

```
args(nb2listw)
#  function (neighbours, glist = NULL, style = "W", zero.policy =
#    NULL)
```

스타일 선택을 변경했을 때의 결과를 보여 주기 위해, 아래에서 도우미 함수 `spweights.con-stants`를 사용한다. 이 함수는 `listw` 객체에 대한 여러 상수 값을 반환한다. 여기서 n은 관측 개체의 수이며, n1부터 n3은 $n-1$, ..., nn은 n^2을 의미한다. S_0, S_1, S_2는 상수로, S_0는 가중치의 합을 나타낸다. 이러한 상수들에 대한 자세한 논의는 Bivand와 Wong(2018)를 참고하면 된다.

```
args(spweights.constants)
#  function (listw, zero.policy = NULL, adjust.n = TRUE)
```

"B" 바이너리 스타일은 각 이웃 관계에 단위 값(1)을 부여한다. 이 방식은 이웃을 규정하는 경계가 존재하는 가장자리 구역 단위에 비해, 더 많은 이웃을 가질 수 있는 내부 구역 단위에 상대적으로 더 높은 가중치를 부여하게 된다.

```
(nb_q |>
    nb2listw(style = "B") -> lw_q_B) |>
    spweights.constants( ) |>
    data.frame( ) |>
    subset(select = c(n, S0, S1, S2))
#     n    S0    S1    S2
# 1 2495 14242 28484 357280
```

"W" 행 표준화 스타일은 연구 지역의 가장자리에 위치하여 필연적으로 더 적은 수의 이웃을 가질 수 밖에 없는 구역 단위에 더 높은 가중치를 부여한다. 이 방식은 먼저 각 이웃 관계에 단위 값을 가중치로 부여한 뒤, 이를 해당 구역 단의의 가중치 합으로 나누어 표준화한다. 비이웃 구역 단위의 경우 0을 0으로 나누게 되어 '부정(not-a-number)' 값이 발생하지만, **zero.policy**를 TRUE로 설정하면 문제가 없다. 행 표준화 스타일에서는 S_0는 n과 같아진다.

```
(nb_q |>
        nb2listw(style = "W") -> lw_q_W) |>
    spweights.constants( ) |>
    data.frame( ) |>
    subset(select = c(n, S0, S1, S2))
#    n   S0  S1   S2
# 1 2495 2495 958 10406
```

역거리 가중치는 여러 과학 분야에서 사용된다. 일부에서는 밀집된 역거리 행렬을 사용하지만, 이 경우 많은 역거리 값이 거의 0에 가까워 실제적으로 기여하는 바가 적으며, 특히 공간 프로세스 행렬 자체가 밀집된 경우 그 영향은 더욱 제한적이다. 역거리 가중치는 보통 다음과 같은 절차로 구성된다. 먼저 엣지 길이를 계산하고, 대부분의 가중치 값이 지나치게 크거나 작지 않도록 단위를 변환하며(예: 미터를 킬로미터로 변환), 이를 역수로 변환한 뒤, nb2listw( ) 함수의 **glist** 인수로 전달한다.[12]

```
nb_d183 |>
    nbdists(coords) |>
    lapply(function(x) 1/(x/1000)) -> gwts
(nb_d183 |> nb2listw(glist=gwts, style="B") -> lw_d183_idw_B) |>
    spweights.constants( ) |>
    data.frame( ) |>
    subset(select=c(n, S0, S1, S2))
#    n   S0  S1   S2
# 1 2495 1841 534 7265
```

비이웃 단위의 경우, 기본 설정은 가중치 객체의 생성을 막아 두어, 이후 절차를 어떻게 진행할지에 대해 분석가가 결정하도록 한다.

```
try(nb_d16 |> nb2listw(style="B") -> lw_d16_B)
# Error in nb2listw(nb_d16, style = "B") : Empty neighbour sets found
```

nb와 **listw** 객체와 관련된 많은 함수에서 **zero.policy** 인수를 사용할 수 있다.

```
nb_d16 |>
    nb2listw(style="B", zero.policy=TRUE) |>
    spweights.constants(zero.policy=TRUE) |>
    data.frame( ) |>
    subset(select=c(n, S0, S1, S2))
```

```
#      n    S0     S1      S2
# 1 2488 15850 31700 506480
```

spweights.constants( ) 함수의 **adjust.n** 인수는 기본적으로 **TRUE**로 설정되어 있어, 비이웃 관측 개체 수를 제외하므로 n 값이 작아지고 통계적 추론에 영향을 줄 수 있다. 원래의 n 값은 인수를 다르게 지정하면 확인할 수 있다.

14.6 고차 이웃의 정의

앞서 살펴본 퀸 인접성 기반 이웃 객체의 특성은 다음과 같다.

```
nb_q
# Neighbour list object:
# Number of regions: 2495
# Number of nonzero links: 14242
# Percentage nonzero weights: 0.229
# Average number of links: 5.71
```

i가 j의 이웃이고, j가 k의 이웃인 경우, 즉 이웃 그래프에서 두 단계를 거쳐 i에서 k로 이어지는 이웃 관계를 나타내는 객체를 만들고자 한다면, **nblag( )** 함수를 사용할 수 있다. 이 함수는 자동으로 i에서 i로 가는 자기 이웃 관계를 제거한다.

```
(nb_q |> nblag(2) -> nb_q2)[[2]]
# Neighbour list object:
# Number of regions: 2495
# Number of nonzero links: 32930
# Percentage nonzero weights: 0.529
# Average number of links: 13.2
```

nblag_cumul( ) 함수는 지정된 모든 차수의 이웃 목록을 누적하여 반환한다.

```
nblag_cumul(nb_q2)
# Neighbour list object:
# Number of regions: 2495
# Number of nonzero links: 47172
# Percentage nonzero weights: 0.758
# Average number of links: 18.9
```

union.nb( ) 함수의 집합 연산은 두 개의 객체를 입력받아 처리하며, 이 예시에서는 동일한 결과를 생성한다.

```
union.nb(nb_q2[[2]], nb_q2[[1]])
# Neighbour list object:
# Number of regions: 2495
# Number of nonzero links: 47172
# Percentage nonzero weights: 0.758
# Average number of links: 18.9
```

앞에서 이웃 객체를 그래프 형태로 변환하였는데, 이렇게 생성된 그래프 객체를 이용하면 그래프 탐색에 필요한 단계 수에 관한 정보를 얻을 수 있다.

```
diameter(g1)
# [1] 52
```

각 관측 개체에서 그래프를 통해 최단 경로로 도달하는 데 필요한 단계 수를 계산하여 $n \times n$ 크기의 sps 행렬을 생성한다. 이를 통해 동일한 최댓값을 얻을 수 있다.

```
g1 |> shortest.paths( ) -> sps
(sps |> apply(2, max) -> spmax) |> max( )
# [1] 52
```

최댓값을 가진 지방자치단체는 루토비스카(Lutowiska)로, 남동부의 끝에 위치해 있으며 우크라이나와 국경을 접하고 있다.

```
mr <- which.max(spmax)
pol_pres15$name0[mr]
# [1] "Lutowiska"
```

그림 14.3은 연접성 기반 이웃이 거리 기반 이웃과 마찬가지로 다른 관측값들과 동일한 유형의 관계를 나타낸다는 점을 보여 준다. 일부 접근법에서는 거리 기반 이웃을 선호하는데, 예를 들어 역거리 가중 이웃은 모든 관측값이 서로 어떻게 연결되어 있는지를 명확히 드러내기 때문이다. 그러나 공간적 자기상관 검정이나 공간 회귀 모형 개발 과정에서는 공간 프로세스 모형의 역행렬을 사용하게 된다.[13] 이 역은 계수와 공간가중치행렬의 곱을 거듭제곱하여 더한 급수로 표현될 수 있으며, 이는 본질적으로 모든 관측값이 다른 모든 관측값과 관계를 맺고 있음을 전제로 한다. 희소 연접성

기반 이웃 객체는 이러한 의존성 구조를 명시적으로 기술하지 않더라도 풍부한 종속 관계를 포괄할 수 있다.

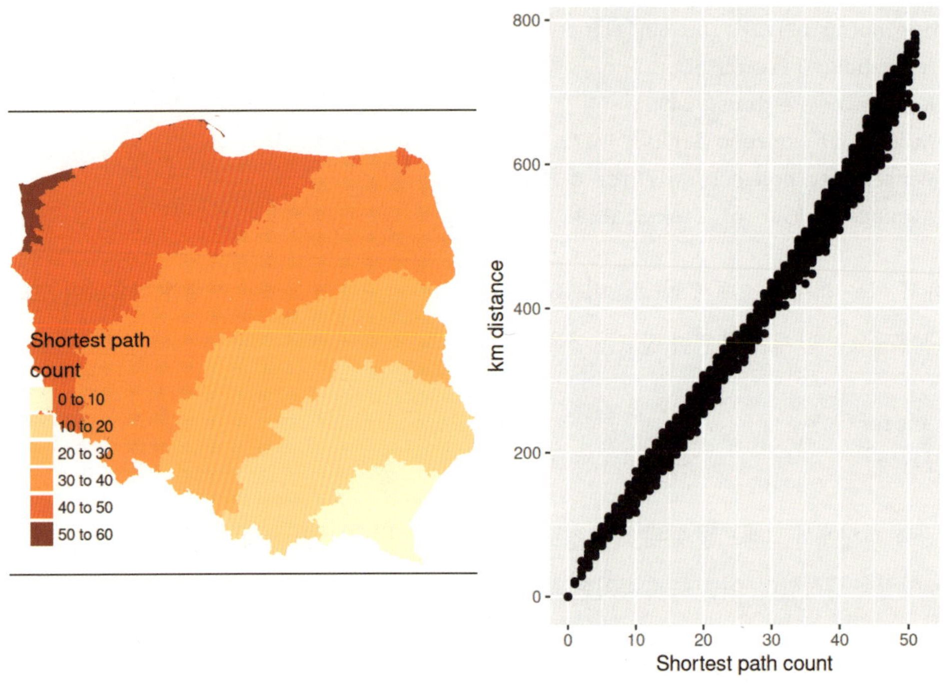

그림 14.3: 루토비스카까지의 최단 경로 수와 거리의 관계. 왼쪽 지도는 루토비스카까지의 최단 경로 수를, 오른쪽 그래프는 최단 경로 수와 거리의 관계를 보여 준다.

14.7 연습문제

1. 어떤 유형의 지오메트리 서포트가 이웃 객체를 생성하는 함수에 적합한지 설명하시오.

2. 이웃 객체를 생성하는 함수 중, 평면 재현에만 사용할 수 있는 것은 무엇인지 설명하시오.

3. 체스판에서 queen 연접성 대신 rook 연접성을 선택하면 어떤 차이가 발생하는지 설명하시오.

4. 이웃 집합의 카디널리티(이웃 수)와 행표준화 가중치 사이에는 어떤 관계가 있으며, 이러한 관계가 어떻게 엣지 효과(edge effect) 분석을 가능하게 하는지 설명하시오. 3번 문제에서 만든 체스판을 사용하여 rook 이웃과 queen 이웃 각각에 대해 설명하시오.

14장 역자주

1. 여기서 '타당하다'는 의미는, 공유 경계가 데이터 생성 프로세스에서 근접성을 판단하는 데 가장 신뢰할 수 있는 근거라는 뜻이다. 에어리어 간 거리를 정의하고 계산하는 방법은 여럿 있으나, 모두 어느 정도 임의성이 개입되기 때문에, 공유 경계보다 더 설득력 있고 일관된 방법은 없다.

2. 에어리어 데이터는 기본적으로 연구 지역 전체를 상호 배타적(mutually exclusive)이고 완전 포괄적(collectively exhaustive)인 구역으로 분할한 것이다. 즉, 각 구역은 서로 겹치지 않으며, 모든 구역을 합하면 연구 지역 전체를 완전히 덮는다. 이러한 특성 때문에 에어리어 데이터는 지구통계학적 데이터나 부분 표본추출 데이터와는 다른 분석적 전제를 가진다.

3. '에지 효과'란 분석 대상 영역의 경계 부분에서 발생하는 통계적 및 공간적 왜곡 현상을 말한다. 예를 들어, 공간가중치행렬을 만들 때 연구 범위의 가장자리(에지)에 위치한 관측 단위는 경계 밖에 실제로 존재하는 인접 객체나 정보가 포함되지 않기 때문에, 중심부에 위치한 관측 단위와 비교해 이웃 수나 가중치가 과소평가될 수 있다. 이러한 경계로 인한 데이터 구조의 불균형은 공간통계 분석 결과에 영향을 미칠 수 있으며, 이를 완화하기 위해 경계 외부를 가상으로 확장하거나, 표준화 방법을 조정하는 등의 보정 기법이 사용된다.

4. '행 기반 희소 표현'은 희소 행렬(전체 원소 중 대부분이 0인 행렬)을 행 단위로 저장하면서, 각 행에서 0이 아닌 원소의 위치와 값을 함께 기록하는 방식이다. 공간가중치행렬처럼 대부분의 원소가 0인 행렬을 메모리 효율적으로 저장하고, 관측 단위별 이웃 정보와 가중치를 빠르게 조회할 수 있다.

5. 주어진 포인트를 이용해 들로네 삼각망을 형성하고, 그것을 바탕으로 티센 폴리곤을 생성한 후 연접성에 기반하여 포인트 간 이웃 관계를 규정한다.

6. 컨벡스헐은 평면 또는 다차원 공간에 분포한 점 집합을 완전히 포함하는 가장 작은 볼록 다각형(또는 볼록 다면체)을 말한다. 쉽게 말해, 모든 점을 고무줄로 감싼 뒤 고무줄이 팽팽하게 당겨져 형성된 경계선이 컨벡스헐에 해당한다. 공간분석에서는 관측 지점의 외곽 경계를 정의하거나, 데이터 범위를 시각화하고 공간적 패턴을 파악하는 데 자주 활용된다. 컨벡스헐은 볼록 다각형(convex polygon)의 성질을 가지므로, 내부의 임의의 두 점을 연결한 선분은 항상 헐 내부에 존재한다.

7. 여기서 '연결 그래프'란 그래프상의 모든 지점이 직·간접적으로 연결되어 있는 그래프를 말한다.

8. 여기서 '관계가 완화된다'는 것은 공간가중치행렬에서 특정 관측 단위의 영향이 소수의 이웃에 집중되는 대신, 더 많은 이웃에 분산되어 각 이웃이 받는 영향이 상대적으로 약해지는 것을 의미한다.

9. 여기서 '평면성을 가지지 않는다'는 것은, 네트워크를 2차원 평면 위에 배치했을 때 엣지가 서로 교차하는 경우가 발생함을 의미한다. 평면 그래프에서는 엣지가 반드시 노드에서만 교차해야 하지만, k-최근린 이웃 그래프는 거리 기준으로 연결되기 때문에 노드가 아닌 위치에서 엣지가 교차하는 비평면 구조가 나타날 수 있다.

10. 브루트포스 방식의 타원체 거리 계산은 지구를 타원체로 가정했을 때 두 지점 간 거리를 구하는 공식을 최적화 없이 모든 점 쌍에 대해 직접 적용하는 전수검사식 방법이다. 계산량이 많아 속도가 느리지만, 알고리즘이 단순하고 결과가 정확하다는 장점이 있다.

11. 'spatially lagged values'는 국내에서 '공간지연값', '공간시차값', '공간지체값', '공간래그값' 등 다양한 번역어가 사용된다. 본 역서에서는 '공간래그값'을 표준 표기로 사용한다. 그 이유는 'lag'가 시계열 분석에서 시간적 지연을 뜻하는 용어이지만, 공간통계에서는 시간과 무관하게 주변 공간 단위의 값을 공간가중치행렬을 이용해 가중 평균한 값을 의미한다. 따라서 '지연'이나 '지체'처럼 시간적 어감이 강한 번역어는 공간적 개념을 설명하는 데 부적절

하므로, 학계에서 널리 쓰이는 음역어 '래그'를 채택하였다.

12. "밀집된 역거리 행렬에서 많은 값이 0에 가깝다"는 것은, 거리의 역수를 취했을 때 멀리 떨어진 단위들 간의 가중치가 극도로 작아져, 공간분석에서 거의 영향력을 행사하지 못한다는 의미이다. 특히 공간 프로세스 행렬 자체가 이미 대부분의 단위들 간 연결을 포함하고 있다면, 이러한 미소 가중치는 분석 결과에 실질적인 변화를 주지 않는다.

13. '공간 프로세스 모형의 역행렬'이란, 공간적 자기상관이나 공간 회귀 모형을 계산할 때 수행되는 수학적 역연산을 의미한다. 이 연산 과정에는 공간가중치행렬을 반복적으로 곱하고 더하는 절차가 포함되며, 그 결과 모든 관측값이 서로 영향을 주고받는 관계가 모형에 자동으로 반영된다.

15. 공간적 자기상관 측도

에어리어 데이터 분석에서 공간적 자기상관이 존재하는 경우, 관측치의 독립성을 전제로 하는 전통적 추론 방식과는 다른 분석 절차가 요구된다는 점이 오래전부터 잘 알려져 왔다. 공간적 자기상관이 존재하면, 관측 개체 i의 값을 인접 이웃들의 집합 N_i에 속하는 다른 관측 개체 j의 값으로 예측할 수 있다. Moran(1948)과 Geary(1954)의 선구적인 연구 성과는 점진적인 수용 과정을 거쳐(사회과학 분야의 예: Duncan, Cuzzort, and Duncan 1961), 이후 정리와 확장을 통해 정량적 분석의 기본 도구로 자리 잡았다(Cliff and Ord 1973, 1981).

Cliff와 Ord(1973)는 조인 카운트 통계량, 모런 통계량(Moran's I), 기어리 통계량(Geary's C) 등 다양한 공간통계량에 공통적으로 적용 가능한 분포 이론을 확립하고자 하였으며, 이 과정에서 공간가중치행렬(spatial weights matrix)의 개념을 일반화하고 확장하는 데 주력하였다. 이들 통계량은 전체 연구 지역에 대해 하나의 공간적 자기상관 값을 산출한다는 점에서 전역적 측도(global measure)라고 불리며, 이후 개별 구역 단위의 공간적 자기상관 값을 산출하는 국지적 측도(local measure)(Getis and Ord 1992; Anselin 1995)의 발전으로 이어졌다.

spdep 패키지는 다양한 측도를 계산할 수 있도록 할 뿐 아니라 측도간 비교 분석을 촉진하도록 설계되었다. 이러한 이유로 측도 함수는 컴파일된 코드가 아닌 R로 작성되어, 최근 소개된 **rgeoda** 패키지(Li and Anselin 2021; Anselin, Li, and Koschinsky 2021)보다 속도는 다소 느리지만 훨씬 더 유연하다.

15.1 측도와 프로세스 오지정

Tobler(1970)가 제시한 지리학의 제1법칙, 즉 "모든 것은 다른 모든 것과 연관되어 있다. 그러나 가까이 있는 것은 멀리 떨어져 있는 것보다 더 많이 연관되어 있다"는 만고의 진리처럼 받아들여져서는 안된다. 이 법칙은 지나치게 단순화된 개념으로, 다른 잠재적 문제들을 덮어 버릴 수 있다. 예를 들어 개체화(entitation)의 문제, 서포트 문제, 그리고 오지정(misspecification)의 문제가 이에 해당한다. 관측 단위의 크기가 기저 공간 프로세스의 스케일에 부합하는가? 주어진 관측 단위에서 나타나는 관심 변수의 공간적 패턴이 다른 변수의 공간적 패턴으로 설명될 수 있는가?[1]

토블러(Tobler 1970)의 논문은 올슨(Olsson 1970)의 논문과 함께 경제지리학(*Economic Geography*) 저널의 특별호에 실렸다. 그러나 올슨은 공간적 자기상관이 공간 현상에 필연적으로 내재된 속성이 아니라, 부적절한 개체화, 누락된 변수, 그리고/또는 부적절하게 설정된 함수 관계로 인해 발생하는 경우가 더 많다는 점을 간파했다. Olsson의 핵심 인용문은 228쪽에 있다.

이러한 자기상관의 존재는 Tobler(1970)가 말한 "모든 것은 다른 모든 것과 연관되어 있다. 그러나 가까이 있는 것은 멀리 떨어져 있는 것보다 더 많이 연관되어 있다"는 주장에 동의하고 싶어지게 만든다. 그러나 한편으로, 이러한 자기상관이 체계적인 오지정 오류를 가리고 있는 것처럼 보인다는 사실은 이 주장을 '지리학의 제1법칙'으로 격상하는 것이 다소 성급하다는 점을 시사한다. 최악의 경우, 이 주장은 사후 오류(post hoc fallacy, 단순한 우연을 인과 관계로 잘못 해석하는 오류)의 공간적 변형에 불과할 수도 있다.

'제1법칙'으로서의 '확고한 지위'는 존 스노(John Snow)가 지도를 통해 콜레라의 원인이 수인성임을 밝혀냈다는 '믿음'과 매우 유사하다. 존 스노의 이야기는 GIS를 홍보하는 데 도움이 될 수 있지만, 실제 역사적 사실과는 거리가 있다. 존 스노는 소호(Soho) 지역을 탐문하기 전에 이미 강력한 작업 가설을 갖고 있었으며, 해당 지도는 브로드 스트리트(Broad Street) 펌프가 차단된 이후 그의 가설이 옳았음을 문서화하기 위해 작성된 것이었다(Brody et al. 2000).

불행히도 공간적 자기상관 측도는 실제 공간 구조뿐 아니라, 모형화 과정에서의 잘못된 지정으로 인한 오류까지 반영할 수 있다(Schabenberger and Gotway 2005; McMillen 2003). 이를 이해하기 위해, 대표적인 공간적 자기상관 측도인 모런 통계량을 정의한 뒤(Cliff and Ord 1981, 17), 단순한 예시를 살펴보자.

$$I = \frac{n\sum_{(2)} w_{ij} z_i z_j}{S_0 \sum_{i=1}^{n} z_i^2}$$

여기서 $z_i = x_i - \bar{x}$, x_i는 해당 변수의 개의 관측값 중 하나, $\bar{x} = \sum_{i=1}^{n} x_i / n$, $\sum_{(2)} = \sum_{i=1}^{n} \sum_{j=1}^{n} (i \neq j)$, w_{ij}는 공간가중치, $S_0 = \sum_{(2)} w_{ij}$이다. 먼저, 무작위 확률 변수에 대해 공간적 자기상관을 검토하기 위해 정규성 가정하에서(인수를 randomisation = FALSE로 지정) 모런 검정을 수행한다. 검정 통계량은 $Z(I) = \frac{I - \mathrm{E}(I)}{\sqrt{\mathrm{Var}(I)}}$로 정의되며, 계산된 z값을 $\mathrm{E}(I)$와 $\mathrm{Var}(I)$를 갖는 정규분포와 비교한다. 아래는 무작위 확률 변수에 공간적 자기상관이 존재하지 않는다는 귀무가설을 검정한 결과이다.

```
library(spdep) |> suppressPackageStartupMessages( )
```

```r
library(parallel)
glance_htest <- function(ht) c(ht$estimate,
    "Std deviate" = unname(ht$statistic),
    "p.value" = unname(ht$p.value))
set.seed(1)
(pol_pres15 |>
    nrow( ) |>
    rnorm( ) -> x) |>
    moran.test(lw_q_B, randomisation = FALSE,
            alternative = "two.sided") |>
    glance_htest( )
# Moran I statistic      Expectation          Variance
#        -0.004772         -0.000401          0.000140
#      Std deviate           p.value
#        -0.369320          0.711889
```

이제, 약간의 공간적 경향성을 가진 가상의 변수를 생성하고, 이를 별도의 변수로 취급하지 않고 원래의 무작위 변수에 합산했다고 가정하자. 이 상태에서 동일한 검정을 적용하면 이번에는 강한 공간적 자기상관이 나타난다. 이는 공간적 경향성을 가진 변수를 모형에 포함하지 않아 발생한 변수 누락 오류로, 그 영향이 분석 결과에서 강한 공간적 자기상관으로 잘못 나타난 사례다.

```r
beta <- 0.0015
coords |>
    st_coordinates( ) |>
    subset(select = 1, drop = TRUE) |>
    (function(x) x/1000)( ) -> t
(x + beta * t -> x_t) |>
    moran.test(lw_q_B, randomisation = FALSE,
            alternative = "two.sided") |>
    glance_htest( )
# Moran I statistic      Expectation          Variance
#         0.043403         -0.000401          0.000140
#      Std deviate           p.value
#         3.701491          0.000214
```

공간적 경향성을 가진 변수를 선형모형의 독립변수로 포함하면, 잔차에서 공간적 자기상관이 사라지는 것을 확인할 수 있다.

```r
lm(x_t ~ t) |>
```

```
    lm.morantest(lw_q_B, alternative = "two.sided") |>
    glance_htest( )
# Observed Moran I     Expectation      Variance     Std deviate
#       -0.004777       -0.000789      0.000140       -0.337306
#          p.value
#          0.735886
```

다양한 공간적 자기상관 측도는 여러 R 패키지에서 이용할 수 있다. 그 가운데 **spdep** 패키지(Bivand 2022b)가 핵심적인 역할을 담당하며, 패키지 간 차이는 주로 실행 설계와 관련된다(Bivand and Wong 2018). **spdep** 패키지를 사용하면 회귀 잔차에 대한 전역적 및 국지적 모런 검정을 수행할 수 있으며, 다른 패키지와 달리 정확(exact) 검정과 안장점 근사법(saddlepoint approximation)(Tiefelsdorf 2002; Bivand, Müller, and Reder 2009)을 모두 제공한다.

15.2 전역적 측도

15.2.1 범주 데이터를 위한 조인 카운트 통계량

먼저 조인 카운트(join-count) 통계량을 살펴보자. 여기서 `joincount.test( )` 함수는 "factor" 값 벡터 `fx`와 `listw` 객체를 입력받아, stats 패키지에서 정의된 `htest`(가설 검정) 객체들의 리스트를 반환한다. 반환되는 각 `htest` 객체는 `fx` 인수의 각 수준에 대해 하나씩 생성된다. 관찰된 카운트는 동일한 범주 수준을 가진 이웃 쌍의 수를 의미하며, 이를 동일 컬러 조인(same-colour joins)이라고 한다.

```
args(joincount.test)
#  function (fx, listw, zero.policy = NULL, alternative = "greater",
#     sampling = "nonfree", spChk = NULL, adjust.n = TRUE)
```

이 함수는 가설 검정을 위한 `alternative` 인수와, 통계량의 분산을 구성하는 기준을 지정하는 `sampling` 인수를 입력받는다. 기본값 "nonfree"는 개념적으로 분석적 순열(analytical permutation)과 동일한 것이다.[2] `spChk` 인수는 이전 버전과의 호환성을 위해 유지된다. 참고로, 앞에서 살펴본 지방자치단체 데이터에 대한 범주 유형별 카운트는 다음과 같다.

```
(pol_pres15 |>
     st_drop_geometry( ) |>
     subset(select = types, drop = TRUE) -> Types) |>
```

```
  table( )
#
#         Rural           Urban     Urban/rural Warsaw Borough
#          1563             303             611              18
```

네 개의 범주 유형, 즉 네 개의 수준이 있으므로, htest 객체 리스트를 재배열하여 추정 결과를 나타내는 행렬을 생성한다. 관찰된 동일 컬러 조인 카운트는 입력된 범주 수준의 카운트를 기반으로 계산한 기대값과 함께 표로 정리된다. 예를 들어, 바르샤바 구역 간에는 결합이 거의 없을 것으로 예상되는데, 이는 구역 수가 매우 적기 때문이다. 분산 계산은 선택된 listw 객체의 기본 상수와 입력 범주 수준의 카운트를 사용하여 수행된다. z 값은 관찰된 조인 카운트와 기대값의 차이를 분산의 제곱근으로 나누어 산출한다.

조인 카운트 검정은 다중 컬러조인 카운트 상황으로 확장되도록 수정되었다(Upton and Fingleton 1985). **spdep** 패키지에서는 **joincount.multi( )** 함수로 구현되어 있으며, 비자유 샘플링(non-free sampling)을 기반으로 표를 반환하되 p 값은 보고하지 않는다.[3]

```
Types |> joincount.multi(listw = lw_q_B)
#                              Joincount Expected Variance z-value
# Rural:Rural                   3087.000 2793.920 1126.534    8.73
# Urban:Urban                    110.000  104.719   93.299    0.55
# Urban/rural:Urban/rural        656.000  426.526  331.759   12.60
# Warsaw Borough:Warsaw Borough   41.000    0.350    0.347   68.96
# Urban:Rural                    668.000 1083.941  708.209  -15.63
# Urban/rural:Rural             2359.000 2185.769 1267.131    4.87
# Urban/rural:Urban              171.000  423.729  352.190  -13.47
# Warsaw Borough:Rural            12.000   64.393   46.460   -7.69
# Warsaw Borough:Urban             9.000   12.483   11.758   -1.02
# Warsaw Borough:Urban/rural       8.000   25.172   22.354   -3.63
# Jtot                          3227.000 3795.486 1496.398  -14.70
```

바이너리 가중치를 적용하는 상황에서는 조인 카운트의 합에 해당 조인에 대한 가중치를 곱한 값도 여전히 정수로 나타난다. 그러나 행표준화 가중치를 적용하면, 가중치가 대부분 1보다 작은 분수가 되므로 카운트, 기대값, 분산이 달라진다. 그럼에도 최종적인 z 값에는 큰 변화가 없다.

그러나 역거리 기반의 listw 객체를 사용하면 z 값이 크게 변한다. 이는 가까운 센트로이드에 상대적으로 더 큰 가중치가 부여되기 때문이다.

```
Types |> joincount.multi(listw = lw_d183_idw_B)
#                                 Joincount Expected Variance z-value
# Rural:Rural                      3.46e+02 3.61e+02 4.93e+01   -2.10
# Urban:Urban                      2.90e+01 1.35e+01 2.23e+00   10.39
# Urban/rural:Urban/rural          4.65e+01 5.51e+01 9.61e+00   -2.79
# Warsaw Borough:Warsaw Borough    1.68e+01 4.53e-02 6.61e-03  206.38
# Urban:Rural                      2.02e+02 1.40e+02 2.36e+01   12.73
# Urban/rural:Rural                2.25e+02 2.83e+02 3.59e+01   -9.59
# Urban/rural:Urban                3.65e+01 5.48e+01 8.86e+00   -6.14
# Warsaw Borough:Rural             5.65e+00 8.33e+00 1.73e+00   -2.04
# Warsaw Borough:Urban             9.18e+00 1.61e+00 2.54e-01   15.01
# Warsaw Borough:Urban/rural       3.27e+00 3.25e+00 5.52e-01    0.02
# Jtot                             4.82e+02 4.91e+02 4.16e+01   -1.38
```

15.2.2 모런 통계량

spdep 패키지에서 모런 통계량은 **moran.test( )** 함수로 구현되어 있다. 이 함수는 **joincount. test( )** 함수와 유사한 인수를 가지지만, 샘플링 대신 랜덤화(randomisation) 가정을 토대로 측도의 분산을 계산한다. 또한 수치 값 대신 순위를 사용할 수도 있다(Cliff and Ord 1981, 46). 일부 오래된 소프트웨어에서는 분산 항목의 마지막 구성 요소가 생략된 채 표시되는데, **drop.EI2** 인수는 이를 재현해 준다.[4]

```
args(moran.test)
# function (x, listw, randomisation = TRUE, zero.policy = NULL,
#     alternative = "greater", rank = FALSE, na.action = na.fail,
#     spChk = NULL, adjust.n = TRUE, drop.EI2 = FALSE)
```

randomisation 인수의 기본값은 **TRUE**이며, **FALSE**로 지정하면 정규성 가정하에서 검정을 수행한다. 아래 사례를 통해, 단일 변수에 정규성 가정을 적용한 검정 결과와 절편만 포함된 회귀모형의 잔차에 대해 랜덤화 가정하에서 수행한 검정 결과가 동일하게 나타남을 확인할 수 있다. 해당 변수는 2015년 폴란드 대통령 선거의 투표율이다. **randomisation**의 철자는 Cliff와 Ord(1973)의 표기를 따른 것이다.

```
pol_pres15 |>
        st_drop_geometry( ) |>
        subset(select = I_turnout, drop = TRUE) -> I_turnout
I_turnout |> moran.test(listw = lw_q_B, randomisation = FALSE) |>
```

```
    glance_htest( )
# Moran I statistic        Expectation              Variance
#        0.691434           -0.000401              0.000140
#     Std deviate              p.value
#       58.461349             0.000000
```

`lm.morantest( )` 함수는 `resfun` 인수를 가지고 있는데, 이를 통해 검정에 사용할 잔차를 추출하는 함수를 지정할 수 있다. 이를 활용하면 종속 변수의 다른 중요한 특성을 모형화할 수 있다(Cliff and Ord 1981, 203). 단일 변수에 대한 표준 검정과 비교하기 위해, 여기서는 절편만 포함된 회귀 모형을 사용하였으며 그 결과가 동일함을 확인할 수 있다.

```
lm(I_turnout ~ 1, pol_pres15) |>
    lm.morantest(listw = lw_q_B) |>
    glance_htest( )
# Observed Moran I        Expectation              Variance          Std deviate
#        0.691434           -0.000401              0.000140            58.461349
#          p.value
#        0.000000
```

정규성 가정과 랜덤화 가정하에서의 검정 차이는, 변수의 첨도가 정상 범위를 벗어나는 경우 추가 항목이 더해진다는 점이다. 이때 사용되는 척도는 고전적인 첨도 측정법이다. 기본값인 랜덤화 가정하에서는 결과가 크게 달라지지 않는다.

```
(I_turnout |>
    moran.test(listw = lw_q_B) -> mtr) |>
    glance_htest( )
# Moran I statistic        Expectation              Variance
#        0.691434           -0.000401              0.000140
#     Std deviate              p.value
#       58.459835             0.000000
```

1970년대 초반부터 몬테카를로(Monte Carlo) 검정, 즉 호프(Hope) 유형의 검정 또는 순열 부트스트랩(permutation bootstrap)으로 알려진 검정 절차에 대한 관심이 제기되었다. 기본적으로 `mo-ran.mc( )` 함수는 "htest" 객체를 반환하지만, 내부적으로는 `boot::boot( )` 함수를 사용하므로 `return_boot = TRUE`로 설정하면 "boot" 객체를 반환할 수도 있다. 또한 시뮬레이션 횟수는 `nsim`으로 지정하며, 이는 관측값을 무작위로 섞는 횟수를 의미한다.[5]

```
set.seed(1)
I_turnout |>
    moran.mc(listw = lw_q_B, nsim = 999,
             return_boot = TRUE) -> mmc
```

순열 부트스트랩은 각 무작위 순열의 결과를 보존하며, 통계량의 관측값(여기서는 모런 통계값)과 랜덤화 시뮬레이션의 평균값[E(I)와 동일한 역할]의 차이, 그리고 램덤화 시뮬레이션의 표준편차를 보고한다.

몬테카를로 시뮬레이션의 분산과 랜덤화 가정하에서의 분석적 분산을 비교하면, 보통 큰 차이가 없다. 이는 몬테카를로 검정이 불필요하다는 주장의 근거가 된다.

```
c(“Permutation bootstrap” = var(mmc$t),
  “Analytical randomisation” = unname(mtr$estimate[3]))
#     Permutation bootstrap Analytical randomisation
#               0.000144                 0.000140
```

전역적 기어리 통계량(Geary's C)은 **geary.test( )** 함수로 구현되어 있으며, **moran.test( )** 함수와 거의 동일한 인수 구조를 따른다. 게티스–오드(Getis–Ord G) 검정은 추가적인 인수를 가지는데, 이는 Bivand와 Wong(2018)이 지적한 바와 같이 초기 통계량의 변종이 이후에 나타났고, 특히 거리 기반 이웃 규정에서는 생성되는 무이웃 관측 개체를 처리하는 방식의 차이를 반영해야 하기 때문이다. Getis와 Ord(1992)의 194쪽에 따르면, G^*의 경우, G와는 달리 $i{\neq}j$ 합산 제약이 완화되어 i가 자기 자신을 이웃에 포함할 수 있다. 이렇게 하면 모든 관측 개체가 적어도 하나의 이웃을 가지게 되므로 무이웃 문제도 해결된다.

마지막으로, 경험적 베이즈 모런 통계량은 비율 데이터에서 공간적 자기상관을 평가할 때 분모를 고려할 수 있게 해 준다(Assunção and Reis 1999). 지금까지는 공간단위별로 유효 투표수와 투표권을 가진 인구수의 비율을 고려했으나, **EBImoran.mc( )** 함수를 이용하면 투표권을 가진 인구수가 적은 공간단위에서 나타나는 극단적인 비율값이 가지는 통계적 불확실성을 반영할 수 있다. 그러나 결과에는 큰 변화가 없다.

지금까지 다룬 전역적 공간적 자기상관 통계량은 이웃 그래프에 기반한 공간가중치를 활용한 측도들이다. 이러한 측도들을 매우 정교한 통계적 도구라고 부르기는 어렵다. 그 이유는 결과의 해석이 해당 변수의 평균 모형을 어떻게 설정하느냐에 크게 의존하기 때문이다. 만약 평균 모형이 절편만 포함한다면, 전역적 통계량은 공간적 자기상관뿐만 아니라 다른 모든 종류의 오지정 문제에도 동시에 반응하게 된다. 공간단위의 선정과 관련된 개체화 문제가 일반적으로는 오지정 문제의 핵심적인 원인이 된다.[6]

15.3 국지적 측도

전역적 측도의 한계를 극복하기 위한 노력의 일환으로, 1990년대 초반부터 '국지적 공간연관성 지표(LISA, local indicators of spatial association)'들이 등장하기 시작했다(Anselin 1995; Getis and Ord 1992, 1996).

또한, 모런 플롯(혹은 모런 산포도)을 통해 관심 변수와 그 공간래그값(14장 참조) 간의 관련성을 시각화할 수 있게 되었다. 일반적으로 행표준화 가중치를 사용하면 두 축을 보다 더 직접적으로 비교할 수 있다(Anselin 1996). `moran.plot( )` 함수는 영향력 측정 객체(influence measures object)를 반환하며, 이를 통해 전역적 모런 통계량을 나타내는 직선의 기울기에 상대적으로 큰 영향을 미치는 관측 개체를 표시할 수 있다.[7] 그림 15.1에서는 영향력이 큰 관측 개체가 상당히 많다는 점을 확인할 수 있다. 이러한 관측값과 공간래그 관측값의 쌍은 집합적으로 전역적 측도를 구성하지만, 개별적으로도 탐색이 가능하다. 모런 플롯에서 오른쪽 상단 사분면에는 높은 값–높은 값(High-High) 쌍이, 왼쪽 하단 사분면에는 낮은 값–낮은 값(Low-Low) 쌍이 나타난다. 왼쪽 상단과 오른쪽 하단 사분면에는 각각 낮은 값–높은 값(Low-High)과 높은 값–낮은 값(High-Low) 쌍이 위치하며, 앞의 두 사분면에 비해 상대적으로 적게 나타난다. `moran.plot( )` 함수에서 사분면은 변숫값와 공간래그값의 평균을 기준으로 나뉘지만, 해당 값을 표준화한 경우에는 0을 기준으로 나뉜다.

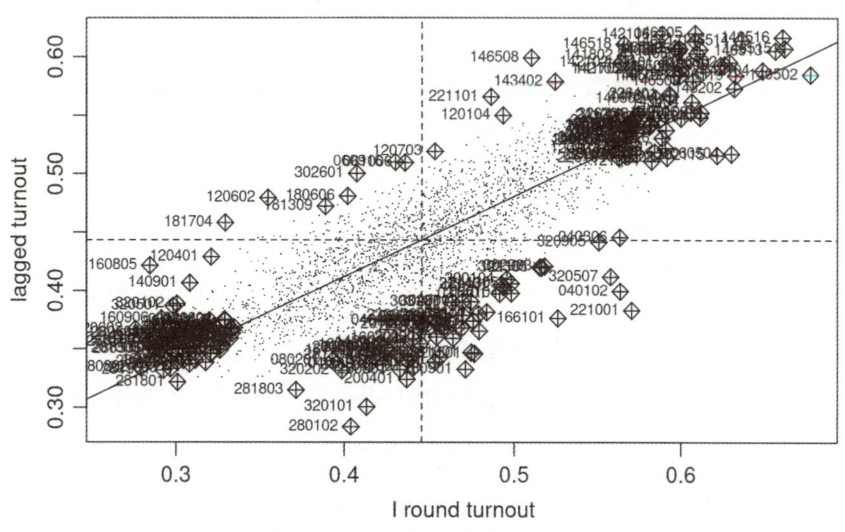

그림 15.1: 투표율에 대한 모런 플롯(행표준화 공간가중치행렬 적용)

반환된 객체에서 회귀 영향 측도값[구체적으로는 햇 영향력 지표(hat influence measure) 혹은 레버리지 값을 추출하여 지도를 작성하면(그림 15.2), 경계부에 위치한 공간단위들이 높은 값을 나타내는 것을 확인할 수 있다. 이는 아마도 행표준화 공간가중치행렬을 적용했기 때문일 수 있다.[8] 대도시나 그 주변 지역에서도 높은 값을 관찰할 수 있다.

```
library(tmap)
# Breaking News: tmap 3.x is retiring. Please test v4, e.g. with
# remotes::install_github(‘r-tmap/tmap’)
pol_pres15$hat_value <- infl_W$hat
tm_shape(pol_pres15) + tm_fill(“hat_value”)
```

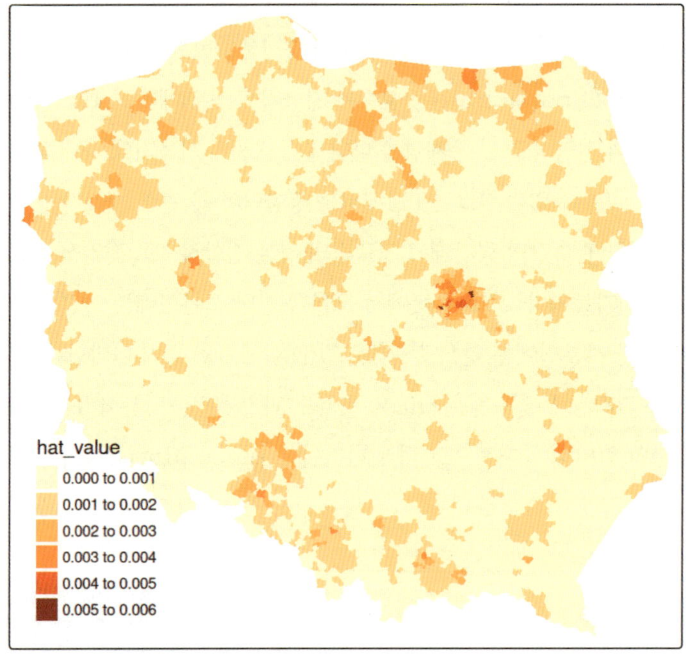

그림 15.2: 모런 회귀 영향 측도값의 분포(행표준화 공간가중치행렬 적용)

15.3.1 국지적 모런 통계량

Bivand와 Wong(2018)은 국지적 모런 통계량(Moran's I_i)과 국지적 게티스−오드 통계량(Getis−Ord G_i)과 같은 국지적 지표 사용에 영향을 미치는 문제들을 다루었다. 일부 문제는 국지적 지표 계산에 영향을 미치고, 다른 문제는 해당 값에 대한 통계적 추론에 영향을 준다. n개의 관측 단위에 대해 n개의 통계값이 산출되므로, 다중비교(multiple comparison) 문제를 해결할 필요가 있다.[9] Caldas de Castro와 Singer(2006)는 전형적인 데이터셋과 시뮬레이션 실험을 바탕으로, 확률값에 대한 FDR(false discovery rate, 오발견율) 조정이 무조정의 결과보다 흥미로운 클러스터를 더 잘 드러낸다고 결론지었다. 이를 바탕으로, Anselin(2019)은 FDR 조정을 재정의된 '유의성' 기준치(Benjamin et al. 2018)와 결합하는 방식을 제안하였다. 예를 들어, 기존의 0.1, 0.05, 0.01 대신 0.01, 0.005, 0.001을 사용하는 방식이다. 또한 유의한(significant) 대신 흥미로운(interesting)이라는 용어 사용을 권고하였다. 이러한 논의는 Bivand(2022a)에서 더 자세히 다루어진다. 전역적 통계량과 마찬가지로, 오지정 문제는 여전히 혼란의 원인이며, 전역적 공간적 자기상관이 존재하는 상황에서 국지적 공간적 자기상관을 해석하는 일은 여전히 도전 과제이다(Ord and Getis 2001; Tiefelsdorf 2002; Bivand, Müller, and Reder 2009).

```
args(localmoran)
#  function (x, listw, zero.policy = NULL, na.action = na.fail,
#    conditional = TRUE, alternative = "two.sided", mlvar = TRUE,
#    spChk = NULL, adjust.x = FALSE)
```

Bivand와 Wong(2018)는 국지적 모런 통계량의 표준편차를 분석적 공식에 기반한 방식과 조건부(conditional) 순열에 기반한 방식으로 비교하였다. 이에 대해 Sauer 등(2021)은 이러한 비교가 오해에 기반하고 있음을 명확히 보여 주었다. Sokal, Oden과 Thomson(1998)은 총괄(total) 순열과 조건부 순열에 기반한 국지적 모런 통계량의 표준편차 공식을 제시한 바 있는데, Bivand와 Wong (2018)에서 사용된 분석 공식은 이전 관행에 따라 총괄 순열만 사용하였으며, 따라서 시뮬레이션 조건부 순열과 일치하지 않는다.[10] 적시에 제안된 풀 리퀘스트 덕분에, 이제 `localmoran( )` 함수는 Sokal, Oden과 Thomson(1998)의 부록에 수록된 대안적 공식을 사용한 `conditional` 논리 인수(기본값은 **TRUE**)를 포함한다. `localmoran( )` 함수의 `mlvar`와 `adjust.x` 인수가 필요한 이유는 Bivand와 Wong(2018)에 설명되어 있으며, 이를 통한 다른 패키지의 결과와 비교할 수 있다. 기본값인 `two.sided`를 설정하면 다음과 같은 결과를 얻을 수 있다.

```
I_turnout |>
    localmoran(listw = lw_q_W) -> locm
```

국지적 모런 통계량을 합산한 뒤 공간가중치의 합으로 나누면 전역적 모런 통계량과 동일해지며, 이를 통해 국지적 수준에서 양 또는 음의 공간적 자기상관의 존재를 확인할 수 있다.

```
all.equal(sum(locm[,1])/Szero(lw_q_W),
          unname(moran.test(I_turnout, lw_q_W)$estimate[1]))
# [1] TRUE
```

stats::p.adjust( ) 함수를 사용해 다중비교를 조정한 결과, 조정을 적용하지 않을 경우 2,495개의 국지적 지표 중 15% 이상이 p-value<0.005를 가지는 것으로 나타났다. 그러나 FWER(family-wise error rate, 전체 오류율)을 제어하기 위해 **"Bonferroni"** 조정을 사용할 경우 이 비율은 1.5%로 감소한다. 다른 두 가지 조정 옵션도 사용할 수 있는데, **"fdr"**은 Benjamini와 Hochberg(1995)의 FDR 조정 방법으로 약 6%를, **"BY"**는 Benjamini와 Yekutieli(2001)의 또 다른 FDR 조정 방법으로 약 2.5%를 보였다.[11]

```r
pva <- function(pv) cbind("none" = pv,
    "FDR" = p.adjust(pv, "fdr"), "BY" = p.adjust(pv, "BY"),
    "Bonferroni" = p.adjust(pv, "bonferroni"))
locm |>
    subset(select = "Pr(z != E(Ii))", drop = TRUE) |>
    pva( ) -> pvsp
f <- function(x) sum(x < 0.005)
apply(pvsp, 2, f)
#       none      FDR         BY Bonferroni
#        385      149         64         38
```

전역적 측도에서는 분석적 방법에 대한 대안적 추론 방식으로 순열 부트스트랩이 사용된다. 그런데 분석적 분산 도출 방식과 순열 방식 모두 모든 관측값을 뒤섞는 것에 기반한다. 국지적 측도에서는 전체 순열보다 조건부 순열이 훨씬 더 적합하다. 이는 관측 개체 i의 값을 고정한채 나머지 $n-1$개의 값을 무작위로 샘플링하여 해당 이웃의 값을 결정하는 방식이다. 조건부 순열은 `localmoran_perm( )` 함수로 제공되며, 여러 컴퓨팅 노드가 있는 경우 병렬 샘플링이 가능하고, 각 컴퓨팅 노드에서 난수 생성기의 시드를 설정할 수 있다. `nsim` 인수로 시뮬레이션 수를 지정하면, 시뮬레이션된 값 중 관측된 모런 통계값의 순위에 기반하여 확률값 추정치의 정밀도가 결정된다.

```r
library(parallel)
invisible(spdep::set.coresOption(max(detectCores( )-1L, 1L)))
I_turnout |>
    localmoran_perm(listw = lw_q_W, nsim = 9999,
                    iseed = 1) -> locm_p
```

그 결과, 다중비교 조정을 적용하지 않는 경우 전체 관측값의 15% 이상이 양측 p-value<0.005로 나타났다. Bonferroni 조정을 적용하면 이 비율은 약 1.5%로 감소하였다. 여기서 p 값은 순열 샘플의 표준편차와 정규분포를 사용하여 계산되었다.

```
locm_p |>
    subset(select = "Pr(z != E(Ii))", drop = TRUE) |>
    pva( ) -> pvsp
apply(pvsp, 2, f)
#       none        FDR        BY Bonferroni
#        380        148        64        39
```

해당 변수가 반드시 정규분포를 따른다고 가정할 수 없으므로, 모든 시뮬레이션 값에서 관측값의 순위를 산정하고, 그 순위에 기반하여 균등분포에서의 확률값을 계산하는 방식으로 p 값을 구할 수도 있다.[12]

```
locm_p |>
    subset(select = "Pr(z != E(Ii)) Sim", drop = TRUE) |>
    pva( ) -> pvsp
apply(pvsp, 2, f)
#       none        FDR        BY Bonferroni
#        391        127        0        0
```

위의 결과는 **"BY"** 방식과 Bonferroni 방식을 적용한 경우, 9,999개의 샘플에서는 **흥미로운 위치**가 전혀 나타나지 않음을 보여 준다. 그러나 샘플 수를 999,999로 늘리면 **흥미로운 위치**가 발견될 수 있다. 한편, FDR 조정과 판정 기준값(cut-off) 0.005를 적용하면, 약 5%의 위치가 흥미로운 위치로 나타난다.

```
pol_pres15$locm_pv <- p.adjust(locm[, "Pr(z != E(Ii))"], "fdr")
pol_pres15$locm_std_pv <- p.adjust(locm_p[, "Pr(z != E(Ii))"],
                                    "fdr")
pol_pres15$locm_p_pv <- p.adjust(locm_p[, "Pr(z != E(Ii)) Sim"],
                                    "fdr")
```

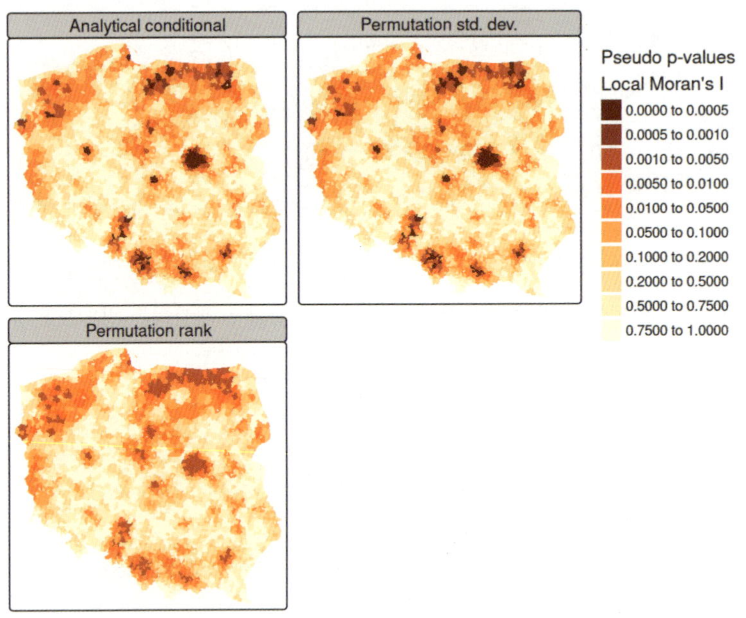

그림 15.3: 국지적 모런 통계량의 FDR 유의확률 값. 왼쪽 상단 패널은 분석적 조건부 유의확률, 오른쪽 상단 패널은 순열 표준편차를 이용한 조건부 유의확률, 왼쪽 하단 패널은 순열 순위에 기반한 조건부 유의확률을 각각 나타낸다(행표준화 공간가중치행렬 적용)

FDR 조정과 판정 기준값 0.005를 적용한 결과, 그림 15.3에서 볼 수 있듯이 분석적 조건부 접근법, 순열 샘플링에서 추출된 값들의 적률을 활용한 접근법, 순열 샘플링에서 관측값의 순위를 활용한 접근법 모두 유사한 지도 패턴을 나타냈다. 이는 입력 변수의 분포가 정규분포에 매우 근접하기 때문에 나타난 현상으로 보인다.

국지적 모런통계값을 제시할 때는 종종 '핫스팟' 지도가 사용된다. 그러나 국지적 모런통계값은 입력 변수의 값이 낮든 높든 강한 양의 자기상관만 있으면 높은 값을 가지므로, 유사한 값을 지닌 이웃들의 '클러스터'가 어디에서 발생하는지를 낮은 값 클러스터와 높은 값 클러스터로 명확히 구분해 보이기는 어렵다. 이를 보완하기 위해 모런 플롯을 활용할 수 있다. 모런 플롯에서는 변숫값과 공간래그값의 평균을 기준으로 범주형 사분면 변수를 생성한다. 이후, 기준 유의확률과 조정 절차에 따라 모런 통계값이 '흥미로운' 값으로 간주되지 않는 관측 개체는 사분면 범주 속성에서 **NA**값을 갖게 된다. 아래 사례에서는 FDR 조정된 조건부 유의확률 값을 사용했는데(그림 15.3, 왼쪽 상단 패널), 53개의 관측 개체가 **"Low-Low"** 클러스터에, 96개는 **"High-High"** 클러스터에 속했다. 이는 표준편차 기반의 순열 p 값(그림 15.3, 오른쪽 상단 패널)에서도 유사하게 나타난다. 순위 기반 순열 p 값(그림 15.3, 왼쪽 하단 패널)에서는 **"High-High"** 클러스터의 수가 줄고 **"Low-Low"** 클러스터

수가 증가한다.

```r
quadr <- attr(locm, "quadr")$mean
a <- table(addNA(quadr))
locm |> hotspot(Prname="Pr(z != E(Ii))", cutoff = 0.005,
                droplevels=FALSE) -> pol_pres15$hs_an_q
locm_p |> hotspot(Prname="Pr(z != E(Ii))", cutoff = 0.005,
                droplevels=FALSE) -> pol_pres15$hs_ac_q
locm_p |> hotspot(Prname="Pr(z != E(Ii)) Sim", cutoff = 0.005,
                droplevels = FALSE) -> pol_pres15$hs_cp_q
b <- table(addNA(pol_pres15$hs_an_q))
c <- table(addNA(pol_pres15$hs_ac_q))
d <- table(addNA(pol_pres15$hs_cp_q))
t(rbind("Moran plot quadrants" = a, "Analytical cond." = b,
  "Permutation std. cond." = c, "Permutation rank cond." = d))
#         Moran plot quadrants Analytical cond.
# Low-Low                 1040               53
# High-Low                 264                0
# Low-High                 213                0
# High-High                978               96
# <NA>                       0             2346
#         Permutation std. cond. Permutation rank cond.
# Low-Low                     53                     56
# High-Low                     0                      0
# Low-High                     0                      0
# High-High                   95                     71
# <NA>                      2347                   2368
pol_pres15$hs_an_q <- droplevels(pol_pres15$hs_an_q)
pol_pres15$hs_ac_q <- droplevels(pol_pres15$hs_ac_q)
pol_pres15$hs_cp_q <- droplevels(pol_pres15$hs_cp_q)
```

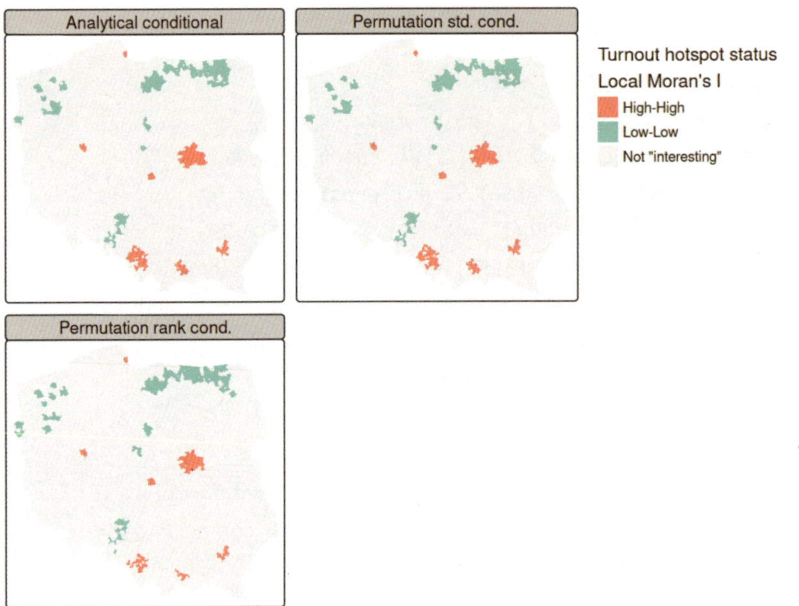

그림 15.4: 국지적 모런 통계량의 FDR 조정 핫스팟 지도(유의수준은 0.005). 왼쪽 상단 패널은 분석적 조건부 유의확률, 오른쪽 상단 패널은 순열 표준편차 기반 조건부 유의확률, 왼쪽 하단 패널은 순열 순위 기반 조건부 유의확률이 적용된 경우를 보여 준다.(행표준화 공간가중치행렬 적용)

그림 15.4는 분석적 조건부 표준편차, 순열 기반 표준편차, 순위 기반 확률 값의 세 가지 접근법에 대해 $\alpha=0.005$ 확률 값 컷오프를 적용했을 때 FDR 조정된 **흥미로운** 클러스터들 간의 차이가 거의 없음을 보여 준다. **"High-High"** 클러스터의 핵심부는 대도시 지역에 위치한다.

Tiefelsdorf(2002)는 국지적 모런 통계량의 표준편차를 계산하는 표준 접근 방식에 수치적 추정치를 추가해야 한다고 주장하며, 이를 안장점 근사를 통해 구현하는 것이 계산적으로 효율적인 방법임을 보여 주었다. `localmoran.sad( )` 함수는 첫 번째 인수로 적합된 선형모형을 입력받으므로, 우선 절편만 포함된 기본 모형을 적합시켜야 한다. 그러나 구역별 유권자 수가 크게 다르므로, 이러한 효과를 통제하기 위해 최종적으로 가중 선형모형을 적합시킨다.

```
lm(I_turnout ~ 1) -> lm_null
```

안장점 근사 방식은 조건부 순열만큼 계산 비용이 많이 든다. 이는 많은 샘플에 대해 단일 측정값을 계산하는 것이 아니라, 각 국지적 근사마다 상당한 수치 계산이 필요하기 때문이다.

```
lm_null |> localmoran.sad(nb = nb_q, style = "W",
                         alternative = "two.sided") |>
```

```
        summary( ) -> locm_sad_null
```

안장점 근사법의 주요 장점은 단순히 수치 변수를 사용하는 대신, 적합된 선형모형을 기반으로 잔차를 분석한다는 점이다. 절편만 포함된 모형을 사용하면 결과는 국지적 모런 통계량과 유사하지만, 관찰값에 가중치를 부여할 수 있다. 여기서는 유권자수를 기준으로 가중치를 부여하며, 이를 통해 유권자수가 적은 관찰값은 낮은 가중치를 받는다.

```
lm(I_turnout ~ 1, weights = pol_pres15$I_entitled_to_vote) ->
        lm_null_weights
lm_null_weights |>
            localmoran.sad(nb = nb_q, style = "W",
                             alternative = "two.sided") |>
        summary( ) -> locm_sad_null_weights
```

다음으로, 농촌, 도시, 기타 유형의 관측 개체를 구분하는 범주형 변수를 추가한다.

```
lm(I_turnout ~ Types, weights=pol_pres15$I_entitled_to_vote) ->
        lm_types
lm_types |> localmoran.sad(nb = nb_q, style = "W",
                                alternative = "two.sided") |>
        summary( ) -> locm_sad_types
locm_sad_null |> hotspot(Prname="Pr. (Sad)",
                cutoff=0.005) -> pol_pres15$locm_sad0
locm_sad_null_weights |> hotspot(Prname="Pr. (Sad)",
                cutoff = 0.005) -> pol_pres15$locm_sad1
locm_sad_types |> hotspot(Prname="Pr. (Sad)",
                cutoff = 0.005) -> pol_pres15$locm_sad2
```

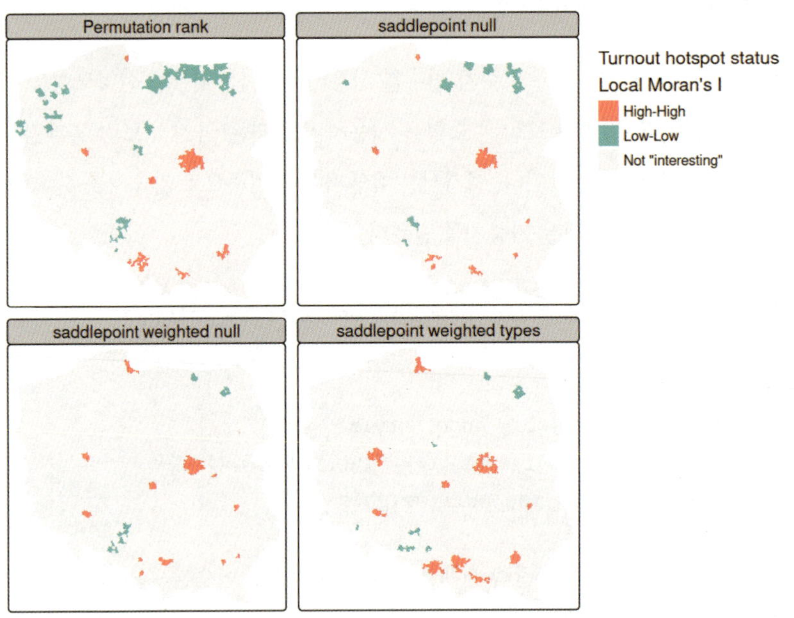

그림 15.5: 국지적 모런 통계량의 FDR 조정 핫스팟 지도(양측검정, 흥미로움의 판정 기준값 0.005 적용). 왼쪽 상단 패널은 순열 표준편차를 활용한 조건부 유의확률, 오른쪽 상단 패널은 기본(절편만 있는) 모형의 안장점 근사에 기반한 유의확률, 왼쪽 하단 패널은 가중 기본(절편만 있는) 모형의 안장점 근사에 기반한 유의확률, 오른쪽 하단 패널은 가중 유형 모형의 안장점 근사에 기반한 유의확률을 나타낸다.(행표준화 공간가중치행렬의 적용)

```
rbind(null = append(table(addNA(pol_pres15$locm_sad0)),
                c("Low-High" = 0), 1),
    weighted = append(table(addNA(pol_pres15$locm_sad1)),
                c("Low-High" = 0), 1),
    type_weighted = append(table(addNA(pol_pres15$locm_sad2)),
                c("Low-High" = 0), 1))
#               Low-Low Low-High High-High <NA>
# null               19        0        55 2421
# weighted            9        0        52 2434
# type_weighted      13        0        81 2401
```

그림 15.5의 왼쪽 상단 패널에는 비교를 위해 순열 순위 기반 클러스터가 제시되어 있다. 안장점 근사법은 더 풍부한 평균모형을 적용할 수 있으며, 관측 개체 i에서의 회귀 잔차 값을 그 이웃들의 값과 연결하는 본질적으로 국지적인 접근법이기 때문에, 안정접 근사법에 기반한 나머지 세 개의 패널은 상당히 다른 패턴을 보여 준다. 절편만 포함한 기본 모형은 표준적인 결과와 매우 유사하지만, 유권자수에 따른 가중치 부여로 인해 대부분의 **"Low-Low"** 클러스터가 제거된다. 범주 유형 변수를 추가하면 도시 지역의 **"High-High"** 클러스터가 강화되지만, 바르샤바 구역들은 흥미로운 군

집의 핵에서 제외된다. 바르샤바의 중앙 구역들은 높은 투표율을 보이며, 마찬가지로 높은 투표율을 보이는 다른 구역들에 의해 둘러싸여 있으나, 이는 공간적 자기상관에 의한 것이 아니라 모두 대도시 구역에 속하기 때문이다. 또한, 전역적 공간 프로세스를 통합한 경우 안장점 근사법을 활용할 수 있는데, 이를 통해 표준 접근법에서 나타나는 전역 및 지역 공간적 자기상관의 결합 효과를 제거할 수 있다.

같은 결과를 정확 접근법으로도 얻을 수 있지만, 수치적분이 실패하는 경우가 있어 표준편차의 정확한 추정값 대신 **NaN**가 반환될 수 있다. 따라서 추가적인 조정이 필요할 수 있다(Bivand, Müller, and Reder 2009).[13]

```
lm_types |> localmoran.exact(nb = nb_q, style = "W",
    alternative = "two.sided", useTP=TRUE, truncErr=1e-8) |>
    as.data.frame( ) -> locm_ex_types
locm_ex_types |> hotspot(Prname = "Pr. (exact)",
                      cutoff = 0.005) -> pol_pres15$locm_ex
```

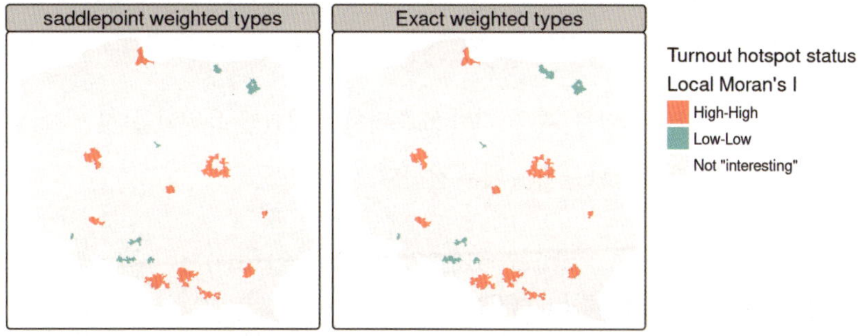

그림 15.6: 국지적 모런 통계량의 FDR 조정 핫스팟 지도(양측검정, 흥미로움의 판정 기준값 0.005 적용). 왼쪽 패널은 가중 유형 모형의 안장점 근사에 기반한 유의확률, 오른쪽 패널은 가중 유형 모형의 정확 접근법에 기반한 유의확률을 나타낸다.(행표준화 공간가중치행렬의 적용)

그림 15.6에서 볼 수 있듯이, 정확 접근법과 안장점 근사법은 동일한 회귀 잔차, 다중비교 조정 방식, 그리고 기준값 수준을 적용했을 때 거의 동일한 클러스터 분류 결과를 산출한다. 두 방법 간의 차이는, 아래에 나타난 것처럼, 정확 접근법이 4개의 추가적인 관측 개체를 흥미로운 사례로 탐지한다는 점이다.

```
table(Saddlepoint = addNA(pol_pres15$locm_sad2),
      exact = addNA(pol_pres15$locm_ex))
#             exact
# Saddlepoint Low-Low High-High <NA>
```

```
#   Low-Low            13          0    0
#   High-High           0         81    0
#   <NA>                2          2 2397
```

15.3.2 국지적 게티스-오드 통계량

국지적 게티스-오드 측도(Getis-Ord G_i)(Getis and Ord 1992, 1996)는 표준화된 값으로 산출된다. `include.self` 인수를 사용하여 이웃 객체에 자신을 포함하도록 설정하면 G_i^* 측도값을 계산할 수 있다. `return_internals = TRUE`로 지정하면 관측값, 기대값, 그리고 이에 대한 분석적 분산값이 함께 반환된다.

```
I_turnout |>
      localG(lw_q_W, return_internals = TRUE) -> locG
```

순열에 기반한 가설 검정도 수행할 수 있다.

```
I_turnout |>
      localG_perm(lw_q_W, nsim = 9999, iseed = 1) -> locG_p
```

분석적 표준편차에 기반한 유의확률, 순열 기반 표준편차에 기반한 유의확률(첫 번째 두 열과 행), 순열 순위 기반 유의확률 간의 상관관계는 매우 강하다.

```
cor(cbind(localG=attr(locG, "internals")[, "Pr(z != E(Gi))"],
    attr(locG_p, "internals")[, c("Pr(z != E(Gi))",
                              "Pr(z != E(Gi)) Sim")]))
#                   localG Pr(z != E(Gi)) Pr(z != E(Gi)) Sim
# localG                 1              1                  1
# Pr(z != E(Gi))         1              1                  1
# Pr(z != E(Gi)) Sim     1              1                  1
```

15.3.3 국지적 기어리 통계량

Anselin(2019)의 연구는 Anselin(1995)의 내용을 확장한 것으로, 조사이아 패리(Josiah Parry)의 기여(풀 리퀘스트: https://github.com/r-spatial/spdep/pull/66) 덕분에 최근 **spdep** 패키지에 추가되었다. 이로써 I와 G_i에 사용되던 조건부 순열 프레임워크를 국지적 기어리 통계량(C_i)에도 적용할 수 있게 되었다.

```
I_turnout |>
    localC_perm(lw_q_W, nsim=9999, iseed=1) -> locC_p
```

순열 표준편차 기반 유의확률과 순위 기반 유의확률 값은 G_i와 비교했을 때 상관관계가 그리 높지 않다. 이는 부분적으로 C_i가 값들의 유사성을 값들의 곱이 아니라 값들 간의 차이 함수로 표현하기 때문이며, 이러한 공간적 자기상관 개념화 차이가 반영된 결과로 해석된다.

```
cor(attr(locC_p, "pseudo-p")[, c("Pr(z != E(Ci))",
                                 "Pr(z != E(Ci)) Sim")])
#                   Pr(z != E(Ci)) Pr(z != E(Ci)) Sim
# Pr(z != E(Ci))            1.000                 0.966
# Pr(z != E(Ci)) Sim        0.966                 1.000
locC_p |> hotspot(Prname = "Pr(z != E(Ci)) Sim",
                  cutoff = 0.005) -> pol_pres15$hs_C
locG_p |> hotspot(Prname = "Pr(z != E(Gi)) Sim",
                  cutoff = 0.005) -> pol_pres15$hs_G
```

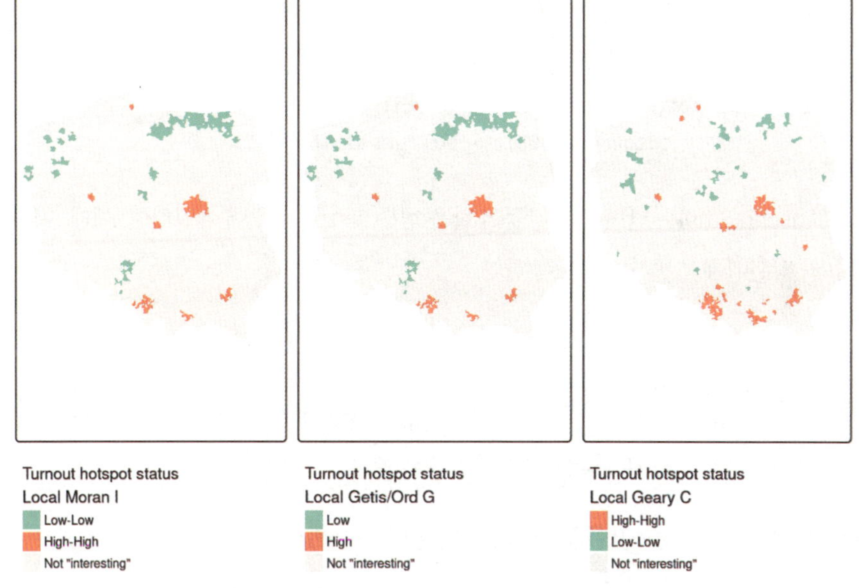

그림 15.7: FDR 조정 핫스팟 지도(양측검정, 흥미로움의 판정 기준값 0.005 적용). 왼쪽 패널은 국지적 모런 통계량에 따른 공간 클러스터, 가운데 패널은 국지적 게티스–오드 통계량에 따른 공간 클러스터, 오른편 패널은 국지적 기어리 통계량에 따른 공간 클러스터를 보여 준다.(행표준화 공간가중치행렬의 적용)

그림 15.7은 동일한 변수(투표율)와 동일한 공간가중치를 사용했을 때 I_i, G_i, C_i가 식별한 흥미로운 클러스터 핵심부가 매우 유사함을 보여 준다. 통계적 추론에는 순위 기반 순열 FDR 조정 확률값

이 사용되었고, 기준값은 $\alpha=0.005$로 설정되었다. 대부분의 경우, **"High-High"** 클러스터의 핵심은 도시 지역이며, **"Low-Low"** 클러스터의 핵심은 북부의 인구 밀도가 낮은 농촌 지역과 남부 국경 근처의 독일 소수 민족 지역이다. 세 가지 측도는 클러스터 핵심을 명명하는 방식에서 약간 차이를 보인다. I_i는 모런 산점도 플롯의 사분면을 사용하고, G_i는 입력 변수의 평균을 기준으로 **"Low"**와 **"High"**를 구분하며(이는 I_i 튜플의 첫 번째 요소와 동일), C_i는 입력 변수의 평균값을 기준으로 하지만 공간래그값에 대해서는 0을 기준으로 나눈다. 이전과 마찬가지로 해당 사례가 없는 클러스터 범주는 제외된다.

비교를 위해, 다변량 C_i를 살펴보기 전에 두 번째(최종) 라운드 투표율에 대한 단변량 C_i를 먼저 살펴보자. 1차 투표에서 상위 두 후보 간의 결선 투표는, 1차 투표에서 명확한 선호를 보이지 않았던 일부 유권자의 참여를 유도할 수 있지만, 1차 투표에서 탈락한 후보에게 강한 충성심을 가졌던 일부 유권자의 참여를 저해할 수도 있다.

```
pol_pres15 |>
        st_drop_geometry( ) |>
        subset(select = II_turnout) |>
        localC_perm(lw_q_W, nsim=9999, iseed=1) -> locC_p_II
locC_p_II |> hotspot(Prname = "Pr(z != E(Ci)) Sim",
                cutoff = 0.005) -> pol_pres15$hs_C_II
```

다변량 C_i(Anselin 2019)는 단변량 C_i 값들의 합을 변수 개수로 나누어 계산하며, 이때 순열은 고정되어 변수 간 상관관계가 변하지 않도록 한다.

```
pol_pres15 |>
        st_drop_geometry( ) |>
        subset(select = c(I_turnout, II_turnout)) |>
        localC_perm(lw_q_W, nsim=9999, iseed=1) -> locMvC_p
```

다변량 C_i는 단변량 C_i의 평균값임을 다음과 같이 확인할 수 있다.

```
all.equal(locMvC_p, (locC_p+locC_p_II)/2,
        check.attributes = FALSE)
# [1] TRUE
locMvC_p |> hotspot(Prname = "Pr(z != E(Ci)) Sim",
                cutoff = 0.005) -> pol_pres15$hs_MvC
```

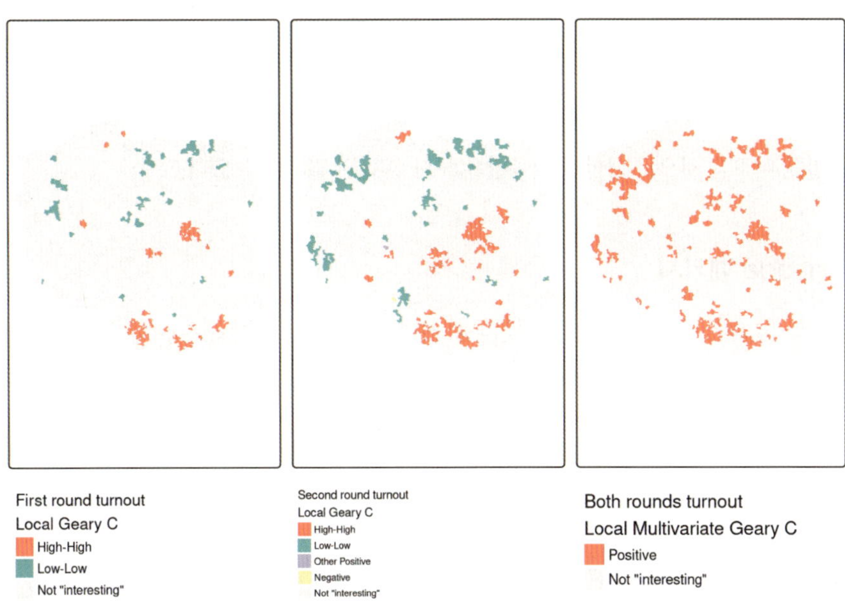

그림 15.8: FDR 조정 핫스팟 지도(양측검정, 흥미로움의 판정 기준값 0.005 적용). 왼쪽 패널은 1차 투표율에 대한 공간 클러스터, 가운데 패널은 2차 투표율에 대한 공간 클러스터, 오른쪽 패널은 두 차례 투표율 모두에 대한 공간 클러스터를 보여 준다.(행표준화 공간가중치행렬의 적용)

그림 15.8은 다변량 측도가 개별 단변량 측도에서 흥미로운 케이스로 식별된 관측 개체들을 기본적으로 결합하고 있음을 보여 준다. 이를 구체적으로 살펴보기 위해, 1차 및 2차 투표의 단변량 측도값을 결합한 뒤 이를 다변량 측도값과 대조하여 표로 정리할 수 있다.

```
table(droplevels(interaction(addNA(pol_pres15$hs_C),
                   addNA(pol_pres15$hs_C_II), sep=":")),
   addNA(pol_pres15$hs_MvC))
#
#                     Positive <NA>
#   High-High:High-High      81    0
#   NA:High-High             41   27
#   Low-Low:Low-Low          25    0
#   NA:Low-Low               43   11
#   NA:Other Positive         1    0
#   NA:Negative               0    1
#   High-High:NA             15    0
#   Low-Low:NA               11    3
#   NA:NA                    36 2200
```

다변량 C_i에서는 흥미로운 케이스로 식별된 관측 개체 중 47개는 단변량 C_i 어느 경우에서도 흥미로운 케이스로 나타나지 않았다(FDR, 판정 기준값 0.005). 1차와 2차 라운드 모두에서 흥미로운 것으로 나타난 관측값은 거의 모두 다변량에서도 흥미로운 것으로 분류되었지만, 두 라운드 중 한 라운드에서만 흥미로운 것으로 나타난 관측값은 보다 혼합된 결과를 보였다.

15.3.4 rgeoda 패키지

rgeoda 패키지(Li and Anselin 2022)는 GeoDa의 R 래퍼 패키지로, **spdep** 패키지와 유사한 기능을 제공하여 에어리어 데이터의 공간적 자기상관을 탐색할 수 있게 한다. 활성 객체는 컴파일된 작업 공간의 메모리 주소를 참조하는 포인터로 관리되며, 모든 연산이 GeoDa와 동일하게 컴파일된 코드로 실행되므로 **rgeoda** 패키지는 매우 빠른 성능을 제공한다. 다만, 수정이나 기능 확장이 필요할 경우 유연성은 상대적으로 떨어진다.

```
library(rgeoda)
Geoda_w <- queen_weights(pol_pres15)
summary(Geoda_w)
#                      name                  value
# 1 number of observations:                  2495
# 2          is symmetric:                   TRUE
# 3             sparsity: 0.00228786229774178
# 4        # min neighbors:                     1
# 5        # max neighbors:                    13
# 6       # mean neighbors:      5.70821643286573
# 7     # median neighbors:                     6
# 8          has isolates:                  FALSE
```

비교를 위해, 2015년 폴란드 대통령 선거 투표율에 대한 다변량 C_i 지표를 살펴보자.

```
lisa <- local_multigeary(Geoda_w,
    pol_pres15[c("I_turnout", "II_turnout")],
    cpu_threads = max(detectCores( ) - 1, 1),
    permutations = 99999, seed = 1)
```

연접 이웃을 비교하면, 이는 위에서 **poly2nb( )** 함수를 통해 정의된 것과 동일하다.

```
all.equal(card(nb_q), lisa_num_nbrs(lisa),
        check.attributes = FALSE)
```

```
# [1] TRUE
```

다변량 C_i 값도 위와 동일하다.

```
all.equal(lisa_values(lisa), c(locMvC_p),
          check.attributes = FALSE)
# [1] TRUE
```

한 가지 차이점은 **rgeoda** 패키지에서 사용하는 접힌(folded) 양측 순위 기반 순열 유의확률 값의 범위가 [0, 0.5]로 제한된다는 점이다. 이는 **spdep** 패키지에서도 계산되지만, 처리 방식은 다를 수 있다.

```
apply(attr(locMvC_p, "pseudo-p")[,c("Pr(z != E(Ci)) Sim",
                                "Pr(folded) Sim")], 2, range)
#       Pr(z != E(Ci)) Sim Pr(folded) Sim
# [1,]             0.0002         0.0001
# [2,]             0.9990         0.4995
```

이것은 [0, 1] 범위에서의 컷오프 값 0.005가, [0, 0.5] 범위에서는 0.0025에 해당함을 의미한다.

```
locMvC_p |> hotspot(Prname = "Pr(folded) Sim",
                cutoff = 0.0025) -> pol_pres15$hs_MvCa
```

따라서 `local_multigeary( )` 함수는 클러스터 핵심 클래스를 설정할 때 기본 판정 기준값인 0.05를 사용하지만, 우리는 이를 더 엄격하게 조정하고, `lisa` 객체의 출력 구성 요소에 FDR 조정을 적용함으로써 결과의 신뢰성을 높일 수 있다.

```
mvc <- factor(lisa_clusters(lisa), levels=0:2,
            labels = lisa_labels(lisa)[1:3])
is.na(mvc) <- p.adjust(lisa_pvalues(lisa), "fdr") >= 0.0025
pol_pres15$geoda_mvc <- droplevels(mvc)
```

regoda 패키지의 순열 방식을 적용한 결과 약 80개의 추가 관측값이 **흥미로운 케이스**로 확인되었으며, 구현 세부 사항에 대한 추가 분석이 여전히 진행 중이다.

```
addmargins(table(spdep = addNA(pol_pres15$hs_MvCa),
            rgeoda = addNA(pol_pres15$geoda_mvc)))
#           rgeoda
```

```
# spdep         Positive <NA>  Sum
#   Positive        249    4   253
#   <NA>             75 2167  2242
#   Sum             324 2171  2495
```

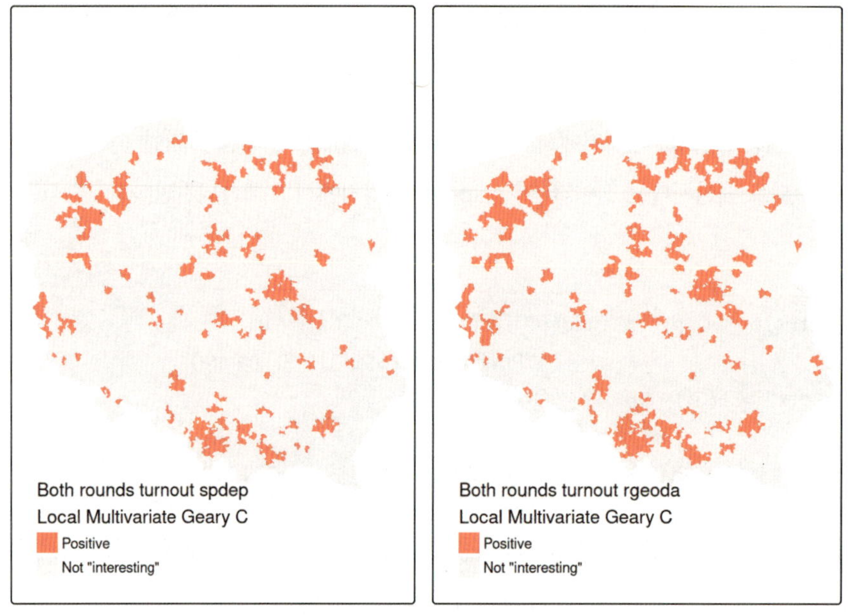

그림 15.9: FDR 조정 다변량 핫스팟 지도(양측검정, 흥미로움의 판정 기준값은 [0, 0.5] 범위에서 0.0025 적용). 왼쪽 패널은 합산 투표율을 **spdep** 패키지에 적용한 결과이고, 오른쪽 패널은 합산 투표율을 **rgeoda** 패키지에 적용한 결과이다.(행표준화 공간가중치행렬의 적용)

그림 15.9는 spdep 패키지에서 **흥미로운** 것으로 판정된 242개 관측값의 거의 모두가 rgeoda 패키지에서도 역시 **흥미로운** 것으로 판정되었지만, 후자는 추가로 86개를 더 **흥미로운** 것으로 판정했음을 보여 준다. 물론 순열 결과의 변동성은 불가피하지만, 어느 한쪽 또는 양쪽 구현에 수정이 필요한지 여부는 여전히 규명되어야 한다.

15.4 연습문제

1. 체스판의 조인 카운트 통계값이 **rook** 이웃과 **queen** 이웃 간에 크게 다른 이유를 설명하시오.
2. 15.1절에서 제시한 시뮬레이션을 체스판 다각형과 행 표준화된 **queen** 연접 이웃을 사용하여 반복하시오. 공간적 자기상관이 일반적으로 (피할 수 없는) 데이터의 모형 오지정 문제를 나타낼 수 있다는 점을 이해하는 것이 왜 중요한지 설명하시오.

3. 국지적 공간적 자기상관 통계량에 FDR 조정이 권장되는 이유를 설명하시오.

4. 문항 2의 시뮬레이션 데이터에 대해 분석적 조건 접근법과 안장점 근사법을 사용하여 국지적 모런 통계량(I_i)의 표준편차 값(검정 통계값)을 비교하시오. 또한 안장점 근사법의 장단점을 설명하시오.

15장 역자주

1. 여기에서 '개체화'의 문제는 사용된 공간 단위가 해당 공간 현상을 분석하기에 적합한지와 관련된 문제로 소위 '공간단위 임의성의 문제(MAUP, modifiable areal unit problem)'와 관련된 것이다. '오지정'의 문제는 통계 모형에서 해당 현상을 설명하기에 적절하지 않은 방식으로 변수 설정이 이루어진 경우를 통칭하는 용어인데, 주로 주요 변수의 누락에서 비롯되는 문제를 지적한다.

2. '분석적 순열'은 난수를 사용해 무작위 순열을 생성하지 않고, 가능한 모든 순열의 조합과 그에 따른 검정 통계량 분포를 수학 공식이나 조합론(combinatorics)을 통해 직접 계산하는 방식이다. 즉, 가설 검정을 위한 적률(예: 기대값, 분산 등)을 산출하는 공식이 명시적으로 제시되는 방식이다.

3. '자유 샘플링(free sampling)'은 각 공간 단위에 레이블(예: 흑과 백)을 독립적으로 무작위 부여하는 방식으로, 샘플링(즉, 재배치)마다 흑백 비율이 달라질 수 있어 복원 샘플링과 유사하다. 반면 '비자유 샘플링(nonfree sampling)'은 전체에서 흑과 백의 개수를 고정한 채로 무작위 재배치하는 방식으로, 원래 데이터의 비율을 유지하며 비복원 샘플링과 유사하다. 예를 들어 조인 카운트 통계량 검정에서 비자유 샘플링은 원래의 흑백 개수를 그대로 보존한 채 공간 단위의 위치만 바꾸는 방식이다.

4. 모런 통계량과 기어리 통계량의 가설 검정에는 전통적으로 두 가지 접근법이 있다. '랜덤화(randomization) 가정'은 관측값을 공간단위에 무작위로 재배치하여 경험적 분포를 구성하는 방식으로, 전체 레이블 비율을 유지하는 비자유 샘플링과 유사하다. 반면 '정규성(normality) 가정'은 관측값이 정규분포를 따른다고 가정하여 이론적 분포를 이용하는 방식으로, 자유 샘플링과 유사하다. 두 접근법은 기대값은 동일하지만 분산이 서로 다르며, 모두 적률(moment)에 대한 공식을 제시하는 분석적 순열 방식이다.

5. 몬테카를로 검정 또는 순열 부트스트랩 검정은 가능한 모든 순열을 실제로 계산하지 않고, 그중 일부를 난수로 무작위 추출하여 검정 통계량의 분포를 근사하는 방식이다. 추출 횟수가 충분히 많을수록 근사 정확도가 높아지지만, 결과는 난수 생성에 따라 변동할 수 있다. 이에 비해 위에서 살펴본 분석적 순열은 적률(기대값, 분산 등)을 수학적 공식으로 직접 계산하여 검정 통계량의 분포를 구하는 방식으로, 난수 추출이 필요 없으며 동일한 데이터와 가정하에서는 언제나 같은 결과를 얻는다.

6. 공간적 자기상관 통계량이 측정하고 검정하는 대상에는 현상의 본질적인 공간적 자기상관성뿐 아니라, 측정 과정에서 비롯되는 기타 요인이나 오지정 문제가 함께 반영될 수 있다. 따라서 이러한 통계량을 현상의 공간적 자기상관성을 정밀하게 측정하는 척도로 단정하기는 어렵다는 의미이다.

7. '영향력 측정 객체'는 회귀분석 등에서 각 관측 개체가 분석 결과에 미치는 영향을 정량화한 지표들의 집합을 담는 결과 객체를 말한다. 여기에는 레버리지(leverage), Cook's 거리, DFBETA, DFFITS, 공분산 비율 등과 같이 특정 관측 개체를 제거하거나 변경했을 때 추정치나 적합값이 얼마나 변하는지를 나타내는 통계량이 포함된다. `moran.plot()` 함수는 `Moran` 산점도를 작성하면서 이러한 영향력 측정 절차를 표준화된 관측값과 공간래그값 간의 관계에 적용하여, 각 공간단위가 국지적 모런 통계량에 미치는 상대적 영향을 파악할 수 있는 형태로 반환한다.

8. 경계부의 공간단위는 상대적으로 적은 수의 이웃을 가지며, 행 표준화가 적용되었을 때 상대적으로 높은 가중치를 부여받게 된다.

9. '다중비교 문제'란 여러 가설 검정을 동시에 수행할 때 우연에 의해 '유의'로 판정되는 결과가 증가하는 현상이다. 예를 들어, 유의수준 0.05에서 독립된 검정을 5번 수행하면, 모두 유의하지 않을 확률은 $0.95^5 \approx 0.774$이고, 따라서 최소 한 번이라도 유의할 확률은 약 22.6%에 달한다. 국지적 통계량처럼 관측 개체마다 개별 검정을 수행하는

경우, 이러한 오류를 통제하기 위해 Bonferroni 보정이나 뒤에서 다룰 FDR과 같은 조정 방법이 필요하다.

10. 국지적 공간적 자기상관 측도의 맥락에서 '총괄 혹은 총체적 순열'은 데이터의 모든 값을 대상으로 무작위 재배치를 수행하는 방식이다. 반면 '조건부 혹은 조건적 순열'은 특정 관측 단위의 값을 고정한 채 나머지 값만 무작위로 재배치한다. 두 방식 모두 랜덤화 가정에 기반하며, 적률(기대값, 분산 등)을 공식을 구하는 분석적 순열로도, 난수 시뮬레이션에 의한 순열 부트스트랩으로도 구현할 수 있다.

11. Bonferroni 조정은 전역적 유의확률을 α라고 할 때, 국지적 측도에 대응하는 유의확률을 α/n으로 계산하는 방법이다. 이에 비해 Benjamini와 Hochberg(1995)가 제안한 FDR 조정 방법은 여러 가설 검정에서 기각된 가설 중 실제로는 참인 비율을 제어하는 것을 목표로 하며, Bonferroni 조정보다 덜 보수적이어서 검정력이 높다. 이후 Benjamini와 Yekutieli(2001)는 BH 방법을 상관 구조가 존재하는 검정 상황에도 적용할 수 있도록 확장하였다.

12. 시뮬레이션을 통해 얻은 통계값들 중에서 관측 통계값과 같거나 그보다 더 극단적인 값을 보이는 경우의 개수를 이용해 일종의 근사 유의확률을 계산한다. 예를 들어 유의수준 0.005까지 확인하려면 999회의 시뮬레이션이 필요한데, 이는 유의확률의 최소 단위가 1/(999+1)=0.001이기 때문이다.

13. '정확 접근법'은 검정 통계량의 분포를 평균과 분산만으로 추정하는 정규 근사나, 이를 개선한 안장점 근사와 달리, 필요한 모든 적률(moment)을 활용해 분포를 근사가 아닌 정확한 형태로 계산하는 방법이다. 이러한 접근은 정규성 가정과 관련되며, 계산 과정에서 상당한 전산 자원이 소요된다.

16. 공간적 회귀분석

에어리어 서포트를 가진 변수가 주어졌을 때, 그 변수가 나타내는 공간적 패턴을 해석하는 일은 충분히 의미가 있다. 그러나 목적이 해당 변수의 공간적 패턴을 '설명'하는 것이라면, 즉 해당 변수를 반응변수로 간주하는 경우에는 상황이 달라진다. 이는 반응변수가 보이는 공간적 패턴이 주로 공변량(및 그 함수 형태)에 기인한 것일 가능성이 크고, 각 변수의 영향력이 작동하는 공간적 범위에도 좌우되기 때문이다. 초기의 이차원 공간적 자기회귀 모형은 공변량 없이 시작되었으며, 시계열 분석 모형과 뚜렷한 연관성을 갖는다(Whittle 1954).[1] 이후 연구에서 선형모형의 잔차에서 공간적 자기상관을 검정하는 방법이 제안되었고, 이를 확장하여 자기회귀 성분을 반응변수나 잔차에 직접 포함하는 공간 회귀모형이 개발되었다. 이러한 확장에는 선형모형의 잔차에서 공간적 자기상관을 검정하는 방법과, 자기회귀 성분을 반응변수 또는 잔차에 적용하는 모형이 포함된다. 특히 잔차에 자기회귀 성분을 적용하는 모형은 잔차를 대상으로 한 공간적 자기상관 검정 결과와 일치하였다(Cliff and Ord 1972, 1973). 이러한 에어리어 데이터에 대한 '격자(lattice)' 모형은 일반적으로 연접성 행렬 형태의 이웃 관계 그래프를 사용하여 관측값 간의 공간적 의존성을 표현한다.

물론, 일반화 최소제곱모형이나 nlme 및 기타 여러 패키지에서 제공하는 (일반화) 선형 또는 비선형 혼합효과모형에서 공간적 자기상관을 다루기 위해 반드시 이웃 관계 그래프를 사용할 필요는 없다(Pinheiro and Bates 2000). 관측값 간 거리 함수를 사용하거나, 공간적 자기상관을 모형화하기 위해 베리오그램을 적합하는 방법 역시 공간적 회귀모형의 한 유형이라고 볼 수 있다. 이러한 접근은 기저 프로세스에 대한 보다 명확한 이해를 제공하는 것으로 평가되며(Wall 2004), 지구통계학에 기반을 두고 있다. 예를 들어, **glmmTMB** 패키지는 이 접근법을 활용하여 공간적 회귀분석을 성공적으로 수행한다(Brooks et al. 2017). 그러나 본 장에서는 공간가중치행렬을 활용하는 공간적 회귀분석만을 다루기로 한다.

16.1 마르코프 랜덤 필드와 다수준모형

질병 매핑(disease mapping) 연구에서는 공간적으로 구조화된 임의효과를 다루기 위해 조건부 자기회귀(CAR, conditional autoregressive) 모형과 내재적 자기회귀(ICAR, intrinsic conditional autoregressive) 모형을 활용한 다양한 연구가 축적되어 있다. 이러한 모형은 다수준모형(multilevel model)으로 확장될 수 있으며, 공간적으로 구조화된 임의효과가 모형의 서로 다른 수준에서 적용될 수 있다(Bivand et al. 2017). 여러 변형을 시도해 보기 위해, 두 단계에 걸쳐 무이웃 관측값을 제거해야 한다. 먼저 트랙트(tract) 수준에서 무이웃 관측값을 제거하고, 이어서 모형 출력 구역 집계(model output zone aggregated) 수준에서 무이웃 관측값을 제거한다. 이는 트랙트 수준에서 관측값을 줄이면 모형 출력 구역 수준에서도 무이웃 결과가 발생하기 때문이다. 대부분의 모형 추정 함수는 `family` 인수를 사용하며, 이웃 간 관계를 마르코프 랜덤 필드로 표현한 공간 임의효과를 통해 각 관측값에 대해 일반화 선형 혼합효과모형을 적합한다. 다수준모형의 경우, 임의효과는 그룹 수준에서 모형화될 수 있으며, 아래의 예시에 그 적용 사례가 제시되어 있다.[2]

공간적 회귀분석을 혼합효과모형의 틀에서 설명한 Pinheiro와 Bates(2000)와 McCulloch와 Searle (2001)의 논리는 중요하다.[3] 여기서는 Gómez-Rubio(2019)의 표기법을 따라 설명하고자 한다. 반응변수 Y, 고정 공변량 X, 회귀계수 β, 오차항 $\varepsilon_i \sim N(0, \sigma^2)$, $i=1, \cdots, n$이 주어진 상태에서, 임의효과 u를 추가하면, 가우시안 선형 혼합효과모형은 다음과 같이 정의된다.

$$Y = X\beta + Zu + \varepsilon$$

여기서 Z는 임의효과를 위한 고정 디자인 행렬이다. 만약 임의효과가 n개라면 $n \times n$ 단위행렬이 되며, 관측값이 n개의 그룹으로 집계되어 $m < n$의 임의효과만 존재하는 경우에는 각 관측값의 그룹 소속을 나타내는 $n \times m$ 행렬이 된다. 임의효과는 다변량 정규분포 $u \sim N(0, \sigma_u^2 \Sigma)$로 모형화되며, $\sigma_u^2 \Sigma$은 임의효과의 분산–공분산 행렬이다.

CAR 모형(Besag 1974)과 SAR(simultaneous autoregressive) 모형(Ord 1975; Hepple 1976)을 사용하는 학문 분야 간에는, 두 모형이 밀접하게 관련되어 있음에도 불구하고 서로 다른 전통이 형성되어 왔다. 이러한 구분은 오히려 두 모형의 전체 구조를 이해하는 데 방해가 될 수 있다. 실제로 두 모형을 요약한 주요 연구(Ripley 1981, 1988; Cressie 1993)를 공통으로 참조하면서도, 유사한 모형을 적용한 경험을 공유하는 데 어려움을 겪어 왔다. Ripley(1981, 1989)는 SAR 모형의 분산을 다음과 같이 제시했으며, 이는 정밀도 행렬(precision matrix) Σ^{-1}로도 알려져 있다.

$$\Sigma^{-1} = [(I - \rho W)'(I - \rho W)]$$

여기서 ρ는 공간적 자기상관 계수, W는 비단일(non-singular) 공간가중치행렬이다. 한편 CAR 모형의 정밀도 행렬은 다음과 같이 주어진다.

$$\Sigma^{-1} = (I - \rho W)$$

여기서 W는 대칭이며 엄격히 양의 정부호(strictly positive definite)인 공간가중치행렬이다. 내재적(intrinsic) CAR 모형의 경우, 공간적 자기상관 계수를 추정하지 않으며 다음과 같이 정의된다.

$$\Sigma^{-1} = M = \mathrm{diag}(n_i) - W$$

여기서 n_i는 W의 행 합이다. Besag–York–Mollié 모형은 내재적 CAR 구조를 갖는 '공간적으로 구조화된 임의효과'와, 공간적 구조가 없는 '비구조화된 임의효과'를 모두 포함한다. Leroux 모형 역시 Besag–York–Mollié 모형과 마찬가지로 두 가지 요소를 포함하지만, 차이점은 이를 하나의 임의효과 항에서 결합한다는 점이다.

$$\Sigma^{-1} = [(I-\rho)I_n + \rho M)]$$

이 모형들의 정의는 Gómez–Rubio(2020)를 참조할 수 있으며, Besag–York–Mollié와 Leroux 모형의 추정 문제는 Gerber와 Furrer(2015)에서 다루고 있다.

에어리어 데이터 모형화의 이론적 기초를 다룬 최근 저작(Gaetan and Guyon 2010; Van Lieshout 2019)에서는 SAR과 CAR 모형의 유사성이 여러 장에서 언급된다. 배경 정보에 관심이 있는 독자는 이들 서적들을 참고하기 바란다.

16.1.1 보스턴 주택가격 데이터셋

여기서는 보스턴 주택가격 데이터셋을 사용한다. 이 데이터셋은 센서스 트랙트 경계에 맞추어 재구성된 것이다(Bivand 2017). 원래 데이터셋은 506개의 트랙트로 구성되었으며, 깨끗한 공기에 대한 지불 의사를 추정하기 위해 헤도닉(hedonic) 모형을 사용했다. 반응변수는 1970년 센서스에서 가구들이 주택 가치를 서열척도(가격 구간)로 응답한 자료를, 각 구간별 가구 수로 집계한 뒤 이를 기반으로 생성되었다. 이 반응변수는 센서스 원자료에서 좌측 및 우측 검열이 있었으며, 분석에서는 가우시안 분포를 따른다고 가정하였다.[4] 주요 공변량은 연간 질소산화물(NOX) 수준을 보여 주는 기상 모형에 기반해 생성되었으며, 트랙트 수보다 적은 수의 모형 산출 구역 단위로 제공된다. 주택 응답 수는 트랙트별과 모형 출력 구역별로 차이가 있다. 다른 공변량도 여러 개 포함되어 있으며, 일부는 트랙트 수준에서 측정되었고, 일부는 타운 단위로만 측정되었다. 이 타운들은 대체로 대기오염 모형 출력 구역과 일치한다.

우리는 먼저 **spData** 패키지(Bivand, Nowosad, and Lovelace 2022)에서 506개 트랙트 데이터셋을 불러온 뒤, 인접성 이웃 객체를 생성하고 이를 기반으로 행 표준화 공간가중치 객체를 만든다.

```
library(sf)
library(spData)
boston_506 <- st_read(system.file("shapes/boston_tracts.shp",
                    package = "spData")[1], quiet = TRUE)
nb_q <- spdep::poly2nb(boston_506)
lw_q <- spdep::nb2listw(nb_q, style = "W")
```

중위 주택가격 데이터를 살펴보면, 검열된 값들이 결측값으로 처리되어 있으며, 이로 인해 총 17개 트랙트가 영향을 받은 것을 알 수 있다.

```
table(boston_506$censored)
#
#  left    no right
#    2   489    15
summary(boston_506$median)
#    Min. 1st Qu.  Median    Mean 3rd Qu.    Max.    NA's
#    5600   16800   21000   21749   24700   50000      17
```

다음으로, 비검열 주택가격 값을 가진 나머지 489개 트랙트로 서브셋을 구성하고, 여기에 맞추어 이웃 객체도 조정한다. 이 과정 후에는 비이웃 관측값이 하나 발생한다.

```
boston_506$CHAS <- as.factor(boston_506$CHAS)
boston_489 <- boston_506[!is.na(boston_506$median),]
nb_q_489 <- spdep::poly2nb(boston_489)
lw_q_489 <- spdep::nb2listw(nb_q_489, style = "W",
                         zero.policy = TRUE)
```

상위 집계 수준을 정의하는 **NOX_ID** 변수를 활용하여, 트랙트 수준의 데이터를 대기오염 모형 출력 구역 단위로 집계한다. 이 과정에서 이웃 객체와 행표준화 공간가중치 객체를 생성하며, NOX 변수는 평균값으로 재계산하고, 찰스강상에 위치한 관측 단위 여부를 나타내는 더미 변수 **CHAS** 역시 재계산한다. 여기서는 5.3.1절에서 설명한 원칙, 즉 공간 확장형 변수와 공간 집약형 변수를 구분하여 다루는 원칙을 따른다. **NOX**와 **CHAS**는 모두 카운트 변수가 아니므로, 합계를 통해 재계산할 수 없다.

```
agg_96 <- list(as.character(boston_506$NOX_ID))
boston_96 <- aggregate(boston_506[, "NOX_ID"], by = agg_96,
                    unique)
```

```
nb_q_96 <- spdep::poly2nb(boston_96)
lw_q_96 <- spdep::nb2listw(nb_q_96)
boston_96$NOX <- aggregate(boston_506$NOX, agg_96, mean)$x
boston_96$CHAS <-
    aggregate(as.integer(boston_506$CHAS)-1, agg_96, max)$x
```

반응변수의 집계는 matrixStats 패키지의 **weightedMedian( )** 함수를 사용하여, 주택가격 클래스의 중간값을 기준으로 계산한다. 주택가격 클래스별 주택 수를 산출하는 것은 매우 중요한데, 이는 센서스 공표 데이터를 검증하는 데에도 활용될 수 있다. 트랙트 수준에서 **weightedMedian( )** 함수를 적용하면 공표된 값이 그대로 재현되는 것을 확인할 수 있다. 반응변수를 집계한 결과, 두 개의 출력 구역에서 가중 중위값이 센서스 문항의 최상위 주택가격 한계값(5만 달러)을 초과하는 것으로 나타났다. 이들 구역은, 최상위 가격 구간에 대해 적절히 대체할 값을 알 수 없다는 문제에도 영향을 받으므로, 최종적으로 분석에서 제외하였다. 주택가격 클래스별 주택 수를 계산하는 것은 공간 확장형 변수의 집계에 해당하므로, 재계산 함수로 합계를 적용하는 것이 적절하다.

```
nms <- names(boston_506)
ccounts <- 23:31
for (nm in nms[c(22, ccounts, 36)]) {
  boston_96[[nm]] <- aggregate(boston_506[[nm]], agg_96, sum)$x
}
br2 <-
  c(3.50, 6.25, 8.75, 12.5, 17.5, 22.5, 30, 42.5, 60) * 1000
counts <- as.data.frame(boston_96)[, nms[ccounts]]
f <- function(x) matrixStats::weightedMedian(x = br2, w = x,
                                   interpolate = TRUE)
boston_96$median <- apply(counts, 1, f)
is.na(boston_96$median) <- boston_96$median > 50000
summary(boston_96$median)
#    Min. 1st Qu.  Median    Mean 3rd Qu.    Max.     NA's
#    9009   20417   23523   25263   30073   49496        2
```

나머지 공변량은 트랙트 수준의 센서스 인구수를 가중치로 하여 가중평균을 산출함으로써(Bivand 2017) 집계한다. 이는 해당 공변량들이 카운트 데이터가 아니라 공간 집약형 변수이기 때문에 적용되는 방식이다. 이 집계 과정을 마친 뒤, 이어서 서브셋을 구성한다.

```
POP <- boston_506$POP
f <- function(x) matrixStats::weightedMean(x[,1], x[,2])
```

```
for (nm in nms[c(9:11, 14:19, 21, 33)]) {
  s0 <- split(data.frame(boston_506[[nm]], POP), agg_96)
  boston_96[[nm]] <- sapply(s0, f)
}
boston_94 <- boston_96[!is.na(boston_96$median),]
nb_q_94 <- spdep::subset.nb(nb_q_96, !is.na(boston_96$median))
lw_q_94 <- spdep::nb2listw(nb_q_94, style="W")
```

이제 두 개의 데이터셋이 서로 다른 두 수준에서 존재한다. 하나는 하위 수준인 센서스 트랙트 수준이고, 다른 하나는 상위 수준인 대기오염 모형 출력 구역 수준이다. 하나는 검열된 관측값을 포함하며, 다른 하나는 이를 제외한 데이터이다.

```
boston_94a <- aggregate(boston_489[,"NOX_ID"],
                        list(boston_489$NOX_ID), unique)
nb_q_94a <- spdep::poly2nb(boston_94a)
NOX_ID_no_neighs <-
        boston_94a$NOX_ID[which(spdep::card(nb_q_94a) == 0)]
boston_487 <- boston_489[is.na(match(boston_489$NOX_ID,
                                NOX_ID_no_neighs)),]
boston_93 <- aggregate(boston_487[, "NOX_ID"],
                       list(ids = boston_487$NOX_ID), unique)
row.names(boston_93) <- as.character(boston_93$NOX_ID)
nb_q_93 <- spdep::poly2nb(boston_93,
        row.names = unique(as.character(boston_93$NOX_ID)))
```

원래 모형은 트랙트별 중위 주택가격의 로그값과 NOX의 제곱값 간의 관련성을 분석한 것이었으며, 여기에 트랙트별 주택가격과 다른 공변량들(예: 총 방 수, 총 연령, 민족, 사회적 지위, 중심가까지의 거리, 가장 가까운 방사형 도로까지의 거리, 범죄율, 도시 수준 변수 등)도 포함되었다(Bivand 2017). 이 데이터를 활용하여 공간 회귀모형을 적합할 때 발생할 수 있는 여러 문제를 살펴볼 것이다. 또한, 이 데이터는 다수준 이슈를 다루는 데에도 유용하다.

16.2 보스턴 주택가격 데이터셋에 대한 다수준모형

ZN, INDUS, NOX, RAD, TAX, PTRATIO 변수는 TASSIM 구역 내에서 변동이 거의 없어, 다수준모형에서는 이들 변수의 설명력이 고정효과가 아니라 임의효과에 의해 대부분 포착될 수 있다.

```r
form <- formula(log(median) ~ CRIM + ZN + INDUS + CHAS +
            I((NOX*10)^2) + I(RM^2) + AGE + log(DIS) +
            log(RAD) + TAX + PTRATIO + I(BB/100) +
            log(I(LSTAT/100)))
```

16.2.1 IID 임의효과: lme4 패키지의 활용

lme4 패키지(Bates et al. 2022)는 모형 출력 구역 수준에서 독립동일분포(IID, independent and identically distributed)를 따르는 비구조적 임의효과를 추가할 수 있도록 지원한다. 이는 모형 공식에 임의효과 항을 추가하거나 갱신하는 방식으로 구현된다.[5]

```r
library(Matrix)
library(lme4)
MLM <- lmer(update(form, . ~ . + (1 | NOX_ID)),
            data = boston_487, REML = FALSE)
```

임의효과를 "sf" 객체에 복사하여, 이후 지도로 시각화할 수 있다.

```r
boston_93$MLM_re <- ranef(MLM)[[1]][,1]
```

16.2.2 IID와 CAR 임의효과: hglm 패키지의 활용

동일한 모형을 **hglm** 패키지(Alam, Ronnegard, and Shen 2019)를 사용하여 추정할 수 있다. 이 경우, 임의효과 항은 한쪽 방향 포뮬러(one-sided formula)를 추가하는 방식으로 지정된다.[6]

```r
library(hglm) |> suppressPackageStartupMessages( )
suppressWarnings(HGLM_iid <- hglm(fixed = form,
                          random = ~1 | NOX_ID,
                          data = boston_487,
                          family = gaussian( )))
boston_93$HGLM_re <- unname(HGLM_iid$ranef)
```

hglm 패키지는 공간적으로 구조화된 SAR 및 CAR 임의효과도 다룰 수 있도록 확장되었으며, 이 경우 희소 공간가중치행렬이 필요하다(Alam, Rönnegård, and Shen 2015). 여기서는 이진 공간가중치를 사용한다.

```r
library(spatialreg)
W <- as(spdep::nb2listw(nb_q_93, style = "B"), "CsparseMatrix")
```

and.family 인수를 사용하여 상위 수준에서 CAR 모형을 적합한다. 이때 인덱싱 변수인 **NOX_ID**
의 값은 W의 행 이름과 일치해야 한다.

```
suppressWarnings(HGLM_car <- hglm(fixed = form,
                                  random = ~ 1 | NOX_ID,
                                  data = boston_487,
                                  family = gaussian( ),
                                  rand.family = CAR(D=W)))
boston_93$HGLM_ss <- HGLM_car$ranef[,1]
```

16.2.3 IID와 ICAR 임의효과: R2BayesX 패키지의 활용

R2BayesX 패키지(Umlauf et al. 2022)는 공간 다수준모형을 포함한 다양한 구조화된 가법(addi-
tive) 회귀모형을 지원한다.[7] 지원 모형 중 하나가 상위 수준에서의 IID 비구조적 임의효과 모형이
며, 이를 지정하려면 **sx** 모형 항에 **"re"** 사양을 사용하면 된다(Umlauf et al. 2015). 이때 추정 방
법으로 **"MCMC"** 메서드를 선택한다.

```
library(R2BayesX) |> suppressPackageStartupMessages( )
BX_iid <- bayesx(update(form, . ~ . + sx(NOX_ID, bs = "re")),
                 family = "gaussian", data = boston_487,
                 method = "MCMC", iterations = 12000,
                 burnin = 2000, step = 2, seed = 123)
boston_93$BX_re <- BX_iid$effects["sx(NOX_ID):re"][[1]]$Mean
```

상위 수준의 **"nb"** 객체를 기반으로 **"mrf"**(Markov Random Field) 사양을 선택하여, 공간적으로
구조화된 내재적 CAR 임의효과를 지정한다. **"nb"** 객체의 **"region.id"** 속성에는 **sx** 효과 항의
인덱싱 변수와 일치하는 값이 포함되어야 한다. 이는 설계행렬 Z의 내부 구조화를 용이하게 하기
위함이다.

```
RBX_gra <- nb2gra(nb_q_93)
all.equal(row.names(RBX_gra), attr(nb_q_93, "region.id"))
# [1] TRUE
```

앞서 살펴본 내재적 CAR 모형의 정의에서와 같이, 이웃 수는 대각 원소에 입력된다. 그러나 현재
구현에서는 희소 행렬이 아닌 밀집 행렬을 사용한다.

```
all.equal(unname(diag(RBX_gra)), spdep::card(nb_q_93))
```

```
# [1] TRUE
```

sx 모형 항은 여전히 인덱싱 변수를 포함하며, 이번에는 내재적 CAR 정밀행렬을 거쳐 처리된다.

```
BX_mrf <- bayesx(update(form, . ~ . + sx(NOX_ID, bs = "mrf",
                                         map = RBX_gra)),
                 family = "gaussian", data = boston_487,
                 method = "MCMC", iterations = 12000,
                 burnin = 2000, step = 2, seed = 123)
boston_93$BX_ss <- BX_mrf$effects["sx(NOX_ID):mrf"][[1]]$Mean
```

16.2.4 IID, ICAR, Leroux 임의효과: INLA 패키지의 활용

Bivand, Gómez-Rubio와 Rue(2015) 및 Gómez-Rubio(2020)는 INLA 패키지(Rue, Lindgren, and Teixeira Krainski 2022)와 공간 회귀모형에 대한 **inla( )** 모형 적합 함수를 사용하는 방법을 설명한다.

```
library(INLA) |> suppressPackageStartupMessages( )
```

세부적인 차이는 있으나, 고정모형 공식을 비구조적 임의효과 항으로 갱신하는 접근 방식은 앞서 살펴본 방법과 매우 유사하다.

```
INLA_iid <- inla(update(form, . ~ . + f(NOX_ID, model = "iid")),
                 family = "gaussian", data = boston_487)
boston_93$INLA_re <- INLA_iid$summary.random$NOX_ID$mean
```

대부분의 구현과 마찬가지로, 공간가중치와 인덱싱 변수가 일치하도록 주의해야 한다. 여기서는 **NOX_ID** 변수를 직접 사용하는 대신, 1부터 93까지의 인덱스를 사용한다.

```
ID2 <- as.integer(as.factor(boston_487$NOX_ID))
```

동일한 희소 이진 공간가중치행렬을 사용하며, 내재적 CAR 표현은 내부적으로 생성된다.

```
INLA_ss <- inla(update(form, . ~ . + f(ID2, model = "besag",
                                       graph = W)),
                family = "gaussian", data = boston_487)
boston_93$INLA_ss <- INLA_ss$summary.random$ID2$mean
```

Gómez–Rubio(2020)가 제시한 희소 Leroux 표현은 다음과 같이 구성할 수 있다.

```
M <- Diagonal(nrow(W), rowSums(W)) - W
Cmatrix <- Diagonal(nrow(M), 1) -  M
```

이 모형은 지정된 정밀행렬과 함께 **"generic1"** 모형을 사용하여 추정할 수 있다.

```
INLA_lr <- inla(update(form, . ~ . + f(ID2, model = "generic1",
                                       Cmatrix = Cmatrix)),
                family = "gaussian", data = boston_487)
boston_93$INLA_lr <- INLA_lr$summary.random$ID2$mean
```

16.2.5 ICAR 임의효과: mgcv 패키지의 gam( ) 함수의 활용

비슷한 방식으로, **mgcv** 패키지의 **gam( )** 함수(Wood 2022)는 **"nb"** 객체를 사용하여 **"mrf"** 항을 포함할 수 있다. 이 경우, **"nb"** 객체의 **"region.id"** 속성 값을 이웃 목록 구성 요소의 이름으로 복사해야 하며, 인덱싱 변수는 범주형이어야 한다(Wood 2017).

```
library(mgcv)
names(nb_q_93) <- attr(nb_q_93, "region.id")
boston_487$NOX_ID <- as.factor(boston_487$NOX_ID)
```

공간적으로 구조화된 항의 지정 방식은 앞선 예들과 다소 다르지만, 결과는 동일하다. **bayesx( )** 함수의 **"REML"** 방법은 이 경우 **gam( )** 함수의 **"REML"**을 사용하는 것과 동일한 결과를 산출한다.

```
GAM_MRF <- gam(update(form, . ~ . + s(NOX_ID, bs = "mrf",
                                      xt = list(nb = nb_q_93))),
               data = boston_487, method = "REML")
```

상위 수준의 임의효과는 예측을 통해 추출할 수 있다. 동일한 상위 수준의 대기질 모형 출력 구역에 속하는 모든 하위 수준 트랙트는 동일한 값을 가진다는 것을 확인할 수 있다.

```
ssre <- predict(GAM_MRF, type = "terms",
                se = FALSE)[, "s(NOX_ID)"]
all(sapply(tapply(ssre, list(boston_487$NOX_ID), c),
           function(x) length(unique(round(x, 8))) == 1))
# [1] TRUE
```

따라서 각 상위 수준 단위에 대해 첫 번째 값을 반환하면 된다.

```
boston_93$GAM_ss <- aggregate(ssre, list(boston_487$NOX_ID),
                              head, n=1)$x
```

16.2.6 상위 수준 임의효과: 요약

hglm( ), bayesx( ), inla( ), 그리고 gam( ) 함수의 경우, 이산형 반응변수를 모형화하는 것도 가능하다. bayesx( ), inla( ), gam( ) 함수는 해당 공변량에 대한 기능 형태(functional form) 적합을 일반화하는 데 유리하다.[8]

그러나 이러한 다수준모형들이 추정한 대기질 변수의 회귀계수는 해석에 큰 도움이 되지 않는다. 모든 계수가 음의 값을 보인 것은 예상대로였지만, 모형 출력 구역 수준 효과와 IID 또는 공간적으로 구조화된 효과가 포함되면서, 관찰 스케일의 영향을 상위 스케일에서의 공변량 효과와 분리해 내기가 어려워졌다.

그림 16.1은 대기질 모형 출력 구역 수준의 IID 임의효과가 네 가지 모형 적합 함수 모두에서 매우 유사함을 보여 준다. 모든 지도에서 중앙 도심 구역은 강한 음의 임의효과 값을 보이며, 중앙 도심 인근에서는 강한 양의 값이 나타나고, 교외 지역에서는 0에 가까운 값이 나타난다.

그림 16.1: 대기질 모형 출력 구역 수준의 IID 임의효과(**lme4**, **hglm**, **INLA**, **R2BayesX**를 사용하여 추정). 응답변수(log(median))의 범위는 2.18930이다.

그림 16.2는 공간적으로 구조화된 임의효과가 서로 매우 유사하며, **"SAR"** 공간적 평활도가 임의효과 값의 범위를 고려할 때 **"CAR"** 평활도보다 약간 더 부드럽다는 것을 보여 준다.

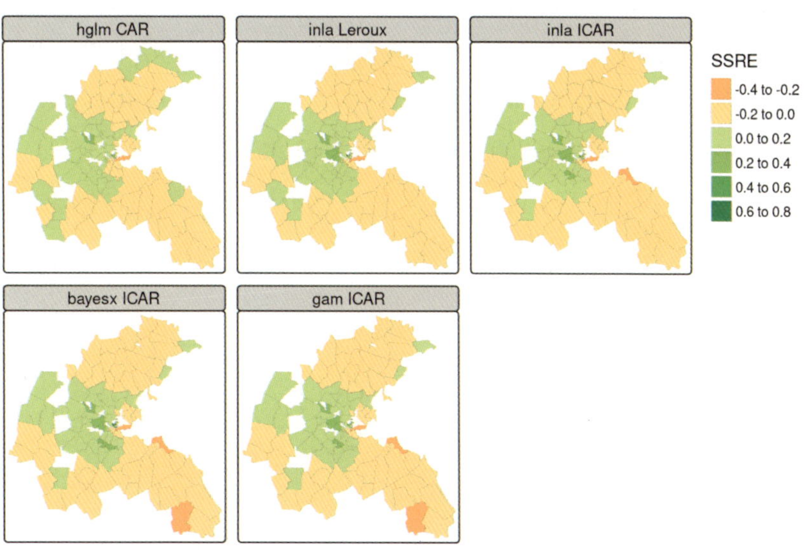

그림 16.2: 대기질 모형 출력 구역 수준의 공간적으로 구조화된 임의효과(**lme4**, **hglm**, **INLA**, **R2BayesX**, **mgcv**를 사용하여 추정).

다수준 데이터를 처리할 수 있는 공간 회귀모형 적합 함수에 대한 보다 체계적인 비교 연구가 여전히 필요하지만, 최근 몇 년간 상당한 진전이 있었다. Vranckx, Neyens와 Faes(2019)는 질병 매핑 공간 회귀모형에 대한 비교 연구를 수행했으며, 주로 기대빈도를 오프셋으로 설정한 포아송 회귀 프레임워크에 초점을 맞췄다. Bivand와 Gómez-Rubio(2021)는 공간가중치행렬을 이용한 공간 생존모형 추정 방법과 공간 프로빗 모형 간의 비교를 다룬다.

16.3 연습문제

1. HSAR 패키지(https://cran.r-project.org/src/contrib/Archive/HSAR/HSAR_0.5.1.tar.gz)의 아테네 주택 데이터(**spData** 패키지 2.2.1 버전 포함)를 이용하여 다수준 데이터셋을 생성하시오. 각 자치구역의 속성 값이 해당 구역 내 모든 포인트 관측값에 복사되는 시점은 언제인지 설명하시오.

2. 상위 수준과 하위 수준 모두에서 이웃 객체를 생성하고, 두 수준 모두에서 **greensp** 변수의 공간적 자기상관을 검정하시오. 자치구역의 녹지 면적(m^2)을 포인트 서포트를 가지는 부동산 수준으

로 복사하여 부여했을 때, 데이터 구조나 분석 결과에 어떤 중요한 영향이 발생하는지 설명하시오.

3. 위에서 생성한 공식 객체를 사용하여 상위 수준의 변수를 추가하는 것이 타당한지 평가하시오. mgcv 패키지의 **gam( )** 함수를 이용해 선형 혼합효과모형을 적합하되, 자치구역 식별 변수(**num_dep**)를 사용하여 IID를 지정하시오. 하위 수준 변수만 사용한 모형과 하위와 상위 수준 변수 모두를 사용한 모형을 비교하고, 결론이 달라지는지 설명하시오.

4. IID 임의효과를 **"mrf"**(마르코프 랜덤 필드)와 앞서 생성한 연접 이웃 객체로 대체하여 분석을 완성하시오. 자치구역 수준 변수(예: **greensp**)에 근거하여 결론을 내는 것이 타당한지에 대해 견해를 밝히시오.

16장 역자주

1. 공간적 자기회귀 모형은 본질적으로 이차원일 수밖에 없다. 이는 일차원 축에서 자기회귀 구조가 결정되는 시간적 자기회귀 모형과 달리, 공간적 자기회귀 모형에서는 자기회귀 구조가 이차원 공간에서 정의되기 때문이다.

2. '마르코프 랜덤 필드'는 공간적 의존성을 확률적으로 표현하는 틀로, 각 공간단위의 값이 직접적으로는 이웃 공간단위의 값에만 조건부로 의존한다는 마르코프 성질을 2차원 이상의 격자나 네트워크 구조로 확장한 것이다. 마르코프 랜덤 필드를 사용하면 이웃 구조를 기반으로 공간적 자기상관성을 희소 행렬 형태로 표현할 수 있어 계산이 효율적이며, 이웃 관계와 의존성 강도를 직관적으로 해석할 수 있다. 이러한 특성 덕분에 마르코프 랜덤 필드는 CAR, ICAR, SAR 등 공간적 임의효과 모형의 수학적 기반으로 널리 활용된다.

3. 공간적 회귀분석이 혼합효과모형의 틀에서 잘 다루어질 수밖에 없는 이유는 다음과 같다. 혼합효과모형은 모든 관측값에 동일하게 적용되는 고정효과와, 특정 그룹 또는 지역 단위별로 달라지는 임의효과로 구성된다. 이러한 구조는 고정효과와 임의효과가 서로 다른 수준에서 발생하므로, 혼합효과모형이 본질적으로 다수준 구조를 표현하게 만든다. 공간적 회귀분석은 바로 이 임의효과에 공간적 자기상관 구조(CAR, ICAR, SAR 등)를 부여한 모형으로, 혼합효과모형의 확장형이자 다수준모형의 한 특수 사례라 할 수 있다.

4. 이 데이터는 원래 대기질 개선에 따른 주택가격 변화량을 추정하기 위한 헤도닉 모형에 투입된 것이다. 반응변수는 결국 센서스 트랙트별 중위 주택가격이며 최하위 가격 구간보다 낮은 주택(좌측 검열)과 최상위 가격 구간(50,000달러 초과)(우측 검열)은 결측 처리되었다.

5. '독립동일분포'는 통계학에서 각 확률변수가 서로 독립이며(independent), 동일한 확률분포(identical distribution)를 따른다는 가정을 의미한다. 이는 표본의 모든 관측값이 서로 영향을 주지 않고, 같은 분포에서 동일한 확률법칙에 의해 생성된다는 것을 뜻한다. IID 가정은 확률론과 통계추론에서 자주 사용되며, 특히 회귀분석과 혼합효과모형의 임의효과를 단순화할 때 기본 전제로 활용된다.

6. '한쪽 방향 포뮬러'는 회귀모형에서 반응변수를 지정하지 않고 설명변수나 효과만을 기술하는 공식 형태를 말한다. 예를 들어, ~ 1 | group과 같이 작성하면, 종속변수 없이 그룹 단위의 임의효과 구조만을 정의하게 된다. 이는 주로 임의효과나 특정 구조적 효과를 모형에 추가할 때 사용되며, **hglm** 패키지와 같이 임의효과 항을 별도로 지정하는 함수에서 자주 활용된다.

7. '구조화된 가법 회귀모형'은 종속변수를 설명하기 위해 여러 개의 함수적 구성요소를 부가하는 형태를 가지면서, 각 구성요소에 사전 구조(prior structure)나 제약조건을 부여한 회귀모형을 말한다. 예를 들어, 선형항(고정효과), 비선형 평활항, 공간적 임의효과, 시계열 효과 등을 동일한 모형 안에서 더해 표현할 수 있으며, 각 항의 형태나 상관 구조를 사용자가 지정할 수 있다. 이러한 접근은 일반화 가법모형(GAM)을 확장한 개념으로, **R2BayesX**나 **mgcv** 패키지에서 다양한 구조의 항을 포함하는 모형을 구현할 수 있다.

8. '기능 형태 적합'은 독립변수와 종속변수 간의 관계를 수학적으로 표현하는 함수의 형태를 결정하고, 해당 함수에 데이터를 맞추는(fitting) 과정을 의미한다. 예를 들어, 선형함수, 다항식, 로그함수, 스플라인 등 다양한 형태가 가능하며, 선택된 기능 형태에 따라 변수 간 관계의 해석과 예측 결과가 달라질 수 있다. 특히 공간적 회귀분석에서는 지역 간 상관 구조나 공간적 이질성을 정확히 반영하기 위해, 데이터 특성에 맞는 기능 형태를 유연하게 지정하는 것이 중요하다.

17. 공간계량경제학적 모형

전형적인 형태의 공간자기회귀모형(spatial autoregressive model)은 공간가중치행렬을 이용하고 최대우도추정법(MLE, maximum likelihood estimation)을 적용하는 방식으로 이미 오래전에 정식화되었다(Cliff and Ord 1973, 1981). 이후 이러한 초기 연구가 확장되면서, 공간계량경제학적 관점에서 다양한 모형이 발전해 왔으며, 이들 중 상당수는 동시적 자기회귀(simultaneous autoregressive) 프레임워크와 행표준화 공간가중치행렬을 사용하였다(Anselin 1988). 동시적 자기회귀 프레임워크와 조건부 자기회귀(conditional autoregressive) 프레임워크가 양대 축을 이루며, 두 프레임워크 모두에서 관측치의 상대적 중요성을 반영하기 위해 사례 가중치를 보완적으로 활용할 수 있다(Waller and Gotway 2004).

공간 회귀모형의 적합 과정에서 제기되는 여러 문제를 논의하기에 앞서, 몇 가지 사항을 먼저 언급한다. 공간적 회귀분석을 공간계량경제학적 맥락에서 접근하는 방법에 대한 최근은 종합적 검토는 Kelejian과 Piras(2017)가 제공하였다. 이 연구에서는 '반응변수의 공간래그(spatially lagged response variable)'의 계수를 λ, '잔차의 공간래그'의 계수를 ρ로 표기하는데, 이는 Anselin(1988) 과 LeSage와 Pace(2009) 등 기존 문헌과는 반대이다. 본 장에서는 혼동을 피하기 위해, 공간래그모형(SLM, spatial lag model)의 공간 계수는 ρ_{Lag}, 공간오차모형(SEM, spatial error model)의 공간 계수는 ρ_{Err}로 표기한다. 주목할 만한 발견 중 하나는, 상대적으로 조밀한 공간가중치행렬이 모형 추정치를 과소평가할 수 있다는 점이며, 이는 희소 가중치 행렬이 더 적합할 수 있음을 시사한다(Smith 2009). 또 다른 중요한 발견은, 잔차에 공간적 자기상관이 존재하더라도, 공변량 자체가 공간적 자기상관을 보이지 않는 한, 회귀계수 분산의 추정치는 편향되지 않는다는 점이다(Smith and Lee 2012). 그러나 실제로는 반응변수와 공변량의 공간적 프로세스가 일치하지 않는 경우가 많으며, 공변량과 잔차가 모두 공간적 자기상관을 보이는 경우, 공간 프로세스를 모형화하지 않으면 회귀계수 분산의 추정치가 과소평가될 가능성이 높다.

17.1 정의

공간 프로세스를 모형화하려는 시도 가운데 가장 초기의 공간계량경제학적 정식화 중 하나는, 잔차의 공간적 자기상관을 모형화하는 방식이다. 이는 공간오차모형(SEM)으로 다음과 같이 표현된다.

$$y = X\beta + u, \quad u = \rho_{Err}Wu + \varepsilon$$

여기서 y는 N 위치에서 측정된 반응변수의 $(N \times 1)$ 관측치 벡터, X는 $(N \times k)$ 공변량 행렬, β는 $(k \times 1)$ 계수 벡터, u는 공간적 자기상관을 갖는 $(N \times 1)$ 교란 벡터, ε은 독립항등분포를 따르는 $(N \times 1)$ 교란 벡터, ρ_{Err}는 스칼라 형태의 공간 계수이다.

이 모형과 유사한 다른 공간계량경제학 모형들은 혼합모형 프레임워크에는 부합하지 않는다. 여기서 모형화된 공간 프로세스는 반응변수, 공변량, 그리고 계수와 직접적으로 상호작용한다. 이러한 형태의 모형화 접근은 시계열 프레임워크를 단순히 2차원으로 확장한 오래된 전통에서 기원한 것으로 보인다.

$$u = (I - \rho_{Err}W)^{-1}\varepsilon, \quad y = X\beta + (I - \rho_{Err}W)^{-1}\varepsilon, \quad (I - \rho_{Err}W)y = (I - \rho_{Err}W)X\beta + \varepsilon$$

만약 공변량과 반응변수가 동일한 공간 프로세스를 따른다면, 최소제곱법(OLS) 계수와 공간오차모형 계수 사이의 차이는 거의 없을 것이다. 그러나 실제로는 두 프로세스가 일치하지 않는 경우가 많으며, 이를 판별 및 조정하기 위해서는 Hausman 검정과 같은 추가 절차가 필요하다(Pace and LeSage 2008). 이러한 논의는, 공간 프로세스가 일치하는 경우 시계열 분석의 단위근(unit root)과 공적분(cointegration) 개념을 공간적으로 확장하려는 이전 연구와도 연결된다(Fingleton 1999).

반응변수에만 공간 프로세스를 포함하는 모형을 공간래그모형(SLM)이라 하며, 종종 공간자기회귀모형(SAR, spatial autoregressive mode)이라고도 부른다(LeSage and Pace 2009). 더빈(Durbin) 모형은 여기에 공변량의 공간래그항을 추가한 형태이다. 공간더빈모형(spatial Durbin model)에 관한 종합적인 리뷰는 Mur와 Angulo(2006)를 참고할 수 있다. 만약 반응변수에 공간 프로세스를 포함하는 동시에 잔차에도 공간 프로세스를 포함시키면, 두 가지 형태의 모형이 가능하다. 하나는 모든 모형 요소를 포함하는 일반중첩모형(GNM, general nested model)이고, 다른 하나는 공간래그 공변량을 포함하지 않는 공간자기회귀-자기회귀모형(SARAR, spatial autoregressive-autoregressive model) 또는 공간자기회귀결합모형(SAC, spatial autoregressive combined model)이다. 반면, 반응변수나 잔차에 공간 프로세스를 모형화하지 않고, 단순히 공변량의 공간래그항을 선형모형에 추가할 수도 있다. 이를 공간래그X모형(SLX, spatial lag of X model)이라고 한다(Elhorst 2010; Bivand 2012; LeSage 2014; Halleck Vega and Elhorst 2015). GNM은 다음과 같이 표현된다.

$$y = \rho_{Lag}Wy + X\beta + WX\gamma + u, \quad u = \rho_{Err}Wu + \varepsilon$$

여기서 γ는 $(k' \times 1)$ 파라미터 벡터이다. k'는 절편과 일부 공변량을 정의하며, 행표준화 공간가중치 행렬을 사용하고 공간래그 절편을 포함하지 않는 경우 $k' = k - 1$이다.

이 기본 모형에 특정 제약을 가하면 다양한 변형 모형이 도출된다. $\gamma = 0$으로 설정하면 이중 공간계수 모형인 SAC/SARAR 모형이, $\rho_{Err} = 0$으로 설정하면 공간더빈모형(SDM, spatial Durbin model)이, $\rho_{Lag} = 0$으로 설정하면 공간더빈오차모형(SDEM, spatial Durbin error model)이 된다. 더 강한 조건을 부여할 수도 있는데, $\gamma = 0$과 $\rho_{Err} = 0$로 설정하면 공간래그모형(SLM), $\gamma = 0$과 $\rho_{Lag} = 0$으로 설정하며 공간오차모형(SEM), $\rho_{Lag} = 0$과 $\rho_{Err} = 0$으로 설정하면 공간래그X모형(SLX)이 된다.

공변량이 관측된 새로운 위치에 대해 예측을 수행하는 것과 관련된 문제는 오래전부터 인식되어 왔지만, 그 가능성에 대한 체계적인 검토와 실질적 진전은 상당한 시간이 지나서야 이루어졌다 (Bivand 2002; Goulard, Laurent, and Thomas-Agnan 2017; Laurent and Margaretic 2021). MLE로 적합된 SLM, SDM, SEM, SDEM, SAC, GNM 모형을 예측에 적용하는 방법은 '구글 서머 오프 코드(Google Summer of Code)' 프로젝트를 수행한 마틴 구브리(Martin Gubri)의 공로가 크다. 또한, 결측 데이터를 다루는 유사한 모형에 관한 연구(Suesse 2018)는 보스턴 주택 데이터 셋에서 검열된 중앙값 주택가격을 분석하는 데 시사점을 제공한다. 예측 문제를 다루다 보면 해당 모형의 축약 형태(reduced form)가 매우 중요하다는 점을 인식하게 된다. 특히 SLM, SDM, SAC, GNM 모형처럼 반응변수의 공간 프로세스가 회귀계수와 상호작용하는 경우에는, 보다 단순화된 형태의 표현이 분석과 해석에 도움이 될 수 있다.[1]

반응변수와 회귀계수 간의 이러한 상호작용의 결과, 공변량의 단위 변화가 회귀계수 값에 비례하여 반응변수에 직접 효과를 미치려면, 공간래그 반응변수의 계수가 0이어야 한다. 만약 공간 계수가 0이 아니라면, 전역적 파급효과가 작용하게 되며, 그 크기는 회귀계수 만큼이나 중요한 정보가 된다(LeSage and Pace 2009; Elhorst 2010; Bivand 2012; LeSage 2014; Halleck Vega and Elhorst 2015). SDEM 및 SLX 모형의 경우, 각 공변량의 총 파급효과(total spillover effect)는 해당 공변량의 계수와 공간래그 공변량 계수의 합으로 정의되며, 국지적 파급효과(local spillover effect)는 이를 기반으로 선형결합을 사용해 표준오차를 계산하여 나타낸다.

이것은 GNM 데이터 생성 프로세스에서 확인할 수 있다.

$$(I - \rho_{Err}W)(I - \rho_{Lag}W)y = (I - \rho_{Err}W)(X\beta + WX\gamma) + \varepsilon$$

이를 다음과 같이 변형하여 나타낼 수 있다.

$$y = (I - \rho_{\text{Lag}}W)^{-1}(X\beta + WX\gamma) + (I - \rho_{\text{Lag}}W)^{-1}(I - \rho_{\text{Err}}W)^{-1}\varepsilon$$

이 식에서 ρ_{Lag}와 β 사이에는 상호작용이 존재하며, γ가 존재할 경우에는 세 변수 간의 상호작용이 발생한다. 이는 다음의 편도함수에서 확인할 수 있다: $\partial y_i / \partial x_{jr} = ((I\beta_r - \rho_{\text{Lag}}W)^{-1}(I\beta_r + WX\gamma_r))_{ij}$. 여기서 밀집 행렬 $\beta_r(W) = ((I\beta_r - \rho_{\text{Lag}}W)^{-1}(I\beta_r + WX\gamma_r))$의 주대각 요소는 직접 효과를 나타내고, 비대각 요소는 간접 효과를 나타낸다.

Piras와 Prucha(2014)는 Florax, Folmer와 Rey(2003)를 재검토하고 수정하였으며, Hendry (2006)와 Florax, Folmer와 Rey(2006)의 논평도 참고하였다. 이들은 모형 선택 시 통상적으로 사용되는 사전 검정(pre-test) 전략보다, 해당 분석 상황에 적합한 가장 일반적인 모형을 먼저 추정하는 전략이 더 바람직하다고 결론지었다.[2] 이러한 결과에 비추어, 본 장에서는 사전 검정 기반의 모형 선택은 사용하지 않는다.

현재 **spatialreg** 패키지가 주력하고 있는 개선 사항 중 하나는 공간래그 공변량 처리 방법의 향상이다. 이를 위해 **Durbin** 인수를 사용하여, 공간래그 형태로 추가할 공변량의 하위 집합을 지정하는 논리값이나 수식을 받을 수 있도록 하였다. 일부 공변량, 예를 들어 더미 변수와 같은 경우에는 공간래그 형태로 포함하지 않는 것이 바람직하다는 주장도 있다. 공간래그 공변량이 선택되면, 다음 과제는 영향력을 계산할 때 이를 어떻게 적절하게 처리할 것인가 하는 문제이다. 이러한 개선된 기능은 MCMC 또는 MLE로 적합된 횡단면 모형에 적용되며, 향후 공간 패널 모형에도 적용될 예정이다.

거의 다루어지지 않은 주제이지만, 기능적 형태 가정(functional form assumption)을 언급할 가치가 있다.[3] 이 문제는, 예를 들어 **McSpatial** 패키지에서 구현된 공간분위수회귀(spatial quatile regression, McMillen 2013)와 같은 유연한 구조가 유용한 상황과 관련이 있다. 또한 **McSpatial** 패키지의 일부 함수, 신규 패키지 **spldv**(Sarrias and Piras 2022), 그리고 **spatialprobit** 패키지와 **ProbitSpatial** 패키지(Wilhelm and Matos 2013; Martinetti and Geniaux 2017)에서 다루는 이산형 반응변수 관련 문제도 있다. **McSpatial** 패키지의 MCMC 구현은 LeSage와 Pace(2009)에 기반하고 있다. 마지막으로, Wagner와 Zeileis(2019)는 SLM 모형이 재귀적 분할(recursive partitioning) 설정에서 어떻게 활용될 수 있는지를 보여 주며, 이를 **spatialreg** 패키지의 `lagsarlm( )` 함수를 이용해 구현하는 **lagsarlmtree** 패키지에서 제시하였다.

spatialreg 패키지(Bivand and Piras 2022)를 이용한 횡단면(cross-sectional) MLE와 일반화 모멘트법(GMM, generalised method of moments) 추정, 그리고 **sphet** 패키지를 통해 공간계량경

제학 스타일의 공간 회귀모형에 대한 리뷰(Bivand and Piras 2015)는 여전히 대부분 유효하다. 이 리뷰에서는 R 패키지에서 제공하는 추정량을 다른 프로그래밍 언어의 대체 구현과 비교하였으나, 베이지안 공간계량경제학 스타일의 공간 회귀는 다루지 않았다. Millo와 Piras(2012)가 설명한 공간 패널 추정량에 대해서는 많은 변화가 있었지만, 본 장에서는 다루지 않는다.

Bivand, Millo와 Piras(2021)는 공간계량경제학적 분석을 위한 R 패키지의 다양한 기능을 포괄적으로 다루며, Bivand와 Piras(2015)를 업데이트하고 GMM 및 공간 패널 모형화의 최근 발전을 포함하고 있다. 따라서 이 장에서는 보스턴 주택가격 데이터셋을 사용한 Bivand(2017)의 예제 중 일부만을 간략히 다룰 것이다.

17.2 최대우도추정법: spatialreg 패키지의 활용

단일 공간계수를 가지는 모형(SEM 및 SDEM은 `errorsarlm( )` 함수 사용, SLM 및 SDM은 `lagsarlm( )` 함수 사용)에는 Ord(1975)가 처음 제시한 방법이 적용된다. 다음 표는 최대우도추정법(MLE)을 사용하여 앞서 설명한 모형을 추정할 수 있는 함수를 정리한 것이다.

모형	모형명	MLE 함수
SEM	공간오차	`errorsarlm(..., Durbin = FALSE)`
SEM	공간오차	`spautolm(..., family = "SAR")`
SDEM	공간더빈오차	`errorsarlm(..., Durbin = TRUE)`
SLM	공간래그	`lagsarlm(..., Durbin = FALSE)`
SDM	공간더빈	`lagsarlm(..., Durbin = TRUE)`
SAC	공간자기회귀결합	`sacsarlm(..., Durbin = FALSE)`
GNM	일반중첩	`sacsarlm(..., Durbin = TRUE)`

`errorsarlm( )`과 `lagsarlm( )` 추정 함수는 유사한 인수를 받는다. 첫 번째(`formula`)와 두 번째(`data`) 인수는 대부분의 모형 추정 함수에서 공통적으로 사용되며, 세 번째 인수는 `listw` 공간가중치 객체이다. `na.action` 인수는 결측값이 있는 관측 개체의 공간가중치를 어떻게 처리할지를 정의하며, 다른 모형 추정 함수와 동일하게 동작한다. `weights` 인수는 분산 항에서 관측값별 변동성을 나타내는 가중치를 제공하는 데 사용되지만, `lagsarlm( )` 함수에서는 이 옵션이 제공되지 않는다.

`Durbin` 인수는 이전의 `type` 및 `etype` 인수를 대체하며, 지정하지 않으면 기본값은 **FALSE**로 간주된다. 지정하는 경우, **FALSE** 또는 **TRUE** 값을 줄 수 있는데, **TRUE**로 설정하면 모든 공간래그 설명변

수가 포함된다. 또는 포함할 공간래그 설명변수를 지정하는 일면 공식(one-sided formula)을 줄 수 있다.[4] **method** 인수는 로그우도 함수에서 로그 행렬식 항을 계산하는 방법을 지정하며, 기본값 **"eigen"**은 중간 규모의 데이터셋에 적합하다. **interval** 인수는 stats 패키지의 **optimize( )** 함수를 통해 공간 계수를 탐색하는 범위를 지정한다. **tol.solve( )** 인수는 base 패키지의 **solve( )** 함수에 전달되며, 회귀계수 간 스케일 차이가 큰 데이터셋에서 분산–공분산 행렬의 역행렬을 계산하는 데 필요하다. 기본값은 **base::solve( )** 함수에서 사용하는 값보다 훨씬 크다. **control** 인수는 추정 함수의 실행을 세밀하게 조정하는 제어값 리스트를 받는다.

sacsarlm( ) 함수는 SAC 및 GNM 형식에서 두 개의 공간 프로세스를 모형화할 때 서로 다른 두 개의 공간가중치를 사용할 수 있도록, 두 번째 공간가중치와 **interval** 인수를 받을 수 있다. 기본 값은 동일한 공간가중치를 사용하는 것이며, 수치 최적화에는 기본적으로는 stats 패키지의 **nlminb( )** 함수가 사용된다. 시작값은 휴리스틱이 방식으로 선택된다. **lagsarlm( )**함수와 마찬가지로 **weights** 인수는 지원하지 않는다.

대규모 데이터셋을 사용할 경우, 계수의 분산–공분산 행렬 계산 시 분석적 점근적(analytic asymptotic) 접근 방식 대신 수치적 헤세 행렬(numerical Hessian) 접근 방식이 사용된다.[5]

17.2.1 보스턴 주택 가격 데이터셋 예시

다음 예제는 Bivand(2017)를 기반으로 하며, 16장에서 생성된 객체들을 활용한다.

```
library(spatialreg)
eigs_489 <- eigenw(lw_q_489)
SDEM_489 <- errorsarlm(form, data = boston_489,
    listw = lw_q_489, Durbin = TRUE, zero.policy = TRUE,
    control = list(pre_eig = eigs_489))
SEM_489 <- errorsarlm(form, data = boston_489,
    listw = lw_q_489, zero.policy = TRUE,
    control = list(pre_eig = eigs_489))
```

기본값인 **"eigen"** 방법을 사용할 경우, 미리 계산된 고유값을 **control** 리스트 인수를 통해 전달할 수 있다.

```
cbind(data.frame(model=c("SEM", "SDEM")),
    rbind(broom::tidy(Hausman.test(SEM_489)),
```

```
          broom::tidy(Hausman.test(SDEM_489))))[,1:4]
#   model statistic  p.value parameter
# 1   SEM      52.0 2.83e-06        14
# 2  SDEM      48.7 6.48e-03        27
```

489개의 트랙트 데이터셋에 대한 두 가지 Hausman 검정 결과, 회귀계수가 비공간적 회귀분석의 회귀계수와 유의하게 다르다는 점이 확인되었으며, 이는 공간 프로세스의 패턴이 일치하지 않음을 시사한다.[6]

```
eigs_94 <- eigenw(lw_q_94)
SDEM_94 <- errorsarlm(form, data=boston_94, listw=lw_q_94,
                      Durbin = TRUE,
                      control = list(pre_eig=eigs_94))
# Warning in RET$pfunction("adjusted", ...): Completion with error >
# abseps
```

```
# Warning in RET$pfunction("adjusted", ...): Completion with error >
# abseps
```

```
# Warning in RET$pfunction("adjusted", ...): Completion with error >
# abseps
```

```
# Warning in RET$pfunction("adjusted", ...): Completion with error >
# abseps
SEM_94 <- errorsarlm(form, data = boston_94, listw = lw_q_94,
                control = list(pre_eig = eigs_94))
```

94개의 대기오염 모형 출력 구역에 대한 Hausman 검정에서는 계수 간 유의한 차이가 발견되지 않았다.

```
cbind(data.frame(model=c("SEM", "SDEM")),
    rbind(broom::tidy(Hausman.test(SEM_94)),
        broom::tidy(Hausman.test(SDEM_94))))[, 1:4]
#   model statistic p.value parameter
# 1   SEM     15.66   0.335        14
# 2  SDEM      9.21   0.999        27
```

이러한 결과는 SEM과 SDEM 모형이 대기오염 모형 출력 구역 수준에서 최소제곱법이나 SLX 모형에 비해 거의 추가적인 차이를 만들지 않았음을 보여 준다. 이러한 사실은 우도비 검정을 통해 확인할 수 있다.

```
cbind(data.frame(model=c("SEM", "SDEM")),
      rbind(broom::tidy(LR1.Sarlm(SEM_94)),
            broom::tidy(LR1.Sarlm(SDEM_94))))[,c(1, 4:6)]
#   model statistic p.value parameter
# 1   SEM     2.593   0.107         1
# 2  SDEM     0.216   0.642         1
```

spatialreg 패키지의 **LR.Sarlm( )** 함수를 사용하면 중첩(nested) 모형 간 우도비 검정을 실행할 수 있지만, 여기서는 lmtest 패키지의 `lrtest( )` 함수를 사용하며, 결과는 동일하다.[7] 트랙트와 모형 출력 구역 모두에서 공간래그 공변량을 포함하는 모형이 더 선호되는 것으로 나타났다.

```
o <- lmtest::lrtest(SEM_489, SDEM_489)
attr(o, "heading")[2] <- "Model 1: SEM_489\nModel 2: SDEM_489"
o
# Likelihood ratio test
#
# Model 1: SEM_489
# Model 2: SDEM_489
#   #Df LogLik Df Chisq Pr(>Chisq)
# 1  16    274
# 2  29    311 13  74.4    1.2e-10 ***
# ---
# Signif. codes:  0 '***' 0.001 '**' 0.01 '*' 0.05 '.' 0.1 ' ' 1
o <- lmtest::lrtest(SEM_94, SDEM_94)
attr(o, "heading")[2] <- "Model 1: SEM_94\nModel 2: SDEM_94"
o
# Likelihood ratio test
#
# Model 1: SEM_94
# Model 2: SDEM_94
#   #Df LogLik Df Chisq Pr(>Chisq)
# 1  16   59.7
# 2  29   81.3 13  43.2    4.2e-05 ***
# ---
# Signif. codes:  0 '***' 0.001 '**' 0.01 '*' 0.05 '.' 0.1 ' ' 1
```

SLX 모형은 최소제곱법으로 적합되며, 로그우도 값을 반환하므로 잔차에 공간 프로세스 요소를 포함할 필요가 있는지를 검정할 수 있다. 트랙트 데이터셋의 경우, 이를 포함해야 한다는 결과가 명확히 나타났다.

```
SLX_489 <- lmSLX(form, data = boston_489, listw = lw_q_489,
                zero.policy = TRUE)
o <- lmtest::lrtest(SLX_489, SDEM_489)
attr(o, "heading")[2] <- "Model 1: SLX_489\nModel 2: SDEM_489"
o
# Likelihood ratio test
#
# Model 1: SLX_489
# Model 2: SDEM_489
#   #Df LogLik Df Chisq Pr(>Chisq)
# 1  28     231
# 2  29     311  1   159      <2e-16 ***
# ---
# Signif. codes:  0 '***' 0.001 '**' 0.01 '*' 0.05 '.' 0.1 ' ' 1
```

그러나 모형 출력 구역 데이터에서는 그와 반대되는 결과가 나타났다.

```
SLX_94 <- lmSLX(form, data = boston_94, listw = lw_q_94)
o <- lmtest::lrtest(SLX_94, SDEM_94)
attr(o, "heading")[2] <- "Model 1: SLX_94\nModel 2: SDEM_94"
o
# Likelihood ratio test
#
# Model 1: SLX_94
# Model 2: SDEM_94
#   #Df LogLik Df Chisq Pr(>Chisq)
# 1  28    81.2
# 2  29    81.3  1 0.22        0.64
```

이러한 결과는 주택 단위 수를 트랙트와 모형 출력 구역별로 집계해 사례 가중치를 적용했을 때도 동일하게 유지되었다.

```
SLX_489w <- lmSLX(form, data = boston_489, listw = lw_q_489,
                weights = units, zero.policy = TRUE)
SDEM_489w <- errorsarlm(form, data = boston_489,
```

```
                        listw = lw_q_489, Durbin = TRUE,
                        weights = units, zero.policy = TRUE,
                        control = list(pre_eig = eigs_489))
o <- lmtest::lrtest(SLX_489w, SDEM_489w)
attr(o, "heading")[2] <- "Model 1: SLX_489w\nModel 2: SDEM_489w"
o
# Likelihood ratio test
#
# Model 1: SLX_489w
# Model 2: SDEM_489w
#   #Df LogLik Df Chisq Pr(>Chisq)
# 1  28    311
# 2  29    379  1   136      <2e-16 ***
# ---
# Signif. codes:  0 '***' 0.001 '**' 0.01 '*' 0.05 '.' 0.1 ' ' 1
SLX_94w <- lmSLX(form, data = boston_94, listw = lw_q_94,
                weights = units)
SDEM_94w <- errorsarlm(form, data = boston_94, listw = lw_q_94,
                    Durbin = TRUE, weights = units,
                    control = list(pre_eig = eigs_94))
o <- lmtest::lrtest(SLX_94w, SDEM_94w)
attr(o, "heading")[2] <- "Model 1: SLX_94w\nModel 2: SDEM_94w"
o
# Likelihood ratio test
#
# Model 1: SLX_94w
# Model 2: SDEM_94w
#   #Df LogLik Df Chisq Pr(>Chisq)
# 1  28   97.5
# 2  29   98.0  1  0.92        0.34
```

이 경우와 Bivand(2017)에서 제시된 논거를 바탕으로, 가중치 사용은 정당화된다. 이는 주택 단위 수가 트랙트의 경우 5개에서 3,031개까지, 대기오염 모형 출력 구역의 경우는 25개에서 12,411개까지 다양하기 때문이다. 이러한 이유와, 가중치를 활용하는 GNM 모형이 아직 개발되지 않았다는 점 때문에, GNM 모형을 출발점으로 삼아 일반 모형에서 더 단순한 모형으로의 검정을 수행할 수 없다. 대신 SDEM 모형을 출발점으로 설정하고, Hausman 검정을 사용하여 관측 단위 선택에 지침을 얻는다.

17.3 공간 효과 추정

전역적 효과는 공간래그 반응변수를 포함하는 모형(SLM, SDM, SAC, GNM)의 적합 결과를 보고할 때 핵심적인 요소로 간주된다(LeSage and Pace 2009). 전역적 효과를 공간래그 공변량(SLX, SDEM)을 포함하는 다른 모형으로 확장하려는 시도도 이루어졌다(Elhorst 2010; Bivand 2012; Halleck Vega and Elhorst 2015). SLM, SDM, SAC, GNM 모형은 MLE 또는 GMM을 사용하여 적합시킬 경우, 계수의 분산–공분산 행렬을 활용할 수 있다. 계수 추정치를 평균으로 하고, 추정된 분산–공분산 행렬로부터 분산을 가져와 다변량 정규분포를 구성한 뒤, 이로부터 난수를 추출할 수 있다. 베이지안 방법으로 적합한 경우에는 표본이 사전에 주어지므로 별도의 추출이 필요 없다. SDEM의 경우, 비래그 공변량의 회귀계수에 대한 표본은 직접 효과를 나타내고, 공간래그 공변량의 회귀계수에 대한 표본은 간접 효과를 나타내며, 이 둘을 합한 값이 총 효과를 이룬다.

SLX와 SDEM 모형에서는 추론을 위해 샘플링이 필요하지 않으므로, MLE로 적합된 모형에 대해서는 선형결합을 사용한다. 여기서는 공기오염 변수에 대해서만 결과를 제시한다. 모형 출력 보고 방법과 관련된 문제는 아직 완전히 해결되지 않았다. 이는 개별 공변량에 대해 세 가지 효과 값을 보고해야 하기 때문이다. 공간래그 공변량이 포함될 경우, 기존의 두 개의 계수는 세 가지 효과로 대체된다. 여기서는 공기오염 변수에 대한 예시를 보여 준다.

```
sum_imp_94_SDEM <- summary(impacts(SDEM_94))
rbind(Impacts = sum_imp_94_SDEM$mat[5,],
      SE = sum_imp_94_SDEM$semat[5,])
#           Direct   Indirect    Total
# Impacts -0.01276  -0.01845  -0.0312
# SE       0.00235   0.00472   0.0053
```

SLX와 SDEM 모형에서 직접 효과는 동일한 관측 단위에서 공기오염 변화가 반응변수에 미치는 영향이며, 간접 효과(지역 효과)는 인접한 관측 단위에서 공기오염 변화가 반응변수에 미치는 영향이다.

```
sum_imp_94_SLX <- summary(impacts(SLX_94))
rbind(Impacts = sum_imp_94_SLX$mat[5,],
      SE = sum_imp_94_SLX$semat[5,])
#           Direct   Indirect    Total
# Impacts -0.0128  -0.01874  -0.03151
```

```
# SE         0.0028  0.00556  0.00611
```

같은 방법을 가중 공간 회귀분석에 적용한 결과, 공기오염이 주택 가치에 미치는 총 효과는 감소했으나 여전히 통계적으로 유의하였다.

```
sum_imp_94_SDEMw <- summary(impacts(SDEM_94w))
rbind(Impacts = sum_imp_94_SDEMw$mat[5,],
      SE = sum_imp_94_SDEMw$semat[5,])
#           Direct Indirect    Total
# Impacts -0.00592 -0.01076 -0.01668
# SE       0.00269  0.00531  0.00559
```

전체적으로, 대기오염 모형 출력 구역 수준으로 집계된 공간래그 공변량만을 포함하는 가중 공간 회귀모형이 대부분의 모형 오지정 오류를 해결하는 것으로 보인다. Bivand(2017)에서 더 자세히 논의된 바와 같이, 이는 오지정된 대체 모형들보다 오염 제거에 대한 지불의향이 훨씬 더 크다는 점을 보여 준다.

```
sum_imp_94_SLXw <- summary(impacts(SLX_94w))
rbind(Impacts = sum_imp_94_SLXw$mat[5,],
      SE = sum_imp_94_SLXw$semat[5,])
#           Direct Indirect    Total
# Impacts -0.00620 -0.01221 -0.01842
# SE       0.00326  0.00628  0.00629
```

17.4 예측

보스턴 구역 데이터셋에서 응답변수인 중위 주택가격의 17개 관측치가 누락되어 있다. 이를 채우기 위해 "Sarlm" 객체에 대한 `predict()` 메서드를 사용한다. 이 메서드는 Goulard, Laurent와 Thomas-Agnan(2017)을 기반으로 마틴 구브리(Martin Gubri)가 재작성하였으며 Laurent와 Margaretic(2021)도 참고할 수 있다. **pred.type** 인수는 해당 논문에서 제시된 예측 전략을 지정한다.

이 예시에서는 **pred.type** 설정을 달리하여 SDEM 모형의 다양한 변종으로 샘플 외 예측을 수행한다. 이를 통해 예측 결과의 차이를 확인할 수 있으며, 이는 연구할 가치가 있는 중요한 주제임을 시사한다. 누락 변수 처리에 대해서는 여러 대안이 제시되어 있다(Gómez-Rubio, Bivand, and Rue 2015; Suesse 2018). 예측에 대한 관심이 높아지는 또 다른 이유는, 예측이 기계학습 접근 방식의 기본 요소이기 때문이다. 기계학습에서는 검증 및 테스트 데이터셋을 대상으로 한 예측 성능이 모형 사양 선택을 이끈다. 그러나 공간적 의존성을 지닌 공간데이터에서 훈련 및 검정 데이터셋을 선택하는 문제는 여전히 해결되지 않았으며, 이는 독립 표본 데이터의 경우와는 확연히 다른 복잡성을 지닌다.

여기서는 검열된 트랙트 관측값에 대해 세 가지 상이한 예측 유형을 적용하고, USD 단위의 주택 중위값으로 복원하기 위해 지수 변환을 수행한다. 이때 newdata 객체의 row.names( ) 함수가 공간 가중치행렬의 "region.id" 속성과 일치해야 샘플 외 예측이 가능하다는 점에 유의해야 한다.

```
nd <- boston_506[is.na(boston_506$median),]
t0 <- exp(predict(SDEM_489, newdata = nd, listw = lw_q,
                  pred.type = "TS", zero.policy  =TRUE))
suppressWarnings(t1 <- exp(predict(SDEM_489, newdata = nd,
                                   listw = lw_q,
                                   pred.type = "KP2",
                                   zero.policy = TRUE)))
suppressWarnings(t2 <- exp(predict(SDEM_489, newdata = nd,
                                   listw = lw_q,
                                   pred.type = "KP5",
                                   zero.policy = TRUE)))
```

INLA 패키지의 "slm" 모형을 사용하면 모형 적합 함수 호출 과정에서 누락된 반응변수 값을 함께 예측할 수 있다. 다만 "slm" 모형은 아직 실험적 단계이므로 약간의 설정 코드가 필요하다.

```
library(INLA)
# Loading required package: foreach
# Loading required package: parallel
# Loading required package: sp
# This is INLA_23.04.24 built 2023-04-24 19:15:35 UTC.
#  - See www.r-inla.org/contact-us for how to get help.
#  - To enable PARDISO sparse library; see inla.pardiso( )
#
# Attaching package: 'INLA'
# The following object is masked _by_ '.GlobalEnv':
#
```

```
#     f
W <- as(lw_q, "CsparseMatrix")
n <- nrow(W)
e <- eigenw(lw_q)
re.idx <- which(abs(Im(e)) < 1e-6)
rho.max <- 1 / max(Re(e[re.idx]))
rho.min <- 1 / min(Re(e[re.idx]))
rho <- mean(c(rho.min, rho.max))
boston_506$idx <- 1:n
zero.variance = list(prec = list(initial = 25, fixed = TRUE))
args.slm <- list(rho.min = rho.min, rho.max = rho.max, W = W,
                 X = matrix(0, n, 0), Q.beta = matrix(1,0,0))
hyper.slm <- list(prec = list(prior = "loggamma",
                              param = c(0.01, 0.01)),
                  rho = list(initial = 0, prior = "logitbeta",
                             param = c(1,1)))
WX <- create_WX(model.matrix(update(form, CMEDV ~ .),
                             data = boston_506), lw_q)
SDEM_506_slm <- inla(update(form,
                            . ~ . + WX + f(idx, model = "slm",
                                           args.slm = args.slm,
                                           hyper = hyper.slm)),
                 data = boston_506, family = "gaussian",
                 control.family = list(hyper = zero.variance),
                 control.compute = list(dic = TRUE, cpo = TRUE))
mv_mean <- exp(SDEM_506_slm$summary.fitted.values$mean[
          which(is.na(boston_506$median))])
```

INLA 패키지는 예측값에 대한 주변분포(marginal distribution)의 격자형 추정치를 제공하며, 이를 통해 예측값에 내재된 불확실성을 평가할 수 있다.[8]

```
data.frame(fit_TS = t0[,1], fit_KP2 = c(t1), fit_KP5 = c(t2),
   INLA_slm = mv_mean, censored =
     boston_506$censored[as.integer(attr(t0, "region.id"))])
#     fit_TS fit_KP2 fit_KP5 INLA_slm censored
# 13   23912   29477   28147    31112    right
# 14   28126   27001   28516    31314    right
# 15   30553   36184   32476    41298    right
# 17   18518   19621   18878    21160    right
# 43    9564    6817    7561     6830     left
```

```
# 50      8371      7196      7383      6885       left
# 312    51477     53301     54173     56274      right
# 313    45921     45823     47095     46447      right
# 314    44196     44586     45361     42805      right
# 317    43427     45707     45442     48025      right
# 337    39879     42072     41127     41462      right
# 346    44708     46694     46108     45847      right
# 355    48188     49068     48911     49138      right
# 376    42881     45883     44966     47747      right
# 408    44294     44615     45670     46164      right
# 418    38211     43375     41914     43913      right
# 434    41647     41690     42398     41551      right
```

공간적 회귀분석을 위한 도구 모음은 여전히 완전하지 않으며, 그 빈틈을 메우는 데는 시간이 필요하다. 여러 공간적 회귀분석 전통 간에 이해와 발전을 거의 공유하지 않는 점은 여전히 아쉬운 부분이다.

17.5 연습문제

1. Piras와 Prucha(2014), 그리고 Florax, Folmer와 Rey(2003)를 참조하여, 사전 테스트 전략을 선택했을 때, 속성만 포함된 데이터셋과 지자체 구역 변수를 추가한 속성 데이터셋의 선형모형에서 잔차의 공간적 의존성이 나타나는지 답하시오. 사전 테스트가 어떤 모형을 지목하는지에 대해 답하시오.

2. 자치구역 더미 변수를 포함하거나 자치구역 레짐(regime) 모형을 실행하는 것이 잔차의 공간적 의존성을 줄이는 데 도움이 될 수 있는지에 대해 답하시오.

3. 속성만 포함한 모형과 자치구역 변수를 추가한 모형에 대해 MLE를 사용하여 SEM 모형을 실행하시오(GMM 코드 예시는 Bivand, Millo와 Piras(2021)를 참조). 이어서 SDEM 모형으로 확장하시오. 또한 SLX 모형을 실행하고, 해당 모형의 잔차에 대한 공간적 자기상관 검정 결과를 해석하시오. SEM과 SDEM 모형에 대한 Hausman 검정에서 나타난 매우 높은 유의성을 해석하시오.

4. 속성만 포함한 모형과 자치구역 변수를 추가한 모형에 대해 GNM 모형을 실행하시오. 이러한 모형을 SDM 또는 SDEM 형식으로 단순화할 수 있는지에 대해 답하시오.

5. 16장 연습문제에서 얻은 모형 추정 결과가 이 장의 결과보다 더 명확한 통찰을 제공하는지에 대해 답하시오.

17장 역자주

1. 여기서 '축약 형태'란 공간계량경제학이나 회귀분석에서 모형을 단순화하여, 반응변수를 설명변수와 오차항만의 함수로 나타낸 식을 말하며, 효과 계산과 예측 분석에서 핵심적인 역할을 한다. 예를 들어 SLM에서는 단위행렬에서 공간계수와 공간가중치행렬의 곱을 뺀 행렬의 역행렬을 곱해 풀면 축약 형태가 되며, 이 역행렬이 공간 파급 효과를 나타낸다.

2. 여기서 '사전 검정 전략'이란 모형을 선택하기 전에 잔차의 공간적 자기상관 등 사전 가설검정을 수행하고, 그 결과에 따라 SLM, SEM 등 최종 모형을 결정하는 방법을 말한다. 그러나 표본 의존성과 모형 누락 위험이 있어, Piras 와 Prucha(2014)는 가장 일반적인 모형을 먼저 적합한 뒤 필요시 단순화하는 방식을 권고하였다.

3. 여기서 '기능적 형태 가정'이란 반응변수와 독립변수 간의 관계가 특정한 수학적 형태(예: 선형, 로그–선형, 다항식)를 따른다고 전제하는 것이다. 이러한 가정이 실제 데이터 생성 프로세스를 잘 반영하지 못하면 추정 결과에 편향이 발생할 수 있다. 공간계량경제학에서는 반응변수, 공간 효과, 공변량 간 관계를 특정 형태로 가정하는 경우가 많다.

4. 여기서 '일면 공식'이란 R에서 좌변 없이 ~ 변수 1 + 변수 2 형태로 작성된 공식을 말하며, 주로 변수 집합을 지정할 때 사용된다. 여기서는 공간래그로 포함할 설명변수를 선택하는 데 쓰인다.

5. '분석적 접근적' 접근 방식은 수학적으로 유도된 공식에 따라 분산–공분산 행렬을 계산하는 방법이며, 표본 크기가 충분히 크다는 가정하에 효율적이다. 반면, '수치적 헤세 행렬' 접근 방식은 모수에 대한 로그우도의 2차 미분을 수치적으로 근사하여 행렬을 구하는 방법으로, 대규모 데이터셋에서 계산 안정성과 정확성을 확보하기 위해 사용된다.

6. Hausman 검정은 두 추정량이 모두 일관성을 가지지만 한쪽이 더 효율적일 것으로 가정될 때, 그 효율성이 실제로 유지되는지 확인하는 통계 검정이다. 공간통계 분석에서는 비공간 회귀와 공간 회귀의 계수를 비교하여, 계수 차이가 유의하면 공간 효과가 존재함을 시사한다.

7. 여기서 '중첩 모형'이란 하나의 모형이 다른 모형의 특수한 형태로 포함되어 있는 경우를 말한다. 예를 들어, 공간더빈모형(SDM)에서 일부 계수를 0으로 두면 공간래그모형(SLM)이 되므로, SLM은 SDM에 중첩되어 있다. 우도비 검정은 이러한 중첩 관계를 전제로 두 모형의 적합도를 비교한다.

8. 여기서 '예측값에 대한 주변분포'란 각 예측값이 가질 수 있는 불확실성을 나타내는 확률분포를 말한다. INLA 패키지는 이를 일정 간격의 격자점에서 계산하여 근사하는 방식을 사용하며, 이를 통해 예측값의 신뢰구간이나 변동 범위를 평가할 수 있다.

Appendix A — 예전 R 공간 패키지

A.1 rgdal과 rgeos 패키지의 퇴역

sf와 stars와 같은 최신 패키지가 등장하기 전부터 R을 사용해 온 오랜 사용자라면, **maptools**, **sp**, **rgeos**, **rgdal**과 같은 오래된 공간 패키지에 더 익숙할 것이다. 그렇다면, 기존 코드나 이들 패키지에 의존하는 다른 R 패키지를 갱신해야 할 필요가 있는지 궁금할 것이다. 그에 대한 대답은 간단하다. "그렇다."

maptools, **rgdal**, **rgeos** 패키지는 2023년에 퇴역했다. 여기서 '퇴역'이란 더 이상 유지 보수가 이뤄지지 않고, 그 결과로 CRAN에서 해당 패키지가 아카이브로 전환되는 것을 의미한다. 다만 R-Forge가 유지되는 한, 소스 코드 저장소 자체는 계속 남아 있을 것이다. 퇴역의 한 가지 이유는 관리자의 은퇴이며, 더 중요한 이유는 이들 패키지의 기능이 이미 새로운 패키지들로 대체되었기 때문이다. 새로운 관리자가 R-Forge 저장소를 인수할 가능성은 매우 낮다. 이는 GEOS, GDAL, PROJ 라이브러리의 발전과 함께 패키지 코드가 점진적으로 변화해 왔고, 많은 부분이 오래된 구조를 포함해 유지와 이해가 어렵기 때문이다.

rgeos와 **rgdal** 패키지의 퇴역과 함께, **sp** 패키지가 이들과 맺고 있던 기존 연결성은 sf 패키지와의 연결로 대체되었다. 여기에는 예를 들어 좌표참조계(CRS) 식별자의 검증이나, 링이 내부 홀인지 외부 링인지 확인하는 작업 등이 포함된다. **maptools** 패키지에서 선택된 일부 함수도 **sp** 패키지로 이전되었다.

A.2 sf와 sp 패키지의 연결성 및 차별성

sf와 sp 패키지는 여러 측면에서 차이를 보인다. 가장 두드러진 차이는 sp 클래스가 엄격한 S4 클래스를 사용하는 반면, sf는 보다 유연한 S3 클래스 계층을 사용한다는 점이다. sf 객체는 `data.frame` 또는 `tibble`에서 파생되므로, 기존 R 생태계, 특히 `tidyverse` 계열 패키지와의 연동이 용이하다. `sf` 객체는 기하 데이터를 리스트-컬럼(list-column)에 저장하며, 이로 인해 기하 데이터가 항상 리스트 요소 형태로 유지된다. 반면, sp 패키지는 데이터 구조를 덜 엄격하게 설계하여, 예를 들어 `SpatialPoints`나 `SpatialPixels`의 모든 좌표를 행렬 형태로 저장한다. 이러한 방식은 리스트-컬럼으로는 구현할 수 없지만, 특정 문제에서는 더 나은 성능을 제공한다. `sf` 객체 `x`를 sp

객체로 변환하려면 다음과 같이 수행하면 된다.

```
library(sp)
y = as(x, "Spatial")
```

그리고, 반대로 sp 객체를 sf 객체로 변환하려면 다음과 같이 하면 된다.

```
x0 = st_as_sf(y)
```

이러한 변환에는 몇 가지 제약이 있다.

- sp는 LINESTRING과 MULTILINESTRING, 또는 POLYGON과 MULTIPOLYGON 지오메트리를 구분하지 않는다. 예를 들어, LINESTRING을 sp로 변환한 후 다시 sf로 변환하면 MULTILINESTRING으로 반환된다.
- sp는 GEOMETRYCOLLECTION를 지원하지 않으며, '빅 세븐'(3.1.1절) 범주에 포함되지 않는 지오메트리를 표현할 구조가 없다.
- 혼합된 지오메트리를 포함한 GEOMETRY 유형의 sf 또는 sfc 객체는 sp 객체로 변환할 수 없다.
- 속성-지오메트리 관계 속성은 sp로 변환 시 손실된다.
- 두 개 이상의 지오메트리 리스트-컬럼을 가진 sf 객체는 sp로 변환 시 부차적인 리스트-컬럼이 삭제된다.

A.3 코드와 패키지 마이그레이션

sf의 GitHub 위키 페이지(https://github.com/r-spatial/sf/wiki/Migrating)에는 rgeos, rgdal, sp의 메서드 및 함수와 그에 대응하는 sf 메서드 및 함수의 목록이 정리되어 있다. 이 자료는 기존 코드나 패키지를 sf로 전환할 때 유용하다.

가장 간단한 마이그레이션 사례는 rgdal 패키지의 readOGR( ) 함수만으로 파일을 읽던 코드를 sf 패키지의 read_sf( ) 함수로 바꾸는 것이다. 기존 코드가 sp 클래스를 기대한다면, sf로 읽은 뒤 sp로 변환하는 방식이 편리하다.[1]

```
x = as(sf::read_sf("file"), "Spatial")
```

다만 readOGR( ) 함수를 계속 사용할 경우에는 아규먼트를 더 주의해서 다뤄야 한다. 현재 우리는 rgdal, rgeos, maptools 없이, 가능하면 sp 없이도 동작하도록 과거 도서 'R을 활용한 응용 공간데이터분석(Applied Spatial Data Analysis with R)'(Virgilio Gómez-Rubio, Bivand, Pebesma, Gómez-Rubio 2013)의 모든 코드를 변환하는 작업을 진행 중이다. 관련 스크립트는 다음에서 확인할 수 있다. https://github.com/rsbivand/sf_asdar2ed

A.4 raster와 terra 패키지

raster 패키지는 2010년부터 R에서 래스터 데이터 분석의 핵심 도구로 사용되어 왔으면, 이후 '공간데이터분석과 모델링(Geographic Data Analysis and Modeling)'(Hijmans 2023a) 패키지로 발전하여 다양한 공간데이터 처리에 활용되었다. raster 패키지는 벡터 데이터를 처리를 위해 sp 객체를 사용하고, GDAL 라이브러리 형식의 데이터 입출력시 terra를 활용한다. 후속 패키지인 terra는 '공간데이터분석(Spatial Data Analysis)'(Hijmans 2023b)을 위한 도구로, "raster 패키지와 매우 유사하지만 […] 더 많은 기능을 제공하며, 사용하기 쉽고, […] 더 빠르다." terra 패키지는 벡터 데이터용 자체 클래스를 제공하면서도 대부분의 sf 객체를 받아들인다. 다만, 위에서 언급한 sp 변환 시와 유사한 제약이 적용된다. 또한 terra 패키지는 GDAL, GEOS, PROJ와 직접 연결 되므로 별도의 패키지가 필요 없다.

raster 또는 terra 패키지의 래스터 레이어나 래스터 스택은 `st_as_stars( )` 함수를 사용해 stars 객체로 변환할 수 있다. terra의 `SpatVector` 객체는 sf의 `st_as_sf( )` 함수를 통해 변환할 수 있다.

로버트 히즈먼(Robert Hijmans)이 저술한 온라인 저서 'R과 terra를 활용한 공간데이터사이언스(Spatial Data Science with R and "terra")'(https://rspatial.org/terra)에서는 terra를 활용한 공간데이터분석 방법을 자세히 다룬다. sf, stars 및 이 책에서 다루는 여러 r-spatial 패키지는 `r-spatial` GitHub 조직에 속해 있으며(여기서 r과 `spatial` 사이에 하이픈이 있다. 히즈먼의 조직에는 하이픈 없음). 해당 조직 블로그(https://r-spatial.org/book)에서 책 링크를 확인할 수 있다.

sf, stars, terra 패키지는 공통의 목표를 공유하고 있지만 접근 방식에서 차이를 보인다. 데이터 분석, 소프트웨어 엔지니어링, 커뮤니티 운영에 대한 강조점이 서로 달라 일부 사용자에게 혼란을 줄 수 있지만, 이러한 다양성은 R 패키지 생태계를 더욱 풍부하게 만들고 선택지를 확장한다. 이는 사용자가 R로 공간데이터를 다루는 과정에서 새로운 시도를 이어가도록 장려하며, 궁극적으로 R spatial의 발전과 확산에 기여한다.

Appendix B — R 기초

여기서는 이 책을 읽는 데 필요한 최소한의 R 기초를 간략히 소개한다. R 기초에 대한 더 자세한 내용은 Wickham(2014) 2장을 참고하라.

B.1 파이프 연산자

|> (파이프) 기호는 '그렇다면'이라고 읽으면 이해하기 쉽다.

```
a |> b( ) |> c( ) |> d(n = 10)
```

위의 코드는 a를 b( ) 함수에 전달한 후, 결과를 c( ) 함수에 전달하고, 다시 d( ) 함수에 전달하며, 마지막 호출에서 n = 10을 지정하는 것과 같다. 즉, 다음과 동일하다.

```
d(c(b(a)), n = 10)
```

혹은 중간 결과를 변수에 담아 다음과 같이 쓸 수도 있다.

```
tmp1 <- b(a)
tmp2 <- c(tmp1)
tmp3 <- d(tmp2, n = 10)
```

많은 사람들은 이러한 파이프 형태가 실행 순서가 읽는 순서(왼쪽에서 오른쪽)를 따르기 때문에 읽기 쉽다고 생각한다. 중첩 함수 호출과 마찬가지로, 중간 결과에 이름을 붙일 필요가 없다. 그러나 중첩 함수 호출과 마찬가지로, 예상과 다른 중간 결과를 디버그하기는 어렵다. 또한 중간 결과는 메모리에 존재하므로, 어느 방식도 메모리 할당을 절약하지 못한다. 이 책에서 사용하는 R 4.1.0에 도입된 네이티브 파이프(|>)는 **magrittr** 패키지의 %>% 파이프로 안전하게 대체할 수 있다.

B.2 데이터 구조

Chambers(2016)가 언급했듯이, "R에서 존재하는 모든 것은 객체"이다. 여기에는 데이터 객체뿐 아니라 언어 객체나 함수와 같이 특수 객체도 포함된다. 이 절에서는 R의 기본 데이터 구조를 살펴본다.

B.2.1 동질 벡터

데이터 객체는 데이터를 포함하며, 경우에 따라 메타데이터도 가진다. 데이터는 항상 벡터 형태이며, 벡터는 하나의 유형만 가질 수 있다. 유형은 typeof( ) 함수로 확인하고, 길이는 length( ) 함수로 확인한다. 벡터는 c( ) 함수로 생성한다.

```
typeof(1:10)
# [1] "integer"
length(1:10)
# [1] 10
typeof(1.0)
# [1] "double"
length(1.0)
# [1] 1
typeof(c("foo", "bar"))
# [1] "character"
length(c("foo", "bar"))
# [1] 2
typeof(c(TRUE, FALSE))
# [1] "logical"
```

이런 종류의 벡터를 동질(homogeneous) 벡터라고 부르는데, 이는 한 가지 유형의 데이터만을 포함할 수 있기 때문이다.

또한 벡터는 길이가 0일 수도 있다는 점에 유의해야 한다.

```
i <- integer(0)
typeof(i)
# [1] "integer"
i
# integer(0)
length(i)
# [1] 0
```

벡터의 요소는 [ ] 혹은 [[ ]]를 사용하여 추출할 수 있으며, 할당 구문에서는 해당 요소를 다른 값으로 대체할 수도 있다.

```
a <- c(1,2,3)
a[2]
```

```
# [1] 2
a[[2]]
# [1] 2
a[2:3]
# [1] 2 3
a[2:3] <- c(5,6)
a
# [1] 1 5 6
a[[3]] <- 10
a
# [1]  1  5 10
```

차이점은 [ ]는 인덱스 범위(또는 복수 인덱스)에 대해 작업할 수 있는 반면, [[ ]]는 단일 벡터 요소에만 접근한다는 점이다.

B.2.2 이질 벡터: list

두 번째 벡터 유형은 `list`로, 서로 다른 유형의 데이터를 함께 담을 수 있다는 점에서 이질(het-erogeneous) 벡터라고 불린다.

```
l <- list(3, TRUE, "foo")
typeof(l)
# [1] "list"
length(l)
# [1] 3
```

리스트에서 [ ]와 [[ ]]는 추가적인 차이가 있다. [ ]는 항상 리스트 자체를 반환하는 반면, [[ ]]는 해당 리스트 요소의 내용을 반환한다.

```
l[1]
# [[1]]
# [1] 3
l[[1]]
# [1] 3
```

교체를 수행할 때, 리스트를 지정할 경우에는 [ ]를 사용하고, 새로운 값을 지정할 경우에는 [[ ]]를 사용한다.

```r
l[1:2] <- list(4, FALSE)
l
# [[1]]
# [1] 4
#
# [[2]]
# [1] FALSE
#
# [[3]]
# [1] "foo"
l[[3]] <- "bar"
l
# [[1]]
# [1] 4
#
# [[2]]
# [1] FALSE
#
# [[3]]
# [1] "bar"
```

리스트의 각 요소에 이름을 부여할 수 있다.

```r
l <- list(first = 3, second = TRUE, third = "foo")
l
# $first
# [1] 3
#
# $second
# [1] TRUE
#
# $third
# [1] "foo"
```

l[["second"]]처럼 이름을 사용하거나, 더 간단한 표기법을 사용할 수도 있다.

```r
l$second
# [1] TRUE
l$second <- FALSE
l
```

```
# $first
# [1] 3
#
# $second
# [1] FALSE
#
# $third
# [1] "foo"
```

이름을 사용하는 것은 편리해 보일 수 있지만, 먼저 이름 속성에서 이름을 찾아야 한다는 점에 유의해야 한다(아래 참조).

B.2.3 NULL과 리스트 요소의 제거

NULL은 R에서 널(null) 값을 표현하는 방식이다. 단순 비교에서는 직관적이지 않은 결과가 나올 수 있으므로 주의해야 한다.

```
3 == NULL # not FALSE!
# logical(0)
NULL == NULL # not even TRUE!
# logical(0)
```

따라서 NULL은 특별히 취급할 필요가 있으며, 이를 확인할 때는 **is.null( )** 함수가 유용하다.

```
is.null(NULL)
# [1] TRUE
```

리스트에서 특정 요소를 제거하려면, 해당 요소를 제외한 새로운 리스트를 만들면 된다.

```
l <- l[c(1,3)] # remove second, implicitly
l
# $first
# [1] 3
#
# $third
# [1] "foo"
```

또는, 제거하려는 요소에 NULL을 할당하는 방법도 있다.

```
l$second <- NULL
l
# $first
# [1] 3
#
# $third
# [1] "foo"
```

B.2.4 속성

예를 들어, 임의의 메타데이터 객체를 데이터 객체에 결합할 수 있다.

```
a <- 1:3
attr(a, "some_meta_data") = "foo"
a
# [1] 1 2 3
# attr(,"some_meta_data")
# [1] "foo"
```

이 메타데이터는 조회하거나 다른 값으로 교체할 수 있다.

```
attr(a, "some_meta_data")
# [1] "foo"
attr(a, "some_meta_data") <- "bar"
attr(a, "some_meta_data")
# [1] "bar"
```

본질적으로 객체의 속성은 이름이 지정된 리스트이며, 전체 리스트를 다음과 같이 불러오거나 설정할 수 있다.

```
attributes(a)
# $some_meta_data
# [1] "bar"
attributes(a) = list(some_meta_data = "foo")
attributes(a)
# $some_meta_data
# [1] "foo"
```

R은 여러 속성을 특별하게 취급하며, 전체 내용은 **?attributes**에서 확인할 수 있다. 이제 몇 가지

주요 속성에 대해 살펴보자.

B.2.4.1 객체 클래스와 class 속성

R의 모든 객체는 "클래스를 가진다." class(obj)는 obj의 클래스명을 담은 문자 벡터를 반환한다.
일부 객체는 기본 벡터처럼 암시적 클래스를 가진다.

```
class(1:3)
# [1] "integer"
class(c(TRUE, FALSE))
# [1] "logical"
class(c("TRUE", "FALSE"))
# [1] "character"
```

클래스는 명시적으로 설정할 수도 있다. 이를 위해 attr( ) 함수를 사용하거나, 표현식의 왼쪽에
class를 배치하여 지정할 수 있다.

```
a <- 1:3
class(a) <- "foo"
a
# [1] 1 2 3
# attr(,"class")
# [1] "foo"
class(a)
# [1] "foo"
attributes(a)
# $class
# [1] "foo"
```

이 경우 새로 지정된 클래스가 기존의 암시적 클래스를 덮어쓴다. 이렇게 하면 메서드 이름에 클래
스 이름을 덧붙여 foo 클래스용 메서드를 정의할 수 있다.

```
print.foo <- function(x, ...) {
    print(paste("an object of class foo with length", length(x)))
}
print(a)
# [1] "an object of class foo with length 3"
```

이러한 메서드를 제공하는 목적은 일반적으로 소프트웨어를 더 쉽게 사용할 수 있도록 하는 것이지만, 동시에 객체를 더 불투명하게 만들 수도 있다. 따라서 클래스 속성을 제거한 후 객체를 출력해 "무엇으로 구성되어 있는지" 확인하는 것이 유용하다.

```r
unclass(a)
# [1] 1 2 3
```

좀 더 구체적인 예로, sf 패키지를 사용해 폴리곤을 생성하는 경우를 생각해 보자.

```r
library(sf) |> suppressPackageStartupMessages( )
p <- st_polygon(list(rbind(c(0,0), c(1,0), c(1,1), c(0,0))))
p
# POLYGON ((0 0, 1 0, 1 1, 0 0))
```

이는 WKT(well-known-text) 형식으로 출력된다. 데이터 구조를 확인하려면 다음과 같이 하면 된다.

```r
unclass(p)
# [[1]]
#      [,1] [,2]
# [1,]    0    0
# [2,]    1    0
# [3,]    1    1
# [4,]    0    0
```

B.2.4.2 dim 속성

dim 속성은 행렬이나 어레이(array)의 차원을 설정한다.

```r
a <- 1:8
class(a)
# [1] "integer"
attr(a, "dim") <- c(2,4) # or: dim(a) = c(2,4)
class(a)
# [1] "matrix" "array"
a
#      [,1] [,2] [,3] [,4]
# [1,]    1    3    5    7
```

```
# [2,]    2   4   6   8
attr(a, "dim") <- c(2,2,2) # or: dim(a) = c(2,2,2)
class(a)
# [1] "array"
a
# , , 1
#
#      [,1] [,2]
# [1,]    1    3
# [2,]    2    4
#
# , , 2
#
#      [,1] [,2]
# [1,]    5    7
# [2,]    6    8
```

B.2.5 names 속성

이름이 지정된 벡터는 names 속성에 해당 이름을 저장한다. 위에서는 리스트 예시를 보았고, 숫자 벡터의 예시는 다음과 같다.

```
a <- c(first = 3, second = 4, last = 5)
a["second"]
# second
#      4
attributes(a)
# $names
# [1] "first"  "second" "last"
```

다른 이름 속성으로는 행렬이나 어레이의 dimnames가 있다. 이 속성은 차원의 이름뿐 아니라, 각 차원에 연결된 값의 레이블도 지정한다.

```
a <- matrix(1:4, 2, 2)
dimnames(a) <- list(rows = c("row1", "row2"),
                    cols = c("col1", "col2"))
a
#      cols
# rows   col1 col2
```

```
#   row1    1    3
#   row2    2    4
attributes(a)
# $dim
# [1] 2 2
#
# $dimnames
# $dimnames$rows
# [1] "row1" "row2"
#
# $dimnames$cols
# [1] "col1" "col2"
```

data.frame 객체는 행과 열을 가지며, 각각의 행과 열에는 이름이 지정되어 있다.

```
df <- data.frame(a = 1:3, b = c(TRUE, FALSE, TRUE))
attributes(df)
# $names
# [1] "a" "b"
#
# $class
# [1] "data.frame"
#
# $row.names
# [1] 1 2 3
```

B.2.6 structure의 사용

프로그래밍 시, 객체를 반환하기 전에 속성을 추가하거나 수정하는 패턴은 매우 흔하다. 예를 들어 다음과 같다.

```
f <- function(x) {
  a <- create_obj(x) # call some other function
  attributes(a) <- list(class = "foo", meta = 33)
  a
}
```

마지막 두 문장은 다음과 같이 축약할 수 있다.

```r
f <- function(x) {
  a <- create_obj(x) # call some other function
  structure(a, class = "foo", meta = 33)
}
```

여기서 structure( ) 함수는 첫 번째 아규먼트로 받은 객체의 속성을 추가하거나 교체하고, 값이 NULL이면 해당 속성을 제거한다.

B.3 MULTIPOLYGON 객체 분할하기

MULTIPOLYGON이 포함된 sf 객체는 여러 개의 개별 조각으로 분리할 수 있다. 예를 들어, 위의 예시와 같이 nc 데이터셋을 사용한다고 가정해 보자.

```r
system.file("gpkg/nc.gpkg", package = "sf") |>
    read_sf( ) -> nc
```

nc 객체의 속성을 확인하면 다음과 같은 내용을 볼 수 있다.

```r
attributes(nc)
# $names
#  [1] "AREA"       "PERIMETER" "CNTY_"      "CNTY_ID"    "NAME"
#  [6] "FIPS"       "FIPSNO"    "CRESS_ID"   "BIR74"      "SID74"
# [11] "NWBIR74"    "BIR79"     "SID79"      "NWBIR79"    "geom"
#
# $row.names
#   [1]   1   2   3   4   5   6   7   8   9  10  11  12  13  14  15
#  [16]  16  17  18  19  20  21  22  23  24  25  26  27  28  29  30
#  [31]  31  32  33  34  35  36  37  38  39  40  41  42  43  44  45
#  [46]  46  47  48  49  50  51  52  53  54  55  56  57  58  59  60
#  [61]  61  62  63  64  65  66  67  68  69  70  71  72  73  74  75
#  [76]  76  77  78  79  80  81  82  83  84  85  86  87  88  89  90
#  [91]  91  92  93  94  95  96  97  98  99 100
#
# $class
# [1] "sf"         "tbl_df"    "tbl"        "data.frame"
#
# $sf_column
# [1] "geom"
```

```
#
# $agr
#       AREA PERIMETER      CNTY_    CNTY_ID      NAME       FIPS
#      <NA>      <NA>       <NA>       <NA>      <NA>       <NA>
#     FIPSNO  CRESS_ID      BIR74      SID74   NWBIR74      BIR79
#      <NA>      <NA>       <NA>       <NA>      <NA>       <NA>
#     SID79   NWBIR79
#      <NA>      <NA>
# Levels: constant aggregate identity
```

geom이라는 이름의 지오메트리 컬럼이 있음을 확인할 수 있으며, 이 컬럼만 추출할 수 있다.

```
nc$geom
# Geometry set for 100 features
# Geometry type: MULTIPOLYGON
# Dimension:     XY
# Bounding box:  xmin: -84.3 ymin: 33.9 xmax: -75.5 ymax: 36.6
# Geodetic CRS:  NAD27
# First 5 geometries:
# MULTIPOLYGON (((-81.5 36.2, -81.5 36.3, -81.6 3...
# MULTIPOLYGON (((-81.2 36.4, -81.2 36.4, -81.3 3...
# MULTIPOLYGON (((-80.5 36.2, -80.5 36.3, -80.5 3...
# MULTIPOLYGON (((-76 36.3, -76 36.3, -76 36.3, -...
# MULTIPOLYGON (((-77.2 36.2, -77.2 36.2, -77.3 3...
```

해당 컬럼만 포함된 객체가 다음과 같은 속성을 가지고 있음을 확인할 수 있다.

```
attributes(nc$geom)
# $n_empty
# [1] 0
#
# $crs
# Coordinate Reference System:
#   User input: NAD27
#   wkt:
# GEOGCRS["NAD27",
#     DATUM["North American Datum 1927",
#         ELLIPSOID["Clarke 1866",6378206.4,294.978698213898,
#             LENGTHUNIT["metre",1]]],
#     PRIMEM["Greenwich",0,
```

```
#         ANGLEUNIT["degree",0.0174532925199433]],
#     CS[ellipsoidal,2],
#         AXIS["geodetic latitude (Lat)",north,
#             ORDER[1],
#             ANGLEUNIT["degree",0.0174532925199433]],
#         AXIS["geodetic longitude (Lon)",east,
#             ORDER[2],
#             ANGLEUNIT["degree",0.0174532925199433]],
#     USAGE[
#         SCOPE["Geodesy."],
#         AREA["North and central America: Antigua and Barbuda - onshore.
Bahamas - onshore plus offshore over internal continental shelf only. Belize -
onshore. British Virgin Islands - onshore. Canada onshore - Alberta, British
Columbia, Manitoba, New Brunswick, Newfoundland and Labrador, Northwest
Territories, Nova Scotia, Nunavut, Ontario, Prince Edward Island, Quebec,
Saskatchewan and Yukon - plus offshore east coast. Cuba - onshore and offshore. El
Salvador - onshore. Guatemala - onshore. Honduras - onshore. Panama - onshore.
Puerto Rico - onshore. Mexico - onshore plus offshore east coast. Nicaragua -
onshore. United States (USA) onshore and offshore - Alabama, Alaska, Arizona,
Arkansas, California, Colorado, Connecticut, Delaware, Florida, Georgia,
Idaho, Illinois, Indiana, Iowa, Kansas, Kentucky, Louisiana, Maine, Maryland,
Massachusetts, Michigan, Minnesota, Mississippi, Missouri, Montana, Nebraska,
Nevada, New Hampshire, New Jersey, New Mexico, New York, North Carolina, North
Dakota, Ohio, Oklahoma, Oregon, Pennsylvania, Rhode Island, South Carolina,
South Dakota, Tennessee, Texas, Utah, Vermont, Virginia, Washington, West
Virginia, Wisconsin and Wyoming - plus offshore . US Virgin Islands - onshore."],
#         BBOX[7.15,167.65,83.17,-47.74]],
#     ID["EPSG",4267]]
#
# $class
# [1] "sfc_MULTIPOLYGON" "sfc"
#
# $precision
# [1] 0
#
# $bbox
#  xmin  ymin  xmax  ymax
# -84.3  33.9 -75.5  36.6
```

네 번째 리스트 요소의 내용을 불러온다.

```r
nc$geom[[4]] |> format(width = 60, digits = 5)
# [1] "MULTIPOLYGON (((-76.009 36.32, -76.017 36.338, -76.033 36..."
```

해당 객체의 클래스가 리스트임을 확인한다.

```r
typeof(nc$geom[[4]])
# [1] "list"
```

해당 객체의 속성을 확인한다.

```r
attributes(nc$geom[[4]])
# $class
# [1] "XY"            "MULTIPOLYGON" "sfg"
```

그리고 `length`를 확인한다.

```r
length(nc$geom[[4]])
# [1] 3
```

길이 속성은 외부 링의 개수를 나타낸다. 멀티폴리곤은 하나 이상의 폴리곤으로 구성될 수 있으며,
대부분의 카운티는 하나의 폴리곤만 가지고 있음을 알 수 있다.

```r
lengths(nc$geom)
#  [1] 1 1 1 3 1 1 1 1 1 1 1 1 1 1 1 1 1 1 1 1 1 1 1 1 1 1 1 1 1 1 1
# [32] 1 1 1 1 1 1 1 1 1 1 1 1 1 1 1 1 1 1 1 1 1 1 1 1 1 3 2 1 1 1 1 1
# [63] 1 1 1 1 1 1 1 1 1 1 1 1 1 1 1 1 1 1 1 1 1 1 1 1 2 1 1 1 2 1 1
# [94] 1 2 1 1 1 1 1
```

멀티폴리곤은 여러 폴리곤으로 구성된 리스트이다.

```r
typeof(nc$geom[[4]])
# [1] "list"
```

네 번째 멀티폴리곤의 첫 번째 폴리곤 역시 리스트인데, 이는 폴리곤이 외부 링을 포함하고 그 뒤에
하나 이상의 내부 링(구멍)이 올 수 있기 때문이다.

```r
typeof(nc$geom[[4]][[1]])
# [1] "list"
```

해당 폴리곤이 외부 링 하나만 가지고 있음을 확인할 수 있다.

```
length(nc$geom[[4]][[1]])
# [1] 1
```

해당 폴리곤의 유형, 차원, 그리고 첫 번째 좌표 집합은 다음과 같이 출력할 수 있다.

```
typeof(nc$geom[[4]][[1]][[1]])
# [1] "double"
dim(nc$geom[[4]][[1]][[1]])
# [1] 26  2
head(nc$geom[[4]][[1]][[1]])
#         [,1] [,2]
# [1,] -76.0 36.3
# [2,] -76.0 36.3
# [3,] -76.0 36.3
# [4,] -76.0 36.4
# [5,] -76.1 36.3
# [6,] -76.2 36.4
```

속성은 변경 가능하다. 예를 들어, 세 번째 좌표의 위도 값을 다음과 같이 수정할 수 있다.

```
nc$geom[[4]][[1]][[1]][3,2] <- 36.5
```

Appendix 역자주

1. 여기서 '마이그레이션(migration)'은 기존 시스템이나 환경에서 새로운 시스템이나 환경으로 코드나 데이터를 이
   전 및 전환하는 과정을 의미한다. 여기서는 구 버전 R 공간 패키지에서 최신 패키지로 코드를 옮기고 호환성을 확
   보하는 과정을 가리킨다.

Alam, Moudud, Lars Ronnegard, and Xia Shen. 2019. *Hglm: Hierarchical Generalized Linear Models.* https://CRAN.R-project.org/package=hglm.

Alam, Moudud, Lars Rönnegård, and Xia Shen. 2015. "Fitting Conditional and Simultaneous Autoregressive Spatial Models in Hglm." *The R Journal* 7 (2): 5-18. https://doi.org/10.32614/RJ-2015-017.

Anselin, Luc. 1988. *Spatial Econometrics: Methods and Models.* Kluwer Academic Publishers.

______. 1995. "Local indicators of spatial association - LISA." *Geographical Analysis* 27 (2): 93-115.

______. 1996. "The Moran Scatterplot as an ESDA Tool to Assess Local Instability in Spatial Association." In *Spatial Analytical Perspectives on GIS*, edited by M. M. Fischer, H. J. Scholten, and D. Unwin, 111-25. London: Taylor & Francis.

______. 2019. "A Local Indicator of Multivariate Spatial Association: Extending Geary's c." *Geographical Analysis* 51 (2): 133-50. https://doi.org/10.1111/gean.12164.

Anselin, Luc, Xun Li, and Julia Koschinsky. 2021. "GeoDa, from the Desktop to an Ecosystem for Exploring Spatial Data." *Geographical Analysis.* https://doi.org/10.1111/gean.12311.

Appel, Marius. 2023. *Gdalcubes: Earth Observation Data Cubes from Satellite Image Collections.* https://github.com/appelmar/gdalcubes_R.

Appel, Marius, and Edzer Pebesma. 2019. "On-Demand Processing of Data Cubes from Satellite Image Collections with the Gdalcubes Library." *Data* 4 (3): 92. https://www.mdpi.com/2306-5729/4/3/92.

Appel, Marius, Edzer Pebesma, and Matthias Mohr. 2021. *Cloud-Based Processing of Satellite Image Collections in R Using STAC, COGs, and on-Demand Data Cubes.* https://r-spatial.org/r/2021/04/23/cloud-based-cubes.html.

Appelhans, Tim, Florian Detsch, Christoph Reudenbach, and Stefan Woellauer. 2022. *Mapview: Interactive Viewing of Spatial Data in r.* https://github.com/r- spatial/mapview.

Assunção, R. M., and E. A. Reis. 1999. "A New Proposal to Adjust Moran's *I* for Population Density." *Statistics in Medicine* 18: 2147-62.

Avis, D., and J. Horton. 1985. "Remarks on the Sphere of Influence Graph." In *Discrete Geometry and Convexity*, edited by J. E. Goodman, 323-27. New York: New York Academy of Sciences, New York.

Aybar, Cesar. 2022. *Rgee: R Bindings for Calling the Earth Engine API.* https://CRAN.R-project.org/package=rgee.

Baddeley, Adrian, Ege Rubak, and Rolf Turner. 2015. *Spatial Point Patterns: Methodology and Applications with R*. Chapman & Hall/CRC.

Baddeley, Adrian, Rolf Turner, and Ege Rubak. 2022. *Spatstat: Spatial Point Pattern Analysis, Model-Fitting, Simulation, Tests.* http://spatstat.org/.

Bates, Douglas, Martin Maechler, Ben Bolker, and Steven Walker. 2022. *Lme4: Linear Mixed-Effects Models Using Eigen and S4.* https://github.com/lme4/lme4/.

Bates, Douglas, Martin Maechler, and Mikael Jagan. 2022. *Matrix: Sparse and Dense Matrix Classes and Methods.* https://CRAN.R-project.org/package=Matrix.

Baumann, Peter, Eric Hirschorn, and Joan Masó. 2017. "OGC Coverage Implementation Schema." *OGC Implementation Standard.* https://docs.opengeospatial.or g/is/09-146r6/09-146r6.html.

Bavaud, F. 1998. "Models for Spatial Weights: A Systematic Look." *Geographical Analysis* 30: 153-71. https://doi.org/10.1111/j.1538-4632.1998.tb00394.x.

Becker, Marc, and Patrick Schratz. 2022. *Mlr3spatial: Support for Spatial Objects Within the Mlr3 Ecosystem.* https://CRAN.R-project.org/package=mlr3spatial. Benjamin, Daniel J., James O. Berger, Johannesson Magnus, Brian A. Nosek, Wagenmakers E-J, Richard Berk, Kenneth A. Bollen, et al. 2018. "Redefine Statistical Significance." *Nature Human Behaviour* 2 (1): 6-10.

Benjamini, Yoav, and Yosef Hochberg. 1995. "Controlling the False Discovery Rate: A Practical and Powerful Approach to Multiple Testing." *Journal of the Royal Statistical Society. Series B (Methodological)* 57 (1): 289-300. https://doi.org/10.1111/j.2517-6161.1995.tb02031.x.

Benjamini, Yoav, and Daniel Yekutieli. 2001. "The control of the false discovery rate in multiple testing under dependency." *The Annals of Statistics* 29 (4): 1165-88. https://doi.org/10.1214/aos/1013699998.

Besag, Julian. 1974. "Spatial Interaction and the Statistical Analysis of Lattice Systems." *Journal of the Royal Statistical Society. Series B (Methodological)* 36: pp. 192-236.

BIPM, IEC, ILAC IFCC, IUPAP IUPAC, and OIML ISO. 2012. "The International Vocabulary of Metrology-Basic and General Concepts and Associated Terms (VIM), 3rd Edn. JCGM 200: 2012." *JCGM (Joint Committee for Guides in Metrology).* https://www.bipm.org/en/publications/guides/.

Bivand, Roger. 2002. "Spatial Econometrics Functions in R: Classes and Methods." *Journal of Geographical Systems* 4: 405-21.

———. 2012. "After 'Raising the Bar': Applied Maximum Likelihood Estimation of Families of Models in Spatial Econometrics." *Estadística Española* 54: 71-88.

———. 2017. "Revisiting the Boston Data Set — Changing the Units of Observation Affects Estimated Willingness to Pay for Clean Air." *REGION* 4 (1): 109-27. https://doi.org/10.18335/region.v4i1.107.

———. 2020. *Why Have CRS, Projections and Transformations Changed?* https://rgdal.r-forge.r-project.org/articles/CRS_projections_ transformations.html.

———. 2022a. *classInt: Choose Univariate Class Intervals.* https://CRAN.R-project. org/package=classInt.

———. 2022b. "R Packages for Analyzing Spatial Data: A Comparative Case Study with Areal Data." *Geographical Analysis* 54 (3): 488-518. https://doi.org/10.111 1/gean.12319.

———. 2022c. *Spdep: Spatial Dependence: Weighting Schemes, Statistics.*

Bivand, Roger, and Virgilio Gómez-Rubio. 2021. "Spatial Survival Modelling of Business Re-Opening After Katrina: Survival Modelling Compared to Spatial Probit Modelling of Re-Opening Within 3, 6 or 12 Months." *Statistical Modelling* 21 (1-2): 137-60. https://doi.org/10.1177/1471082X20967158.

Bivand, Roger, Virgilio Gómez-Rubio, and Håvard Rue. 2015. "Spatial Data Analysis with r-INLA with Some Extensions." *Journal of Statistical Software, Articles* 63 (20): 1-31. https://doi.org/10.18637/jss.v063.i20.

Bivand, Roger, Giovanni Millo, and Gianfranco Piras. 2021. "A Review of Software for Spatial Econometrics in R." *Mathematics* 9 (11). https://doi.org/10.3390/ma th9111276.

Bivand, Roger, W. Müller, and M. Reder. 2009. "Power Calculations for Global and Local Moran's *I*." *Computational Statistics and Data Analysis* 53: 2859-72.

Bivand, Roger, Jakub Nowosad, and Robin Lovelace. 2022. *spData: Datasets for Spatial Analysis.* https://jakubnowosad.com/spData/.

Bivand, Roger, Edzer Pebesma, and Virgilio Gómez-Rubio. 2013. *Applied Spatial Data Analysis with R, Second Edition.* Springer, NY. http://www.asdar-book.org/.

Bivand, Roger, and Gianfranco Piras. 2015. "Comparing Implementations of Estimation Methods for Spatial Econometrics." *Journal of Statistical Software* 63 (1): 1-36. https://doi.org/10.18637/jss.v063.i18.

———. 2022. *Spatialreg: Spatial Regression Analysis.* https://CRAN.R-project.org/pa ckage=spatialreg.

Bivand, Roger, and B. A. Portnov. 2004. "Exploring Spatial Data Analysis Techniques Using R: The Case of Observations with No Neighbours." In *Advances in Spatial Econometrics: Methodology, Tools, Applications,* edited by Luc Anselin, Raymond J. G. M. Florax, and S. J. Rey, 121-42. Berlin: Springer.

Bivand, Roger, Zhe Sha, Liv Osland, and Ingrid Sandvig Thorsen. 2017. "A Comparison of Estimation Methods for Multilevel Models of Spatially Structured Data." *Spatial Statistics.* https://doi.org/10.1016/j.spasta.2017.01.002.

Bivand, Roger, and David W. S. Wong. 2018. "Comparing Implementations of Global and Local Indicators of Spatial Association." *TEST* 27 (3): 716-48. https://doi.org/10.1007/s11749-018-0599-x.

Blangiardo, Marta, and Michela Cameletti. 2015. *Spatial and Spatio-Temporal Bayesian Models with r-INLA.* John Wiley & Sons.

Boots, B., and A. Okabe. 2007. "Local Statistical Spatial Analysis: Inventory and Prospect." *International Journal of Geographical Information Science* 21 (4): 355-75. https://doi.org/10.1080/13658810601034 267.

Breidt, F Jay, Jean D Opsomer, et al. 2017. "Model-Assisted Survey Estimation with Modern Prediction Techniques." *Statistical Science* 32 (2): 190-205.

Brody, Howard, Michael Russell Rip, Peter Vinten-Johansen, Nigel Paneth, and Stephen Rachman. 2000. "Map-Making and Myth-Making in Broad Street: The London Cholera Epidemic, 1854." *The Lancet* 356 (9223): 64-68. https://doi.org/ 10.1016/S0140-6736(00)02442-9.

Brooks, Mollie E., Kasper Kristensen, Koen J. van Benthem, Arni Magnusson, Casper W. Berg, Anders Nielsen, Hans J. Skaug, Martin Maechler, and Benjamin M. Bolker. 2017. "glmmTMB Balances Speed and Flexibility Among Packages for Zero-Inflated Generalized Linear Mixed Modeling." *The R Journal* 9 (2): 378-400. https://journal.r-project.org/archive/2017/RJ-2017-066/index.html.

Brown, C. F., Steven P Brumby, Brookie Guzder-Williams, Tanya Birch, Samantha Brooks Hyde, Joseph Mazzariello, Wanda Czerwinski, et al. 2022. "Dynamic World, Near Real-Time Global 10 m Land Use Land Cover Mapping." *Scientific Data* 9 (1): 1-17. https://doi.org/10.1038/s41597-022-01307-4.

Brown, P. G. 2010. "Overview of SciDB: Large Scale Array Storage, Processing and Analysis." In *Proceedings of the 2010 ACM SIGMOD International Conference on Management of Data*, 963-68. ACM.

Brus, Dick J. 2021a. "Statistical Approaches for Spatial Sample Survey: Persistent Misconceptions and New Developments." *European Journal of Soil Science* 72 (2): 686-703. https://doi.org/10.1111/ejss.12988.

———. 2021b. "Statistical Approaches for Spatial Sample Survey: Persistent Misconceptions and New Developments." *European Journal of Soil Science* 72 (2): 686-703. https://doi.org/10.1111/ejss.12988.

Bureau International des Poids et Mesures. 2006. *The International System of Units (SI), 8th Edition*. Organisation Intergouvernementale de la Convention du Mètre. https://www.bipm.org/en/publications/si-brochure/download.html.

Butler, H., M. Daly, A. Doyl, S. Gillies, S. Hagen, and T. Schaub. 2016. "The GeoJSON Format." Vol. Request for Comments: 7946. Internet Engineering Task Force (IETF). https://tools.ietf.org/html/rfc7946.

Caldas de Castro, Marcia, and Burton H. Singer. 2006. "Controlling the False Discovery Rate: A New Application to Account for Multiple and Dependent Tests in Local Statistics of Spatial Association." *Geographical Analysis* 38 (2): 180-208. https://doi.org/10.1111/j.0016-7363.2006.00682.x.

Chambers, John. 2016. *Extending R*. CRC Press.

Chrisman, Nicholas. 2012. "A Deflationary Approach to Fundamental Principles in GIScience." In *Francis Harvey (Ed.) Are There Fundamental Principles in Geographic Information Science?*, 42-64. Create Space, United States.

Clementini, Eliseo, Paolino Di Felice, and Peter van Oosterom. 1993. "A Small Set of Formal Topological Relationships Suitable for End-User Interaction." In *Advances in Spatial Databases*, edited by David Abel and Beng Chin Ooi, 277-95. Berlin, Heidelberg: Springer Berlin Heidelberg.

Cliff, A. D., and J. K. Ord. 1972. "Testing for Spatial Autocorrelation Among Regression Residuals." *Geographical Analysis* 4: 267-84.

———. 1973. *Spatial Autocorrelation*. London: Pion.

———. 1981. *Spatial Processes*. London: Pion.

Cobb, George W., and David S. Moore. 1997. "Mathematics, Statistics and Teaching." *The American Mathematical Monthly* 104: 801-23. https://www.jstor.org/stable/2975286.

Collins, Sarah N., Robert S. James, Pallav Ray, Katherine Chen, Angie Lassman, and James Brownlee.

2013. "Grids in Numerical Weather and Climate Models." In *Climate Change and Regional/Local Responses*, edited by Yuanzhi Zhang and Pallav Ray. Rijeka: IntechOpen. https://doi.org/10.5772/55 922.

Cressie, N. A. C. 1993. *Statistics for Spatial Data*. New York: Wiley.

Csardi, Gabor, and Tamas Nepusz. 2006. "The Igraph Software Package for Complex Network Research." *InterJournal* Complex Systems: 1695. https://igraph.org.

Davies, Tilman, and David Bryant. 2013. "On Circulant Embedding for Gaussian Random Fields in R." *Journal of Statistical Software, Articles* 55 (9): 1-21. https://doi.org/10.18637/jss.v055.i09.

De Gruijter, J. J., Dick J. Brus, Marc F. P. Bierkens, and Martin Knotters. 2006. *Sampling for Natural Resource Monitoring*. Springer Science & Business Media. De Gruijter, J. J., and C. J. F. Ter Braak. 1990. "Model-Free Estimation from Spatial Samples: A Reappraisal of Classical Sampling Theory." *Mathematical Geology* 22 (4): 407-15.

Diggle, P. J., and P. J. Ribeiro Jr. 2007. *Model-Based Geostatistics*. New York: Springer.

Diggle, P. J., J. A. Tawn, and R. A. Moyeed. 1998. "Model-Based Geostatistics." *Applied Statistics*, 299-350.

Do, Van Huyen, Thibault Laurent, and Anne Vanhems. 2021. "Guidelines on Areal Interpolation Methods." In *Advances in Contemporary Statistics and Econometrics: Festschrift in Honor of Christine Thomas-Agnan*, edited by Abdelaati Daouia and Anne Ruiz-Gazen, 385-407. Cham: Springer International Publishing. https://doi.org/10.1007/978-3-030-73249-3_20.

Do, Van Huyen, Christine Thomas-Agnan, and Anne Vanhems. 2015a. "Accuracy of Areal Interpolation Methods for Count Data." *Spatial Statistics* 14: 412-38. https://doi.org/10.1016/j.spasta.2015.07.005.

———. 2015b. "Spatial Reallocation of Areal Data: A Review." *Rev. Econ. Rég. Urbaine* 1/2: 27-58. https://www.tse-fr.eu/sites/default/files/medias/doc/wp/m ad/wp_tse_397_v2.pdf.

Duncan, O. D., R. P. Cuzzort, and B. Duncan. 1961. *Statistical Geography: Problems in Analyzing Areal Data*. Glencoe, IL: Free Press.

Dunnington, Dewey. 2022. *Ggspatial: Spatial Data Framework for Ggplot2*. https://CRAN.R-project.org/package=ggspatial.

Dunnington, Dewey, Edzer Pebesma, and Ege Rubak. 2023. *S2: Spherical Geometry Operators Using the S2 Geometry Library*. https://CRAN.R-project.org/packag e=s2.

Eaton, Brian, Jonathan Gregory, Bob Drach, Karl Taylor, Steve Hankin, Jon Blower, John Caron, et al. 2022. *NetCDF Climate and Forecast (CF) Metadata Conventions, Version 1.10*. https://cfconventions. org/.

Eddelbuettel, Dirk. 2013. *Seamless R and C++ Integration with Rcpp*. Springer. Egenhofer, Max J., and Robert D. Franzosa. 1991. "Point-Set Topological Spatial Relations." *International Journal of Geographical Information Systems* 5 (2): 161-74. https://doi.org/10.1080/02693799108927841.

Elhorst, J. Paul. 2010. "Applied Spatial Econometrics: Raising the Bar." *Spatial Economic Analysis* 5: 9-28.

Evenden, Gerald I. 1990. *Cartographic Projection Procedures for the UNIX Environment — a User's Manual*.

http://download.osgeo.org/proj/OF90-284.pdf.

Evers, Kristian, and Thomas Knudsen. 2017. *Transformation Pipelines for PROJ.4.* https://www.fig.net/resources/proceedings/fig_proceedings/fig2017/papers/is s6b/ISS6B_evers_knudsen_9156.pdf.

Fellows, Ian, and using the JMapViewer library by Jan Peter Stotz. 2019. *OpenStreetMap: Access to Open Street Map Raster Images.* https://CRAN.R- project.org/package=OpenStreetMap.

Fingleton, B. 1999. "Spurious spatial regression: Some Monte Carlo results with a spatial unit root and spatial cointegration." *Journal of Regional Science* 9: 1-19. Florax, Raymond J. G. M., Hendrik Folmer, and Sergio J. Rey. 2006. "A Comment on Specification Searches in Spatial Econometrics: The Relevance of Hendry's Methodology: A Reply." *Regional Science and Urban Economics* 36 (2): 300-308. https://doi.org/10.1016/j.regsciurbeco.2005.10.002.

Florax, Raymond J. G. M, Hendrik Folmer, and Sergio J Rey. 2003. "Specification Searches in Spatial Econometrics: The Relevance of Hendry's Methodology." *Regional Science and Urban Economics* 33 (5): 557-79. https://doi.org/10.1016/ S0166-0462(03)00002-4.

Freni-Sterrantino, Anna, Massimo Ventrucci, and Håvard Rue. 2018. "A Note on Intrinsic Conditional Autoregressive Models for Disconnected Graphs." *Spatial and Spatio-Temporal Epidemiology* 26: 25-34. https://doi.org/10.1016/j.sste.2018.04.002.

Gabriel, Edith, Peter J Diggle, Barry Rowlingson, and Francisco J Rodriguez-Cortes. 2022. *Stpp: Space-Time Point Pattern Simulation, Visualisation and Analysis.* https://CRAN.R-project.org/package=stpp.

Gabriel, Edith, Barry Rowlingson, and Peter Diggle. 2013. "Stpp: An R Package for Plotting, Simulating and Analyzing Spatio-Temporal Point Patterns." *Journal of Statistical Software, Articles* 53 (2): 1-29. https://doi.org/10.18637/jss.v053.i02. Gaetan, Carlo, and Xavier Guyon. 2010. *Spatial Statistics and Modeling.* New York: Springer.

Galton, A. 2004. "Fields and Objects in Space, Time and Space-Time." *Spatial Cognition and Computation* 4.

Garnier, Simon. 2021. *Viridis: Colorblind-Friendly Color Maps for r.* https://CRAN.R-project.org/package= viridis.

Geary, R. C. 1954. "The Contiguity Ratio and Statistical Mapping." *The Incorporated Statistician* 5: 115-45.

Gerber, Florian, and Reinhard Furrer. 2015. "Pitfalls in the Implementation of Bayesian Hierarchical Modeling of Areal Count Data: An Illustration Using BYM and Leroux Models." *Journal of Statistical Software, Code Snippets* 63 (1): 1-32. https://doi.org/10.18637/jss.v063.c01.

Gerber, Florian, Rogier de Jong, Michael E Schaepman, Gabriela Schaepman-Strub, and Reinhard Furrer. 2018. "Predicting Missing Values in Spatio-Temporal Remote Sensing Data." *IEEE Transactions on Geoscience and Remote Sensing* 56 (5): 2841-53.

Getis, A., and J. K. Ord. 1992. "The Analysis of Spatial Association by the Use of Distance Statistics." *Geographical Analysis* 24 (2): 189-206.

———. 1996. "Local Spatial Statistics: An Overview." In *Spatial Analysis: Modelling in a GIS Environment,* edited by P. Longley and M Batty, 261-77. Cambridge: GeoInformation International.

Giraud, Timothée. 2022. *Mapsf: Thematic Cartography*. https://riatelab.github.io/m apsf/.

Gómez-Rubio, Virgilio. 2019. "Spatial Data Analysis with INLA. Coding Club UC3M Tutorial Series. Universidad Carlos III de Madrid." https://codingclubuc3m.rbi nd.io/talk/2019-11-05/.

———. 2020. *Bayesian Inference with INLA*. Boca Raton, FL: CRC Press.

Gómez-Rubio, Virgilio, Roger Bivand, and Håvard Rue. 2015. "A New Latent Class to Fit Spatial Econometrics Models with Integrated Nested Laplace Approximations." *Procedia Environmental Sciences* 27: 116-18. https://doi.org/10.1016/j.proenv.2015.07.119.

González, Álvaro. 2010. "Measurement of Areas on a Sphere Using Fibonacci and Latitude-Longitude Lattices." *Mathematical Geosciences* 42 (1): 49-64. https://arxiv.org/pdf/0912.4540.pdf.

Goodchild, Michael F, and Nina Siu Ngan Lam. 1980. *Areal Interpolation: A Variant of the Traditional Spatial Problem*. Department of Geography, University of Western Ontario London, ON, Canada.

Gorelick, Noel, Matt Hancher, Mike Dixon, Simon Ilyushchenko, David Thau, and Rebecca Moore. 2017. "Google Earth Engine: Planetary-Scale Geospatial Analysis for Everyone." *Remote Sensing of Environment* 202: 18-27. https://doi.org/10.1 016/j.rse.2017.06.031.

Goulard, Michel, Thibault Laurent, and Christine Thomas-Agnan. 2017. "About Predictions in Spatial Autoregressive Models: Optimal and Almost Optimal Strategies." *Spatial Economic Analysis* 12 (2-3): 304-25. https://doi.org/10.1080/17421772.2017.1300679.

Gräler, Benedikt, Edzer Pebesma, and Gerard Heuvelink. 2016. "Spatio-Temporal Interpolation using gstat." *The R Journal* 8 (1): 204-18. https://doi.org/10.326 14/RJ-2016-014.

Hahsler, Michael, and Matthew Piekenbrock. 2022. *Dbscan: Density-Based Spatial Clustering of Applications with Noise (DBSCAN) and Related Algorithms*. https://github.com/mhahsler/dbscan.

Halleck Vega, Solmaria, and J. Paul Elhorst. 2015. "The SLX Model." *Journal of Regional Science* 55 (3): 339-63. https://doi.org/10.1111/jors.12188.

Haltiner, G. J., and R. T. Williams. 1980. *Numerical Prediction and Dynamic Meteorology*. New York: John Wiley; Sons.

Hand, David J. 2004. *Measurement Theory and Practice*. Arnold, London.

Healy, Kieran. 2018. *Data Visualization, a Practical Introduction*. Princeton University Press. http://socviz.co/index.html.

Heaton, Matthew J., Abhirup Datta, Andrew O. Finley, Reinhard Furrer, Joseph Guinness, Rajarshi Guhaniyogi, Florian Gerber, et al. 2018. "A Case Study Competition Among Methods for Analyzing Large Spatial Data." *Journal of Agricultural, Biological and Environmental Statistics*, December. https://doi.org/10.1007/s13253-018-00348-w.

Hendry, David F. 2006. "A Comment on 'Specification Searches in Spatial Econometrics: The Relevance of Hendry's Methodology'." *Regional Science and Urban Economics* 36 (2): 309-12. https://doi.org/10.1016/j.regsciurbeco.2005.10.001.

Hepple, Leslie W. 1976. "A Maximum Likelihood Model for Econometric Estimation with Spatial Series." In *Theory and Practice in Regional Science*, edited by I. Masser, 90-104. London Papers in Regional Science. London: Pion.

Herring, J. R. 2010. "OpenGIS Implementation Standard for Geographic Information- Simple Feature Access-Part 2: SQL Option." *Open Geospatial Consortium Inc.* http://portal.opengeospatial.org/files/?artifact_id=25354.

———. 2011. "OpenGIS Implementation Standard for Geographic Information-Simple Feature Access-Part 1: Common Architecture." *Open Geospatial Consortium Inc*, 111. http://portal.opengeospatial.org/files/?artifact_id=25355.

Herring, J. R. et al. 2011. "Opengis® Implementation Standard for Geographic Information-Simple Feature Access-Part 1: Common Architecture [Corrigendum]." Hersbach, Hans, Bill Bell, Paul Berrisford, Shoji Hirahara, András Horányi, Joaquín Muñoz-Sabater, Julien Nicolas, et al. 2020. "The ERA5 Global Reanalysis." *Quarterly Journal of the Royal Meteorological Society* 146 (730): 1999-2049. https://doi.org/10.1002/qj.3803.

Hijmans, Robert J. 2023a. *Raster: Geographic Data Analysis and Modeling.* https://rspatial.org/raster.

———. 2023b. *Terra: Spatial Data Analysis.* https://rspatial.org/terra/.

Hufkens, Koen. 2023. *Ecmwfr: Interface to ECMWF and CDS Data Web Services.* https://github.com/bluegreen-labs/ecmwfr.

Ihaka, Ross, Paul Murrell, Kurt Hornik, Jason C. Fisher, Reto Stauffer, Claus O. Wilke, Claire D. McWhite, and Achim Zeileis. 2023. *Colorspace: A Toolbox for Manipulating and Assessing Colors and Palettes.* https://CRAN.R-project.org/package=colorspace.

Iliffe, Jonathan, and Roger Lott. 2008. *Datums and Map Projections for Remote Sensing, GIS, and Surveying. Whittles Pub.* CRC Press, Scotland, UK.

ISO. 2004. *Geographic Information - Simple Feature Access - Part 1: Common Architecture.* https://www.iso.org/standard/40114.html .

Jones, Philip W. 1999. "First- and Second-Order Conservative Remapping Schemes for Grids in Spherical Coordinates." *Mon. Wea. Rev.* 127: 2204-10. https://doi.org/10.1175/1520-0493(1999) .

Joo, Rocío, Matthew E. Boone, Thomas A. Clay, Samantha C. Patrick, Susana Clusella-Trullas, and Mathieu Basille. 2020. "Navigating Through the R Packages for Movement." *Journal of Animal Ecology* 89 (1): 248-67. https://doi.org/10.1111/1365-2656.13116.

Journel, Andre G., and Charles J. Huijbregts. 1978. *Mining Geostatistics.* Academic Press, London.

Karney, Charles F. F. 2013. "Algorithms for Geodesics." *Journal of Geodesy* 87 (1): 43-55. https://link.springer.com/content/pdf/10.1007/s00190-012-0578-z.pdf.

Kelejian, Harry, and Gianfranco Piras. 2017. *Spatial Econometrics.* London: Academic Press.

Kitanidis, Peter K., and Robert W. Lane. 1985. "Maximum Likelihood Parameter Estimation of Hydrologic Spatial Processes by the Gauss-Newton Method." *Journal of Hydrology* 79 (1-2): 53-71. https://

doi.org/10.1016/0022-1694(85)90181-7.

Knudsen, Thomas, and Kristian Evers. 2017. *Transformation Pipelines for PROJ.4.* https://meetingorganizer. copernicus.org/EGU2017/EGU2017-8050.pdf.

Kuhn, Max. 2022. *Caret: Classification and Regression Training.* https://github.com/topepo/caret/.

Kuhn, Max, and Hadley Wickham. 2022. *Tidymodels: Easily Install and Load the Tidymodels Packages.* https://CRAN.R-project.org/package=tidymodels.

Kyriakidis, P. C. 2004. "A Geostatistical Framework for Areal-to-Point Spatial Interpolation." *Geographical Analysis* 36: 259-89.

Laurent, Thibault, and Paula Margaretic. 2021. "Predictions in Spatial Econometric Models: Application to Unemployment Data." In *Advances in Contemporary Statistics and Econometrics: Festschrift in Honor of Christine Thomas-Agnan*, edited by Abdelaati Daouia and Anne Ruiz-Gazen, 409-26. Cham: Springer International Publishing. https://doi.org/10.1007/978-3-030-73249-3_21.

LeSage, James P. 2014. "What Regional Scientists Need to Know about Spatial Econometrics." *Review of Regional Studies* 44: 13-32. https://journal.srsa.org/o js/index.php/RRS/article/view/44.1.2.

LeSage, James P., and Kelley R. Pace. 2009. *Introduction to Spatial Econometrics.* Boca Raton, FL: CRC Press.

Li, Xun, and Luc Anselin. 2021. *Rgeoda: R Library for Spatial Data Analysis.* https://CRAN.R-project.org/ package=rgeoda.

———. 2022. *Rgeoda: R Library for Spatial Data Analysis.* https://CRAN.R-project. org/package=rgeoda.

Lott, Roger. 2015. "Geographic Information-Well-Known Text Representation of Coordinate Reference Systems." Open Geospatial Consortium. http://docs.opengeospatial.org/is/12-063r5/12-063r5.html.

Lovelace, Robin, Richard Ellison, and Malcolm Morgan. 2022. *Stplanr: Sustainable Transport Planning.* https://CRAN.R-project.org/package=stplanr.

Lovelace, Robin, Jakub Nowosad, and Jannes Muenchow. 2019. *Geocomputation with R.* Chapman & Hall/CRC. https://geocompr.robinlovelace.net/.

Lu, Meng, Marius Appel, and Edzer Pebesma. 2018. "Multidimensional Arrays for Analysing Geoscientific Data." *ISPRS International Journal of Geo-Information* 7 (8): 313.

Lu, Meng, Edzer Pebesma, Alber Sanchez, and Jan Verbesselt. 2016. "Spatio- Temporal Change Detection from Multidimensional Arrays: Detecting Deforestation from MODIS Time Series." *ISPRS Journal of Photogrammetry and Remote Sensing* 117: 227-36. https://doi.org/10.1016/j.isprsjprs.2016.03.007.

Mark Padgham, Bob Rudis, Robin Lovelace, and Maëlle Salmon. 2017. *Osmdata. The Journal of Open Source Software.* Vol. 2. The Open Journal. https://doi.org/ 10.21105/joss.00305.

Martin, D. 1989. "Mapping Population Data from Zone Centroid Locations." *Transactions of the Institute of British Geographers, New Series* 14: 90-97.

Martinetti, Davide, and Ghislain Geniaux. 2017. "Approximate Likelihood Estimation of Spatial Probit Models." *Regional Science and Urban Economics* 64: 30-45. https://doi.org/10.1016/j.regsciurbeco.20

17.02.002.

McCulloch, Charles E., and Shayle R. Searle. 2001. *Generalized, Linear, and Mixed Models*. New York: Wiley.

McMillen, Daniel P. 2003. "Spatial Autocorrelation or Model Misspecification?" *International Regional Science Review* 26: 208-17.

______. 2013. *Quantile Regression for Spatial Data*. Heidelberg: Springer-Verlag. Mennis, Jeremy. 2003. "Generating Surface Models of Population Using Dasymetric Mapping." *The Professional Geographer* 55 (1): 31-42.

Meyer, Hanna, Carles Milà, and Marvin Ludwig. 2023. *CAST: Caret Applications for Spatial-Temporal Models*. https://CRAN.R-project.org/package=CAST.

Meyer, Hanna, and Edzer Pebesma. 2021. "Predicting into Unknown Space? Estimating the Area of Applicability of Spatial Prediction Models." *Methods in Ecology and Evolution* 12 (9): 1620-33. https://doi.org/10.1111/2041-210X.13650.

______. 2022. "Machine Learning-Based Global Maps of Ecological Variables and the Challenge of Assessing Them." *Nature Communincations* 13. https://doi.org/10.1038/s41467-022-29838-9.

Mila, Carles, Jorge Mateu, Edzer Pebesma, and Hanna Meyer. 2022. "Nearest Neighbour Distance Matching Leave-One-Out Cross-Validation for Map Validation." *Methods in Ecology and Evolution* 13 (6): 1304-16. https://doi.org/10.1111/2041- 210X.13851.

Militino, A. F., M. D. Ugarte, U. Pérez-Goya, and M. G. Genton. 2019. "Interpolation of the Mean Anomalies for Cloud-Filling in Land Surface Temperature and Normalized Difference Vegetation Index." *IEEE Transactions on Geoscience and Remote Sensing* 57 (8): 6068-78. https://doi.org/10.1109/TGRS.2019.2904193. Millo, Giovanni, and Gianfranco Piras. 2012. "splm: Spatial Panel Data Models in R." *Journal of Statistical Software* 47 (1): 1-38.

Moran, P. A. P. 1948. "The Interpretation of Statistical Maps." *Journal of the Royal Statistical Society, Series B (Methodological)* 10 (2): 243-51.

Moreno, Mel, and Mathieu Basille. 2018. *Drawing Beautiful Maps Programmatically with r, Sf and Ggplot2 — Part 1: Basics*. https://www.r-spatial.org/r/2018/10/ 25/ggplot2-sf.html.

Mur, Jesús, and Ana Angulo. 2006. "The Spatial Durbin Model and the Common Factor Tests." *Spatial Economic Analysis* 1 (2): 207-26. https://doi.org/10.1080/17421770601009841.

Nepusz, Tamás. 2022. *Igraph: Network Analysis and Visualization*. https://CRAN.R-project.org/package=igraph.

Neuwirth, Erich. 2022. *RColorBrewer: ColorBrewer Palettes*. https://CRAN.R- project.org/package=RColorBrewer.

O'Brien, Joshua. 2022. *gdalUtilities: Wrappers for GDAL Utilities Executables*. https://github.com/JoshO-Brien/gdalUtilities/.

Obe, Regina O., and Leo S. Hsu. 2015. *PostGIS in Action*. Manning Publications Co. Okabe, A., T. Satoh,

T. Furuta, A. Suzuki, and K. Okano. 2008. "Generalized Network Voronoi Diagrams: Concepts, Computational Methods, and Applications." *International Journal of Geographical Information Science* 22 (9): 965-94. https://doi.org/10.1080/13658810701587891.

Olsson, Gunnar. 1970. "Explanation, Prediction, and Meaning Variance: An Assessment of Distance Interaction Models." *Economic Geography* 46: 223-33. https://doi.org/10.2307/143140.

Ord, J. K. 1975. "Estimation Methods for Models of Spatial Interaction." *Journal of the American Statistical Association* 70 (349): 120-26.

Ord, J. K., and A. Getis. 2001. "Testing for Local Spatial Autocorrelation in the Presence of Global Autocorrelation." *Journal of Regional Science* 41 (3): 411-32. Pace, R. K., and James P. LeSage. 2008. "A Spatial Hausman Test." *Economics Letters* 101: 282-84.

Papadopoulos, Stavros, Kushal Datta, Samuel Madden, and Timothy Mattson. 2016. "The Tiledb Array Data Storage Manager." *Proceedings of the VLDB Endowment* 10 (4): 349-60.

Pebesma, Edzer. 2004. "Multivariable Geostatistics in S: The Gstat Package." *Computers & Geosciences* 30: 683-91.

———. 2012. "spacetime: Spatio-Temporal Data in R." *Journal of Statistical Software* 51 (7): 1-30. https://www.jstatsoft.org/v51/i07/.

———. 2018. "Simple Features for R: Standardized Support for Spatial Vector Data." *The R Journal* 10 (1): 439-46. https://doi.org/10.32614/RJ-2018-009.

———. 2022a. *Reading Zarr Files with r Package Stars*. https://r-spatial.org/r/2022/09/13/zarr.html.

———. 2022b. *Sf: Simple Features for r*. https://CRAN.R-project.org/package=sf.

———. 2022c. *Spacetime: Classes and Methods for Spatio-Temporal Data*. https://github.com/edzer/spacetime.

———. 2022d. *Stars: Spatiotemporal Arrays, Raster and Vector Data Cubes*. https://CRAN.R-project.org/package=stars.

———. 2023. *Lwgeom: Bindings to Selected Liblwgeom Functions for Simple Features*. https://github.com/r-spatial/lwgeom/.

Pebesma, Edzer, and Benedikt Graeler. 2022. *Gstat: Spatial and Spatio-Temporal Geostatistical Modelling, Prediction and Simulation*. https://github.com/r- spatial/gstat/.

Pebesma, Edzer, Thomas Mailund, and James Hiebert. 2016. "Measurement Units in R." *The R Journal* 8 (2): 486-94. https://doi.org/10.32614/RJ-2016-061.

Pebesma, Edzer, Thomas Mailund, Tomasz Kalinowski, and Iñaki Ucar. 2022. *Units: Measurement Units for R Vectors*. https://github.com/r-quantities/units.

Pinheiro, Jose C., and Douglas M. Bates. 2000. *Mixed-Effects Models in S and S-Plus*. New York: Springer.

Piras, Gianfranco, and Ingmar R. Prucha. 2014. "On the Finite Sample Properties of Pre-Test Estimators of Spatial Models." *Regional Science and Urban Economics* 46: 103-15. https://doi.org/10.1016/j.regsciurbeco.2014.03.002.

Plate, Tony, and Richard Heiberger. 2016. *Abind: Combine Multidimensional Arrays*. https://CRAN.R-project.org/package=abind.

Ploton, Pierre, Frédéric Mortier, Maxime Réjou-Méchain, Nicolas Barbier, Nicolas Picard, Vivien Rossi, Carsten Dormann, et al. 2020. "Spatial Validation Reveals Poor Predictive Performance of Large-Scale Ecological Mapping Models." *Nature Communications* 11 (1): 4540. https://www.nature.com/articles/s41467-020-18321-y.

Raim, A. M., S. H. Holan, J. R. Bradley, and C. K. Wikle. 2021. "Spatio-Temporal Change of Support Modeling with r." *Computational Statistics* 36: 749-80. https://doi.org/10.1007/s00180-020-01029-4.

Raoult, Baudouin, Cedric Bergeron, Angel López Alós, Jean-Noël Thépaut, and Dick Dee. 2017. "Climate Service Develops User-Friendly Data Store." *ECMWF Newsletter* 151: 22-27.

Ripley, B. D. 1981. *Spatial Statistics*. New York: Wiley.

________. 1988. *Statistical Inference for Spatial Processes*. Cambridge: Cambridge University Press.

Rue, Havard, Finn Lindgren, and Elias Teixeira Krainski. 2022. *INLA: Full Bayesian Analysis of Latent Gaussian Models Using Integrated Nested Laplace Approximations*.

Sarrias, Mauricio, and Gianfranco Piras. 2022. *Spldv: Spatial Models for Limited Dependent Variables*. https://CRAN.R-project.org/package=spldv.

Sauer, Jeffery, Taylor Oshan, Sergio Rey, and Levi John Wolf. 2021. "The Importance of Null Hypotheses: Understanding Differences in Local Moran's I_i Under Heteroskedasticity." *Geographical Analysis*. https://doi.org/10.1111/gean.12304.

Schabenberger, O., and C. A. Gotway. 2005. *Statistical Methods for Spatial Data Analysis*. Boca Raton/London: Chapman & Hall/CRC.

Scheider, Simon, Benedikt Gräler, Edzer Pebesma, and Christoph Stasch. 2016. "Modeling Spatiotemporal Information Generation." *International Journal of Geographical Information Science* 30 (10): 1980-2008. https://doi.org/10.1080/13658816.2016.1151520.

Schlather, Martin. 2011. "Construction of Covariance Functions and Unconditional Simulation of Random Fields." In *Space-Time Processes and Challenges Related to Environmental Problems*, edited by E. Porcu, Montero J. M., and M. Schlather. New York: Springer.

Schlesinger, Thomas, and Manuel J. A. Eugster. 2013. *Osmar: OpenStreetMap and r*. http://osmar.r-forge.r-project.org/.

Schramm, Matthias, Edzer Pebesma, Milutin Milenković, Luca Foresta, Jeroen Dries, Alexander Jacob, Wolfgang Wagner, et al. 2021. "The openEO API- Harmonising the Use of Earth Observation Cloud Services Using Virtual Data Cube Functionalities." *Remote Sensing* 13 (6). https://doi.org/10.3390/rs13061125.

Schratz, Patrick, and Marc Becker. 2022. *Mlr3spatiotempcv: Spatiotemporal Resampling Methods for Mlr3*. https://CRAN.R-project.org/package=mlr3spatiotemp cv.

She, Bing, Xinyan Zhu, Xinyue Ye, Wei Guo, Kehua Su, and Jay Lee. 2015. "Weighted Network Voronoi

Diagrams for Local Spatial Analysis." *Computers, Environment and Urban Systems* 52: 70-80. https://doi.org/10.1016/j.compenvurbsys.2015.03.005.

Silge, Julia, and Michael Mahoney. 2023. *Spatialsample: Spatial Resampling Infrastructure.* https://CRAN.R-project.org/package=spatialsample.

Simoes, Rolf, Gilberto Camara, Gilberto Queiroz, Felipe Souza, Pedro R. Andrade, Lorena Santos, Alexandre Carvalho, and Karine Ferreira. 2021. "Satellite Image Time Series Analysis for Big Earth Observation Data." *Remote Sensing* 13 (13). https://doi.org/10.3390/rs13132428.

Simoes, Rolf, Felipe Carvalho, and Brazil Data Cube Team. 2023. *Rstac: Client Library for SpatioTemporal Asset Catalog.* https://brazil-data-cube.github.io/rst ac/.

Skøien, Jon O, Günter Blöschl, Gregor Laaha, E Pebesma, Juraj Parajka, and Alberto Viglione. 2014. "Rtop: An R Package for Interpolation of Data with a Variable Spatial Support, with an Example from River Networks." *Computers & Geosciences* 67: 180-90.

Smith, Tony E. 2009. "Estimation Bias in Spatial Models with Strongly Connected Weight Matrices." *Geographical Analysis* 41 (3): 307-32. https://doi.org/10.1111/ j.1538-4632.2009.00758.x.

Smith, Tony E., and K. L. Lee. 2012. "The effects of spatial autoregressive dependencies on inference in ordinary least squares: a geometric approach." *Journal of Geographical Systems* 14 (January): 91-124. https://doi.org/10.1007/s10109-011- 0152-x.

Sokal, R. R, N. L. Oden, and B. A. Thomson. 1998. "Local Spatial Autocorrelation in a Biological Model." *Geographical Analysis* 30: 331-54.

Stasch, Christoph, Simon Scheider, Edzer Pebesma, and Werner Kuhn. 2014. "Meaningful Spatial Prediction and Aggregation." *Environmental Modelling & Software* 51: 149-65. https://doi.org/10.1016/ j.envsoft.2013.09.006.

Stoyan, Dietrich, Francisco J. Rodríguez-Cortés, Jorge Mateu, and Wilfried Gille. 2017. "Mark Variograms for Spatio-Temporal Point Processes." *Spatial Statistics* 20: 125-47. https://doi.org/10.1016/ j.spasta.2017.02.006.

Suesse, Thomas. 2018. "Marginal Maximum Likelihood Estimation of SAR Models with Missing Data." *Computational Statistics & Data Analysis* 120: 98-110. https://doi.org/10.1016/j.csda.2017.11.004.

Teickner, Henning, Edzer Pebesma, and Benedikt Graeler. 2022. *Sftime: Classes and Methods for Simple Feature Objects That Have a Time Column.* https://CRAN.R- project.org/package=sftime.

Tennekes, Martijn. 2018. "tmap: Thematic Maps in R." *Journal of Statistical Software* 84 (6): 1-39. https://doi.org/10.18637/jss.v084.i06.

———. 2022. *Tmap: Thematic Maps.* https://github.com/r-tmap/tmap. Tiefelsdorf, M. 2002. "The Saddlepoint Approximation of Moran's I and Local Moran's I_i Reference Distributions and Their Numerical Evaluation." *Geographical Analysis* 34: 187-206.

Tobler, W. R. 1970. "A Computer Movie Simulating Urban Growth in the Detroit Region." *Economic Geography* 46: 234-40. https://doi.org/10.2307/143141.

________. 1979. "Smooth Pycnophylactic Interpolation for Geographical Regions." *Journal of the American Statistical Association* 74: 519-30.

UCAR. 2014. *UDUNITS 2.2.26 Manual.* https://www.unidata.ucar.edu/software/ udunits/udunits-current/doc/udunits/udunits2.html.

________. 2020. *The NetCDF User's Guide.* https://www.unidata.ucar.edu/software/ne tcdf/docs/user_guide.html.

Umlauf, Nikolaus, Daniel Adler, Thomas Kneib, Stefan Lang, and Achim Zeileis. 2015. "Structured Additive Regression Models: An R Interface to BayesX." *Journal of Statistical Software* 63 (21): 1-46. http://www.jstatsoft.org/v63/i21/.

Umlauf, Nikolaus, Thomas Kneib, Stefan Lang, and Achim Zeileis. 2022. *R2BayesX: Estimate Structured Additive Regression Models with BayesX.* https://CRAN.R- project.org/package=R2BayesX.

Upton, G., and B. Fingleton. 1985. *Spatial Data Analysis by Example: Point Pattern and Qualitative Data.* New York: Wiley.

van der Meer, Lucas, Lorena Abad, Andrea Gilardi, and Robin Lovelace. 2022. *Sfnetworks: Tidy Geospatial Networks.* https://CRAN.R-project.org/package=sf networks.

Van Lieshout, M. N. M. 2019. *Theory of Spatial Statistics.* Boca Raton, FL: Chapman & Hall/CRC.

Veach, Eric, Jesse Rosenstock, Eric Engle, Robert Snedegar, Julien Basch, and Tom Manshreck. 2020. "S2 Geometry." *Website.* https://s2geometry.io/.

Ver Hoef, Jay M, and Noel Cressie. 1993. "Multivariable Spatial Prediction." *Mathematical Geology* 25 (2): 219-40.

Verbesselt, Jan, Rob Hyndman, Glenn Newnham, and Darius Culvenor. 2010. "Detecting Trend and Seasonal Changes in Satellite Image Time Series." *Remote Sensing of Environment* 114 (1): 106-15. https://doi.org/10.1016/j.rse.2009.08.014.

Vranckx, M., T. Neyens, and C. Faes. 2019. "Comparison of Different Software Implementations for Spatial Disease Mapping." *Spatial and Spatio-Temporal Epidemiology* 31: 100302. https://doi.org/10.1016/ j.sste.2019.100302.

Wagner, Martin, and Achim Zeileis. 2019. "Heterogeneity and Spatial Dependence of Regional Growth in the EU: A Recursive Partitioning Approach." *German Economic Review* 20 (1): 67-82. https://doi. org/10.1111/geer.12146.

Wall, M. M. 2004. "A Close Look at the Spatial Structure Implied by the CAR and SAR Models." *Journal of Statistical Planning and Inference* 121: 311-24.

Waller, Lance A., and Carol A. Gotway. 2004. *Applied Spatial Statistics for Public Health Data.* Hoboken, NJ: John Wiley & Sons.

Wang, Earo, Di Cook, Rob Hyndman, and Mitchell O'Hara-Wild. 2022. *Tsibble: Tidy Temporal Data Frames and Tools.* https://tsibble.tidyverts.org.

Whittle, P. 1954. "On Stationary Processes in the Plane." *Biometrika* 41 (3-4): 434-49. https://doi.org/10.

1093/biomet/41.3-4.434.

Wickham, Hadley. 2014a. *Advanced R, Second Edition.* CRC Press. https://adv- r.hadley.nz/.

———. 2014b. "Tidy Data." *Journal of Statistical Software* 59 (1). https://www.jstatsoft.org/article/view/v059i10 .

______. 2016. *Ggplot2: Elegant Graphics for Data Analysis.* Springer.

______. 2022. *Tidyverse: Easily Install and Load the Tidyverse.* https://CRAN.R- project.org/package=tidyverse.

Wickham, Hadley, Mara Averick, Jennifer Bryan, Winston Chang, Lucy D'Agostino McGowan, Romain François, Garrett Grolemund, et al. 2019. "Welcome to the Tidyverse." *Journal of Open Source Software* 4 (43): 1686. https://joss.theoj.org/papers/10.21105/joss.01686.

Wickham, Hadley, Winston Chang, Lionel Henry, Thomas Lin Pedersen, Kohske Takahashi, Claus Wilke, Kara Woo, Hiroaki Yutani, and Dewey Dunnington. 2022. *Ggplot2: Create Elegant Data Visualisations Using the Grammar of Graphics.* https://CRAN.R-project.org/package=ggplot2.

Wickham, Hadley, and Garret Grolemund. 2017. *R for Data Science.* O'Reilly. http://r4ds.had.co.nz/.

Wikle, Christopher K, Andrew Zammit-Mangion, and Noel Cressie. 2019. *Spatio- Temporal Statistics with R.* CRC Press.

Wilhelm, Stefan, and Miguel Godinho de Matos. 2013. "Estimating Spatial Probit Models in R." *The R Journal* 5 (1): 130-43. https://doi.org/10.32614/RJ-2013-013.

Wilke, Claus O. 2019. *Fundamentals of Data Visualization.* O'Reilly Media, Inc. https://serialmentor.com/dataviz/.

Wood, S. N. 2017. *Generalized Additive Models: An Introduction with R.* 2nd ed. Chapman & Hall/CRC.

______. 2022. *Mgcv: Mixed GAM Computation Vehicle with Automatic Smoothness Estimation.* https://CRAN.R-project.org/package=mgcv.

Zeileis, Achim, Jason C. Fisher, Kurt Hornik, Ross Ihaka, Claire D. McWhite, Paul Murrell, Reto Stauffer, and Claus O. Wilke. 2020. "colorspace: A Toolbox for Manipulating and Assessing Colors and Palettes." *Journal of Statistical Software* 96 (1): 1-49. https://doi.org/10.18637/jss.v096.i01.